QUYU FENGNENG CHANYE ZHUANLI DAOHANG ZHANLÜE YANJIU

区域太阳能产业专利导航战略研究

李晓锋　石艳红　叶润森　编著

天津大学出版社
TIANJIN UNIVERSITY PRESS

作者简介

李晓锋（1980—），男，天津市科学技术发展战略研究院研究员，天津市“131”人才，天津工业大学硕士生导师，全国专利信息实务人才，IPMS 审核员，从事知识产权战略与规划、知识产权政策、专利导航、科技战略与政策方面的研究工作；先后主持完成国家知识产权局、科技部、天津市及各区局项目 100 多项；近年来，主持完成“天津知识产权强市建设纲要（2021—2035 年）”“天津市知识产权‘十四五’规划”等课题；出版专著 4 部，发表论文 40 多篇，发表研究内刊 30 多篇，获得领导批示 10 余次；获中国科协创新奖、天津市优秀调研成果奖、天津市行政管理创新与科研成果奖等奖项。

石艳红（1988—），女，天津市科学技术发展战略研究院工程师，主要从事知识产权战略与规划、知识产权政策、专利导航研究；参与完成多项天津市及区级知识产权中长期发展规划编制，参与完成“天津市各区知识产权保护考核与评估”“天津市滨海新区太阳能产业规划类专利导航研究”等课题 30 余项，2 项研究成果获领导批示。

叶润森（1990—），男，天津市科学技术发展战略研究院工程师，主要从事知识产权战略、规划、政策研究；作为主要人员参与完成“天津市知识产权‘十四五’规划”“河西区知识产权强区建设纲要（2021—2035 年）”“东丽区储能产业专利导航”等研究课题。

图书在版编目（CIP）数据

区域太阳能产业专利导航战略研究 / 李晓锋，石艳红，叶润森编著. -- 天津 ： 天津大学出版社，2024.6
ISBN 978-7-5618-7727-2

Ⅰ. ①区… Ⅱ. ①李… ②石… ③叶… Ⅲ. ①太阳能利用—专利—研究—中国 Ⅳ. ①TK519-18

中国国家版本馆CIP数据核字（2024）第104455号

出版发行　天津大学出版社
地　　址　天津市卫津路92号天津大学内（邮编：300072）
电　　话　发行部：022-27403647
网　　址　www.tjupress.com.cn
印　　刷　廊坊市瑞德印刷有限公司
经　　销　全国各地新华书店
开　　本　710mm×1010mm　1/16
印　　张　23.75
字　　数　433千
版　　次　2024年6月第1版
印　　次　2024年6月第1次
定　　价　84.00元

前言

FOREWORD

太阳能产业是我国重点发展的战略性新兴产业，自国民经济“九五”计划“提倡大力发展太阳能产业”至“十四五”规划“积极推进太阳能产业发展”，我国对太阳能完成了从“规划”到“产业化”的升级转变，尤其是当前一个时期，随着绿色能源的再次加速，太阳能产业的重要性显得更为突出。天津滨海新区作为国家新能源（储能电池）新型工业化产业示范基地、新能源产业集群试点（培育）建设基地，创新载体活力不断提升，产业化能力不断加强，具备了较强的产业研发基础，但随着新科技革命的到来，还需要深入开展滨海新区太阳能产业专利导航研究，全面了解太阳能产业专利技术发展趋势，分析太阳能产业专利技术研发重点和主要专利发展战略布局。

本书基于专利导航理论，以滨海新区太阳能产业为例，从太阳能产业发展实际需求出发，采用专利导航研究范式，全景式分析了太阳能产业发展态势和竞争格局，研判了滨海新区太阳能产业发展定位和发展路径，并结合滨海新区区域资源禀赋优势，提出了太阳能产业创新发展的战略举措。全书分为7个章节，第1章从全球、我国、天津市和滨海新区四个层面，对太阳能产业的发展状况进行了梳理和介绍；第2章明确了专利导航研究采用的检索方法、数据来源、检索策略、数据处理等及相关事项；第3章综合分析了全球、我国及滨海新区太阳能产业领域的专利整体发展态势，并重点对太阳能电池材料、太阳能电池制造和太阳能光伏应用等细分领域进行了专利分析；第4章围绕光伏电池材料、晶体硅太阳能电池、光伏发电技术及设备、薄膜太阳能电池、新型太阳能电池、光伏产品等领域太阳能产业关键技术，通过专利检索分析，揭示了产业发展方向和技术热点；第5章重点研究了滨海新区专利与产业发展定位，重点从产业结构定位、企业创新实力、创新人才储备、重点专利状况、专利运营实力等方面针对太阳能电池产业及其细分领域发展进行了综合分析，提出了太阳能产业整体及其细分领域未来发展趋势；第6章基于前文研究成果，结合产业现状及滨海新区发展实际，从产业结构调整、技术创新引进、高端专利布局、创新人才引进、重点企业培育、知识产权建设等方面，对滨海新区太阳能产业未来发展路径和产业布局提出了合理化建议，为滨海新区推动太阳能产业创新发展提出了决策参考；第7章提出了滨海新区太阳能产业发展的具体保障措施。

本书由“滨海新区太阳能产业规划类专利导航项目”课题组编写，具体分工如下：李晓锋研究员主要负责本书研究提纲编制及各章节要点把控工作，并执笔撰写了第3章第

1 节、第 2 节、第 4 节，第 4 章第 1 节、第 3 节，第 5 章第 1 节、第 3 节，第 6 章和第 7 章内容；石艳红工程师执笔撰写了第 1 章，第 2 章，第 3 章第 3 节，第 4 章第 2 节，第 5 章第 2 节内容；叶润森工程师执笔撰写了第 4 章第 4 节、第 5 节、第 6 节，第 5 章第 4 节、第 5 节、第 6 节内容。本书得到了院领导的大力支持，得到了天津大学出版社郭颖老师的助力，在此一并表示感谢！希望本书的出版能够为相关政府部门、企事业单位、高校科研院所研究机构及相关服务机构开展专利导航工作提供参考借鉴。由于课题组研究水平有限，本书仍有很多不足和疏漏之处，敬请各位读者批评指正。

天津市科学技术发展战略研究院知识产权研究团队

二零二四年冬月

目录

CONTENTS

Chapter 7

第 7 章 保障措施

Chapter 1

第 1 章 太阳能产业发展现状

1.1 太阳能产业简介

1.1.1 太阳能主要应用方向和太阳能发电应用概况

（1）太阳能主要应用方向

进入工业化时代以来，以煤、石油、天然气等化石类燃料为主要燃料的能源成为人类社会赖以生存的物质基础。随着经济的不断发展和人口的迅速增长，能源消耗大幅增加、化石能源资源日益减少，世界各国都面临着能源危机。此外，传统化石能源消耗所导致的环境问题日益显现。能源危机和环境问题促使世界各国积极寻求可代替化石能源的绿色可再生能源，包括太阳能、风能、水能、生物质能、地热能、海洋能等。太阳能一般指太阳光的辐射能量，太阳能的主要利用形式有太阳能的光热转换、光电转换以及光化学转换，其中太阳能光电转换是太阳能利用的主要方向，太阳能光伏发电系统是较为成熟的太阳能产品。

太阳能光伏发电的研究始于 1839 年，当时法国物理学家亚历山大·贝克勒尔观察到电流是由某些光引发的化学反应产生的。太阳能光伏发电是利用半导体界面的光生伏特效应而将光能直接转化为电能的一种技术。不论是独立使用还是并网发电，光伏发电系统主要由太阳能电池板（组件）、控制器和逆变器三大部分组成，它们主要由电子元器件构成，不涉及机械部件，所以光伏发电设备较为精密，而且稳定、寿命长、安装维护简便。从理论上讲，太阳能光伏发电技术可以用于任何需要电源的场合，上至航天器，下至家用电源，大到兆瓦级电站，小到玩具。太阳能光伏发电的最基本元件是太阳能电池（片），有单晶硅、多晶硅、非晶硅和薄膜电池等。单晶硅和多晶硅电池用量最大，非晶硅电池用于一些小系统和计算器辅助电源等。太阳能光伏发电技术一般根据主要吸收层材料进行分类，可分为晶体硅太阳能电池技术、薄膜太阳能电池技术、新型太阳能电池技术。其中，技术相对成熟的是晶体硅类（c-Si）太阳能电池技术，其在全球光伏市场中占据主导地位。近年来，除晶体硅类材料外，碲化镉（CdTe）、非晶硅（a-Si）等薄膜太阳能电池也发展迅速，技术日渐成熟；化合物半导体太阳能电池（如砷化镓（GaAs））是目前发电效率最高的太阳能电池。此外，还有尚处于研发阶段的电池种类，包括染料敏化、有机、钙钛矿和量子点电池等，这些材料具有廉价、环保等优点，但其中一些也存在发电量不稳定、发电效率低等缺点。目前，从性价比方面来看，薄膜太阳能电池还无法取代晶体硅类太阳能电池的垄断地位。多晶硅太阳能电池在过去很长一段时间内占据市场主导地位，然而近年来在成本和转换效率的此消彼长之下，单晶硅太阳能电池已显示出比多晶硅太阳能电池更强的竞争力。

太阳能光热发电是通过汇集太阳辐射获得热能，并将热能转化成高温蒸汽，最后利用高温蒸汽驱动蒸汽轮机发电的技术。作为一种尚未成熟的发电技术，太阳能光热发电正处于早期部署阶段，目前主要在几个发达国家或地区，如美国、欧洲、日本、澳大利亚、西班牙等，以及几个发展中国家，如印度、塞内加尔等，开展研究和开发。目前，共有 4 种聚光太阳能设备类型，即抛物面槽式（PT）、线性菲涅尔式（FR）、塔式（ST）和碟式（SD）。这 4 种设备类型在镜场和接收器的设计、配置，所用的传热流体以及是否涉及储热等方面有所不同，前 3 种设备类型主要用于集中发电。目前，抛物面槽式和塔式在商业上已得到了验证，线性菲涅尔式和碟式仍处于早期商业项目、示范项目阶段。然而，受到对太阳能资源要求较高等因素的影响，投资者更倾向于将注意力集中在太阳能光伏发电上。

太阳能光伏发电因其具有资源无限、清洁安全、寿命长等优点，被普遍认为是最有发展前途的可再生能源。基于大量的文献调研和分析，本书所研究的太阳能产业主要指的是太阳能光伏发电产业。

（2）欧盟、日本、美国和我国太阳能发电应用概况

在全球范围内，率先利用太阳能进行发电的是欧美和日本。1969 年，世界上第一座太阳能发电站在法国建成，此后欧盟国家太阳能发电的比例逐渐提高，太阳能光伏发电技术也得到了不断发展。2008 年欧盟光伏发电量占全球光伏发电总量的 80%，而德国和西班牙的光伏发电量总和约占欧盟的 84%，是名副其实的光伏发电强国。这些成就要归功于欧盟近 20 年来持续推动光伏产业发展。

日本也是太阳能发电的强国，而且太阳能光伏发电装置的使用范围非常广，一般家庭也能安装使用。其做法是通过政府补贴，鼓励家庭购买家用的光伏发电装置。每个家庭通过光伏发电装置产生的剩余电量可以卖给政府或电力公司。这使日本的光伏发电量不断提高，也使日本的能源利用率大幅提升。

美国虽然在光伏发电技术上较早起步，但以往美国政府对光伏发电并不重视，以致美国的光伏发电的发电量和技术革新不如欧盟和日本。随着美国政府出台一系列鼓励发展新能源的政策，美国在光伏发电产业上大有后来居上的势头。美国的不少州出台了可再生能源配额标准，以加州为例，凡在住屋、商业建筑或公用建筑屋顶上安装太阳能设备的家庭或企业，都可获得州政府的多项补助，其中包括享受 30%的减

税优惠，减少 30%的安装成本等[①]。

我国光伏市场发展很快，光伏行业产能巨大。自 21 世纪初至今，我国的光伏行业经历了起步、发展、衰退、回暖四个阶段后，目前已进入了稳步增长期，多项指标已居世界第一，实现了从无到有、从有到强的跨越式发展。随着国内光伏产业链自主创新、降本增效，不断深化产业链协同，实现规模化量产效应，光伏发电成本已经接近甚至部分项目低于煤电成本，为我国光伏产业的发展带来了一片光明前景。

1.1.2　太阳能光伏产业链介绍

太阳能光伏产业是指利用太阳能电池半导体材料的光伏效应，将太阳光辐射能直接转换为电能而形成的上下游关联产业。太阳能是取之不尽、用之不竭，且无污染的清洁能源，这些优势使得太阳能光伏发电产业得到各国政府的高度重视和大力支持。一些经济实力强、环保意识强的国家，纷纷出台产业扶持政策，支持光伏产业的发展。经过多年发展，太阳能光伏行业已形成了完整的产业链条。

（1）产业链的构成

太阳能光伏产业链总体上可分为上游产业、中游产业和下游产业三个层次，如图 1-1 所示。上游产业是以硅矿石和高纯度硅料的开采、提炼和生产为代表的原材料生产行业，包括硅矿石开采与冶金、硅提纯、多晶硅提纯、单晶/多晶硅片加工与切割等环节。中游产业是技术核心环节，涉及各类专用设备的研发制造等，包括单晶/多晶硅电池片、电池组件生产与组装。下游产业是包括太阳能并网发电工程、太阳能电池组件的生产及安装、光伏集成建筑等在内的光伏产品系统的集成与安装。

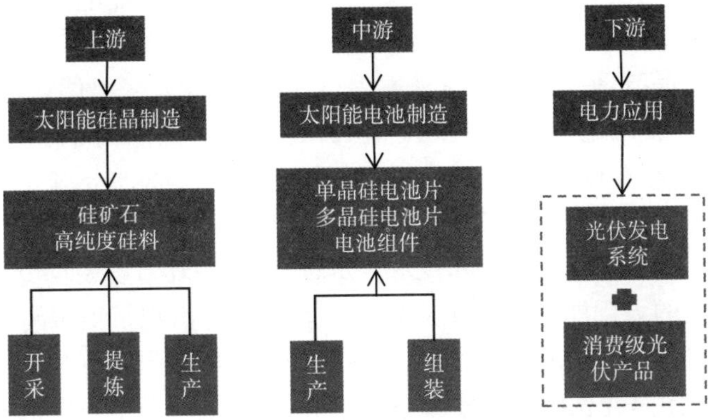

图 1-1　太阳能光伏产业链构成

光伏产业链中壁垒最高的环节是高纯度多晶硅原料生产，该环节占电池总成本

① 北极星太阳能光伏网. 光伏产业经历兴盛、衰败、困局、破局四大历程[EB/OL].https://guangfu.bjx.com.cn/news/20130605/438344-3.shtml.2013-06-05.

的 70%。目前，高纯度硅料的供应商主要来自美国、德国和日本的公司。全球多晶硅基本由欧洲、美国和日本的七大供应商垄断，具体包括美国的 Hemlock 半导体公司和 MEMC 电子材料公司，挪威的 REC 公司，日本的德山（Tokuyama）、三菱（Mitsubishi）和住友（Sumitomo）以及德国的 Wacker 公司，这七大供应商生产的高纯度晶体硅总产量占世界总产量的 95%以上；并拥有 10 家多晶硅生产工厂，其中美国有 5 家、日本有 3 家、欧洲有 2 家。这七大供应商具备从硅料到硅片的完整产能，垄断了高纯度多晶硅规模化生产的核心技术，从而在成本控制、产品质量以及生产规模上均具有很大的竞争优势。我国高纯度多晶硅产量近年来虽然有了大幅提升，但仍然难以满足整个产业链的需求，在未来产业发展进程中，晶体硅生产将仍是产业链中的瓶颈。硅料行业的生产和需求处于不平衡状态，下游市场的需求非常旺盛，因为下游光伏电站的需求非常大，海外市场的需求也非常大，而上游存在硅料产能不足问题。

从中游的太阳能电池来看，光伏发电的核心部件是太阳能电池或光伏电池。太阳能电池可分为三类：第一类为晶体硅太阳能电池，主要包括单晶硅太阳能电池和多晶硅太阳能电池；第二类为薄膜太阳能电池，主要包括多晶硅薄膜太阳能电池、非晶硅薄膜太阳能电池、微晶硅薄膜太阳能电池和化合物薄膜太阳能电池；第三类为新型太阳能电池，主要包括聚合物多层修饰电极型太阳能电池、纳米晶化学太阳能电池、有机太阳能电池、钙钛矿太阳能电池、染料敏化太阳能电池等。薄膜类电池和新型太阳能电池由于相对于晶体硅电池转化率低、稳定性差并且制造成本高等因素还未得到应用，薄膜太阳能电池量产技术尚未成熟，新型太阳能电池主体仍在实验室研发阶段。目前，晶体硅太阳能电池是发展速度最快、技术最成熟、产业化规模最大的一种太阳能电池。全球光伏发电中的太阳能电池仍以硅基太阳能电池为主，约占市场份额的 90%，对于大面积商品化电池效率，单晶硅为 16%~20%，多晶硅为 15%~18%。此外，非晶硅、微晶硅薄膜太阳能电池发展迅速，占全球光伏组件销量的 10%~15%；非晶硅与微晶硅叠层电池效率在 8%~10%；其他如碲化镉（CdTe）电池、铜铟镓硒（CIGS）电池等已经实现商业化，虽市场份额相对较小，但发展迅速。未来，光伏新兴技术的突破方向主要有先进薄膜和有机电池、新型光伏概念、聚光技术等。中游的光伏太阳能电池制造由于资金门槛和技术含量较低，这一环节发展较快，规模较大。我国是世界上最大的太阳能电池板供应商之一。但随之出现了很多问题，如大量过剩产能形成严重堆积，从客观上不可避免地面临较大程度的产业整合。

产业链的下游是光伏电网的安装系统集成，主要集中于市场发达的欧洲、美国和日本。欧洲是目前世界上最大的光伏区域市场，除传统光伏大国德国外，西班牙、意大利、法国、捷克、葡萄牙、希腊等新兴光伏市场规模不断扩大。此外，美国、日本的光伏市场也保持着高增长态势。产业链下游，由于组件价格偏高，光伏发电成本明显高于火电等传统发电方式，致使产品的消费过度依赖国际市场。

目前，我国的光伏产业“中间大、两头小”，即太阳能电池的生产能力较强，然而原料大量依赖国外进口，特别是生产环节中的高新材料和高纯原料、产品销售则几乎完全依赖国外市场。由于技术和原材料、销售和市场在国外，加工制造在国内，要实现我国光伏产业由大到强的转变，必须加强产业链前端部分，突破材料制造和加工设备我国两大我国光伏产业发展的瓶颈①。

（2）产业链各细分领域情况

太阳能光伏产业链各细分赛道的集中度差异比较大，从产量来看，各环节产业集中度分别为72.8%（硅片）、69.3%（硅料）、42.8%（组件）、37.6%（电池片）。整体来看，国内企业在全球光伏产业链的上中游产业占据了龙头位置，特别是在多晶硅、电池片以及光伏组件领域，更是处于全球第一的位置。太阳能光伏产业链基本架构如图1-2所示。

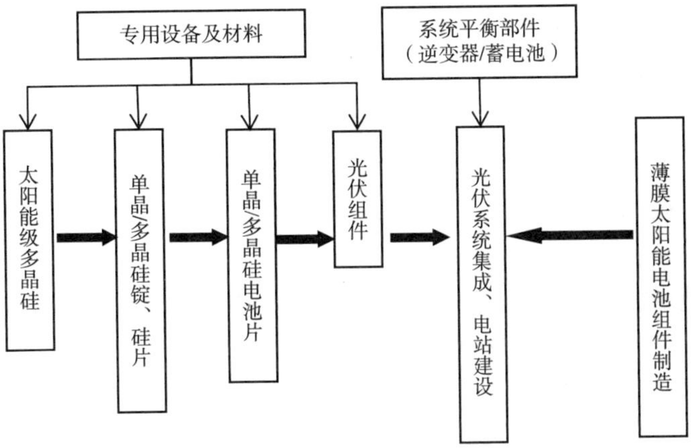

图1-2 太阳能光伏产业链基本架构

光伏产业链景气度对比，目前光伏制造各环节格局：胶膜>玻璃≈硅片>硅料>电池片>组件。胶膜和玻璃属于辅料环节，当前景气度依然较好，资本市场也较为热衷于季节性的供需错配导致的投资机会；对硅料、硅片、电池片、组件上下游四环节而言，目前硅片环节利润留存能力相对较好，所以无论是疫情防控期间还是硅料事故期间，硅片环节的顺价和盈利相对稳定，其次是硅料环节，再次是电池片环节，最后是组件环节。产业链的议价能力也与技术实力、降本能力、规模化程度形成的环节格局有关。

① 北极星太阳能光伏网. 光伏产业链各环节技术分析[EB/OL].https://guangfu.bjx.com.cn/news/20190912/1006722.shtml.2019-09-12.

1.2 全球太阳能光伏产业发展现状

1.2.1 产业发展基础

（1）全球太阳能资源丰富，各国均具备发展光伏产业的条件

从太阳能资源分布看，全球主要国家均处于太阳能资源较丰富区，各国均具备大力发展光伏发电的条件。招商证券 2018 年 6 月发布的《光伏系列报告（十五）：全面供电条件下，光伏板占地面积测算》提出，结合太阳能辐射量、目前的光伏发电技术等因素，对全球主要国家全部以光伏供电所需光伏板面积占其土地面积进行测算，除韩国、日本外，其他主要国家均不超过 5%，中国、美国、印度等为 1%左右，未来随着光伏发电转换效率的提升，该比例将会有所下降。因此，除少数地域较小的国家外，其他主要国家均具备全部通过光伏发电获取电能的条件。

（2）世界各国陆续出台相关政策，支持太阳能光伏行业发展

随着全球可持续发展战略的实施，太阳能光伏发电技术得到了许多国家和政府的大力支持。世界各国为了鼓励光伏发电，出台了一系列产业政策，以支持本国光伏行业发展。各国产业政策都成为光伏市场增长的重要推力。

1）美国

自 1974 年起，美国先后出台《太阳能研发法令》《太阳能光伏研发示范法令》《能源税法》《税收改革法》《能源政策法令》《2009 经济刺激法案》等，从发展目标、资金、研发等各个方面支持光伏技术及产业的商业化发展。美国的产业政策主要以可再生能源配额制（以下简称“RPS”）和绿色电力证书（以下简称“REC”）为主。RPS 要求美国各地区推动可再生能源的使用，其电网中输送的电力要有一定比例来源于可再生能源。

REC 是基于 RPS 的一项辅助性工具，每发 1 000 度电可获得 1 单位 REC，REC 由独立的第三方认证颁发，并可上市交易，价格由供需拍卖机制决定。电力企业可通过购买 REC 来满足政府的强制性指标，也可自建可再生能源发电设施。

在财政补贴政策方面，美国联邦政府针对光伏行业的补贴主要为投资税收抵免以及加速折旧。投资税收抵免是指将光伏设备投资额的 30%作为投资者的税收减免金额，投资者可用于其他生意的税收减免：加速折旧是指允许投资人将 30 年使用寿命的设备在 6 年内快速折旧完，作为税收抵扣快速回款，以减少资金成本。

2）欧洲

2008 年，欧盟各成员国就未来 10 年的能源政策达成一致，形成了具有法律约束力的可再生能源和能效“20-20-20”战略，即到 2020 年，温室气体排放量在 1990 年基

础上减少 20%；可再生能源占总能源消费的比例在 2008 年 8.2%的基础上提高到 20%，其中生物液体燃料在交通能源消费中的比例达到 10%；能源利用效率提高 20%，即能源消费在 2006 年的基础上减少 13%。该政策以 *Renewable Directive*（《可再生能源指令》）的形式于 2009 年对外发布。2009 年，欧盟颁布《可再生能源国家行动计划》，将可再生能源和能效目标落实到各个成员国。在《可再生能源指令》的指导下，欧盟各成员国纷纷以本国的法律形式制定各自的支持性政策法规，为可再生能源的发展营造了良好的政策环境，同时制定了政府层面的配套支持计划。

3）印度、越南等东南亚国家

印度是南亚地区最大的国家，太阳能资源十分丰富，且缺电情况严重。印度建立了世界上唯一的非常规能源部，以推动和资助新能源产业的发展。印度太阳能产业起步相对较晚，但是近几年发展很快，印度政府推出了多项旨在刺激产业发展的优惠措施。2014 年，印度总理纳伦德拉·莫迪对外宣布其能源计划：预计到 2022 年，太阳能发电装机总容量为 100 GW。2016 年 2 月，印度政府决定增大对屋顶太阳能项目的财政补贴力度，从现行的 9 200 万美元增至 7.7 亿美元，2022 年 100 GW 的发展目标包含 40 GW 的屋顶光伏目标，体现了印度对分布式屋顶光伏电站的重视。

越南于 2017 年 4 月出台了关于在越南发展太阳能发电项目鼓励机制的第 11/2017/QD-TTg 号决定，预计到 2020 年光伏电站项目总装机容量为 4.7 GW。

4）澳大利亚

澳大利亚是世界上太阳能资源最好的国家之一，澳大利亚政府先后实行了“太阳能学校项目”“Bushlight 计划”“太阳能家庭及社区计划”“太阳城计划”和“全国可再生能源目标计划”等。2015 年，澳大利亚联邦政府通过了新版的可再生能源目标（RET）法案，将 2020 年的可再生能源发电目标定为 3.3 万 GW·h。

5）中东、非洲、南美

中东、非洲、南美是太阳能资源非常丰富的地区，由于我国太阳能发电技术进步导致发电成本持续下降，刺激了中东、非洲、南美等太阳能资源丰富或电力短缺的地区和国家的投资热潮，促使它们纷纷出台了太阳能发展规划。其中较具代表性的是 2019 年 7 月巴西光伏电站招标报出的最低投标价仅相当于人民币 0.12 元/度。

世界各国光伏行业的主要政策见表 1-2。

表 1-2 世界各国光伏行业的主要政策

国家	时间	政策	内容
美国	1992 年	《1992 年能源政策法案 》	该法案确立了美国光伏产业的投资税收抵免政策，规定对于太阳能光电项目永久减税 10%，对于新的符合条件的可再生能源发电项目也给予为期 10 年的减税，减税额度为 1.5 美分/度
	1997 年	《百万太阳能屋顶计划》	提出采取政府直接补贴投资的财税政策，在 100 万个屋顶上安装太阳能光伏系统，该计划到 2010 年完成
	2005 年	《2005 年能源政策法案》	该法案提出了实现 2010 年在 20 000 个联邦大楼太阳能屋顶安装太阳能设备的目标，并为此目标出台了众多政策支持，包括税收优惠、津贴补助与强制上网政策、配额制度
	2010 年	《千万太阳能屋顶计划》	计划在 2012—2021 年的十年时间，在 1 000 万个屋顶上安装总装机容量达到 35 GW 的太阳能光伏系统，每年投专项资金（2012 年投入 2.5 亿美元，2013—2020 年每年投入不少于 2.5 亿美元）用于补贴在建筑上安装太阳能系统，补贴方式为太阳能系统投资成本的 50%
	2015 年	《太阳能投资税收抵免》	该政策允许投资太阳能的企业获得相当于投资总额 30%的税收抵免
	2016 年	《光伏投资税收抵免》政策延期	太阳能的投资税收抵免政策获得五年的延长期限
德国	1991 年	《1000 光伏屋顶计划》	政府为每个安装太阳能屋顶的住户提供补贴
	1998 年	《10 万光伏屋顶计划》	计划 6 年内安装总装机容量在 300~500 MW 的光伏系统，该计划主要采用了两种方法：一是通过贷款优先鼓励居民购买安装太阳能光伏发电设备，并对其贷款贴息；二是强制命令电网公司用高价收购居民的太阳能电力并汇入总电网
	2000 年	《可再生能源法》	光伏固定上网电价高于市场价，全额优先上网
	2012 年	《光伏补贴削减法案》	光伏补贴下调 20%~29%，光伏补贴每月递减，10 GW 以上公用事业光伏项目取消补贴
	2019 年	《2030 年气候保护计划》	将光伏装机目标提高到 98 GW，这一数字为当前德国累计光伏装机量的 2 倍
西班牙	2013 年	修改《光伏补贴法案》	对 2009—2011 年安装的光伏电站上网价补贴进行了下调，FIT（新能源补贴政策）补贴将根据最新修正的 CPI（居民消费价格指数）进行下调，每年削减幅度为 0.028%
	2014 年	批准追溯性政策	取消 FIT 补贴政策，西班牙采用市场交易模式代替上网电价，光伏电站在没有国家补贴情况下（有最低保障，但仍远低于批发市场售价），通过现货市场售电或者签署 5~15 年的购电协议实现电站运维盈利

续表

国家	时间	政策	内容
印度	2014 年	《太阳能振兴计划》	到 2022 年，要实现可再生能源发电总量 175 GW，其中太阳能装机容量 100 GW。电价方面，太阳能电价将从预计 2020 年的 4.2 卢比/度下调至 2025 年的 3.59 卢比/度。补贴方面计划提高 30%，但主要针对居民、政府机构、医院及教育机构，不适用于工厂及商户，同时针对离网项目也将提供相应的补贴
	2019 年	《屋顶太阳能光伏项目激励计划》	在中央财政援助 CFA 下设立多达 4 000 MW 的住宅屋顶太阳能并网项目，其中配电公司及其各地办事处将成为实施该计划的重要节点。对于容量高达 3 kW 的屋顶太阳能光伏系统，将提供高达 40%的 CFA 补贴。将根据电力分配公司在最初布置的 18 000 MW 并网屋顶太阳能光伏项目上的成就提供激励措施，为每个兆瓦容量的太阳能屋顶提供奖励
越南	2017 年	《关于发展光伏发电项目以及购售电合同模板的规定》	规定光伏电力并入国家电网的价格为 9.35 美分（约 2 086 越南盾）/度，从 2019 年 6 月 30 日起，买方负责全部接收光伏项目的生产电力，收购期限为 20 年
	2019 年	采用竞价上网模式	在地面光伏电站项目中引入竞价上网模式；屋顶光伏项目和某些已经批准的地面安装项目仍然适用固定上网电价模式；宁顺省 2 GW 以内的光伏项目仍然可享受现有高电价，采用先建先得的方式确定享受资格

资料来源：根据公开资料整理。

（3）全球光伏产业高速发展，新增装机容量屡创新高

在全球各国光伏产业政策的推动和应用市场需求的拉动下，全球光伏产业总体高速发展，新增装机容量屡创历史新高。光伏行业经历了应用地区从局部到全球、价格从昂贵到经济、应用场景从局限到丰富的发展历程。

国际可再生能源署（IRENA）和国际能源署（IEA）预测，到 2030 年光伏组件回收规模将达到 150 万 t，2040 年将达到约 700 万 t，2050 年将达到 2 000 万 t。从全球角度来看，需要回收的光伏组件规模更大，预计到 2050 年，全球光伏废弃物的总量将高达 7 800 万 t。

国际可再生能源署公布的数据显示，2010—2019 年全球太阳能光伏累计装机容量维持稳定上升趋势，2019 年为 578 533 MW，较 2018 年增长 20.3%，预计未来一段时间还会继续维持增长趋势，如图 1-3 所示。

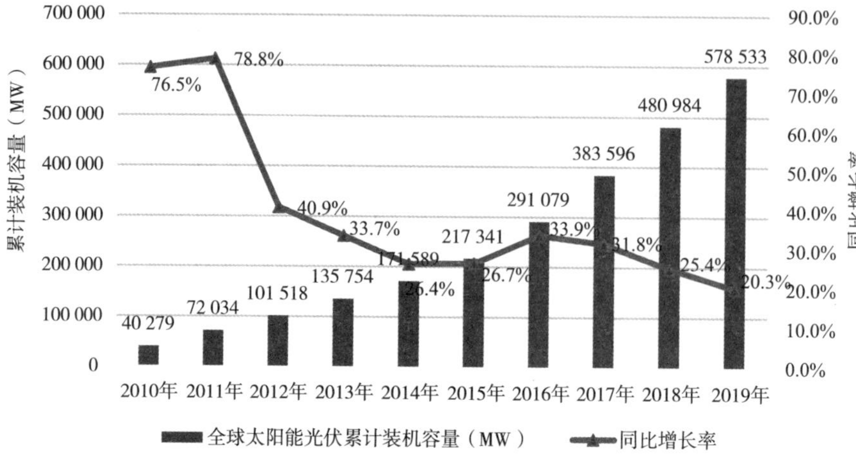

图 1-3　2010—2019 年全球太阳能光伏累计装机容量

资料来源：国际可再生能源署、前瞻产业研究院。

2011—2019 年全球太阳能光伏新增装机容量维持上升趋势，2019 年新增装机容量为 97 569 MW，较 2018 年增长 0.2%，如图 1-4 所示。

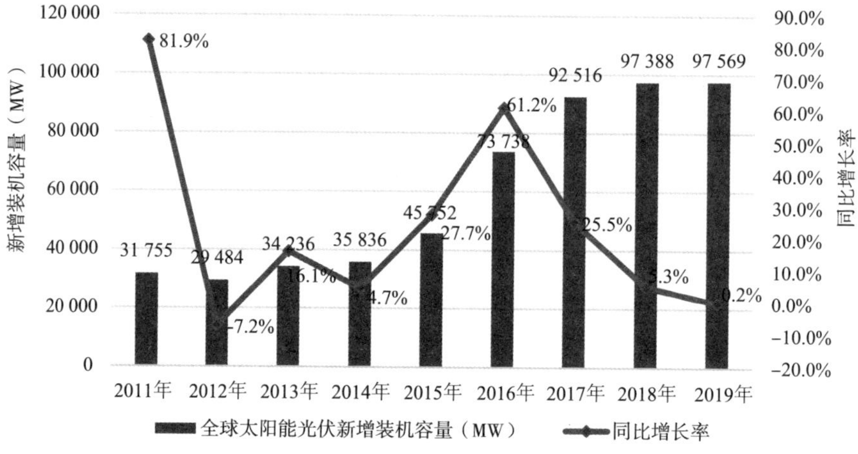

图 1-4　2011—2019 年全球太阳能光伏新增装机容量

资料来源：国际可再生能源署、前瞻产业研究院。

2019 年全球太阳能光伏累计装机容量市场份额主要来自亚洲，亚洲累计装机容量为 330 427 MW，占比为 57.11%；欧洲累计装机容量为 138 539 MW，占比为 23.95%；北美洲累计装机容量为 68 276 MW，占比为 11.80%，如图 1-5 所示。从国家来看，2019 年世界主要光伏发电国家累计装机容量中前三分别为中国、日本、美国，合计占比达到 56.6%，其中中国占全球比重为 35.45%。据国家能源局消息，2021 年

1—6 月，全国光伏新增装机 1 301 万 kW，其中光伏电站 536 万 kW、分布式光伏 765 万 kW。截至 2021 年 6 月底，光伏发电累计装机容量为 2.68 亿 kW。

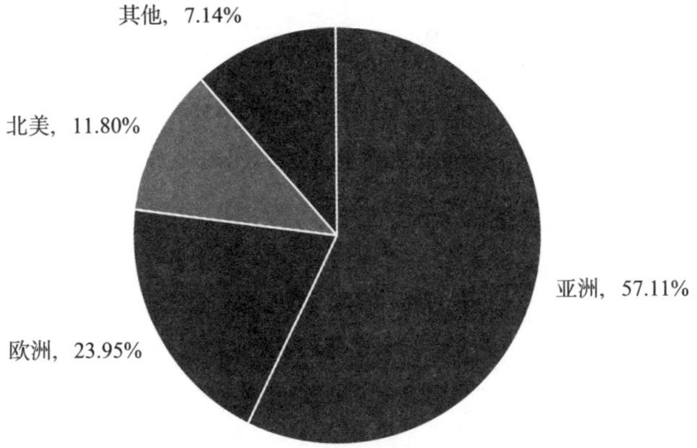

图 1-5　2019 年全球太阳能光伏新增装机容量市场份额

资料来源：国际可再生能源署、前瞻产业研究院。

欧洲太阳能产业协会（SPE）预测，印度有望在未来五年成为全球第二大光伏市场，2019—2023 年新增装机容量近 90 GW。未来五年内，印度、澳大利亚、墨西哥和巴基斯坦光伏市场复合增长率将分别达到 34%、29%、40%和 37%。2023 年全年光伏累计装机容量将达到 1 000 GW 以上，未来五年同比增速均将在 15%以上。

365 光伏发布的“2020 全球光伏企业 20 强排行榜”榜单显示，隆基绿能科技股份有限公司、协鑫（集团）控股有限公司、晶科能源有限公司、天合光能股份有限公司、阿斯特阳光电力有限公司、First Sloar Inc.、Hanwha Q Cells、晶澳太阳能科技股份有限公司、通威股份有限公司、天津中环半导体股份有限公司位列前十。我国企业已经连续两年占据该榜单前五，其中隆基绿能科技股份有限公司以营收 4 716 百万美元位居榜首，如表 1-3 所示。

表 1-3　2020 全球光伏企业 20 强排行榜

2020 年排名	2019 年排名	公司名称	所属国家	2020 年营业收入（百万美元）	2019 年营业收入（百万美元）
1	5	隆基绿能科技股份有限公司	中国	4 716	3 197
2	1	协鑫（集团）控股有限公司	中国	4 494	4 913
3	4	晶科能源有限公司	中国	4 270	3 640
4	3	天合光能股份有限公司	中国	3 351	3 644
5	2	阿斯特阳光电力有限公司	中国	3 200	3 740
6	7	First Sloar.Inc.	美国	3 100	2 244

续表

2020 年排名	2019 年排名	公司名称	所属国家	2020 年营业收入（百万美元）	2019 年营业收入（百万美元）
7	8	Hanwha Q Cells	韩国	3 074	2 120
8	6	晶澳太阳能科技股份有限公司	中国	3 032	2 846
9	14	通威股份有限公司	中国	2 552	1 483
10	9	天津中环半导体股份有限公司	中国	2 213	1 807
11	15	东方日升新能源股份有限公司	中国	2 065	1 443
12	10	SunPower Corp.	美国	1 864	1 726
13	13	浙江正泰新能源开发有限公司	中国	1 709	1 509
14	16	阳光电源股份有限公司	中国	1 699	1 403
15	/	Tesla Inc.	美国	1 530	—
16	11	信息产业电子第十一设计研究院科技工程股份有限公司	中国	1 229	1 556
17	/	尚德新能源投资控股有限公司	中国	1 136	—
18	/	中电科电子装备集团有限公司	中国	1 123	—
19	12	特变电工股份有限公司	中国	1 087	1 525
20	18	SMA Solar Technology AG.	德国	1 025	847

资料来源：365 光伏、前瞻产业研究院。

近年来，我国可再生资源领域的科技创新能力与产业技术水平高速发展，光伏产业规模连续多年位居世界第一，是我国少数在国际市场有话语权的行业之一，光伏发电技术在国际市场拥有绝对竞争优势。环保压力和“十四五”新能源规划等产业政策规划决定了国内非化石能源消费占比会持续提升，而技术进步和成本下降使得光伏产业具备了和传统能源直接竞争的能力，所以光伏产业的持续增长值得期待。

1.2.2 产业发展趋势

近年来，虽然光伏等可再生能源总体保持快速发展趋势，但化石能源仍然在能源消费结构中占比较高，其带来的环境和能源问题依然困扰着全球众多国家和地区。根据国际可再生能源署数据，全球与能源相关的 CO_2 排放量在过去十年中仍保持平均每年 1%的增长率。目前，空气污染每年导致全球约 700 万人过早死亡。国际可再生能源署估计，全球仍有 8.4 亿人无法使用电力，26 亿人无法获得清洁的烹饪能源，因此世界迫切需要清洁、可持续的能源解决方案。根据国际可再生能源署发布的 *Global Renewables Outlook*：*Energy Transformation 2050*，可再生能源占一次能源总供应量的份额必须从 2017 年的约 14%增长到 2050 年的约 65%。

（1）太阳能光伏将引领全球电力行业的转型

根据国际可再生能源署预测，2050 年太阳能光伏发电装机容量将达到 8 519 GW，2025 年太阳能光伏发电将达到总电力需求的 25%，是 2017 年太阳能光伏发电总量的 10 倍以上。根据国际能源署发布的 *Renewables 2019 Global Status Report*，在太阳能光伏的带动下，可再生能源发电装机容量将在 2019—2024 年增长 50%，增长量为 1 200 GW，其中太阳能光伏发电装机容量将占到增长量的 60%。到 2024 年，可再生能源在全球发电中的比例将从目前的 26%上升到 30%。从 2010—2020 年来看，光伏是成本降幅最大的可再生能源形式，全球光伏发电的度电成本已从 2010 年的 0.37 美元快速下降至 2020 年的 0.048 美元，降幅高达 87%，预计到 2050 年光伏发电的成本较 2018 年将下降 65%~70%。光伏资源禀赋优异、成本快速下降，带来全球平价以及行业巨大增量空间，有望成长为主力能源。

（2）全球光伏产业呈现逆势增长

根据欧洲太阳能产业协会（SPE）2020 年发布的《全球光伏市场展望 2020—2024》，2019 年全球光伏新增装机容量达到 116.9 GW，同比增长 13%，占 2019 年全球新增电力装机容量的 48%。在新冠疫情冲击下，2020 年全球能源需求下滑，光伏市场增长势头也受到一定影响。全球太阳能理事会（GSC）对 60 多个国家的 500 多家光伏企业进行的调查显示，2020 年超过 71%的光伏企业出现订单下滑。这些订单下滑的光伏企业中，有六成企业订单量下滑了不到 50%，三成企业订单下滑量了 50%~90%，还有一成企业表示实际已无订单。尽管新冠疫情带来的影响还在持续，但综合国际能源署、欧洲太阳能协会、伍德麦肯兹等机构的市场分析，2020 年全球光伏市场依然呈现出增长的态势，数据显示，2020 年全球光伏新增装机容量在 107~115 GW。

（3）全球多晶硅产业向我国转移，国内市场向头部企业汇聚①

我国多晶硅产业发展迅速，产能和产量均超过全球总量的四分之三。历经产能过剩、淘汰兼并，我国多晶硅产业集中度不断提高，头部企业充分利用自身优势，扩大规模，改进生产工艺，争取在未来的发展中始终保持竞争优势。

多晶硅是光伏产业的重要基础原材料，通过金属硅冶炼所得，用于制造硅片。根据形态的不同，多晶硅可以分为块状硅和颗粒硅。随着光伏产业的迅速扩张，多晶硅的市场需求不断增长，但多晶硅行业投产时间长、产能弹性小、行业壁垒高，大部分产能仍将集中在少数头部企业。

我国多晶硅产业发展极快，已掌握了多晶硅生产的核心技术，国产化进程不断加快，全球多晶硅产业逐渐向我国转移。中国光伏行业协会（CPIA）数据显示，我国多晶硅的产能和产量从 2017 年首次超过全球总量的一半之后，产能和产量不断增长，

① 5 度易链. 全球多晶硅产业向我国转移，多晶硅产量前十企业中我国占据七席！[EB/OL].https://www.sohu.com/a/489973619_121179845.2021-09-15.

2020 年均超过了全球总量的四分之三，如图 1-6 和图 1-7 所示。受新冠疫情影响，2020 年全球多晶硅产能出现较大幅度下降，但我国受影响幅度较小，且全年产量增长了超过 15 个百分点，这主要因为我国头部企业提高了产能利用率，填补了部分企业停产、减产带来的产量缺口。头部企业具有规模、成本等优势，具备强劲的研发实力和技术储备，在激烈的市场竞争中始终保持领先地位，我国多晶硅市场份额不断向头部企业汇聚。中国光伏行业协会数据显示，2019 年我国多晶硅生产排名前五的企业产量总和为 26.2 万 t，占全国总产量的 76.6%；2020 年我国多晶硅生产排名前五的企业产量总和为 34.3 万 t，占全国总产量的 86.7%，增加了超过 10 个百分点。

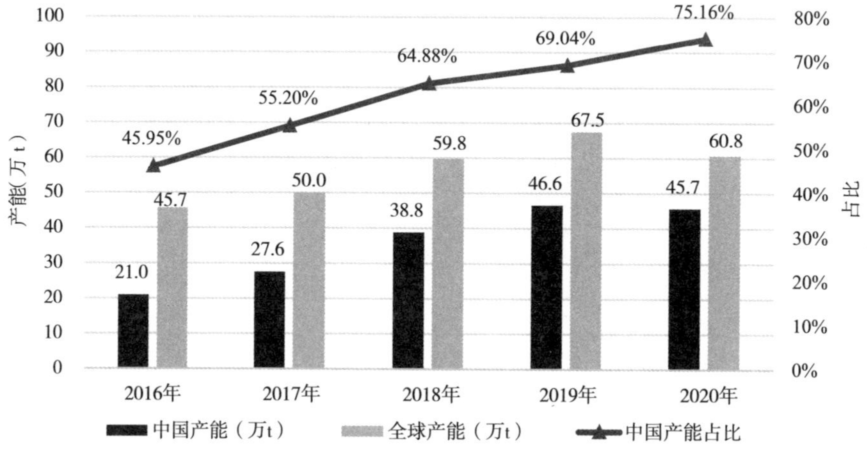

图 1-6　全球及我国多晶硅产能对比情况（2016—2020 年）

资料来源：中国光伏行业协会。

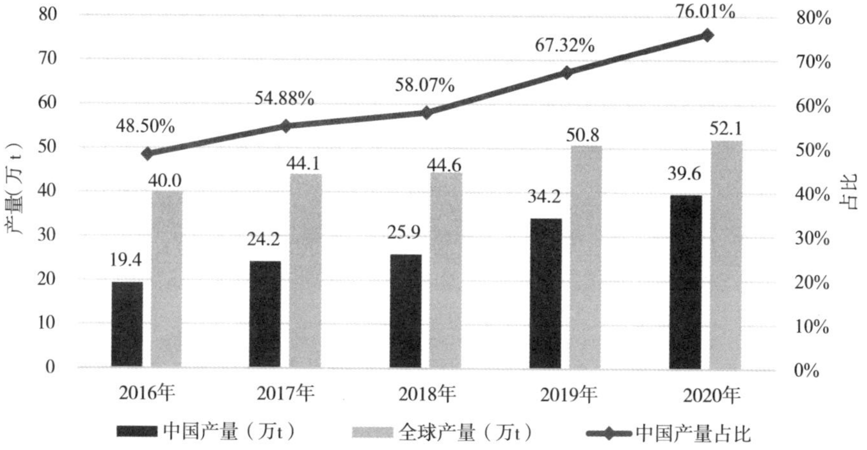

图 1-7　全球及我国多晶硅产量对比情况（2016—2020 年）

资料来源：中国光伏行业协会。

全球多晶硅产业向我国转移，在全球多晶硅产量排名前十企业中我国占据七席，其产量总和为 37.57 万 t，分别为四川永祥股份有限公司、新疆大全新能源股份有限公司、江苏中能硅业科技发展有限公司、新特能源股份有限公司、东方希望集团、亚洲硅业（青海）股份有限公司和内蒙古东立光伏电子有限公司，见表 1-4。它们充分利用自身优势，顺应市场趋势，加大投资规模，高度重视科技创新，不断开发新技术、新工艺，降低生产成本，提升企业竞争力，在我国多晶硅产业发展中做出了突出贡献。

表 1-4　我国主要多晶硅生产企业情况简介

企业名称	简介
四川永祥股份有限公司	成立于 2002 年，是通威集团控股的通威股份有限公司（股票代码：600438）旗下的一家大型民营科技型企业；成立了四川省多晶硅工程技术研究中心、企业技术中心、高纯晶硅制备工程实验室、博士后创新实践基地，拥有自主知识产权 200 多项研究成果；高纯晶硅核心技术已迭代升级至“第七代永祥法”；独创的“反应精馏法”，N 型单晶占比在 90%以上，达到电子级晶硅水平
新疆大全新能源股份有限公司	成立于 2011 年，是一家专注于高纯多晶硅的研发、生产和销售的高新技术企业、国家技术创新示范企业、智能光伏试点示范企业；建设有国家企业技术中心、光伏硅材料开发技术国家地方联合工程实验室、兵团光伏硅材料制造与应用工程技术研究中心、新疆兵团光伏硅材料工程实验室、自治区级企业技术中心
江苏中能硅业科技发展	成立于 2006 年，是香港上市公司保利协鑫（股票代码：HK3800）全资控股的高纯多晶硅生产企业，中国矿业大学校企合作单位，也是目前国内唯一一家实现硅烷流化床法量产的企业
新特能源股份有限公司	成立于 2008 年，是特变电工股份有限公司（股票代码：600089）的控股子公司，是专业从事光伏新能源产品研制，硅基新材等产品研发，风、光资源的开发及运营以及节能环保技术应用的高新技术企业集团，建有国家级企业技术中心、国家地方联合工程研究中心、光伏材料制备与应用技术重点实验室、能源互联网与电力电子实验室
东方希望集团	创立于 1982 年，是伴随我国改革开放成长起来的第一批民营企业，是世界上竞争力最强的多晶硅生产企业之一
亚洲硅业（青海）股份有限公司	成立于 2006 年，是全球领先的高纯硅材料供应商、国家高新技术企业，是国家知识产权优势企业、国家级绿色工厂、国家两化融合贯标试点企业、国家智能光伏试点示范企业、工信部绿色制造和智能制造双项支持企业，建有国家级企业技术中心
内蒙古东立光伏电子有限公司	成立于 2014 年，是由湖北武汉东立置业发展有限公司独家投资的一家现代化化工企业，是目前国内专门生产加工太阳能光伏片原料及工业电子产品原料的大型企业

资料来源：根据公开资料整理。

（4）太阳能与储能的结合将是产业未来的发展趋势

在许多国家，太阳能已成为能源组合的重要贡献者，这主要得益于其在成本、规模和技术上的巨大改进。毋庸置疑，间歇性是太阳能发电技术所面临的挑战。长期以来，人们一直认为太阳能和储能的结合可以解决此问题，平滑发电厂的输出变化，在白天储存电力，使系统可在晚上供电。过去，高成本的储能电池阻碍了储能系统的发展，近年来，锂离子电池价格的降低为较大规模“太阳能+储能”发电模式的建立提供了一定可能性。在一些国家和地区，一些大型公用事业规模的光伏发电厂正在增加储能，以提供稳定的电力供应。另外，各国在发展风电和光伏发电的过程中，均出现了一定的弃风率和弃光率，为了充分利用清洁能源发电，随之而来的便是激励储能的发展。

（5）太阳能发电将实现平价上网

为了实现太阳能发电的平价上网，各国政府和非政府组织对太阳能发电的政策、投资和支持为此奠定坚实的基础。虽然补贴和税惠政策等各种激励政策极大地推动了太阳能发电产业的发展，但目前政府也在做更多的努力，以减轻这些政策激励带来的财政负担。许多国家已面临太阳能补贴的大幅削减，而这可能会阻碍产业的发展。为了抑制这种潜在的衰退，相关政府部门也在致力于推进政策激励方面的改革，以支持大规模太阳能发电系统的开发，如对不同形式拍卖制度的研究。此外，有研究表明，由于住宅太阳能发电规模小，度电成本高于大规模的公用事业规模太阳能发电，因此应为住宅太阳能发电提供更高的补贴，以刺激其发展。

（6）光伏发电将在建筑行业广泛应用

法国和美国等发达经济体利用太阳能光伏屋顶模拟器来评估特定城市的状况，以建立屋顶光伏市场。随着屋顶光伏发电系统和智能系统设计成本的快速下降，具备供电可靠性的潜在的屋顶光伏发电解决方案越来越有吸引力且可靠，与电网扩建相比，这一方案提供了更具竞争力的经济效益。屋顶光伏发电装置可以在电网中断期间为自身提供电力，并提高电力系统的恢复能力，从而为住宅和商业建筑带来价值。从光伏屋顶扩展到外墙、天窗、阳台遮阳板等的应用，也是未来光伏发电服务绿色建筑的主要方向。近年来，光伏建筑一体化（BIPV）技术逐步被引入绿色建筑。BIPV 技术主要以光伏组件为发电器件，并将其集成到建筑上，以达到为建筑供电的目的。BIPV 技术具有以下几个优点：①可以充分利用屋顶或幕墙进行设备安装，并且不用额外配套其他基础设施，空间利用合理；②可以提高建筑利用率，达到节能的目的；③可以达到原地用电及原地放电的目的，在一定距离内可节约将电力输送至电网的成本；④光伏阵列不仅可以提供充足的电力，还可以减轻室内冷负荷；⑤光伏阵列的安装可以改善建筑物的外观；⑥控制系统较为集中，电力控制、维护及其他操作系统都可以集中在一个建筑物内；⑦光伏发电系统是一个清洁环保的系统，无噪声、污染物及燃料排放，可极大地提高楼盘的综合质量。

（7）分布式光伏发电市场将大幅增长

灵活性是电力系统的新主张。除大规模电站的投资，分布式光伏发电（PVDG）无论是在住宅还是在商业建筑屋顶，都将发挥重要作用。考虑到支持政策和机构发展有限，离网太阳能系统的潜在市场在很大程度上仍然未被开发。支持分布式光伏发电已成为气候和能源政策的核心部分。从概念上讲，分布式光伏发电的特征是使用分散以及连接电力系统。在使用方面，分布式光伏发电系统是为自身消费而安装的，因此靠近负载；在连接方面，其是与电网的中压或低压部分相连的。这项技术使在电力供应有限或无电力供应的地区可以使用清洁电力，并为向可持续性转型的发达国家提供具有竞争力的可再生能源。此外，光伏发电的不断发展能够带来广泛的社会效益和环境效益，有利于创造就业机会，以及帮助电力部门脱碳。随着低碳能源支持政策的不断增加，光伏发电技术的竞争力也在不断提升，这些都促进了分布式光伏发电的发展。2009—2017 年，光伏组件的成本下降 85%以上。2016 年，分布式光伏发电的年新增装机容量占全球光伏发电的 29%；到 2030 年，分布式光伏发电装机容量有望达到 546 GW，相当于光伏发电总装机容量的 62.6%。

(8)随着新技术涌现，光伏电池片转换效率将不断提升

随着光伏企业不断加大研发投入，光伏发电技术持续取得突破，电池片的转换效率逐年提升，见表 1-5。近年来电池片转换效率已从过去的每年较上一年提升 0.3%~0.5%增加至 1%以上。2017 年以来，陆续有 PERC、N 型、黑硅、双面组件等新技术逐步走向市场，电池片的转换效率呈现加速提升的趋势，相应地光伏发电的系统成本持续下降。同时，光伏逆变器的技术也不断推陈出新，如集散式光伏逆变器技术、“逆变升压”一体化方案等。

表 1-5　电池片平均转换效率情况

年份	多晶硅电池转换效率	单晶硅电池转换效率	单晶 PERC 转换效率	多晶 PERC 转换效率
2010 年	16.3%~16.6%	17.8%~18%	—	—
2011 年	16.6%~16.8%	18%~18.5%	—	—
2012 年	16.8%~17.3%	18.5%~19%	20.3%~21%	—
2013 年	17.3%~18.4%	19%~19.3%	20.3%~21.2%	—
2014 年	17.6%~18.3%	19.1%~19.5%	21.40%	20%~20.76%
2015 年	18%~18.4%	19.3%~19.8%	20.5%~21.7%	21.25%
2016 年	18.3%~19.2%	19.8%~20.8%	21.13%~22.61%	20.16%
2017 年	18.80%	20.20%	23.26%	22.04%
2018 年	19.20%	21.8%	21.8%~23.4%	21.6%

资料来源：根据公开资料整理。

1.3　我国太阳能光伏产业发展现状

我国三分之二的国土面积年日照小时数在 2 200 h 以上，年太阳辐射总量大于

5 000 MJ/m^2,属于太阳能利用条件较好的地区。西藏、青海、新疆、甘肃、内蒙古、山西、陕西、河北、山东、辽宁、吉林、云南、广东、福建、海南等地区的太阳辐射能力较大,尤其是青藏高原地区太阳能资源最为丰富。

在光伏产业领域,我国太阳能光伏发电异军突起,目前无论是产量还是质量都占据世界第一的地位。根据国际可再生能源署的数据统计,2019 年我国太阳能光伏装机总容量占全球的三分之一以上,并取得了三项“世界第一”,即光伏制造业规模世界第一,光伏装机容量世界第一,光伏发电量世界第一。从世界主要国家太阳能光伏装机容量看,我国为 205 072.17 MW,占世界总装机量的 35.45%;日本为 61 840 MW,占 10.69%;美国为 60 539.9 MW,占 10.46%;德国为 49 016 MW,占 8.47%;印度为 34 831.38 MW,占 6.02%。从产业链看,2018 年,我国多晶硅产量占全球总产量的 57.8%,电池组件占比超过 70%,硅锭、硅片占比更高达 90%。十年间,我国光伏产品和发电成本下降超过 90%,生产技术水平和设备国产化率均大幅度提高,目前我国光伏发电产业年产值已超过 5 000 亿元。2020 年 12 月 12 日,中国光伏行业年度大会在义乌召开,会议预计“十四五”期间,我国新增光伏装机规模可达到 70 GW,乐观预计可达到 90 GW,这相当于“十三五”期间的 5.6 倍,而在出口方面也会保持良好的态势,2020 年光伏发电在全国发电总量中位列第三位。从远景看,到 2050 年全球可再生能源电力结构将占 79%,其中光伏发电将占 33%,太阳热将成为世界第一能源。但是,与蓬勃发展的光伏市场相比,我国在光伏技术领域却落后于发达国家,许多跨国公司已经开始对光伏技术领域关键技术进行层层专利布局,意图垄断未来的太阳能产业市场。因此,无论从能源安全,还是从产业创新的角度考虑,滨海新区都有必要大力实施太阳能产业专利导航战略,为我国太阳能产业协调发展保驾护航。

1.3.1 产业发展基础

太阳能的开发和利用主要包括太阳能热利用产业和光伏产业。其中,我国的太阳能热利用产业发展比较成熟,已成为世界上最大的太阳能热水器生产国和最大的太阳能热水器市场;太阳能光伏产业是目前太阳能技术开发利用的主要方面。

太阳能光伏是太阳能利用的重要形式,太阳能光伏发电对不可再生资源和制造材料的依赖度不高,将成为未来替代化石能源的主力。自 2007 年以来,我国太阳能电池产量已连续 9 年居世界首位。随着国内光伏市场的逐步扩大,自 2003 年起,我国太阳能电池的年安装量超过日本、美国等国家居世界首位,2015 年我国累计太阳能电池安装量首次超过德国,居世界首位,这表明我国正在从光伏生产大国、应用小国向光伏生产大国、应用大国转变。

目前来看,光伏已经成为我国的著名产业名片之一,具有了极强的国际竞争力。

在装机方面，我国光伏发电新增装机量连续6年位居全球第一，累计装机规模连续4年位居全球第一；在技术水平和产量质量方面，近年来，我国光伏组件产量一直保持在占全球70%左右的水平，且不断突破高效电池转换效率的世界纪录；在龙头企业培育方面，多年来，全球前10强光伏组件企业中，我国企业数量都至少占到70%~80%。

（1）我国太阳能光伏产业发展历程

我国于1958年开始研究光伏电池技术，并在1971年首次将其成功应用于发射的东方红二号卫星上，1973年开始将光伏电池应用于地面。20世纪80年代以前，我国太阳能光伏产业尚未形成规模，太阳能电池的年产量不足10 kW，且价格昂贵。受产量及价格的限制，太阳能电池除用作卫星电源外，在地面上仅用于小功率电源系统。进入21世纪后，国家对光伏产业给予大力支持，使得我国的太阳能光伏产业开始蓬勃发展，总体上我国太阳能光伏产业的发展分为六个主要阶段，具体见表1-6。

表1-6　我国太阳能光伏产业发展历程

发展阶段	该阶段我国光伏产业的发展情况
快速发展期（2004—2008年）	随着2004年德国修改《可再生能源法》，2005年西班牙出台上网电价政策，欧洲市场带动全球的光伏需求，2005年我国颁发《中华人民共和国可再生能源法》。我国光伏制造业在此背景下，一方面利用国外先进技术和国际市场，另一方面得到政府支持，迅速形成规模。经过2005—2008年的快速发展，我国成为世界最大的太阳能光伏产品制造基地，电池制造、组件封装、切片技术居世界先进水平。此阶段，市场需求主要以国外市场为主
首度调整期（2008—2009年）	全球金融危机爆发，欧洲各国如西班牙的政策支持力度减弱导致光伏电池需求减退，我国光伏制造业面临国际市场需求减少的困境，受到重挫
逆势爆发式增长期（2009—2010年）	德国、意大利在光伏产品价格下跌的背景下，爆发了抢装潮，市场迅速回暖。与此同时，我国出台了应对全球金融危机的一揽子政策，光伏产业成为战略性新兴产业，催生了新一轮光伏产业投资热潮
剧烈调整期（2011—2013年）	上一阶段的爆发式回升导致光伏制造业产能增长过快，与此同时，欧洲补贴力度削减降低了市场需求增速，导致光伏制造业陷入阶段性产能过剩，产品价格大幅下滑，贸易保护主义兴起，我国光伏制造业再次经历挫折
逐渐回暖期（2014—2018年5月）	日本出台力度空前的光伏发电补贴政策，使市场供需矛盾有所缓和。同时，中欧光伏贸易纠纷通过承诺机制解决，我国以《国务院关于促进光伏产业健康发展的若干意见》（国发〔2013〕24号）为代表的光伏产业支持政策密集出台，配套措施迅速落实。随着国内光伏技术的快速进步，从原、辅料到设备迅速实现国产化，成本降低的同时，发电效率不断提升，光伏发电成本已越来越接近上网电价。我国及全球主要的光伏市场装机容量呈持续快速健康增长
产业加速升级（2018年6月至今）	在我国光伏发电建设规模不断扩大、技术进步和成本下降速度明显加快的背景下，为促进光伏行业健康可持续发展，提高发展质量，加快补贴退坡，国家发展改革委、财政部、国家能源局联合发布了“531”政策文件，旨在：①合理把握发展节奏，优化光伏发电新增建设规模；②加快光伏发电补贴退坡，降低补贴强度；③发挥市场配置资源决定性作用，进一步加大市场化配置项目力度。随着光伏发展市场化程度提高，此次新政的发布将优化光伏产能建设，淘汰落后产能，加快产业升级

资料来源：根据公开资料整理。

(2)我国太阳能光伏产业发展现状

1)我国光伏发电装机量高速发展

根据中国光伏行业协会发布的数据显示，2007年我国光伏发电年新增装机量仅为0.02 GW，2017年达到53.06 GW,年均复合增长率超过100%。2015年我国光伏发电累计装机量跃居世界首位，2016年居光伏发电年新增装机量年跃世界首位。2018年,我国光伏产业政策出现较大调整,政策思路从推动快速扩大国内光伏市场规模转向合理控制发展节奏、降低发电成本、减少补贴依赖、实现行业有序高质量发展。受政策变动影响,我国光伏应用市场需求减缓，2018年我国新增光伏并网装机容量为44.26 GW,较上年降低16.58%。2019年,我国光伏新增并网装机容量为30.11 GW,同比减少31.97%。2019年,我国光伏发电项目采取了“优先支持不需要国家补贴的平价项目,对需要国家补贴的项目实施竞价”的管理模式,但因政策出台时间较晚,项目建设时间不足半年,导致很多项目2019年底前无法并网,再加上补贴拖欠导致民营企业投资积极性下降等原因,截至2019年底,竞价项目实际并网装机容量只有目标规模的1/3。2020年,我国新增光伏并网装机容量达到48.2 GW,同比增长60.08%,连续8年位列全球第一;光伏累计装机规模达到253 GW,连续6年居全球首位。2011—2020年我国光伏新增并网装机量如图1-8所示。

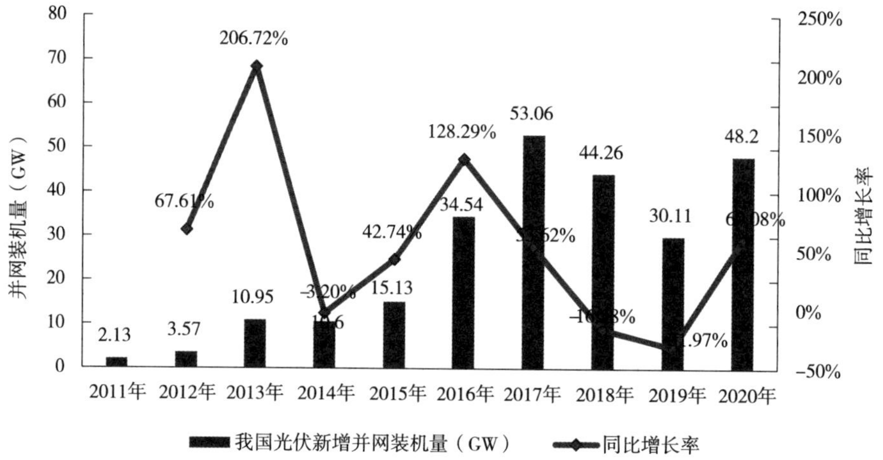

图1-8　2011—2020年我国光伏新增并网装机量

资料来源:中国光伏行业协会。

同时,在海外市场拉动下,我国光伏产业规模稳步扩大、技术创新不断推进、出口增速不断提升,整体呈现出增长趋势。在多晶硅、硅片、电池片、光伏组件等环节,我国产量仍维持快速增长趋势。2018—2020年我国光伏产业链各环节产量情况详见表1-7。

表 1-7 2018—2020 年我国光伏产业链各环节产量情况

产品类别	2020 年		2019 年		2018 年
	产量	增长率	产量	增长率	产量
多晶硅（万 t）	39.2	14.6%	34.2	32.0%	25.9
硅片（GW）	161.3	19.7%	134.7	25.8%	107.1
电池片（GW）	134.8	22.2%	110.3	29.8%	85.0
光伏组件（GW）	124.6	26.4%	98.6	17.0%	84.32

资料来源：中国光伏行业协会。

2）我国光伏产业链布局完整，具有国际竞争力

我国广阔的市场和政策的推动孕育了强大完整的光伏产业链，使得我国光伏产业链在全球具有领先的规模优势。中国光伏行业协会公布的数据显示，2019 年我国多晶硅、硅片、电池片和光伏组件的产量占全球总产量的比重分别达到 67.30%、97.40%、78.70%和 71.30%，如图 1-9 所示。

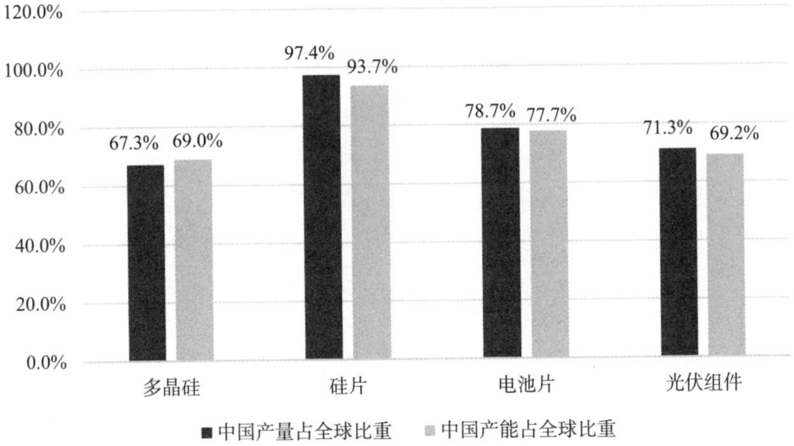

图 1-9 2019 年我国光伏产业链各环节产量和产能占全球的比重

资料来源：中国光伏行业协会。

3）我国光伏发电成本大幅降低，逐步迈向平价上网

“十三五”以来，我国光伏行业技术水平不断提高，开发建设成本持续降低。根据中国光伏行业协会公布的数据，2019 年投产的光伏电站平均投资成本比 2017 年降低超过 32%。随着可再生能源消纳状况持续好转，项目的经济性稳步提升，为推进光伏发电平价上网创造了有利条件。

2019 年，我国开始规模化推进光伏无补贴平价项目建设。2019 年 1 月，国家发

展改革委、国家能源局联合印发《关于积极推进风电、光伏发电无补贴平价上网有关工作的通知》，并提出具体支持政策措施，积极推进光伏发电平价上网。2020 年 3 月，国家能源局下发《关于 2020 年风电、光伏发电项目建设有关事项的通知》，提出 2020 年光伏发电项目建设方案，指出要积极支持、优先推进无补贴平价上网光伏发电项目建设。根据国家发展改革委、国家能源局于 2019 年 5 月发布的《关于公布 2019 年第一批风电、光伏发电平价上网项目的通知》（发改办能源〔2019〕594 号），我国 16 个省（自治区、直辖市）2019 年第一批申报的平价上网光伏项目达到 168 个，装机容量为 14.78 GW。

光伏平价项目不再需要国家补贴支持，即可达到较为满意的收益率。补贴政策的支持和限制不再对光伏行业增长产生重大影响，行业的未来发展源于自身度电成本竞争力以及清洁环保特性。随着光伏发电平价上网的逐步实现，我国光伏行业将迎来新的发展动力，未来发展空间十分广阔。

1.3.2 产业发展政策

太阳能作为清洁能源的典型代表，得到了世界各国的普遍青睐和关注。我国为发展太阳能产业，早在 1995 年，国家计委、科委、经贸委就共同制定颁布了《新能源和可再生能源发展纲要（1996—2010）》以及“新能源可再生能源优先发展项目”，规划了太阳能产业发展的目标。此后，在数次国家“五年规划”中更提出了发展清洁能源的具体要求。

从 20 世纪开始，中央和地方政府开始对太阳能产业进行综合规划，并出台了一系列文件，逐步形成中央总体把握、地方政府根据各地实际情况具体细化的特点，并相继颁布了《电力工业科学技术发展规划》《能源节约与资源综合利用“十五”规划》等文件，将包括太阳能在内的新能源作为重要的发展目标，在原有规划的基础上，对太阳能产业做出具体的指导。进入 21 世纪，相关部门又相继实施了《新能源和可再生能源产业发展“十五”规划》《可再生能源发展“十一五”规划的通知》等。

为鼓励太阳能开发与利用，1997 年颁布的《中华人民共和国节约能源法》明确要求支持发展太阳能等新能源，2005 年颁布了《中华人民共和国可再生能源法》，此后陆续发布了《国务院关于加快培育和发展战略性新兴产业的决定》《国务院关于促进光伏产业健康发展的若干意见》《国家发展改革委关于发挥价格杠杆作用促进光伏产业健康发展的通知》《“十三五”国家战略性新兴产业发展规划》等一系列法律法规及产业政策，对行业进行监督管理，促进行业与公司的持续、快速和健康发展。我国太阳能领域主要标志性法律法规如图 1-10 所示。

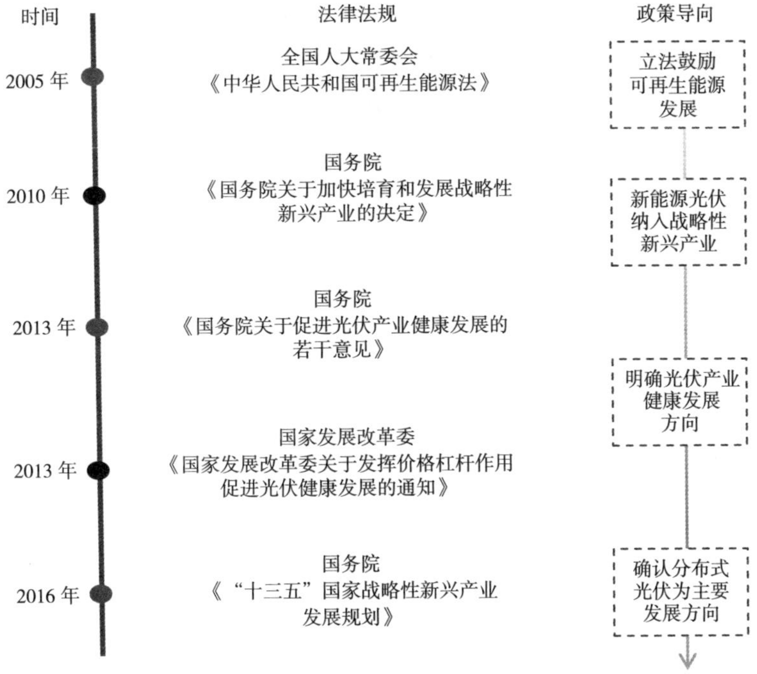

图 1-10　我国太阳能领域主要标志性法律法规

资料来源:根据公开资料整理。

为了更好地配合国家层面对太阳能产业的总体规划,在混合性工具方面我国各地政府在结合本地区特色的基础上,相继颁布和采取了一些政策措施,使太阳能产业政策能够真正"落地",更具有效性。

2001 年,国家推出"中国光明工程",旨在利用光伏发电解决偏远缺电山区居民用电问题,这是光伏产业正式起步发展时期。2002 年前后,无锡尚德、英利集团等民营企业投入光伏产品生产,这是我国出现的第一代现代化光伏企业。2006 年,在深圳举办的"国际园林花卉博览会"上,投入 6 600 万元建成一台 1 MW 光伏电站,这一举措提升了光伏发电的知名度,促使社会认识到光伏发电的诸多益处。

2005 年 2 月,全国人民代表大会常务委员会通过《中华人民共和国可再生能源法》,将太阳能等可再生能源的开发利用列为能源发展的优先领域。

2009 年 7 月,财政部、科技部、国家能源局联合发布《关于实施金太阳示范工程的通知》,确定采取国家综合性支持,在科技方面,在综合性财政补贴和市场拉动方面给予很多支持,促使我国光伏产业在规模化、市场化方面得到有力发展;对实施示范工程的 329 个项目,给予有力支持,使光伏产业链上形成比较完善的建设。

2013 年 7 月,国务院通过《国务院关于促进光伏产业健康发展的若干意见》,把扩大国内市场、提高技术水平、加快产业转型升级作为促进光伏产业持续健康发展的根本出路和基本立足点，进一步从价格、补贴、税收、并网等多个层面明确了光伏发电的政策框架，地方政府相继制定了支持光伏发电应用的政策措施。其要求在2013年产量2 000 MW基础上，在2017年达到50 000 MW，光伏电板转换率从0.5%提高到22.5%，发电成本从超过1元/kW·h降到0.15~0.35元/kW·h，这已和传统火电价格相当，对部分光伏发电富光区要降到0.1元/kW·h，为实现上述高发展目标，国家给予光伏产业巨多的补贴和减免税举措，促使光伏产业进入高速发展时期。这样到2016年我国光伏总装机容量达到7 742 MW，此年为我国成为全球装机容量最大的国家开始年份。

2016年，国家发展改革委、国务院扶贫开发领导小组办公室、国家能源局、国家开发银行、中国农业发展银行联合发布《关于实施光伏发电进行扶贫工作的意见》，加快分布式光伏发电进入贫困地区。2016年国家能源局制定的《太阳能发展“十三五”规划》指出，到2020年，我国太阳能发电装机要达到1.1亿kW以上，其中分布式装机容量为60 000 MW。随着国家在农村大力发展光伏发电，很多农民和小城镇居民都积极安装光伏发电装置，而且应用方式多种多样，如租用房顶、屋边地，先贷款发电后返款，还有居民自己装用等。

2018年4月，工业和信息化部、住房和城乡建设部、交通运输部、农业农村部、国家能源局、国务院扶贫办联合发布《智能光伏产业发展行动计划（2018—2020年）》，提出光伏产业是基于半导体技术和新能源需求而兴起的朝阳产业，是未来全球先进产业竞争的制高点。开展智能光伏建筑和城镇应用示范，采取“政府引导、企业自愿、金融支持、社会参与”方式引入屋顶出租，节能服务多种商业模式，建设独立的“就地消纳”分布式屋顶和建筑光伏一体化电站，促使农村山区分布式光伏大量应用。2018年后光伏国家补贴不再实行，为加快发展光伏产业，各地政府根据具体情况实施不同程度补助，我国光伏产业进入市场化平价网络的新时代，但光伏产业正在步入新一轮发展的快车道。

2019年1月，国家发展改革委、国家能源局发布《关于积极推进风电、光伏发电无补贴平价上网有关工作的通知》，明确开展平价上网项目和低价上网试点项目建设，促进光伏发电通过电力市场化交易无补贴发展。

2020年3月，国家能源局发布《关于2020年风电、光伏发电项目建设有关事项的通知》，确定2020年新建光伏发电项目补贴预算总额度为15亿元，政策层面体现出较强的支撑态度。

2020年10月，党的十九届五中全会召开，对光伏产业的顶层设计更加明确，要求：2030年全国可再生能源占比为30%，其中光伏占10%；2040年全国可再生能源占比为50%，其中光伏占20%；21世纪末全国可再生能源占比为80%，其中光伏占60%。

2020 年 11 月，生态环境部发布《全国碳排放权交易管理办法（试行）》和《全国碳排放权登记交易结算管理办法（试行）》，这对顺利实施碳中和非常有利。如对全国重点的光伏减排给予补贴，一个 100 MW 光伏电站，通过碳交易可额外增加 4 620 万元的收益，相当于 1.5 年发电量的收益，多余的电还可以通过网络卖给用电户。

2021 年 5 月，国家能源局正式发布《关于 2021 年风电、光伏发电开发建设有关事项的通知》。国家能源局有关领导介绍，2021 年是“十四五”开局之年，也是风电、光伏发电平价上网的第一年，我国风电、光伏发电发展的边界条件发生深刻变化，发展逻辑、发展理念和发展思路也需随之调整，有必要按照目标导向，出台新的年度政策，完善发展机制，释放消纳空间，优化发展环境，给行业和企业更加明确的预期，切实增强市场主体信心，促进风电、光伏发电实现大规模、高比例、高质量跃升发展。既立足当前，就 2021 年风电、光伏发电项目开发建设提出目标要求，也着眼长远，建立三方面的长效机制，即建立消纳责任权重引导机制，建立并网多元保障机制，建立保障性并网、竞争性配置机制。

我国目前光伏领域主要法律法规及产业政策见表 1-8。

表 1-8　我国光伏领域主要法律法规及产业政策

序号	发布时间	政策名称	颁布单位	相关内容
1	2021 年 4 月	《2021 年能源工作指导意见》	国家能源局	深入落实我国碳达峰、碳中和目标要求，推动能源生产和消费革命，高质量发展可再生能源，大幅提高非化石能源消费比重，控制化石能源消费总量，着力提高利用效能，持续优化能源结构
2	2021 年 3 月	《中华人民共和国国民经济和社会发展第十四个五年规划和 2035 年远景目标纲要》	国务院	推进能源革命，建设清洁低碳、安全高效的能源体系，提高能源供给保障能力，加快发展非化石能源，坚持集中式和分布式并举，大力提升风电、光伏发电规模，加快发展东中部分布式能源，非化石能源占能源消费总量比重提高到 20%左右
3	2021 年 3 月	《光伏制造行业规范条件（2021 年本）》	工信部	引导光伏企业减少单纯扩大产能的光伏制造项目，加强技术创新，提高产品质量，降低生产成本
4	2021 年 3 月	《政府工作报告——2021 年 3 月 5 日在第十三届全国人民代表大会第四次会议上》	国务院	扎实做好碳达峰、碳中和各项工作。制定 2030 年前碳排放达峰行动方案。优化产业结构和能源结构。推动煤炭清洁高效利用，大力发展新能源，在确保安全的前提下积极有序发展核电
5	2021 年 2 月	《关于引导加大金融支持力度　促进风电和光伏发电等行业健康有序发展的通知》	国家发展改革委、财政部、中国人民银行、银保监会、国家能源局	各地政府主管部门、有关金融机构充分认识发展可再生能源的重要意义，合力帮助企业渡过难关，支持风电、光伏发电、生物质发电等行业健康有序发展

续表

序号	发布时间	政策名称	颁布单位	相关内容
6	2021 年 2 月	《国务院关于加快建立健全绿色低碳循环发展经济体系的指导意见》	国务院	提升可再生能源利用比例，大力推动风电、光伏发电发展
7	2020 年 6 月	《2020 年能源工作指导意见》	国家能源局	壮大清洁能源产业，推进能源结构转型，持续发展非化石能源；落实《关于 2020 年风电、光伏项目建设有关事项的通知》，保持风电、光伏发电合理规模和发展节奏；有序推进集中式风电、光伏和海上风电建设，加快中东部和南方地区分布式光伏、分散式风电发展；积极推进风电、光伏发电平价上网
8	2020 年 4 月	《中华人民共和国能源法（征求意见稿）》	国家能源局	调整和优化能源产业结构和消费结构，优先发展可再生能源，安全高效发展核电，提高非化石能源比重，推动化石能源的清洁高效利用和低碳化发展
9	2020 年 4 月	《关于 2020 年光伏发电上网电价政策有关事项的通知》	国家发展改革委	鼓励各地出台针对性扶持政策，支持光伏产业发展；对集中式光伏发电继续制定指导价；降低工商业分布式光伏发电补贴标准；降低户用分布式光伏发电补贴标准
10	2020 年 4 月	《关于做好可再生能源发展“十四五”规划编制工作有关事项的通知》	国家能源局	突出市场化低成本优先发展可再生能源战略。“十四五”是推动能源转型和绿色发展的重要窗口期，也是陆上风电和光伏发电全面实现无补贴平价上网的关键时期。要充分发挥可再生能源成本竞争优势，坚持市场化方向，优先发展、优先利用可再生能源
11	2020 年 3 月	《关于 2020 年风电、光伏发电项目建设有关事项的通知》	国家能源局	积极推进平价上网项目建设，合理确定需国家财政补贴的项目竞争配置规模，全面落实电力送出消纳条件
12	2019 年 5 月	《关于 2019 年风电、光伏发电项目建设有关事项的通知》	国家能源局	积极推进平价上网项目建设；严格规范补贴项目竞争配置；全面落实电力送出消纳条件；优化建设投资营商环境
13	2019 年 5 月	《关于建立健全可再生能源电力消纳保障机制的通知》	国家发展改革委、国家能源局	为解决可再生能源的消纳问题提供相应的实施机制
14	2019 年 4 月	《关于完善光伏发电上网电价机制有关问题的通知》	国家发展改革委	完善集中式光伏发电上网电价形成机制；适当降低新增分布式光伏发电补贴标准
15	2019 年 1 月	《关于积极推进风电、光伏发电无补贴平价上网有关工作的通知》	国家发展改革委、国家能源局	推进风电、光伏发电平价上网项目和低价上网试点项目建设，并提出具体支持政策措施
16	2018 年 10 月	《清洁能源消纳行动计划（2018—2020 年）》	国家发展改革委、国家能源局	到 2020 年基本解决清洁能源消纳问题，并对各省区清洁能源消纳目标做出规定

续表

序号	发布时间	政策名称	颁布单位	相关内容
17	2018 年 8 月	《关于打赢脱贫攻坚战三年行动的指导意见》	中共中央、国务院	在条件适宜地区，以贫困村村级光伏电站建设为重点，有序推进光伏扶贫；支持贫困县整合财政涉农资金发展特色产业
18	2018 年 5 月	《关于 2018 年光伏发电有关事项的通知》	国家发展改革委、财政部、国家能源局	对 2018 年光伏发电发展的有关事项进行安排部署：①合理把握发展节奏，优化光伏发电新增建设规模，根据行业发展实际，暂不安排 2018 年普通光伏电站建设规模；②加快光伏发电补贴退坡，降低补贴强度；③发挥市场配置资源决定性作用，进一步加大市场化配置项目力度
19	2018 年 4 月	《智能光伏产业发展行动计划（2018—2020 年）》	工信部、住建部、交通运输部、农业农村部、国家能源局、国务院扶贫办	坚持协同施策、分步推进，加快提升光伏产业智能制造水平，推动互联网、大数据、人工智能等与光伏产业深度融合，鼓励特色行业智能光伏应用，促进我国光伏产业迈向全球价值链中高端。 到 2020 年，智能光伏工厂建设成效显著，行业自动化、信息化、智能化取得明显进展；智能制造技术与装备实现突破，支撑光伏智能制造的软件和装备等竞争力显著提升；智能光伏产品供应能力增强并形成品牌效应，“走出去”步伐加快；智能光伏系统建设与运维水平提升，并在多领域大规模应用，形成一批具有竞争力的解决方案供应商；智能光伏产业发展环境不断优化，人才队伍基本建立，标准体系、检测认证平台等不断完善
20	2018 年 2 月	《关于印发 2018 年能源工作指导意见的通知》	国家能源局	壮大清洁能源产业，稳步发展风电和太阳能发电，强化风电、光伏发电投资监测预警机制，控制弃风、弃光严重地区新建规模，确保风电、光伏发电弃电量和弃电率实现“双降”；有序建设重点风电基地项目，推动分散式风电、低风速风电、海上风电项目建设；积极推进风电平价上网示范项目建设，研究制定风电平价上网路线图；健全市场机制，继续实施和优化完善光伏发电“领跑者”计划，启动光伏发电平价上网示范和实证平台建设工作；稳步推进太阳能热发电示范项目建设
21	2017 年 9 月	《关于推进光伏发电“领跑者”计划实施和 2017 年领跑基地建设有关要求的通知》	国家能源局	为使领跑基地成为光伏发电行业真正“领跑者”，领跑基地建设实行规模总量控制，同时发挥规模效应、强化监测监管；每期领跑基地控制规模为 800 万 kW，其中应用领跑基地和技术领跑基地规模分别不超过 650 万 kW 和 150 万 kW；每个基地每期建设规模 50 万 kW，应用领跑基地每个项目规模不小于 10 万 kW，技术领跑基地每个项目规模为 25 万 kW；明确领跑基地的建设模式及技术指标、优选方式等有关工作要求

续表

序号	发布时间	政策名称	颁布单位	相关内容
22	2017年7月	《关于可再生能源发展“十三五”规划实施的指导意见》	国家能源局	公布2017—2020年风电、光伏电站新增建设规模方案,以及生物质发电“十三五”规划布局方案。其中,光伏领跑技术基地2017—2020年累计装机目标为3 200万kW。 对屋顶光伏以及建立市场化交易机制就近消纳的2万kW以下光伏电站等分布式项目,市场主体在符合技术条件和市场规则的情况下自主建设;对集中式光伏电站,以不发生限电为前提,设定技术进步、市场消纳、降低补贴等条件,通过竞争配置方式组织建设;光伏扶贫根据有关地区扶贫任务的需要,有关省(自治区、直辖市)能源主管部门会同扶贫部门组织地方政府编制光伏扶贫计划
23	2017年4月	《太阳能光伏产业综合标准化技术体系》	工信部	构建科学合理、技术先进、协调配套的光伏产业综合标准化技术体系
24	2017年2月	《2017年能源工作指导意见》	国家能源局	进一步优化光伏扶贫工程布局,优先支持村级扶贫电站建设
25	2017年1月	《关于试行可再生能源绿色电力证书核发及自愿认购交易制度的通知》	国家发展改革委、财政部、国家能源局	为引导全社会绿色消费,促进清洁能源消纳利用,进一步完善风电、光伏发电的补贴机制,拟在全国范围内试行可再生能源绿色电力证书核发和自愿认购,扩大补贴资金来源
26	2016年12月	《能源生产和消费革命战略(2016—2030)》	国家发展改革委、国家能源局	推动非化石能源跨越式发展;坚持分布式和集中式并举,以分布式利用为主,推动可再生能源高比例发展;优化风电和光伏发电布局,加快中东部可再生能源发展;加快发展高效太阳能发电利用技术和设备,重点研发太阳能电池材料、光电转换、智能光伏发电站、风光水互补发电等技术,研究可再生能源大规模消纳技术;实施光伏(热)扶贫工程,通过建设太阳能光伏电站、开发水电资源等方式,探索能源开发收益共享等能源扶贫新机制
27	2016年12月	《能源发展“十三五”规划》	国家发展改革委、国家能源局	将风电、光伏布局向中东部转移,新增太阳能装机中,中东部地区约占56%,并以分布式开发、就地消纳为主。 2020年,太阳能发电规模达到1.1亿kW以上,其中分布式光伏6 000万kW、光伏电站4 500万kW、光热发电500万kW,光伏发电力争实现用户侧平价上网

续表

序号	发布时间	政策名称	颁布单位	相关内容
28	2016 年 12 月	《太阳能发展“十三五”规划》	国家能源局	到 2020 年底，太阳能发电装机达到 1.1 亿 kW 以上。其中，光伏发电装机达到 1.05 亿 kW 以上，在“十二五”基础上每年保持稳定的发展规模；太阳能热发电装机达到 500 万 kW，太阳能热利用集热面积达到 8 亿 m^2。到 2020 年，太阳能年利用量达到 1.4 亿 t 标准煤以上；光伏发电电价水平要在 2015 年基础上下降 50%以上，在用电侧实现平价上网目标；太阳能热发电成本低于 0.8 元/kW · h，太阳能供热、工业供热具有市场竞争力
29	2016 年 12 月	《可再生能源发展“十三五”规划》	国家发展改革委、国家能源局	到 2020 年，太阳能发电装机达到 1.1 亿 kW 以上。全面推进分布式光伏和“光伏+”综合利用工程。继续支持在已建成且具备条件的工业园区、经济开发区等用电集中区域规模化推广屋顶光伏发电系统；积极鼓励在电力负荷大、工商业基础好的中东部城市和工业区周边，按照就近利用的原则建设光伏电站项目；结合土地综合利用，依托农业种植、渔业养殖、林业栽培等，因地制宜创新各类“光伏+”综合利用商业模式，促进光伏与其他产业有机融合；创新光伏的分布利用模式；在中东部等有条件的地区开展“人人 1 千瓦光伏”示范工程，建设光伏小镇和光伏新村
30	2016 年 11 月	《电力发展“十三五”规划（2016—2020 年）》	国家发展改革委、国家能源局	大力发展新能源，优化调整开发布局。“十三五”期间，太阳能发电新增投产 0.68 亿 kW 以上。2020 年，太阳能发电装机达到 1.1 亿 kW 以上，其中分布式光伏 6 000 万 kW 以上、光热发电 500 万 kW。依托电力外送通道，有序推进“三北”地区可再生能源跨省区消纳 4 000 万 kW，存量优先
31	2016 年 11 月	《“十三五”国家战略性新兴产业发展规划》	国务院	加快发展先进核电、高效光电光热、大型风电、高效储能、分布式能源等，加速提升新能源产品经济性，加快构建适应新能源高比例发展的电力体制机制、新型电网和创新支撑体系，促进多能互补和协同优化，引领能源生产与消费革命。到 2020 年，核电、风电、太阳能、生物质能等占能源消费总量比重达到 8%以上，产业产值规模超过 1.5 万亿元，打造世界领先的新能源产业。 加快中东部分布式光伏发展，推动多种形式的太阳能综合开发利用。加快实施光伏领跑者计划，促进先进太阳能技术产品应用和发电成本快速下降，引领全球太阳能产业发展。到 2020 年，太阳能发电装机规模达到 1.1 亿 kW 以上，力争实现用户侧平价上网。其中，分布式光伏发电、光伏电站、光热发电装机规模分别达到 6 000 万 kW、4 500 万 kW、500 万 kW

续表

序号	发布时间	政策名称	颁布单位	相关内容
32	2016年3月	《关于实施光伏发电扶贫工作的意见》	国家发展改革委、国务院扶贫办、国家能源局、国家开发银行、中国农业发展银行	对以扶贫为目的的村级光伏电站和集中式光伏电站,以及地方政府统筹其他建设资金建设的光伏扶贫项目,以县为单元分年度专项下达光伏发电建设规模;国家开发银行、中国农业发展银行为光伏扶贫工程提供优惠贷款,根据资金来源成本情况在央行同期贷款基准利率基础上适度下浮。鼓励其他银行以及社保、保险、基金等资金在获得合理回报的前提下为光伏扶贫项目提供低成本融资。鼓励众筹等创新金融融资方式支持光伏扶贫项目建设,鼓励企业提供包括直接投资和技术服务在内的多种支持;电网企业应按国家有关部门关于可再生能源发电补贴资金发放管理制度,优先将光伏扶贫项目的补贴需求列入年度计划,电网企业优先确保光伏扶贫项目按月足额结算电费和领取国家补贴资金
33	2015年6月	《关于促进先进光伏技术产品应用和产业升级的意见》	国家能源局	光伏发电项目采用的光伏组件、逆变器及关键产品,须通过国家认监委批准的认证机构认证且与认证送检产品保持一致。各光伏发电开发投资企业应建立光伏发电关键设备的技术及质量管理制度,在产品招标采购、到货验收、竣工验收环节,对光伏产品技术指标提出明确的要求
34	2015年3月	《关于进一步深化电力体制改革的若干意见》	中共中央、国务院	新电力改革将开放电网公平接入,建立分布式电源发展新机制,促进电力行业又好又快发展,推动结构转型和产业升级。 加强光伏产品检测认证工作是提高光伏产品质量,推动光伏产业技术进步,加快光伏产品更新换代和产业升级,保障用户及投资者利益的重要措施,国家通过完善光伏产品检测认证体系,严格执行检测认证制度和市场准入,为光伏产业发展创造良好的市场环境
35	2014年11月	《关于推进分布式光伏发电应用示范区建设的通知》	国家能源局	在国家能源局已公布的第一批18个分布式光伏发电应用示范区外,增加嘉兴光伏高新区等12个园区,共30个国家首批基础设施等领域鼓励社会投资分布式光伏发电应用示范区;各省(自治区、直辖市)能源主管部门优先将分布式光伏发电示范区建设规模纳入本地区光伏发电年度管理计划,建立和完善分布式光伏应用管理制度和工作推进机制
36	2014年10月	《关于印发实施光伏扶贫工程工作方案的通知》	国家能源局、国务院扶贫办	到2020年,开展光伏发电产业扶贫工程。实施分布式光伏扶贫,支持片区县和国家扶贫开发工作重点县(以下简称贫困县)内已建档立卡贫困户安装分布式光伏发电系统,增加贫困人口基本生活收入;片区县和贫困县因地制宜开展光伏农业扶贫,利用贫困地区荒山荒坡、农业大棚或设施农业等建设光伏电站,使贫困人口能直接增加收入

续表

序号	发布时间	政策名称	颁布单位	相关内容
37	2014 年 9 月	《关于加快培育分布式光伏发电应用示范区有关要求的通知》	国家能源局	在加快推进示范区建设中，重点开展商业模式、投融资模式创新；探索分布式光伏发电区域电力交易试点、适应新能源发展的发配电一体化智能配电网试点、金融模式创新试点等
38	2014 年 6 月	《能源发展战略行动计划（2014—2020 年）》	国务院办公厅	坚持“节约、清洁、安全”的战略方针，重点实施节约优先、立足国内、绿色低碳和创新驱动四大战略，加快构建清洁、高效、安全、可持续的现代能源体系。到 2020 年，基本形成统一开放、竞争有序的现代能源市场体系。 加快发展可再生能源。到 2020 年，非化石能源占一次能源消费比重达到 15%。 加快发展太阳能发电。到 2020 年，光伏装机达到 1 亿 kW 左右，光伏发电与电网销售电价相当
39	2014 年 2 月	《关于加强光伏产品检测认证工作的实施意见》	国家认监委、国家能源局	加强光伏产品检测认证工作是提高光伏产品质量，推动光伏产业技术进步，加快光伏产品更新换代和产业升级，保障用户及投资者利益的重要措施，国家通过完善光伏产品检测认证体系，严格执行检测认证制度和市场准入制度，为光伏产业发展创造良好的市场环境
40	2013 年 8 月	《关于发挥价格杠杆作用促进光伏产业健康发展的通知》	国家发展改革委	将全国分为三类太阳能资源区，相应制定光伏电站标杆上网电价。光伏电站标杆上网电价高出当地燃煤机组标杆上网电价（含脱硫等环保电价，下同）的部分，通过可再生能源发展基金予以补贴。对分布式光伏发电实行按照全电量补贴的政策，电价补贴标准为 0.42 元/kW·h。其中，分布式光伏发电系统自用有余上网的电量，由电网企业按照当地燃煤机组标杆上网电价收购
41	2013 年 7 月	《关于促进光伏产业健康发展的若干意见》	国务院	把扩大国内市场、提高技术水平、加快产业转型升级作为促进光伏产业持续健康发展的根本出路和基本立足点，建立适应国内市场的光伏产品生产、销售和服务体系，形成有利于产业持续健康发展的法规、政策、标准体系和市场环境
42	2012 年 2 月	《太阳能光伏产业“十二五”发展规划》	工信部	加强国家宏观政策引导，坚持做好行业统筹规划和产业合理布局，规范光伏产业健康发展。以企业为技术创新和产业发展的主体，强化关键技术研发，提升生产工艺水平，从高纯硅材料规模化生产、电池转换效率提高、生产装备国产化、新型电池和原辅材料研发、系统集成等多方面入手，努力降低光伏发电成本

续表

序号	发布时间	政策名称	颁布单位	相关内容
43	2011 年 3 月	《多晶硅行业准入条件》	工信部、国家发展改革委、环境保护部	从项目建设条件和生产布局、生产规模与技术设备、资源回收利用及能耗、环境保护、产品质量、安全、卫生和社会责任等方面，规定多晶硅行业准入条件
44	2010 年 10 月	《关于加快培育和发展战略性新兴产业的决定》	国务院	加快太阳能热利用技术推广应用，开拓多元化的太阳能光伏光热发电市场
45	2005 年 2 月	《中华人民共和国可再生能源法》	全国人民代表大会常务委员会	将可再生能源的开发利用列为能源发展的优先领域，通过制定可再生能源开发利用总量目标和采取相应措施，推动可再生能源市场的建立和发展

资料来源：根据公开资料整理。

1.3.3 产业发展趋势

（1）我国光伏行业主要优势

我国光伏行业优势主要体现在以下五点。

①“碳中和”“碳达峰”目标增加新能源需求，在需求端给予光伏赛道支撑。

②相较其他新能源，如水力、风力及核能等，在场地机会成本、安全性以及平均成本等方面都具有优势。

③2008 年以前，我国光伏行业呈现补贴依赖、供给需求“两头在外”的局面，总体处在全球光伏价值链低端且具有较大风险。得益于补贴积累转化的技术突破，目前我国光伏产业供给方面基本实现国产化，技术处于世界领先地位，拥有全球供给的能力，国内需求也在构建循环型经济的口号下有望提升，未来具有良好的发展前景。

④凭借规模经济以及技术进步，目前光伏发电平均成本较低，并且未来有进一步降低的可能，因此在未来新能源布局当中，光伏发电有望获得较大比重，成长性凸显，投资价值显著。

⑤光伏行业目前渗透率很低，拥有巨大提升空间。

（2）我国能源结构发展预测

国家发展改革委能源研究所等研究机构发布的《中国可再生能源发展路线图 2050》提出，2025 年太阳能光伏实现全面平价上网，2030 年以后太阳能光伏发电将成为主要的替代电源之一，2050 年之后太阳能光伏发电将成为主导电源之一。根据《中国可再生能源发展路线图 2050》，在基本目标下，2020 年、2030 年和 2050 年太阳能应用将替代化石能源分别超过 1.5 亿 t 标准煤、3.1 亿 t 标准煤和 8.6 亿 t 标准煤，其提供的电力分别为 1 500 亿 kW·h、5 100 亿 kW·h 和 21 000 亿 kW·h；在积极目标下，2020 年、2030 年和 2050 年太阳能应用将替代化石能源分别超过 2.4 亿 t 标准煤、

5.6 亿 t 标准煤和 18.6 亿 t 标准煤，其提供的电力分别为 3 000 亿 kW・h、10 200 亿 kW・h 和 48 000 亿 kW・h。

2016 年，国家发展改革委和国家能源局发布的《能源生产和消费革命战略（2016—2030）》提出，到 2020 年、2030 年非化石能源占能源消费总量的比重分别达到 15%、20%。2016 年，国家能源局发布的《太阳能发展“十三五”规划》指出，到 2020 年底太阳能发电装机达到 1.1 亿 kW 以上，其中光伏发电装机达到 1.05 亿 kW 以上，在“十二五”基础上每年保持稳定的发展规模。到 2020 年，太阳能年利用量达到 1.4 亿 t 标准煤以上。光伏发电成本持续降低，光伏发电电价水平在 2015 年基础上下降 50%以上，在用电侧实现平价上网目标。根据中国光伏行业协会（CPIA）发布的《中国光伏产业发展路线图（2020 年版）》，“十四五”期间我国光伏年均新增光伏装机将在 70~90 GW。

2020 年，习近平总书记指出，中国要力争 2030 年实现“碳达峰”，2060 年实现“碳中和”。《中华人民共和国国民经济和社会发展第十四个五年规划和 2035 年远景目标纲要》中也提出了推进能源革命，构建现代能源体系的要求，“加快发展非化石能源，坚持集中式和分布式并举，大力提升风电、光伏发电规模”是其中一项重要的任务。集中式光伏电站是利用荒漠、山区等集中建立的大型光伏电站，所获的电力直接并入国家电网，国家电网通过接入高压输电系统供给远距离用户用电；分布式光伏电站是指装机规模较小、布置在用户附近的发电系统，一般接入 10 kV 或者更低电压等级的电网。平时生活中所见到的小规模户用屋顶光伏电站都属于分布式光伏电站。我国建筑屋顶资源丰富、分布广泛，开发建设屋顶分布式光伏潜力巨大。2021 年，国家能源局启动整县屋顶分布式光伏开发试点，旨在整合资源实现集约开发，消减电力尖峰负荷，节约优化配电网投资，引导居民绿色能源消费，是实现“碳达峰、碳中和”与乡村振兴两大国家战略的重要措施。

（3）我国光伏产业未来发展空间预测

近年来，我国可再生资源领域科技创新能力及产业技术水平高速发展，我国光伏产业规模连续多年位居世界第一，是少数有世界话语权的产业之一，我国光伏发电技术在国际市场拥有绝对竞争优势。环保压力和“十四五”新能源规划等产业政策规划决定了国内非化石能源消费占比会持续提升，而技术进步和成本下降使得光伏具备了和传统能源直接竞争的能力，所以光伏产业增长持续可期。据预测，2025 年整个光伏新增装机可以达到 374 GW，2030 年可以超过 1 000 GW，是发展潜力非常巨大的一个行业。

从全国的数据来看，2019 年光伏发电占总量的 3%左右，随着未来“碳中和”的不断推进，光伏电站有比较大的成长空间。这个成长空间有两方面，一方面是需求不断增加，另一方面是成本不断下降。光伏优于其他能源的一个重要因素是成本，成本涉及技术进步和规模效应两方面，这能够使光伏在未来行业发展中占有非常重要的位置。从能源来说，现在其他能源并没有像光伏这样降低成本的潜力，如水能，无论如何降成本，大规模的一些结构件，或者说水力资源的使用，都已经到了瓶颈期。而光伏不一样，如一些西北部荒无人烟的区域，太阳能的资源非常充沛，如果能全部应用起来的话，一些少数省份完全可以向全国供给能源，这也是未来要不断降成本的重要原因①。

2019 年，我国光伏发电量占总发电量的 3%，未来持续提升潜力大。根据联合国马德里气候变化大会的《中国 2050 年光伏发展展望》，从 2020—2025 年这一阶段开始，我国光伏将启动加速部署；2025—2035 年，我国光伏将进入规模化加速部署时期；到 2050 年，光伏将成为我国第一大电源，约占当年全国用电量的 40%左右。未来光伏发展的空间和潜力仍然较大，预计全球范围内 2025 年光伏度电成本将全面低于火电成本。

未来，光伏产业集中度将进一步提升，头部企业产能的持续扩张在增大其市场供应量的同时，将进一步挤压中小企业的生存空间。中国光伏行业协会的数据显示，2019 年，在多晶硅环节排名前五的企业产量约为 23.7 万 t，约占全国总产量的 69.3%，同比增长 9 个百分点；产量达万 t 级以上的企业从 2018 年的 7 家减少至 6 家，产量占比高达 83.9%，同比增长 12.1 个百分点。在硅片环节，排名前五的企业产量约为 97.96 GW，约占全国总产量的 72.8%，同比增长 4.2 个百分点。在电池环节，排名前五的企业产量约为 41.2 GW，约占全国总产量的 37.9%，同比增长 8.4 个百分点。在组件环节，排名前五的企业产量约为 42.2 GW，约占全国总产量的 42.8%，同比增长 4.4 个百分点。光伏产业主要环节发展情况预测如图 1-11 所示。

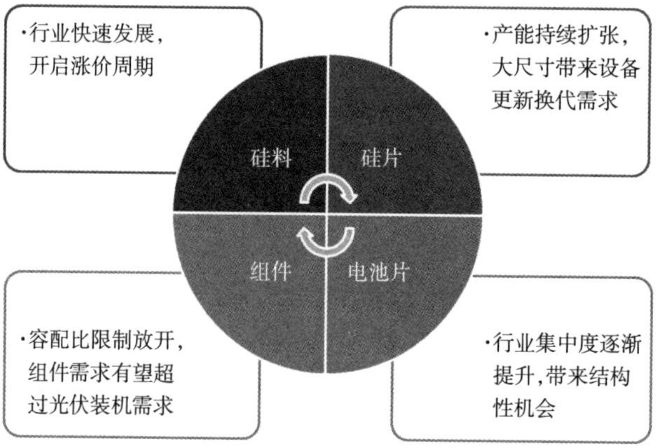

图 1-11　光伏产业主要环节发展情况预测

资料来源：根据公开资料整理。

① 中国能源网."碳中和"背景下光伏行业未来景气度如何？[EB/OL].https://www.china5e.com/news/news-1118546-0.html.2021-07-21.

1.3.4　产业链重点企业

（1）硅片环节企业

我国是硅片产量大国，从全球格局来看，占绝对优势。2019年，全球排名前十大硅片厂商均为我国企业。目前，进口替代加速，寡头垄断格局初现，即原先多晶硅生产的核心技术掌握在美国、德国、韩国等传统外国企业手中，但是随着我国的装机规模优势和技术创新水平的提升，我国企业在国际上的地位越来越高，2019年全球产能排名前十的多晶硅厂商中有七家是我国企业，包括江苏中能、四川永祥、新特能源、新疆大全、东方希望、亚洲硅业、内蒙古盾安。目前市场主要是以多晶硅为主（占比80%），但是由于单晶硅的性价比更高，未来市场单晶替代多晶的大趋势不可阻挡，提前布局单晶硅的企业有望在未业市场中获得丰厚收益。

（2）电池片环节企业

电池片环节是光伏产业链的中游，就是将硅片加工为电池片，是实现光电转换最为核心的步骤。与硅片生产一样，我国也是电池片产量大国，从全球格局来看，我国占绝对优势。2019年，全球排名前十的电池片厂商中，我国企业占9席，见表1-9。其中，通威太阳能以13.4 GW的产量首次位居全球第一。

表1-9　2019年全球排名前十的电池片厂商（按产量排序）

排名	企业简称	国家	2019年产能（GW）	2019年产量（GW）
1	通威太阳能	中国	20.0	13.4
2	晶澳科技	中国	11.0	9.2
3	隆基	中国	13.8	8.4
4	韩华	韩国	8.5	7.05
5	爱旭科技	中国	9.2	6.95
6	天合光能	中国	7.27	6.85
7	晶科能源	中国	10.6	6.6
8	阿特斯	中国	9.6	6.5
9	东方日升	中国	8.0	4.5
10	江西展宇	中国	4.5	3.9
合计			102.47	73.35

资料来源：中国光伏行业协会。

电池片环节是资本和技术双密集型行业，要求企业及时跟进最新的电池制造技术，以提升电池效率。未来，企业的太阳能电池转换效率越高，企业会越受益。由于国家已经开始下调集中式光伏电站补贴价格，目前实行“领跑者计划”，就是支持这些有高转换效率的企业。

（3）组件环节企业

组件环节为劳动密集型行业。我国的劳动力成本相对低廉，因此组件环节是我国最有竞争力的环节，也是受贸易壁垒影响最为严重的环节。从全球出货情况来看，2019 年全球排名前十的组件出货量企业中，我国占 8 席。这 10 家企业组件出货 79.7 GW，占全球组件产量的 57.6%，同比增加 20.0 GW，占比上升 5.3 个百分点，其中晶科能源以绝对领先优势占据第一位。这 10 家企业组件出货平均增速为 40.53%，除天合光能、东方日升和 First Solar 出货增速高于平均增速外，其他 7 家增速都在平均增速以下，见表 1-10。

表 1-10　2019 年全球光伏组件企业出货量排名前十企业

排名	企业简称	国家	2019 年出货量（GW）	出货增速
1	晶科能源	中国	14.3	25.4%
2	晶澳科技	中国	10.3	27.3%
3	天合光能	中国	10.1	41.6%
4	阿特斯	中国	8.6	30.0%
5	隆基	中国	8.4	27.1%
6	韩华	韩国	7.7	10.2%
7	东方日升	中国	6.3	87.5%
8	First Solar	美国	5.7	111.1%
9	无锡尚德	中国	4.2	12.6%
10	正泰	中国	4.1	32.5%
合计			79.7	

资料来源：中国光伏行业协会。

目前，在组件的技术工艺方面，如何减少封装损失，使组件的转换效率最大化是核心问题。其主要有两种方式：①对电池片本身进行改进和创新，现在市场上除全片组件外，还有叠片、半切、双面发电组件，而未来半切发电组件更具市场前景，代表企业是东方日升；②对辅助材料进行改进，如使用高透光率玻璃、反光焊带等封装材料来减少封装损失，代表企业是中国南玻集团。另外，封装组件时，还需要一些辅助材料，如封装胶膜材料、封装背板材料（东材科技、南洋科技、回天新材、乐凯胶片）、封装边框材料和封装粘接材料（硅酮胶占比 97%，硅宝科技部分涉及）。对于封装薄膜，目前主流是 EVA 胶膜，福斯特目前是全球规模最大、品牌最好的太阳能封装材料供应商。

（4）光伏发电系统环节企业

在光伏发电系统环节，不可缺少的重要组成部分是逆变器，即将光伏产生的一种低压（12 V 或 24 V）直流电转变为我们日常所用的 220 V 交流电的电子设备。2019 年，全球光伏逆变器的出货量为 126.735 GW，同比增长 18%，我国出货量占比超过 65%，其中排名前十的公司依次为华为、阳光电源、SMA、Power Electronics、Fimer、上能电气、SolarEdge、古瑞瓦特、TMEIC、锦浪科技，这 10 家企业 2019 年一共销售光伏逆变器 96.4 GW，其中我国企业占了 5 家，见表 1-11。

表 1-11　2019 年全球光伏逆变器企业出货量占比统计

序号	企业简称	国家	2019 年逆变器出货量占比
1	华为	中国	22%
2	阳光电源	中国	15%
3	SMA	德国	8%
4	Power Electronics	西班牙	6%
5	Fimer	意大利	5%
6	上能电气	中国	5%
7	SolarEdge	美国	4%
8	古瑞瓦特	中国	4%
9	TMEIC	日本	3%
10	锦浪科技	中国	3%

资料来源：伍德麦肯兹。

（5）电站环节企业

电站分为两种：一种是分布式电站，如户用光伏就是其中一种形式，还有“渔光一体”光伏电站；另一种是集中式电站，就是国家利用荒漠，大规模集中建设光伏电站发电，这里包括两部分，一部分是 EPC 总包企业，负责电站的设计、采购、建设等，另一部分是负责建设好的电站运营。目前，国家的重心在于鼓励分布式电站的发展，所以提前布局分布式的运营及 EPC 的企业有望在市场中提升业绩。目前，正泰电源主攻户用分布式电站，特变电工是大型的 EPC 总承包商，其他的公司只是部分涉及，如协鑫集成（主营组件）、东方日升（主营组件）、林洋能源（电能表及系统类产品）、爱康科技（组件、边框、支架）。上述主要是电站建设部分。在电站运营方面，在光伏产业链所有的环节中，电站运营的电费收入毛利率是最高的，行业平均毛利率达到 57.54%，如图 1-12 所示。

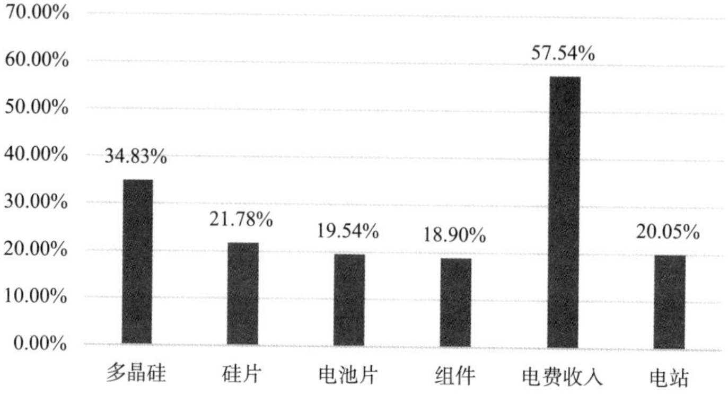

图 1-12　光伏产业链不同环节行业平均毛利率

资料来源：根据公开资料整理。

（6）我国光伏产业链重点企业

在光伏玻璃环节，重点企业有福莱特、中国南玻集团、旗滨集团等。

在逆变器环节，重点企业有阳光电源、锦浪科技等。

在光伏设备环节，重点企业有晶盛机电、京运通、迈为股份、捷佳伟创等。

在硅料环节，重点企业有通威股份、大全能源。

在硅片环节，重点企业有隆基股份、中环股份等。

在电池片环节，重点企业有隆基股份、爱旭股份、福斯特、协鑫集成、东方日升、赛伍技术等。

在组件环节，重点企业有隆基股份、天合光能、协鑫集成、晶澳科技、东方日升、赛伍技术、爱康科技、京运通、航天机电、中来股份、中立集团、拓日新能、亿晶光电等。

1.3.5　产业发展问题

（1）产业发展宏观问题

随着可再生能源在全球范围内的快速发展，我国太阳能产业也取得了骄人的成绩，产业发展规模迅速壮大，技术整体水平不断提升，关键技术逐步实现突破，设备基本具备整线供给能力。就太阳能电池技术本身来说，我国的光伏产业经过最初的技术跟踪发展到技术同步乃至部分超越，取得了巨大的进步，高效多晶硅电池平均效率、单晶硅电池平均效率、部分薄膜电池效率已达到国际领先水平，其中铜铟镓硒组件认证效率达到 21%，砷化镓组件认证效率达到 30.8%，均达到世界较好水平。但是，我国太阳能光伏产业的整体发展仍暗藏隐忧，存在产业集中度低、核心技术落后、产业链发展不平衡、国内市场发育缓慢、行业标准不一、投资盲目等问题。原料、关键技术设备、市场需求“三头在外”的现象，早已成为我国太阳能产业的严峻现实[①]。

①产业链集中度低，规模化程度不高。太阳能产业是一个典型的高投入、高产出、高收益的技术驱动型行业。目前，从整个行业发展状况来看，我国太阳能产品总产量居于世界前列，但产业链中的某些环节，尤其是产业进入门槛较低的产业链下游企业数量最多，产业集中度低，离产业规模化尚有距离，规模效应不明显，导致整体产品附加值低、竞争力不足、产业利润薄弱。

②产业链各环节技术参差不齐，发展不平衡。我国太阳能光伏技术整体水平不高，缺乏自主创新能力，核心技术多依赖国外。先进的光伏技术研发进展较慢，高效、低成本、环境友好的光伏技术有待进一步突破。上游晶体硅材料生产技术水平较低，中游太阳能电池制造技术自主创新能力不高，下游光伏发电集成应用与国外相当。生产硅基太阳能电池乃至部分薄膜太阳能电池的关键设备均依赖进口。

③行业标准不一，有待政府规划。目前，我国太阳能光伏制造业缺乏统一的行业标准。很多光伏制造企业在技术实力、管理能力、品质意识、产业规模上层次较低，造成太阳能产业链各企业制造标准差异较大。需要加快建立光伏产品和发电系统的技术标准和质量认证制度，将一些行业领导者企业的标准及时转化为国家强制性标准，并积极参与国际相关标准的制定。

④产业发展无序，投资盲目。目前，由于太阳能光伏产业链部分环节进入门槛低，面对国际市场需求的飞速增长，大量投资者纷纷盲目投资、重复建设，造成产能过剩、恶性竞争、资源浪费、环境污染等现象。

（2）产业发展技术问题

①用户负荷不能有效控制。太阳能光伏发电主要采用分布式布局，若所产电能分布式系统自身未用完，可以通过转变器转变为交流电，出售给国家电网公司，如果晚间供电不足，还可以再从国家电网购回。这种光伏发电模式的规模较小，但数量却较大，所以在进行并网时，会受到很多因素的影响，如发电量不能有效定量，电网对电负荷不能有效控制，从而降低转变器转化效率。

②电压波动不稳定。太阳能光伏发电产生的是直流电，在发电过程中，电源输出不稳定。很多因素，如天气变化、温度升降以及突发状况，都会造成输出功率不稳定，还使得控制发电比较困难。如果电源容量与当地的运行负载不匹配，周围环境的变化会使其在功率输出上变化较大，那么连接点的电压会变得非常不稳定。所以，光伏发电在转变并网时会产生诸如潮流大小变化、方向转变和电压分布变化等问题。

③谐波污染对电网造成谐波污染。转变器可以把太阳能电池发出的直流电能转变成与电网一致的交流电能，但转变器要使用一些高频的电子元件，很大概率会出现

① 索比光伏. 光伏产业链各环节技术分析报告[EB/OL].https://news.solarbe.com/201909/12/314090_2.html.2019-09-12.

谐波现象。谐波的产生量积累到一定程度时会对电网造成谐波污染,其结果就是加大电网中一些机械件的损耗,使得输电效率大大降低,也会降低发电机和一些用电设备的效率,严重者甚至发热而引发火灾,或对周围的通信系统设施造成干扰。

④电力供应不稳定。比较典型的原因就是光伏发电白天有太阳能、有光的发电效率较高,而到了晚上,基本上就没有什么发电效率,所以光伏发电的效率波动问题,更多通过技术端来解决,现在各种类型的储能、跟踪支架等,其实都是为了解决光伏发电的波动性而产生的技术和应用。未来,我们有很多的方式能够解决光伏发电波动性问题,如更便宜、更好用的跟踪支架,只要有阳光,就能以最大效率发电;也有一些类型的储能,如化学储能、物理储能,比较常见的是光伏储能采用磷酸铁锂电池做储能电站,把白天发的电储存起来,晚上再上传到电网;也有一些物理手段,如通过蓄水的方式,白天发电、抽水,晚上再把水放出来,通过重力势能进行发电,能起到引领的效果。总体来看,因为光伏发电不像火电那样灵活,即火电只要有煤炭就可以不断地发电,光伏的先天性问题,未来要通过技术手段才能解决。

⑤断电孤岛效应明显。在用电过程中,电网会因为检修或者一些故障的发生而断电。当断电发生时,太阳能光伏发电设备如果不能马上断开与电网的连接,就会产生孤岛效应,也就是光伏发电输出的电和周边用电负荷产生电网之外独立供电的现象。这种现象一旦发生,就很有可能对用户和电网检修人员产生危害,极有可能发生安全事故,而且电压频率不稳定也会损害一些供电设施。所以,只有解决相关问题或者改变方式,才能充分有效地将光伏发电进行大众化推广。

综上所述,我国太阳能企业在市场、技术和发展结构等方面存在一定缺陷,而随着市场竞争的日趋激烈,特别是欧洲主要光伏产品进口国相关政策的调整以及美国等一系列国家“双反”诉讼的威胁和高额“反倾销”税的制裁,我国太阳能产业正面临前所未有的困难局面。我国太阳能行业能否重生取决于两方面的因素:是否得到政策有效支持以及能否实现核心技术突破。其中,前者是我国太阳能企业平稳渡过难关的暂时性途径,后者才是我国太阳能产业能够独立生存和健康发展的根本。

1.3.6 产业技术趋势

目前,光伏技术发展的总趋势相对明朗,光伏技术向着高效率、长寿命、高可靠性、低成本和零污染方向发展,其技术进步的核心内容集中在光伏材料生产,电池、组件和系统的效率提高,生产设备升级,检测分析技术更新等重点领域。在此基础上,晶体硅太阳能电池技术在成本降低的推动下不断升级,薄膜电池技术受重视的程度越来越高,新型太阳能电池技术不断涌现,光伏应用向建筑一体化、规模化电站方向发展,同时各种新型光伏技术的发展对检测技术提出了更为严格的要求。

(1)晶体硅电池技术的持续革命性创新

在原有的技术上不断改进工艺,创新电池结构,提升电池转换效率;压缩多晶硅成本以及各个环节的原料和能源的消耗量,加速将转换效率提高到目前实验室水平的25%,价格降到75美分/W及以下。

①光伏电池材料成本将大幅降低。目前,工业化生产的无机半导体太阳能光电材料主要有两类:一是元素半导体,主要有硅(Si)、锗(Ge)、硒(Se);二是化合物半导体,主要有Ⅲ-Ⅴ族化合物半导体(如砷化镓GaAs)、Ⅱ-Ⅵ族化合物半导体(如碲化镉CdTe)以及多元化合物半导体(如铜铟镓硒CIGS),其中化合物半导体材料主要用于生产薄膜太阳能电池。近年来,多晶硅、非晶硅也被批量用于薄膜太阳能电池的生产,但市场主流产品依然是多晶硅/单晶硅太阳能电池,约占市场份额的80%。从现状来看,降低光伏电池材料成本的技术途径有三个:一是采用冶金法生产太阳能级多晶硅(UMG-Si),相较于目前主流的改良西门子法生产多晶硅工艺,冶金法具有明显的成本优势,前者规模化生产成本约为30美元/kg,后者约为10美元/kg,目前的主要障碍在于冶金法生产的多晶硅杂质的不稳定性十分明显,且杂质分布不均匀,批次间质量不稳定,如何解决质量稳定性问题已经成为冶金法最重要的课题;二是改进硅片生产工艺,通过降低硅片厚度、减少切片损耗来降低硅材料成本,目前硅片厚度已普遍降到180 μm甚至更薄;三是采用薄膜技术,要充分重视和努力发展第二代薄膜太阳能电池技术的研究与开发,大力发展非晶硅、CIGS等类型的薄膜电池和新型薄膜太阳能电池。在光伏领域知识创新的源头形成核心自主的知识产权体系,积极拓展国际交流合作,在消化吸收外国先进技术的同时,走有自己特色的太阳能产业化道路。

②光电转换效率将逐步提高。太阳能电池是大面积的P-N结二极管,用于接收太阳辐射光引起光生伏特效应,从而实现光能向电能的转换。光电转换效率对光伏发电成本影响显著。以晶体硅为例,转换效率提高1个百分点,单位发电成本降低10%;未来转换效率若提高到22%,则单位发电成本可下降一半左右。提高光电转换效率主要包括两个技术发展方向:一是围绕太阳光提高光电转换效率,即或是减少太阳光反射,或是通过"聚光"技术发展聚光太阳能电池,或是通过"跟踪"技术提高太阳光照度;二是围绕光伏电池提高光电转换效率,即或是改进光生载流子效能,有效收集光生载流子,减少光生载流子的复合损失,或是减少光伏效应损失,减少电极直接电阻损失,或是通过整合光伏电池材料改善光谱效应,提高光伏电池的光吸收系数,实现更宽光谱的光能收集。

③光伏系统固定成本将有效降低。就并网型光伏产品而言,光伏系统由两部分组成:一是光伏组件(阵列);二是系统平衡部件(逆变器、输变电设备等)。降低光伏系统固定成本主要有三个发展方向:一是发展光伏装备制造业,提高光伏组件生产及检测设备本土化率,通过技术创新降低固定资产的初始投入成本;二是发展大功率并

网发电系统集成设备、电池生产辅助材料等配套产业，通过产业链优化降低光伏系统平衡部件的初始投入成本；三是提高光伏生产及检测设备使用率，通过产能释放、市场规模扩张“摊薄”单位产品的固定成本，若光伏系统市场规模扩张 1 倍，光伏系统成本可下降 16%。

④光伏产业的安全性将越来越好。采用先进的工艺，加强环境评估和监管控制，并力争完全消除制造过程中的污染问题，实现低能耗、无污染的绿色闭环生产模式，增加光伏产业生产过程中产生的副产物的回收、处理和循环利用能力，在最大限度解决环境保护问题的同时，降低生产成本。特别要注重通过技术升级，最大限度确保光伏原料、电池和组件生产的安全性、并网发电系统的自身安全性以及接入电网的安全平稳性，提升生产检测技术、流程控制技术、产品检验技术、设备检修技术、环境监控技术、安全绝缘技术、防雷接地技术、隔离技术、防孤岛技术、降低谐波技术、低电压穿越技术、智能化并网逆变技术、储能技术、智能电网技术的应用水平，努力突破技术难关，在源头阶段消除安全隐患。

（2）可能取代晶体硅电池的新型电池开发

若以晶体硅太阳能电池作为第一代太阳能电池，薄膜电池作为第二代太阳能电池，目前正在研发中的第三代新型太阳能电池则是指采用新材料、新结构和新工艺的新型电池。初见成效的实验室技术包括染料敏化太阳能电池、有机聚合物电池等。新型电池技术的变革方向主要是高效率、低成本、低污染和材料的易获得，新型材料中的纳米材料可能将扮演重要角色。

（3）硅料、硅片、电池片环节技术更新不断

①多晶硅料环节能耗显著下降。冷氢化技术是把多晶硅生产过程中的副产物四氯化硅（$SiCl_4$）转化为三氯氢硅分离系统和精馏系统的电力消耗，即通过循环利用副产物制造生产原料，大幅降低工艺能耗及成本；由于各企业在物料供应环节使用不同的加热方式，如电加热、蒸汽加热、天然气加热等，因此各企业冷氢化电耗存在差异。2018 年，行业冷氢化平均电耗在 5.7 kW · h/kg-Si 左右，同比下降 27%，到 2025 年冷氢化平均电耗有望下降至 4.8 kW·h/kg-Si 以下。

②硅片环节，用金刚线替代砂浆线可显著降低单片成本。长晶设备迭代以及 RCZ 技术降低了单位长晶成本，中国光伏行业协会统计数据显示，2018 年单晶炉单炉投料量为 950 kg，较 2017 年的 530 kg 提升 79.2%，是早期 200~300 kg 投料量的 3~4 倍，未来随着热场的增大以及连续拉棒技术的提升等催化因素，投料量将逐年增大，到 2020 年可达到 1 100 kg；另外，得益于机器的改进，单炉出棒数也由 1 根增加至 3~5 根。设备的改进降低单晶长晶成本，为单晶的发展带来机会。

③电池片环节，PERC 技术显著降低光电损失。多主栅技术可提升电池片有效

发电面积，降低银浆成本；PERC、TOPCon、HJT 等高效电池工艺逐步推进[①]。

光伏产业链相关环节技术升级方案如图 1-13 所示。

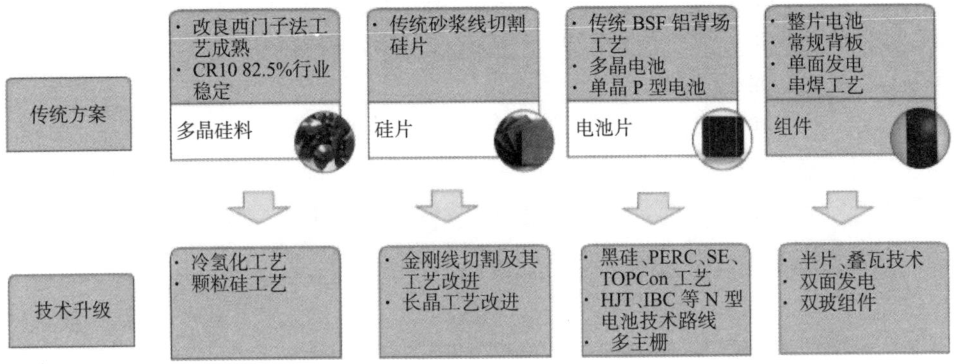

图 1-13　光伏产业链相关环节技术升级方案

（4）新技术降本提效，组件环节技术更新方兴未艾

光伏产业的技术革新正处于前所未有的高速发展阶段。此前，硅料、硅片、电池片环节均已经历多次技术升级。从目前来看，半片、多组栅技术因减少遮挡损失等优势逐步成为主流；而随着电池片价格的大幅下降，组件技术日趋多元化，无缝焊接技术、拼片技术、叠瓦技术等基于提高单位面积电池片面积的技术应运而生。另外，从 2019 年 SNEC 展会来看，高功率组件统计数据显示，很多采用半片、MBB、叠瓦、拼片等技术，或者多种技术叠加提升组件瓦数，如南京日托以 MWT 搭配半片技术达到 420 W 组件功率，阿特斯等采用多主栅加半片组合技术，中来采用多组栅、半片搭配拼片技术达到 460 W 组件功率。在 2023 年 SNEC 展会中，隆基绿能发布了基于 HPDC 技术的组件新品 Hi-MO 7，其量产功率可达 580 W；天合光能采用新一代 N 型 i-TOPCon 技术制作的电池组件量产功率高达 700 W。

1.4　天津太阳能产业发展现状

1.4.1　产业发展基础

太阳能光伏产业链包括上游、中游和下游三个环节，又可分为原料、硅片、电池、组件和应用五个二级环节。电池所需功能性特种玻璃和晶硅电池所需先进陶瓷等都与新材料产业高度关联；光伏发电应用与智能电网产业密切关联。光伏产业链谱系

① 光伏测试网.2019 各企业组件新技术及产业链降本之路盘点[EB/OL].https://www.sohu.com/a/334950537_749304.2019-08-19.

中，产业链附加值较高的环节为前端的光伏电池组件和后端的光伏应用。

天津太阳能光伏产业领域，从事上游硅棒、硅锭和硅片制造的实力较强的企业主要有天津中环半导体股份有限公司等；从事晶硅电池部分，上、中、下游全产业链制造和应用的重点企业有天津英利集团、天津蓝天太阳科技公司等。三安光电主要生产第三代太阳能电池（多结化合物半导体光伏电池，即 MTJ 光伏电池），在光电转化率方面已经达到国际先进水平，其转化率约为 40%，太阳能电池年产能达到 1 000 MW。京瓷（天津）太阳能有限公司主要从事太阳能电池的制造以及系统设计、安装与维护等综合业务，年产能为 360 MW。除上游和中游外，天津在光伏应用方面也涌现出能源集团、天津英利光伏电站技术开发有限公司等一批从事分布式光伏发电工程的企业。可以说，除晶硅原料外，天津基本覆盖了全部光伏产业链。

1.4.2 产业发展特点

天津太阳能光伏发电产业链谱系（图 1-14）主要有以下特点。

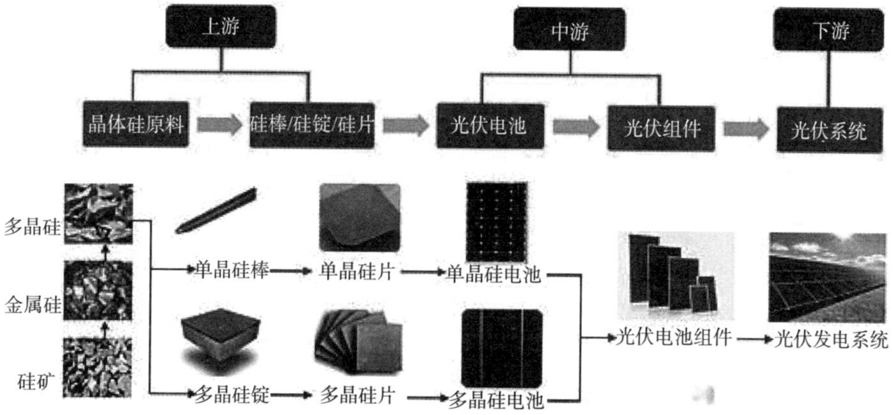

图 1-14 天津太阳能光伏发电产业链谱系图

（1）产品品种较为齐全

天津既有第一代晶硅光伏电池，又有第二代薄膜电池，同时在第三代多结化合物半导体光伏电池方面也取得了较大的进展，已形成了从单晶硅、多晶硅到非晶硅薄膜、聚光电池的较为完整的产品类别，产品光电转换效率处于国际先进水平。

（2）具有较为权威的研发和服务机构

中国电子科技集团公司第十八研究所是我国最早、最大的综合性化学与物理电源研究所，产品覆盖“砷化镓太阳电池外延材料”“晶硅光伏组件及系统工程”“聚光光伏组件及系统工程”三大产品板块，先后研制和生产出 40 多个系列、500 多个品种规格的电池产品，其中大部分技术和产品在国内居于领先地位，部分已达到或接近国际先进水平，在各领域获得了广泛的应用。天津英利新能源有限公司注册于滨海高新区滨海科技园，主要经营多晶硅太阳能电池的铸锭、切片、电池、组件及应用系统，并联合南开大学、天津大学、天津理工大学、河北工业大学、中国电子科技集团公司第十八研究所等单位，通过专业化、市场化的分工协作，开发出大量光伏发电系统的共性和关键技术，为天津光伏产业发展提供了全方位的技术支撑和技术储备。

（3）光伏产品应用市场开发不足

天津太阳能光伏技术与产品实力均处于全国较高水平，且具有相当大的规模。但是，目前在应用方面较为欠缺，尤其是分布式光伏发电产业还处于发展初期，在国内排名较为落后，主要表现有：①规模小；②对电池的研究多，但开发出的光伏发电系统高水平研究成果少；③缺乏高端的产品质量检测和研发公共服务平台，产业缺少投资与保险的支撑。

1.4.3　产业发展方向

2021 年 2 月，天津市人民政府印发的《天津市国民经济和社会发展第十四个五年规划和二〇三五年远景目标纲要》提出，到 2025 年，天津市生产生活方式绿色转型成效显著，能源资源配置更加合理、利用效率大幅提高；在重点任务方面，在新能源领域，推动大功率风电、高转化率太阳能电池、高安全/长寿命/低成本储能和氢能等关键核心技术攻关；打造能源创新示范高地，推进储能在可再生能源消纳、分布式发电领域示范应用；推动能源消费清洁转型，提高清洁能源消费比重，扩大风能、太阳能等可再生能源电力装机规模，完善可再生能源电力消纳保障机制。

2021 年 6 月，天津市人民政府办公厅印发的《天津市制造业高质量发展“十四五”规划》提出，“十四五”时期，天津将培育壮大新能源产业，扩大锂离子电池产业优势，壮大风电产业规模，强化太阳能产业集成，加快氢能产业布局。到 2025 年，天津市新能源产业规模达到 1 200 亿元，年均增长 8%，打造全国新能源产业高地。其中，在太阳能产业领域，将重点发展新型高效光伏电池，突破高效叠瓦组件等先进生产技术；升级光伏电池、光伏组件和光热装备制造工艺，提升太阳能发电的效率和可靠性；扩大 12 in（1 in=2.54 cm）超大硅片、高效智能太阳能电池片等先进产品生产规模，推动企业向产业链上下游延伸；鼓励“光伏+5G 网络”“光伏+数据中心”“光伏+充电桩”等特色行业智能光伏应用。

2021 年 12 月，天津市发展和改革委员会印发的《天津市可再生能源发展“十四五”规划》提出，“十四五”时期，天津将集散并重加快光伏发电开发，充分挖掘屋顶资源潜力，结合电力体制改革，加快发展分布式光伏发电；统筹土地资源利用、电网消纳和生态保护，大力推进集中式光伏发电。到 2025 年，天津市太阳能光伏发电装机规模达到 560 万 kW。还提出，天津将推进可再生能源产业优化升级，发挥大型企业龙头带动作用，大力引进高端项目、技术、人才等战略资源，重点发展光伏、风电装备制造等新能源产业，提升核心技术竞争力；加快高效太阳能超薄硅单晶片智慧工厂、3 GW 高效叠瓦太阳能电池组件项目基地建设，形成行业优势产能，推动产业链向高端化、智能化、绿色化发展。

1.5 滨海新区太阳能产业发展现状

1.5.1 产业发展基础

目前，滨海新区太阳能光伏产业主要分布于滨海高新区和经开区，其中滨海高新区聚集了滨海新区 75%以上的太阳能电池制造商。滨海新区依托龙头企业与优质项目，已经形成了从单晶硅、多晶硅到非晶硅薄膜、聚光电池等较为完整的产品类别，产品光电转换效率达到世界先进水平。

（1）滨海新区太阳能产业领域重点企业

1）天津中环半导体股份有限公司

该公司成立于 1999 年，位于滨海高新区华苑产业园区，是我国光伏材料领域的龙头企业。其前身为 1969 年组建的天津市第三半导体器件厂，2004 年完成股份制改造，2007 年 4 月在深圳证券交易所上市。目前，旗下拥有 5 家高新技术企业、4 个省部级研发中心、1 个博士后科研工作站，员工上万人。该公司围绕“绿色低碳、可持续发展”，致力于半导体节能和新能源两大产业，公司产品广泛应用于智能电网传输、新能源汽车、高铁、太阳能发电逆变器、集成电路、消费类电子、航天航空、光伏发电等多个领域。该公司主导产品电力电子器件用半导体区熔单晶-硅片综合实力居全球前三，国外市场占有率超过 18%，国内市场占有率超过 80%；单晶晶体晶片的综合实力、整体产销规模、研发水平全球领先，先后开发了具有自主知识产权的转换效率超过 24%的高效 N 型 DW 硅片和转换效率达到 26%的“零衰减”的 CFZ-DW（直拉区熔）硅片，高效 N 型硅片市场占有率稳居前列。在光伏产业领域，该公司主要产品有太阳能硅单晶材料、直拉硅单晶硅片、单晶硅太阳能电池、多晶硅太阳能电池等。该公司携手美国 Apple、SunPower 及内蒙古、四川、河北的当地优势企业，利用当地丰富的太阳能光照资源和双方多项具有全球领先水平的科技创新成果，采用集本地化系统制造和电站开发于一体的商务模式，在内蒙古、四川和河北陆续开展光伏电站综合项目开发，辐射全国并共同开发全球市场，已成为我国光伏电站和光伏电池-组件产业公司差异化、创新型超越发展的代表和未来市场的有力竞争者。

2）天津三安光电有限公司

该公司是三安光电股份有限公司在天津设立的全资子公司。三安光电股份有限公司成立于 2000 年 11 月，于 2008 年 7 月在上海证券交易所挂牌上市，公司总部位于厦门，产业化基地分布在厦门、天津、芜湖、泉州等多个地区，是国家发展改革委批准的“国家高科技产业化示范工程”企业、工业和信息化部认定的“国家技术创新示范企业”，承担了国家“863 计划”“973 计划”等多项重大课题，拥有国家人事部颁发的博士后科研工作站及国家认定的企业技术中心。三安光电股份有限公司主要从事全色系超高亮度 LED 外延片和芯片、Ⅲ-Ⅴ族化合物半导体材料、微波通信集成电路与功率器件、光通信元器件等的研发、生产与销售，凭借强大的企业实力，继 2014 年扩大 LED 外延芯片研发与制造产业化规模，同时投资集成电路产业，建设砷化镓高速半导体与氮化镓高功率半导体项目后，2018 年在福建泉州南安高新技术产业园区斥资 333 亿元投资Ⅲ-Ⅴ族化合物半导体材料、LED 外延片和芯片、微波集成电路、光通信、射频滤波器、电力电子、SIC 材料及器件、特种封装等产业。2022 年项目建成后，公司实现在半导体化合物高端领域的全产业链布局。天津三安光电有限公司成立于 2008 年 12 月，位于滨海高新区华苑产业园区，专业从事半导体 LED 外延片和芯片、太阳能外延片和芯片以及应用产品的研发与生产。

3）京瓷（天津）太阳能有限公司

该公司是日本京瓷于 2003 年在天津市开设的太阳能电池组件的生产基地，位于天津经济技术开发区，主要经营高科技绿色能源太阳能电池组件、太阳能发电系统及应用商品的设计、开发、制造、销售及相应的安装工程，并提供相关售后服务、技术服务及咨询服务。

4）天津蓝天太阳科技有限公司

该公司是中国电子科技集团有限公司中电力神子集团旗下的全资控股子公司，成立于 2009 年 9 月，位于滨海高新区华苑产业园区，是一家专业致力于电能源系统产品研发、生产、销售和服务的国家级高新技术企业，主营业务包括电能源系统集成、储能电池及光伏组件、电池材料和智慧物联网等四大板块，以光伏并网电站、风光油储能离网电站、兆瓦级储能集装箱、锂电 PACK 和便携式储能电源、军用定制电子电源、超低温启动铅酸电池和定制化光伏组件为典型产品。该公司建有天津市砷化镓太阳电池重点实验室，先后承担了科技部“863”计划“兆瓦级高倍聚光化合物太阳电池产业化关键技术”，工信部国家重大科技成果转化项目“新型太阳电池及组件产业化”，天津市科委“杀手锏”项目“高效千倍聚光光伏组件”等一批重点科技项目；先后通过了 ISO9001 国际质量体系认证、CE 认证、TUV 认证，是我国首家被国际电工委员会光伏能源委员会聚光光伏标准工作组（IEC TC82WG7）接纳的专家单位。

（2）滨海新区太阳能产业领域重点研发机构

中国电子科技集团公司第十八研究所（天津电源研究所）隶属中国电子科技集团公司，为国家一类事业单位，2012 年初完成了整体搬迁，新所区位于天津市滨海新区高新区，占地 329 亩（1 亩=666.67 m^2），建筑面积约 16 万平方米。自 1958 年建所以来，其先后开展了硅太阳电池、砷化镓太阳电池、锌银电池、镉镍和氢镍蓄电池、锂电池、热电池、海水电池、密封铅酸蓄电池、燃料电池、温差发电器及温差制冷组件和由太阳电池、蓄电池、电子控制器构成的电源系统的研究开发工作，先后研制和生产出 50 多个系列、1 000 多个品种规格的电池产品，其中大部分技术和产品在国内居于领先地位，部分已达到或接近国际先进水平，在各领域获得了广泛的应用。中国化学与物理电源行业协会、化学与物理电源技术国家重点实验室、新型电源国家工程研究中心、国家化学与物理电源产品质量监督检验中心以及六个化学与物理电源的专业学术机构均挂靠在该研究所。作为化学与物理电源技术、相关产品研发及批产的专业性研究所，其已形成技术相对领先，体系相对齐全的六大化学与物理电源技术专业领域，即化学能量转换技术、光电能量转换技术、热电能量转换技术、电子控制技术、电能源系统集成技术、化学与物理电源特种材料技术，其中在太阳能产业领域的主要技术和产品有单晶硅太阳电池、化合物单结与多结级联太阳电池、柔性薄膜太阳电池、太阳电池阵单机、地面光伏发电系统以及硅光敏电池、光电敏感器、光电隔离器等。

1.5.2 区域政策环境

2016 年，天津市规划和自然资源局滨海新区分局发布《滨海新区风力与光伏发电专项规划（2016—2030 年）》。

2018 年 10 月，天津市人民政府办公厅发布《天津市新能源产业发展三年行动计划（2018—2020 年）》，提出着力提升光伏、风电等领域发展效益。在光伏发电方面，依托天津三安光电有限公司、天津蓝天太阳科技有限公司等重点企业（均为滨海新区企业），重点发展正向失配（UMM）三结太阳能电池外延及芯片工艺、类单晶硅锭铸造与黑硅电池、锗基空间用多结砷化镓电池、正向失配（UMM）四代三结太阳能电池、薄膜电池、聚光电池等重点产品和技术，提高太阳能电池的转换效率；积极推动天津英利新能源有限公司、天津中环半导体股份有限公司（为滨海新区企业）等龙头企业，加强对产业链的高利润环节控制，提升光伏组件产品附加值；依托中电科十八所（为滨海新区科研机构）、南开大学等具有国内较高水平的科研院所和高校，联合重点企业开展低能耗、高效率、环保型生产工艺研发，实现光伏逆变器、配电箱等系统部件的技术和工艺突破。

2020 年 4 月，滨海新区与国网天津市电力公司签署战略合作框架协议，提出力争到 2025 年，滨海新区风电、光伏发电利用率达到 95%以上，清洁能源电量占新区用电量比重达到 20%。

2020 年 12 月，天津市滨海新区人民政府印发《滨海新区科技创新三年行动计划（2020—2022）》，提出加强“卡脖子”关键核心技术攻关，其中包括大功率风电、高转化率太阳能电池、氢能等新能源技术。

2022 年 6 月，天津市工业和信息化局印发《天津市工业布局规划（2022—2035 年）》，提出在新能源产业领域，全市以滨海新区、北辰区、宝坻区、静海区为重点，布局动力电池产业、风电产业、光伏产业、氢能产业等 4 个细分领域，其中光伏产业重点布局在天津滨海高新区、北辰区、静海区。

2022 年 8 月，天津市滨海新区人民政府印发《滨海新区落实支持"滨城"建设若干政策措施的工作方案》，提出推动能源结构优化，争取对新区新能源装机总量上给予倾斜，确保 2025 年达到 7 GW；鼓励利用近海滩涂区、围而未填海域等区域建设海上光伏项目；争取建立海上风电、海上光伏、海上地热项目（南港）涉海审批市级"绿色通道"。

2023 年 3 月，天津滨海高新技术产业开发区印发针对新能源产业的专项政策《天津滨海高新区促进新能源产业高质量发展办法（暂行）》《天津滨海高新区促进新能源产业高质量发展办法实施细则（暂行）》，从企业引育、企业成长、技术创新、人才引进、应用示范、生态营造 6 个维度，为滨海高新区内从事动力电池、太阳能、风能、氢燃料电池、"双碳"等新能源产业研发、生产、应用的企业提供资金支持。其中，在太阳能领域，对新进入工信部符合《光伏制造行业规范条件》《锂离子电池行业规范条件》公告名单的企业，给予 50 万元一次性奖励；对异质结（HJT）、钙钛矿等下一代光伏电池、预锂化、固态电池、钠离子电池、风电叶片轻量化、风电数字化等技术研发项目，成功获批市级及以上"揭榜挂帅"类项目的，每成功获批一次，给予申报企业技术创新奖励 20 万元，累计不超过 60 万元；对纳入国家智能光伏试点示范的"光伏+5G""光伏+充电"等"光伏+"类创新应用项目的，给予投资方 0.1 元/W 的一次性补贴，同一企业最高不超过 20 万元。

2023 年 7 月，天津市滨海新区人民政府印发《滨海新区培育新赛道 打造未来产业创新高地行动方案》，提出重点发展先进能源，加快发展砷化镓、钙钛矿、高镍三元材料、高电压氧化钴锂材料，积极推动钠离子电池、锌固态离子电池和锂离子电池技术攻关和产品研发，布局光伏发电制氢、海水制氢等可再生能源制氢技术示范应用。

1.5.3　面临主要问题

滨海新区已在光伏产品的生产和应用上形成一定规模，但太阳能光伏核心产业则呈现出"中间大、两头小"的特征，即处于产业链中游的光伏电池研发较强，太阳能光伏配套项目则较为欠缺。相关太阳能电池技术研发、产品质量检测、公共服务平台建设、生产装备制造、储能系统研发生产等应成为滨海新区未来太阳能光伏产业发展方向和招商重点。此外，具备太阳能发电系统安装、检修、维护能力的专业化施工单位也比较匮乏，也应成为滨海新区太阳能光伏产业未来重点鼓励发展的方向之一。

Chapter 2

第 2 章 专利导航研究方法

2.1 数据来源

2.1.1 数据库

本书所采用的专利文献数据主要来自北京合享智慧科技有限公司 incoPat 专利分析平台，采用 incoPat 大数据分析系统进行文献检索和数据分析。大数据版 incoPat 专利分析平台数据资源丰富，完整收录了全球 120 个国家、组织、地区的 1.3 亿余件专利信息，全球专利每周更新 3 次，平均每天增加 1.4 万项最新技术信息。大数据版 incoPat 平台检索功能齐全，除支持常见的简单检索、表格检索、指令检索等方式外，还支持对临时保存的历史检索式进行逻辑组配运算，便于用户实现"模块化检索"。同时，大数据版 incoPat 平台可以提供统计分析模板、自定义统计分析、自动导出书、聚类分析、3D 专利沙盘和引证专利分析等 50 多项功能，特别适合进行深度分析与制作个性化图表，满足研究使用的需求。

2.1.2 时间范围

本书检索的最后截止日期为 2021 年 6 月 30 日。

2.1.3 数据范围

考虑到在一般途径下，发明专利自申请日（优先权日）至公开日需 18 个月期限（主动要求公开除外），实用新型专利申请在授权后才可以公布，PCT 专利自申请日开始一般需要 30 个月甚至更长时间才能进入国家阶段，因此在本书检索时间范围内近两年各技术专利申请量可能会有一定程度的下降，则 2020—2021 年的数据不列入实际分析考虑范围。

2.2 检索策略

2.2.1 技术分解

经过前期的技术和产业现状调研，对太阳能产业有较全面的认识，在此基础上，结合滨海新区太阳能产业发展情况及专利申请量，最终形成太阳能产业技术分解表，见表2-1。

表 2-1 太阳能产业技术分解表

<table>
<tr><th>检索对象</th><th>一级技术分支</th><th>二级技术分支</th><th>三级技术分支</th><th>四级技术分支</th></tr>
<tr><td rowspan="19">太阳能产业</td><td rowspan="19">太阳能电池材料</td><td rowspan="8">硅系</td><td rowspan="3">单晶硅</td><td>单晶硅料</td></tr>
<tr><td>单晶硅锭</td></tr>
<tr><td>单晶硅片</td></tr>
<tr><td rowspan="4">多晶硅</td><td>多晶硅料</td></tr>
<tr><td>多晶硅锭</td></tr>
<tr><td>多晶硅片</td></tr>
<tr><td>多晶硅薄膜</td></tr>
<tr><td>非晶硅</td><td>—</td></tr>
<tr><td rowspan="4">附属材料</td><td>石英制品</td><td>—</td></tr>
<tr><td>碳-碳复合材料</td><td>—</td></tr>
<tr><td>碳化硅</td><td>—</td></tr>
<tr><td>乙二醇</td><td>—</td></tr>
<tr><td rowspan="5">多元化合物</td><td>砷化镓</td><td>—</td></tr>
<tr><td>硫化镉</td><td>—</td></tr>
<tr><td>铜铟硒</td><td>—</td></tr>
<tr><td>碲化镉</td><td>—</td></tr>
<tr><td>其他多元化合物</td><td>—</td></tr>
<tr><td>聚合物</td><td>—</td><td>—</td></tr>
<tr><td>纳米晶</td><td>—</td><td>—</td></tr>
</table>

续表

<table>
<tr><th>检索对象</th><th>一级技术分支</th><th>二级技术分支</th><th>三级技术分支</th><th>四级技术分支</th></tr>
<tr><td rowspan="19">太阳能产业</td><td rowspan="11">太阳能电池制造</td><td rowspan="2">晶体硅太阳能电池</td><td>单晶硅太阳能电池</td><td>—</td></tr>
<tr><td>多晶硅太阳能电池</td><td>—</td></tr>
<tr><td rowspan="4">薄膜太阳能电池</td><td>多晶硅薄膜太阳能电池</td><td>—</td></tr>
<tr><td>非晶硅薄膜太阳能电池</td><td>—</td></tr>
<tr><td>微晶硅薄膜太阳能电池</td><td>—</td></tr>
<tr><td>化合物薄膜太阳能电池</td><td>—</td></tr>
<tr><td rowspan="3">新型太阳能电池</td><td>聚合物多层修饰电极型太阳能电池</td><td>—</td></tr>
<tr><td>纳米晶太阳能电池</td><td>—</td></tr>
<tr><td>其他新型太阳能电池</td><td>—</td></tr>
<tr><td rowspan="8">太阳能光伏应用</td><td rowspan="4">光伏发电技术及设备</td><td rowspan="3">光伏发电配套</td><td>逆变器</td></tr>
<tr><td>蓄电池</td></tr>
<tr><td>控制器</td></tr>
<tr><td>光伏发电</td><td>—</td></tr>
<tr><td rowspan="4">光伏产品</td><td>太阳能照明灯</td><td>—</td></tr>
<tr><td>太阳能汽车</td><td>—</td></tr>
<tr><td>太阳能电动自行车</td><td>—</td></tr>
<tr><td>太阳能热水器</td><td>—</td></tr>
</table>

2.2.2　检索策略

本书考虑到太阳能产业主要包括太阳能电池材料、太阳能电池制造、太阳能光伏应用三个技术分支，整体上采取“分-总”检索方式，即首先开展分项检索，分别对以上三个技术分支建立比较准确、全面的检索式，然后将三个技术分支的检索式合并，进行太阳能产业整体检索。在检索策略上，先进行分类号梳理，然后进行中英文关键词扩展，根据检索结果中存在的噪声进行去噪，并通过重点申请人相关检索结果进行分类号以及关键词的扩充。

2.3 分析方法

2.3.1 数据处理方法

针对检索结果中存在噪声的情况，取消某些不相关的关键词以及分类号，针对分类号的准确度进行分类，对不同的分类号分别进行处理，针对较准确的分类号，限定较少的关键词进行处理，针对较为宽泛的分类号，限定较为准确的关键词进行处理。

2.3.2 查全、查准方法

（1）查全率评估方法

对于重要申请人，设定为该技术领域申请量排名在前10位的申请人或行业内普遍认可的重要申请人，以该申请人为入口，检索全部申请，通过人工确认其在本技术领域的申请文献，形成母样本，在检索结果数据库中，以申请人为入口检索其申请文献量，形成子样本，采用子样本/母样本 ×100%=查全率。

（2）查准率评估方法

在结果数据库中随机选取一定数量的专利文献作为母样本，对母样本中的每项专利文献进行阅读，确定其与技术主题的相关性，与技术主题高度相关的专利文献形成子样本，采用子样本/母样本 ×100%=查准率。

2.4 相关事项定义

对本书中的相关词汇统一定义如下。

项：同一项发明可以在多个国家或地区提出，本书将这些相关的专利申请作为一条记录，在统计专利申请数量时，对于数据库中以一族数据形式出现的一系列专利文献，计为1项，因此一般情况下，专利申请的数目对应技术的数目。

件：在对申请专利进行统计时，为了分析申请人在不同国家、地区或组织的专利申请分布情况，对同族专利申请分别进行统计，所得到的结果对应申请的件数，因此1“项”专利申请可能包含多“件”专利申请。

专利被引频次：指该专利文献被在其以后申请专利文献引用的次数。

同族专利：同一项发明创造在多个国家申请专利而产生的一组内容相同或基本相同的专利文献出版物，称为一个专利族或同族专利。从技术角度来看，属于同一专利族的多件专利申请可以视为同一项技术。在本书中，针对技术和专利技术原创国分析时，对同族专利进行了合并统计；针对专利在国家或地区的公开情况进行分析时,对各件专利进行了单独统计。

同族数量:一件专利同时在多个国家或地区的专利局进行专利申请的数量。

全球申请:申请人在全球范围内各国专利局的专利申请。

在华申请:申请人在中国国家知识产权局的专利申请。

国内申请:中国申请人在中国国家知识产权局的专利申请。

国外来华申请:外国申请人在中国国家知识产权局的专利申请。

国别归属规定:国别根据专利申请人的国籍进行确定。

日期规定:依照授权最早优先权日确定每年的专利数量,无优先权日以申请日为准。

Chapter 3

第 3 章 太阳能产业专利态势分析

本章先对太阳能产业的整体专利态势展开分析，然后将太阳能产业进一步划分为太阳能电池材料、太阳能电池制造、太阳能光伏应用系统三个细分领域，并分别展开分析。

3.1 太阳能领域整体专利态势分析

3.1.1 全球专利整体分析

通过申请趋势可以从宏观层面把握分析太阳能领域有效专利各时期的专利申请热度变化。从图 3-1 可以看出，2018 年以前行业整体有效专利申请量稳步提升，2018—2021 年专利申请量呈现减少态势，对应有效专利公开趋势和增长率如图 3-2、图 3-3 和表 3-1 所示。

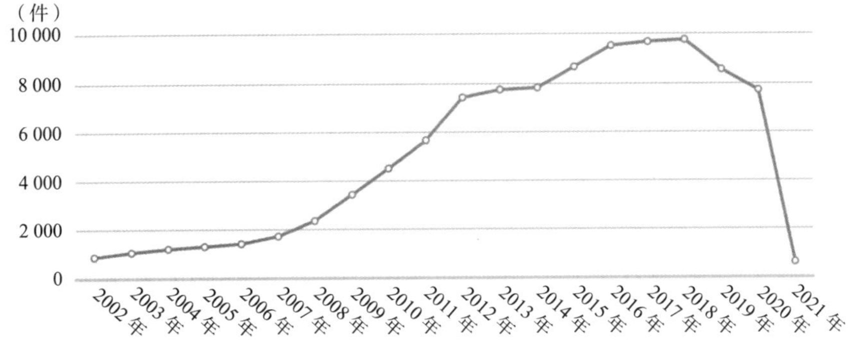

图 3-1 全球太阳能领域有效专利申请趋势

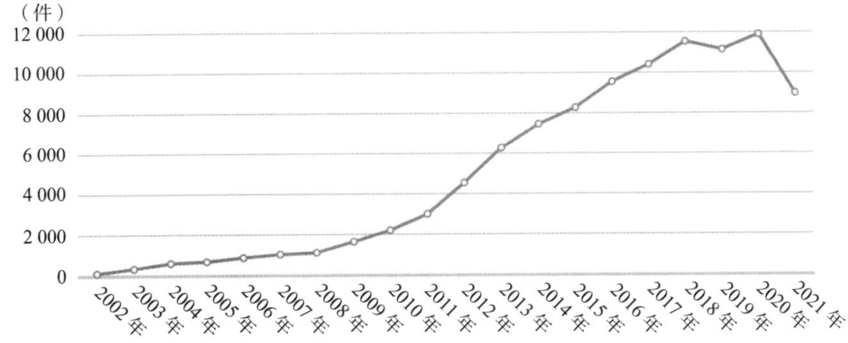

图 3-2 全球太阳能领域有效专利公开趋势

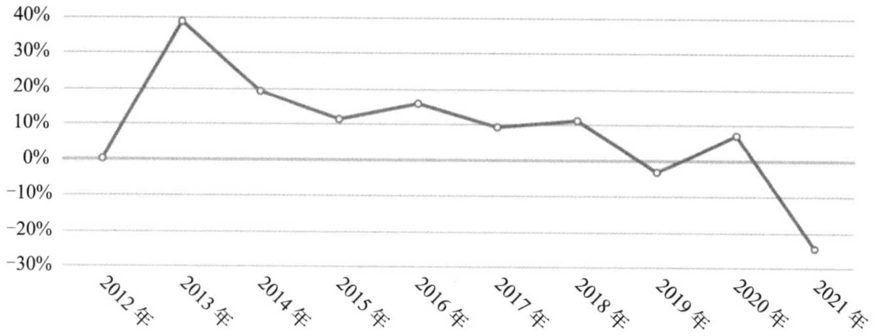

图 3-3　全球太阳能领域有效专利公开数量增长率

表 3-1　全球太阳能领域有效专利公开数量增长率逐年变化情况

公开年	增长率
2012	0%
2013	38.06%
2014	18.8%
2015	11.01%
2016	15.44%
2017	8.97%
2018	10.82%
2019	-3.41%
2020	6.76%
2021	-24.53%

图 3-4 展示的是太阳能领域每年有效专利技术功效的分布情况和变化趋势，可以看出 2018 年技术特征表现最为突出，从而判断技术在实际应用中功效的变化，效率提高和速度调整是研发的主要方向。

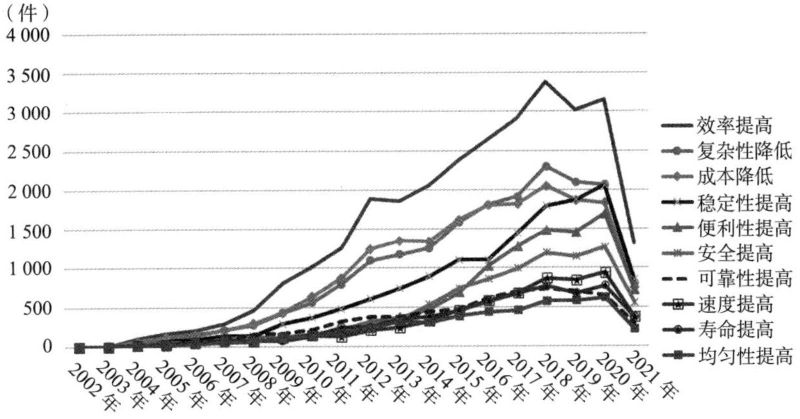

图 3-4　全球太阳能领域有效专利技术功效趋势

图 3-5 展示的是太阳能领域有效专利在各技术方向的数量分布情况，对应的技术方向见表 3-2。通过该分析可以了解分析对象覆盖的技术类别以及各技术分支的创新热度。注：本书所列 IPC 分类号选用 2021 年版本。

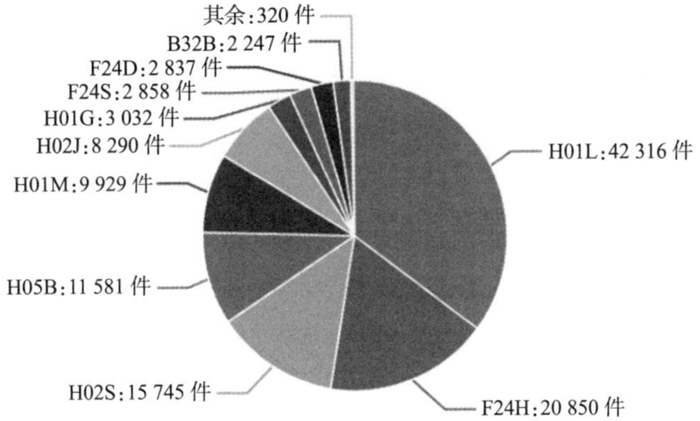

图 3-5　全球太阳能领域有效专利在各技术方向的数量分布

表 3-2　基于 IPC 分类号的全球太阳能领域技术构成情况

IPC 分类号（小类）
H01L（半导体器件；其他类目中不包括的电固体器件（使用半导体器件的测量入 G01；一般电阻器入 H01 C；磁体、电感器、变压器入 H01F；一般电容器入 H01G；电解型器件入 H01G9/00；电池组、蓄电池入 H01M；波导管、谐振器或波导型线路入 H01P；线路连接器、汇流器入 H01R；受激发射器件入 H01S；机电谐振器入 H03H；扬声器、送话器、留声机拾音器或类似的声机电传感器入 H04R；一般电光源入 H05B；印刷电路、混合电路、电设备的外壳或结构零部件、电气元件的组件的制造入 H05K；在具有特殊应用的电路中使用的半导体器件见应用相关的小类））

续表

IPC 分类号(小类)
F24H(一般有热发生装置的流体加热器,例如水或空气的加热器(热传导、热交换或热贮存材料入 C09K5/00;非催化热裂化用的管式炉入 C10G9/20;密闭体通风或充气装置,例如阀入 F16K24/00;疏水器或类似装置入 F16T;蒸汽发生入 F22;燃烧设备本身入 F23;家用炉或灶入 F24B, F24C;住宅或区域供热系统入 F24D;炉、窑、烘炉、蒸馏炉入 F27;热交换器入 F28;电热元件或装置入 H05B))
H02S(由红外线辐射、可见光或紫外光转换产生电能,如使用光伏(PV)模块(从放射性源获取电能入 G21H1/12;无机光敏半导体器件入 H01L31/00;热电器件入 H01L35/00, H01L37/00;有机光敏半导体器件入 H01L51/42)[2014.01])
H05B(电热;其他类目不包含的电照明)
H01M(用于直接转变化学能为电能的方法或装置,例如电池组〔2〕)
H02J(供电或配电的电路装置或系统;电能存储系统)
H01G(电容器;电解型的电容器、整流器、检波器、开关器件、光敏器件或热敏器件(电介质专用材料的选择入 H01B3/00;电位跃迁或表面阻挡层的电容器入 H01L29/00))
F24S(太阳能热收集器;太阳能热系统(用于从太阳能产生机械能的入 F03G6/00)[2018.01])
F24D(住宅供热系统或区域供热系统,例如集中供热系统;住宅热水供应系统;其所用部件或构件(利用从蒸汽机装置抽出或排出的蒸汽或凝结水来供热入 F01K17/02))
B32B(层状产品,即由扁平的或非扁平的薄层,例如泡沫状的、蜂窝状的薄层构成的产品)

图 3-6 展示的是全球太阳能领域在不同技术方向专利申请量的分布情况和发展趋势。分析各阶段的技术分布情况，2010—2020 年是重要技术分布期,挖掘近期的热门技术方向和未来的发展动向,可知 H01L 是全球太阳能领域有效专利技术申请集聚区域,也是未来发展的主要方向。

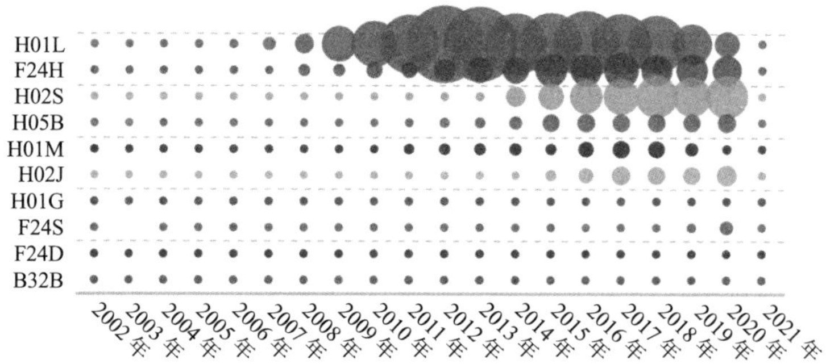

图 3-6　全球太阳能领域有效专利技术申请趋势

从图 3-7 和表 3-3 可以看出,中国在太阳能领域的专利数量最多,达到了 50 000 件以上,这表明中国的太阳能技术研发和应用水平较高。韩国、日本、美国等国家也拥有较多的太阳能专利,但与中国的差距较大。总体来看,全球太阳能领域的技术分布呈现出明显的地域差异，其中亚洲地区的研发活动最为活跃，尤其是中国、日本和韩国。欧洲虽然也有一些重要的太阳能技术发明，但在整体规模上不如亚洲地区。其他地区的太阳能技术研发相对较弱，需要进一步加强投入和支持。

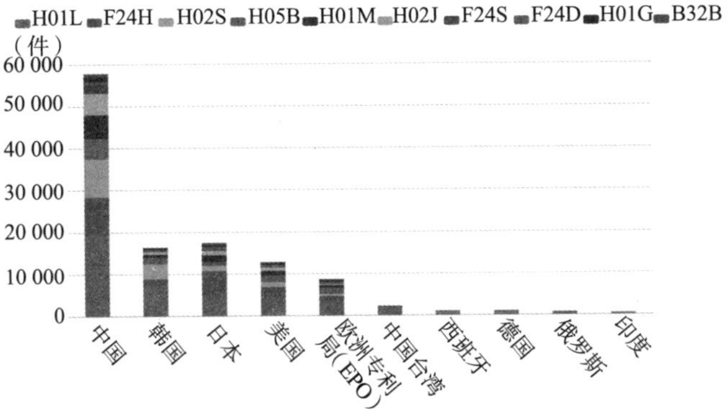

图 3-7　全球太阳能领域不同国家、地区和组织的技术专利分布图

注：受统计数据限制，中国专利指中国大陆专利，不包含我国港澳台地区。

表 3-3　全球太阳能领域不同国家、地区和组织的技术专利分布表　　单位：件

专利技术类别	中国	韩国	日本	美国	欧洲专利局（EPO）	中国台湾	西班牙	德国	俄罗斯	印度
H01L	19 430	7 443	5 000	5 385	3 518	1 432	376	264	163	207
F24H	8 918	1 401	5 808	1 362	1 105	304	139	154	196	42
H02S	8 978	3 607	1 237	1 206	478	89	107	72	28	48
H05B	4 910	1 513	953	1 631	1 480	103	190	344	221	58
H01M	5 759	771	1 536	1 118	589	193	27	66	62	47
H02J	5 039	682	1 032	833	298	62	52	37	20	48
F24S	2 050	145	123	211	110	15	41	11	7	20
F24D	708	318	871	324	378	8	41	34	11	6
H01G	1 092	301	465	453	369	26	26	18	17	13
B32B	817	217	460	259	313	82	39	5	3	9

从表 3-4 可以看出，在太阳能领域，一些大型跨国企业和中国公司都在积极进行技术研发并取得了显著成果。三菱电机株式会社拥有最多的有效专利，达到 726 项；乐金电子公司紧随其后，有 616 项有效专利；芜湖美的厨卫电器制造有限公司位列第三，拥有 478 项有效专利。

表 3-4 全球太阳能领域有效专利不同申请人情况

申请人	专利申请量(件)
三菱电视株式会社	726
乐金电子公司	616
芜湖美的厨卫电器制造有限公司	478
苏州阿特斯阳光电力科技有限公司	456
乐金化学公司	406
能率株式会社	384
常熟阿特斯阳光电力科技有限公司	372
林内集团	330
美的集团股份有限公司	304
浙江晶科能源有限公司	265

从图 3-8 中可以看出,每家公司在不同的技术领域都持有一定数量的专利,但部分公司在特定技术领域拥有的专利较为集中。例如三菱电机(Mitsubishi Electric Corp.)在 F24H 领域拥有较多专利;乐金公司(包括乐金电子公司和乐金化学公司)在 H01L 领域拥有较多专利。

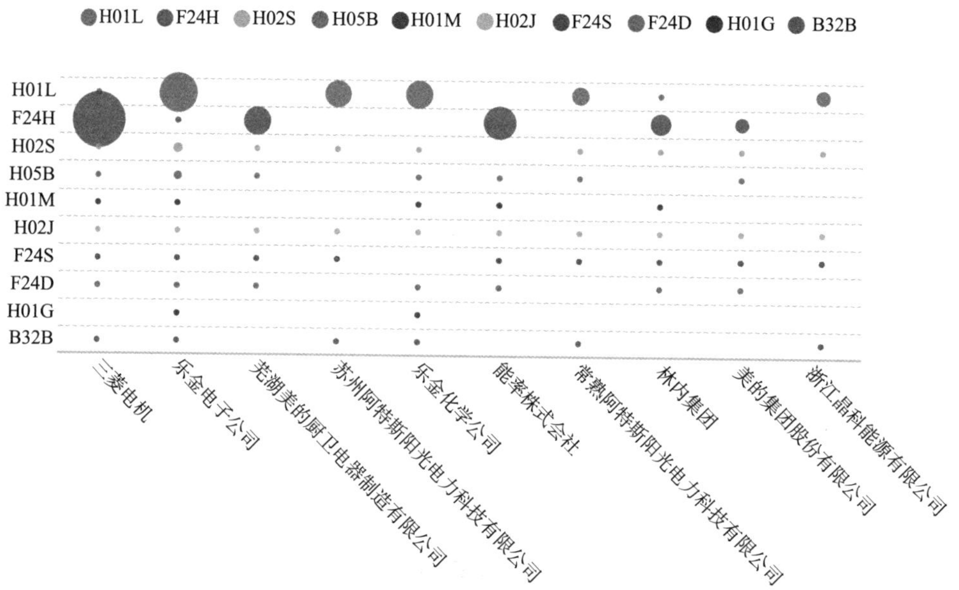

图 3-8 全球太阳能领域有效专利申请人技术构成图

由图 3-9 和表 3-5 可以看出，全球太阳能领域有效专利在技术功效价值上更注重效率、复杂性、成本、便利性、安全性等方面，其中多数专利的技术功效表现为效率提高及复杂性降低。

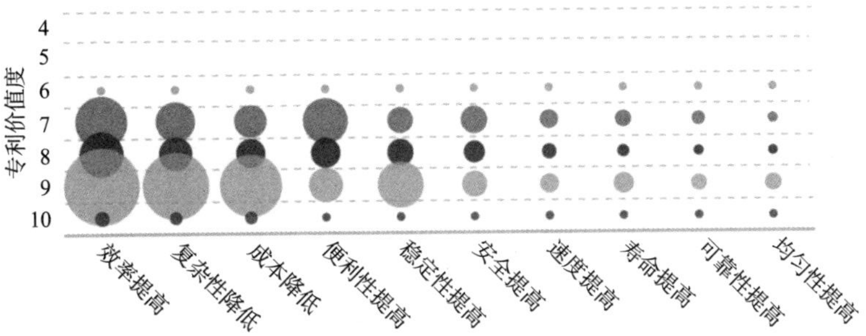

图 3-9　全球太阳能领域技术功效价值度

表 3-5　全球太阳能领域技术功效价值度分析表

专利价值度	效率提高	复杂性降低	成本降低	便利性提高	稳定性提高	安全提高	速度提高	寿命提高	可靠性提高	均匀性提高
4	0	0	0	0	0	0	0	0	0	0
5	0	0	0	0	0	0	0	0	0	0
6	138	110	112	126	46	88	54	65	42	25
7	4 646	3 503	2 861	3 994	2 270	2 390	1 633	1 444	1 190	893
8	3 947	2 951	2 552	2 600	2 298	1 900	1 310	1 061	888	838
9	6 762	5 914	5 473	3 027	4 055	2 262	1 688	1 813	1 415	1 502
10	1 300	1 107	1 087	353	720	393	285	305	306	302

3.1.2　全国专利整体分析

图 3-10 展示的是全国不同省份太阳能产业各技术方向的数量分布情况。通过对比分析，可知重要技术方向集中在江苏、广东、浙江。

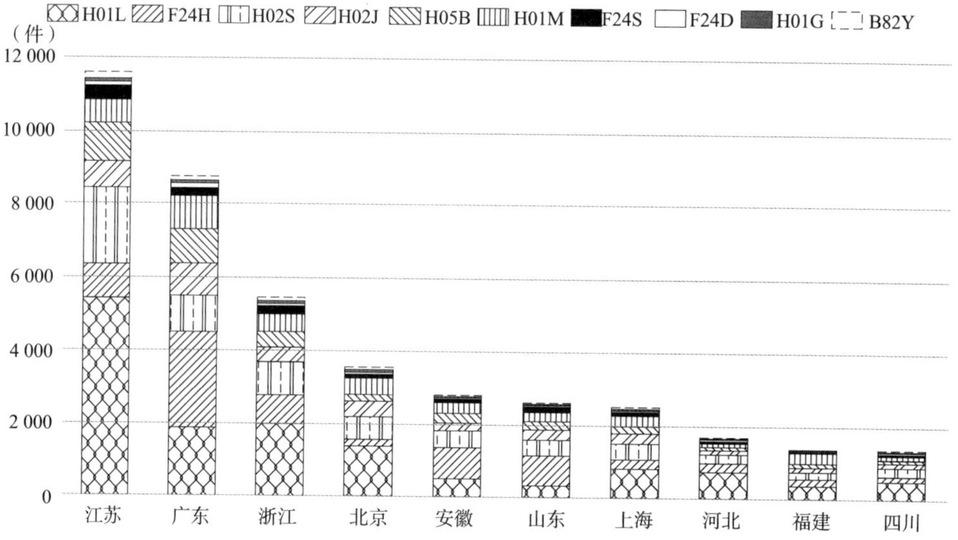

图 3-10　全国不同省份太阳能产业各技术方向分布

3.2　太阳能电池材料产业专利态势分析

3.2.1　全球专利整体分析

（1）全球专利申请量变化趋势分析

自 2002 年至 2021 年 6 月 30 日，太阳能电池材料产业相关专利全球申请量分布情况如图 3-11 所示。

从图 3-11 可以看出，自 2002 年起，太阳能电池材料产业技术在全球开始进入缓慢平稳的增长时期；从 2006 年开始，该技术迅速增长，至 2012 年申请量达到最大，即自 2002 年，各国就已经开始对太阳能电池材料产业技术进行重点研究；2012 年以后，太阳能电池材料产业技术的专利申请量一直处于下降趋势。

（2）全球专利申请区域分布分析

图 3-12 所示为从 2012 年到 2021 年全球太阳能电池材料产业相关专利的来源国申请量变化情况。从图 3-12 可以看出，中国、日本、美国、韩国和欧洲为专利申请量最多的国家和组织。从 2012 年到 2019 年，中国的专利申请量整体上呈下降趋势，到 2019 年专利申请量更是下降明显，并且中国的专利申请量一直高于其他国家的申请量；特别是从 2016 年开始，中国的专利申请量已经超过了美国、日本、韩国、德国等国家专利申请量的总和，占据了全球太阳能电池材料产业相关专利申请的半壁江山。

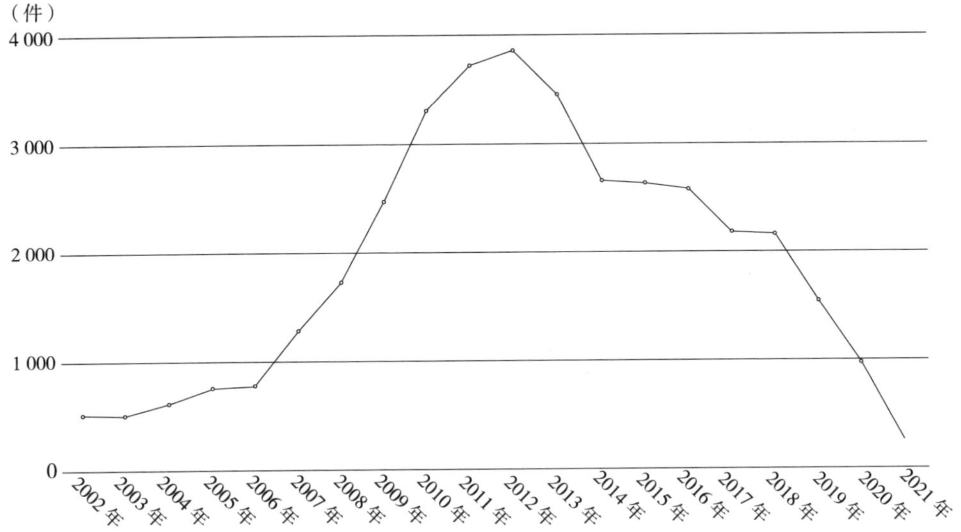

图 3-11　全球专利申请量变化趋势

注：受统计数据限制，中国专利指中国大陆专利，不包含我国港澳台地区

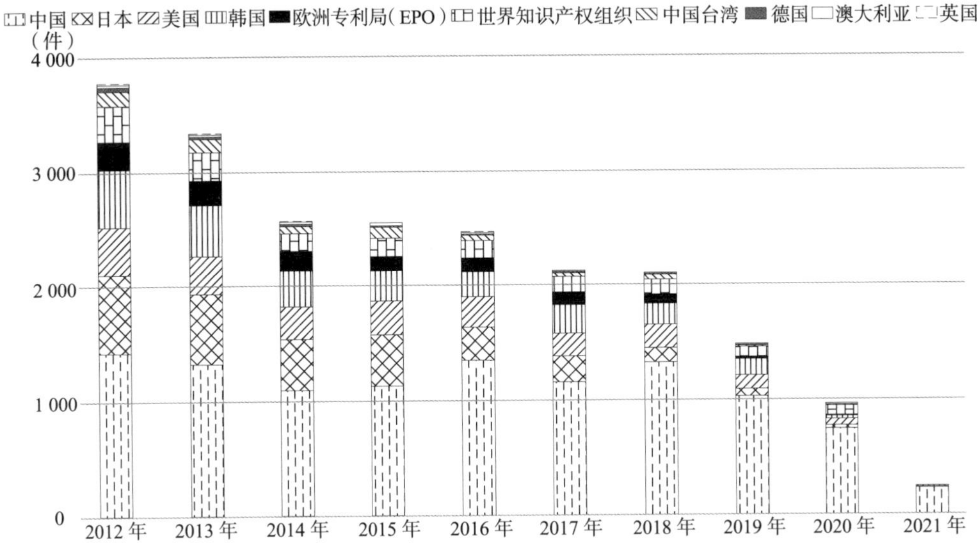

图 3-12　全球专利主要来源国家、地区和组织申请量变化情况

注：受统计数据限制，中国专利指中国大陆专利，不包含我国港澳台地区

反观其他国家的专利申请量，2012—2015 年日本的专利申请量呈现缓慢下降的趋势，2016—2021 年日本的专利申请量开始明显下降；2012—2018 年美国的专利申

请量基本上呈现缓慢下降的趋势；2012—2018 年韩国的专利申请量与美国的专利申请量变化趋势相近。

由以上全球太阳能电池材料产业专利来源国申请量的变化趋势可以看出，全球的太阳能电池材料产业发展较早且都趋于成熟，从 2012 年开始太阳能电池材料产业的发展已经相对成熟，2012—2018 年一直保持着较为平稳的发展，专利申请量也较为稳定。中国的太阳能电池材料产业发展相对较晚，2006—2019 年一直处于蓬勃发展的阶段，相关专利申请呈井喷式出现。

（3）全球重点申请人分析

表 3-7 为太阳能电池材料产业相关专利全球主要申请人分布情况。在排名前 15 的申请人中，有 8 位日本申请人、2 位韩国申请人和 4 位中国申请人以及 1 位美国申请人。其中，日本申请人专利类型覆盖太阳能电池材料产业各个方面。排名前 15 的申请人中，有 4 位来自中国，可见虽然近年来太阳能电池材料产业在中国蓬勃发展，中国本土的技术创新主体在技术研发上取得了一定的进展，但是太阳能电池材料产业在中国的发展仍然比较片面。

表 3-7　全球专利主要申请人分布

排名	申请人	专利数量（件）	所属国家地区
1	夏普株式会社	374	日本
2	乐金化学有限公司	369	韩国
3	乐金电子有限公司	364	韩国
4	松下电器有限公司	346	日本
5	海洋王照明科技股份有限公司	338	中国
6	深圳市海洋王照明技术有限公司	308	中国
7	富士胶片株式会社	298	日本
8	巴斯夫公司	286	德国
9	三菱电视株式会社	259	日本
10	深圳市海洋王照明工程有限公司	246	中国
11	佳能公司	222	日本
12	太阳能公司	217	美国
13	积水化学工业株式会社	206	日本
14	日立有限公司	198	中国
15	西门子公司	192	德国

（4）技术主体分布分析

由图 3-13 所示全球技术主体分布可以看出，全球关于太阳能电池材料产业的专利申请中涉及的技术领域广泛，主要涉及半导体器件和其他类目中不包括的电固体器件（H01L），电容器和电解型的电容器、整流器、检波器、开关器件、光敏器件或热敏器件（H01G），用碳-碳不饱和键以外的反应得到的高分子化合物（C08G），由红外线辐射、可见光或紫外光转换产生电能，如使用光伏（PV）模块（H02S）等技术应用，尤其半导体器件和其他类目中不包括的电固体器件（H01L）占据首位。另外，较为平均的技术应用涉及杂环化合物（C07D）；电缆，导体，绝缘体，导电、绝缘或介电材料的选择（H01B）；用于直接转变化学能为电能的方法或装置，如电池组（H01M）。上述技术应用包括半导体器件、电容器、高分子化合物等。

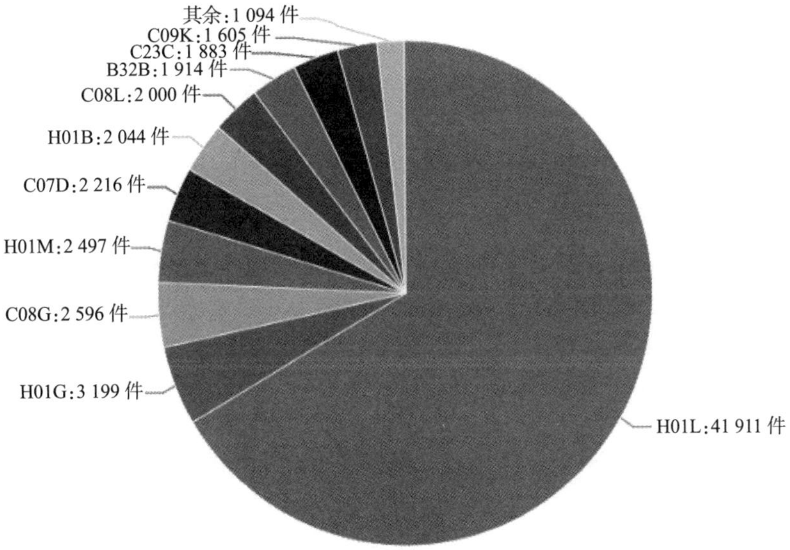

图 3-13　全球技术主体分布

由图 3-14 所示全球部分国家、地区和组织技术主体分布可知，中国、日本及美国各自对太阳能电池材料产业相关技术的侧重点以及占比相近，都集中于半导体器件和其他类目中不包括的电固体器件（H01L），由上述数据分析可知，排名前 3 位的国家对半导体器件比较重视，且在各个技术领域中中国、日本及美国申请量领先。中国、日本、美国和韩国专利技术主体分布如图 3-15 所示。

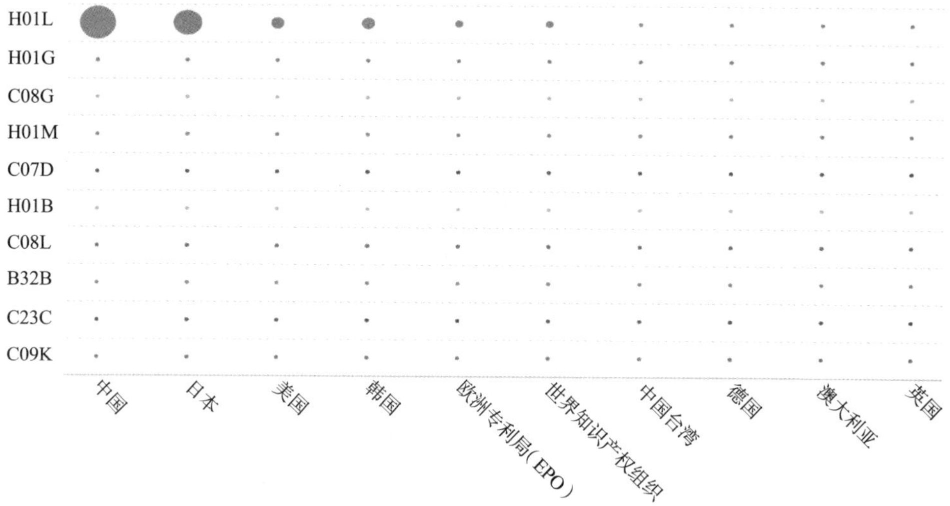

图 3-14　全球部分国家、地区和组织技术主体分布

注:受统计数据限制,中国专利指中国大陆专利,不包含我国港澳台地区。

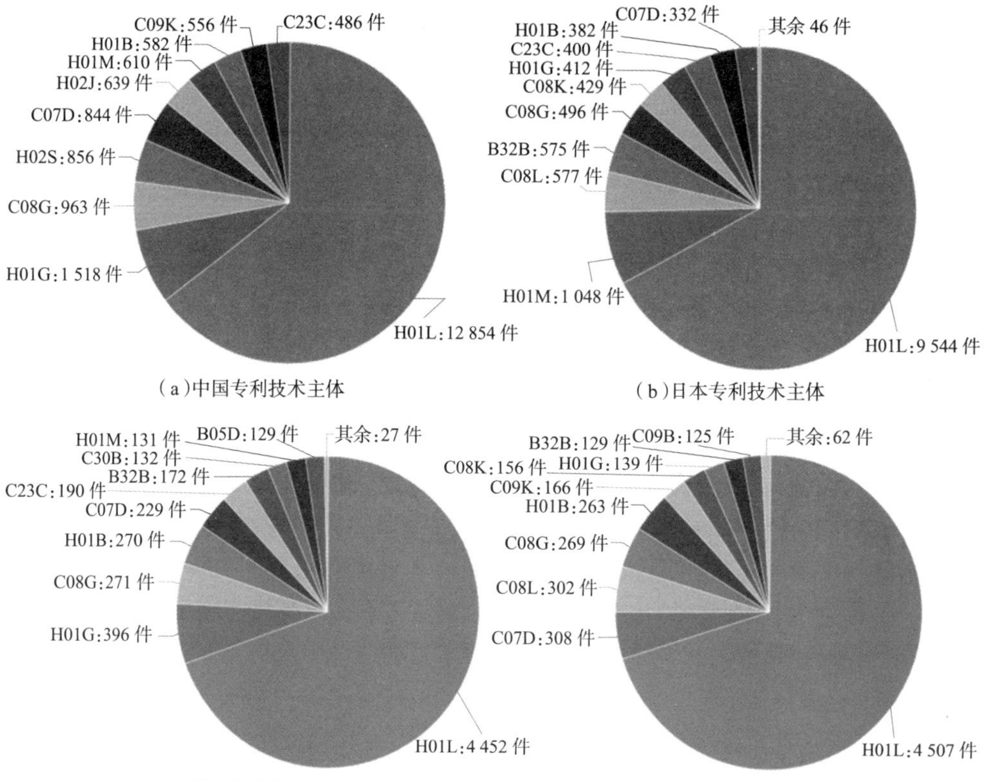

(a)中国专利技术主体

(b)日本专利技术主体

(c)美国专利技术主体

(d)韩国专利技术主体

图 3-15　中国、日本、美国和韩国专利技术主体分布

3.2.2　全国专利整体分析

(1)申请量变化趋势分析

图 3-16 所示为我国太阳能电池材料产业领域专利申请量的变化趋势。从图 3-16 可以看出,我国太阳能电池材料产业相关的专利申请开始于 2002 年,之后到 2006 年开始迅速增长，2012 年申请量达到顶峰，2012—2018 年申请量波动较大、有增有减，2018 年之后申请量大幅下降。通过对我国太阳能电池材料产业领域专利申请量年度变化分析可知,我国对太阳能电池材料产业领域技术的专利申请量自 2018 年以后整体呈下降趋势,说明我国近年来对太阳能电池材料产业的研究趋于成熟。而且可以预测,在接下来的一段时间内,我国太阳能电池材料产业的专利申请量仍会下降。

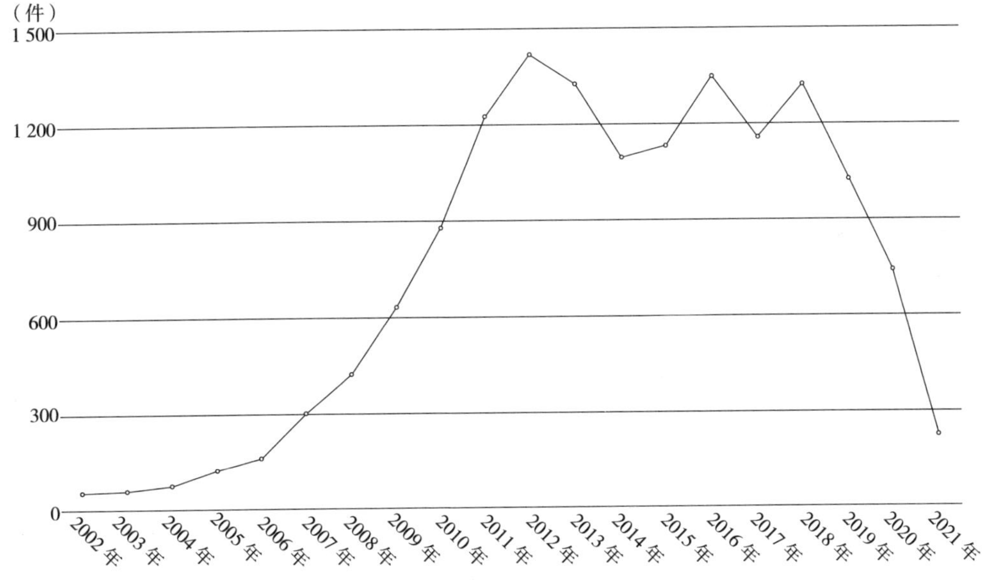

图 3-16　中国专利申请量变化趋势

(2)申请地区分布分析

由图 3-17 可知,我国太阳能电池材料产业技术专利在我国部分省份的专利申请量分布情况,江苏、广东、北京、浙江申请量最多,是我国太阳能电池材料产业技术专利的核心地区,其中江苏以 26.57% 的专利申请量位于第一,广东以 16.08%位于第二,北京以 12.60%位于第三,浙江以 11.92%位于第四,上述 4 个省份的专利申请量占总量的 67.17%,远超过全国专利申请量的二分之一。从上述统计资料可知,各省市在光伏发电技术上的研发投入存在较大差异,这是地区性经济差异导致的,沿海经济发达地区的专利申请量较多。其中，天津的专利申请量在我国各省市地区中排名第 13，占总申请量的 2.52%，由此可见，天津的太阳能电池材料产业技术研究有待开发，具有比较广阔的前景，可作为今后重点研究项目。

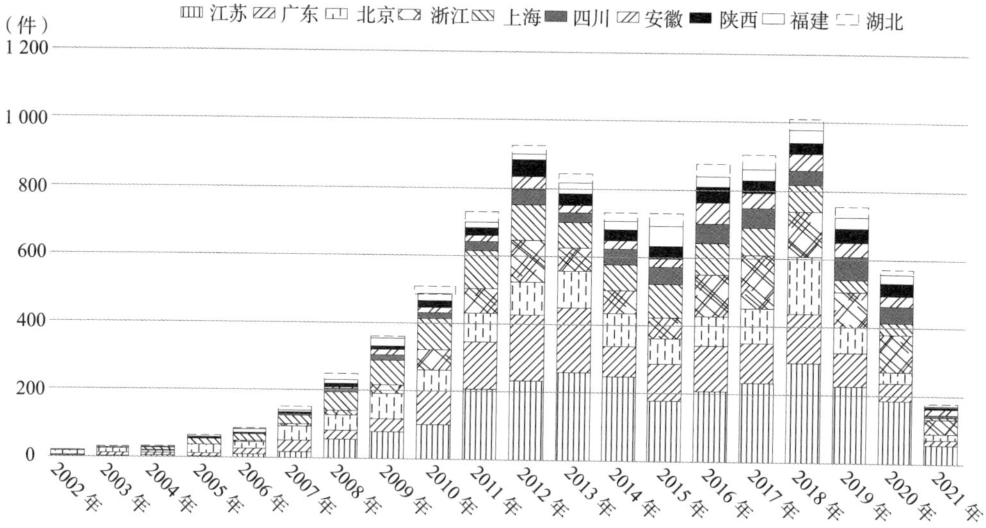

图 3-17　全国部分省份的专利申请量分布

由图 3-18 可知，专利申请排名前四的省份关于太阳能电池材料产业的重点研究技术大体相同，主要涉及半导体器件和其他类目中不包括的电固体器件（H01L）。这是由于半导体器件是电池的最基本元件，我国各省市都在围绕基本元件的核心技术进行专利布局。

（3）重点申请人分析

图 3-19 所示为我国太阳能电池材料产业技术专利申请排名前 10 的申请人分布情况。由图 3-19 可知，排名前 10 的申请人中有 9 家为我国企业，1 家为日本企业。可见，目前我国太阳能电池材料产业的创新主体为我国本土企业，其中海洋王照明科技股份有限公司申请量位居第一，申请量为 338 件，占前 10 位申请人专利申请总量的 21.12%，其研发实力大大领先其他竞争企业；其余 8 位申请人为国内著名企业、高校和科研院所，高校和科研院所有 5 家，这说明我国太阳能电池材料产业在高新技术领域的发展还不够成熟，仍需继续加强产业转化的能力。从我国主要专利申请人情况可以看出，目前我国太阳能电池材料产业的创新主体为我国本土企业及大专院校，但是我们也应当注意到，我国的太阳能电池材料产业起步较晚，市场化还不成熟，应当在西方发达国家进入我国市场之前尽快完成太阳能电池材料产业中重点领域的专利布局，防范风险。

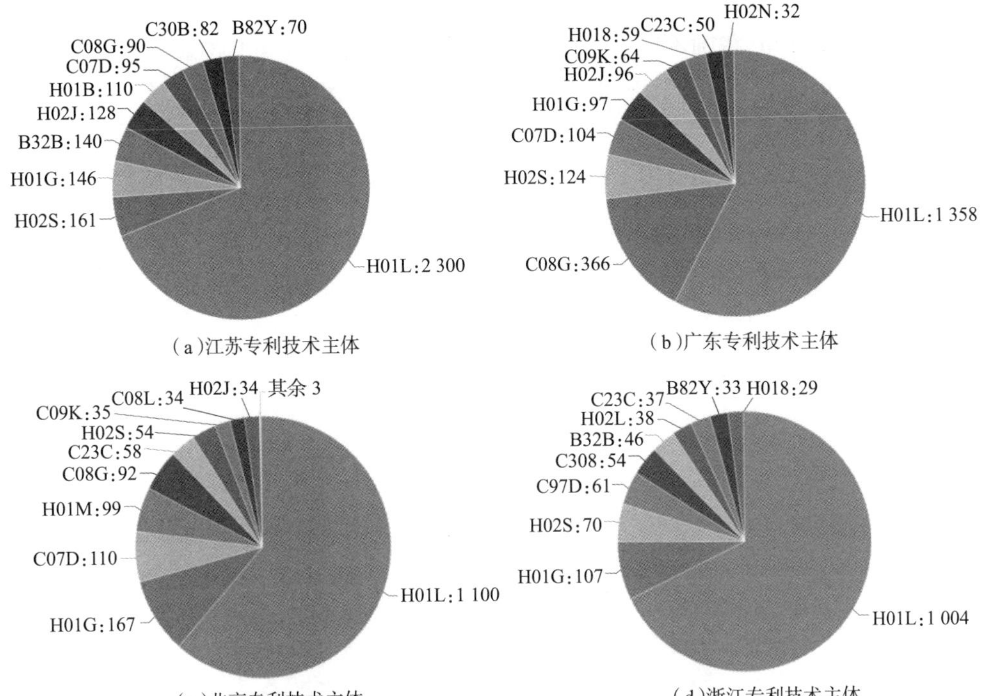

（a）江苏专利技术主体　（b）广东专利技术主体　（c）北京专利技术主体　（d）浙江专利技术主体

图 3-18　我国排名前四省市的技术主体分布

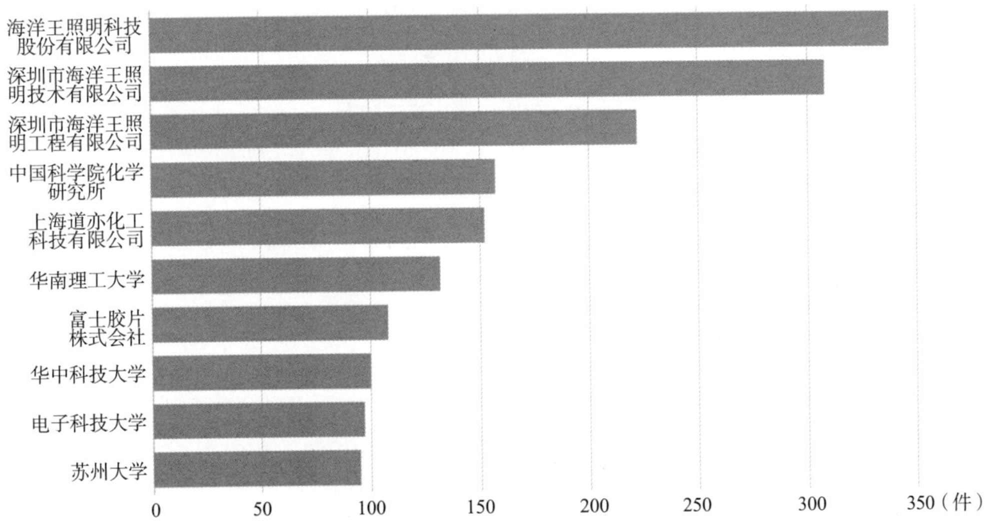

图 3-19　我国主要专利申请人的专利申请分布

（4）申请人类型分析

由图 3-20 可知，我国不同类型的申请人专利申请量的比重具有较大的差异。在我国，太阳能电池材料产业专利申请人以企业为主，占 60.44%，大专院校及科研单位各占 27.85%和 7.98%。产业内的专利申请人属性构成在一定程度上反映了技术或产业发展的成熟程度。该领域中企业申请专利比重较大，表明太阳能电池材料产业整体发展趋于成熟，产业化程度仍有提高的空间。与此同时，机关团体和个人申请也占据一定比重，说明在太阳能电池材料产业中，行业涉及面广，其中涉及的新兴产业还处于发展的初级阶段，相关产业技术还停留在科研阶段，具备进一步向产业转化的潜力。

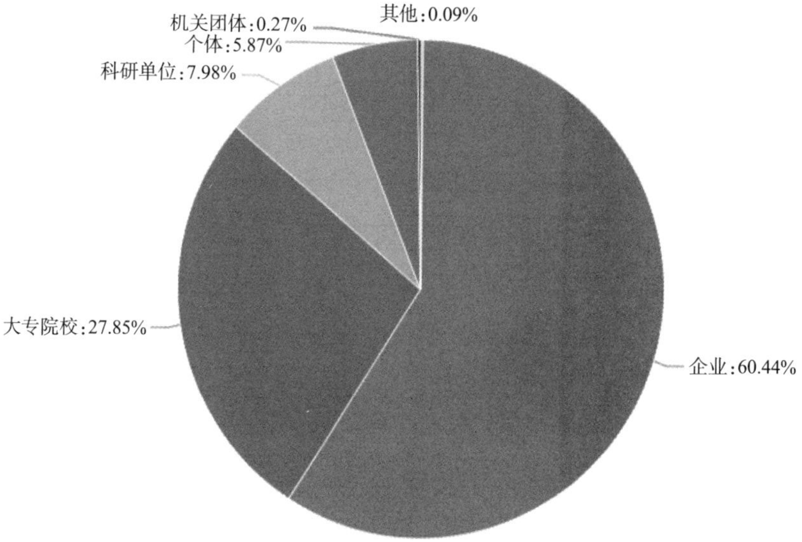

图 3-20　我国申请人类型分布

注：因存在合作申请情况，故各类申请人专利申请量占比相加之和超过 100%。

（5）技术主体分布分析

由图 3-21 所示我国技术主体分布可知，我国对于太阳能电池材料产业的研究一直是国内专利研究技术的重点，我国对太阳能电池材料产业专利技术的研究主要有半导体器件和其他类目中不包括的电固体器件（H01L），电容器和电解型的电容器、整流器、检波器、开关器件、光敏器件或热敏器件（H01G），用碳-碳不饱和键以外的反应得到的高分子化合物（C08G），由红外线辐射、可见光或紫外光转换产生电能，如使用光伏（PV）模块（H02S）等技术应用，占比分别为 79.58%、9.38%、5.95%、5.29%，但是我国对太阳能电池材料产业技术的研究比较分散，并没有突出的技术，需要对太阳能电池材料产业进行技术深入研究，并提出有代表性的技术及产品，使得太阳能电池材料产业成为技术发展的领头军，从而带动其他相关技术的进步。

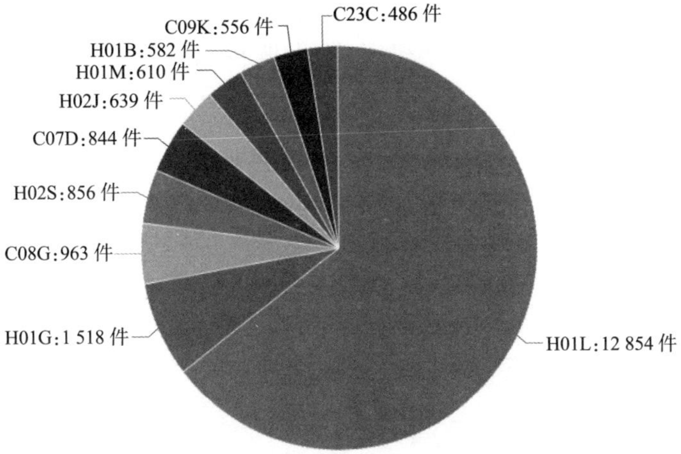

图 3-21　全国技术主体分布

图 3-22 所示为我国近 10 年重点技术主体的专利申请趋势。由图 3-22 可以看出，近年来半导体器件和其他类目中不包括的电固体器件（H01L）技术在 2012—2019 年的专利申请量均远大于其他技术，2019 年以后的专利申请量整体上有下降趋势，截至 2021 年这一趋势表现得尤为明显，虽然说由于图中数据未包括 2021 年已经申请但未公开的专利申请，即 2021 年的申请量数据不具备实际参考价值，但是可以预见在接下来的一段时间内，对太阳能电池材料产业的研究速度仍会减缓。

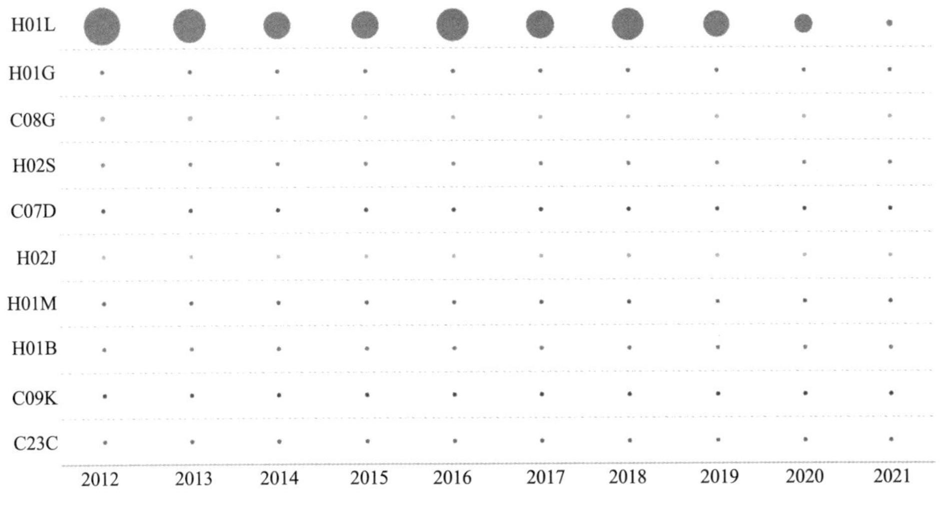

图 3-22　我国重点技术主体申请趋势

（6）专利申请类型分析

图 3-23 所示为我国太阳能电池材料产业领域专利申请类型的分析情况。从图

3-23 可以看出，对于太阳能电池材料产业领域的专利申请主要集中在两类，即发明专利和实用新型专利，其中发明专利（包括发明授权和发明申请）所占比重达到 84.67%，说明我国太阳能电池材料的创新水平已经达到了一定的高度。

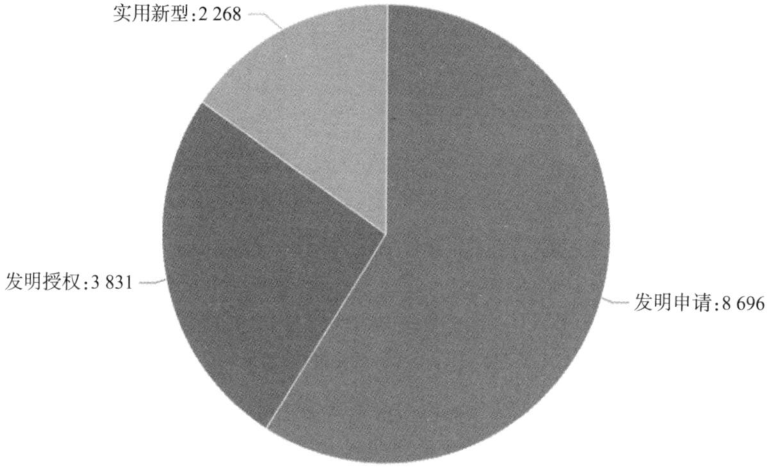

图 3-23　我国专利申请类型分布

（7）专利申请法律状态分析

图 3-24 所示为我国太阳能电池材料产业领域的专利申请的法律状态情况。其中，授权 6 355 件，占比为 42.95%；未缴年费的专利申请占 22.83%，撤回的专利申请占 12.91%，实质审查的专利申请占 10.92%，驳回的专利申请占 8.04%。由此可见，太阳能电池材料产业领域中专利申请的授权比重较大，说明在太阳能电池材料产业中创新性的发明较多，同时也表明我国对太阳能电池材料产业的技术研究水平达到了一定高度。

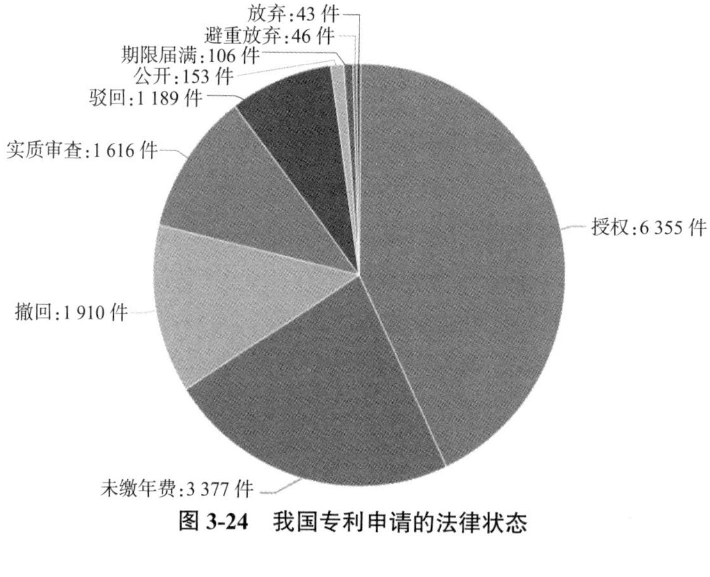

图 3-24　我国专利申请的法律状态

3.2.3 滨海新区专利整体分析

2015 年，天津市政府下发《天津市建设全国先进制造研发基地实施方案（2015—2020 年）》。天津市将大力发展绿色电池、风电和光伏产业，到 2020 年全市新能源产业规模突破千亿元，成为我国先进光伏制造基地和绿色阳光城市。

推进超级电容器、高性能锂离子动力电池的研发；发展锂离子电池正极材料、隔膜材料等关键锂电高性能材料；逐步开展电池生产设备研发和动力电池回收利用技术研究。到 2020 年，绿色电池产业规模达到 500 亿元，产能达到 15 亿 A·h/年。

推进变桨、变频控制器等风电核心装备研发；发展 2 MW 以上风力发电机组及关键零部件、海上和潮间带风力发电机组、风光互补发电机组；推动分布式光伏微网发电系统发展。到 2020 年，风电产业规模达到 400 亿元，建成全国重点的风电设备制造中心和最大的风电产品出口基地。

推进光伏砷化镓聚光电池、铜铟硒薄膜电池研发；壮大高效光伏用直拉区熔单晶硅、多晶硅产业规模；加快光伏减反射玻璃、透明导电玻璃等配套产品产业化；推动光伏发电建筑一体化系统集成发展。到 2020 年，光伏产业规模达到 200 亿元。

《天津市人民政府办公厅关于印发天津市新能源产业发展三年行动计划（2018—2020 年）的通知》（津政办发〔2018〕42 号）指出，新能源产业是新一轮科技革命和产业变革的标志性方向，是我国重点发展的战略性新兴产业，也是培育发展新动能，带动经济结构向中高端迈进，引领发展方式转变的重要产业。为贯彻落实天津市委、市政府关于进一步加快建设全国先进制造研发基地的实施意见，全面推动天津市新能源产业实现高质量发展，根据国务院《中国制造 2025》（国发〔2015〕28 号）和《能源发展战略行动计划（2014—2020 年）》（国办发〔2014〕31 号），制定本行动计划。实施期限为 2018—2020 年。本行动计划中，新能源产业包括新能源汽车、锂离子电池、风力发电、太阳能光伏、氢能及氢燃料电池等领域。在上述政策支持下，天津市太阳能电池材料产业蓬勃发展。

（1）专利申请量变化趋势分析

从图 3-25 可以看出，自 2009 年开始，太阳能电池材料产业相关技术处于萌芽阶段，其中最初于 2002 年申请的专利技术涉及基本电气元件领域，在 2012 年专利申请量迅速增长并达到巅峰，2012 年后专利申请量波动较大。

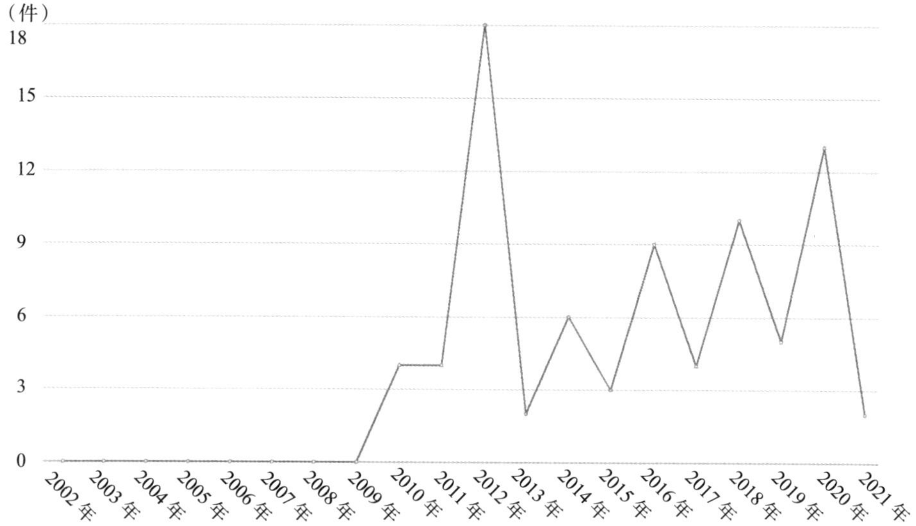

图 3-25　滨海新区专利申请量变化趋势

(2)重点申请人分析

由图 3-26 所示近 20 年滨海新区太阳能电池材料产业相关专利申请量可知,申请量排在前 10 的分别是中国电子科技集团公司第十八研究所、天津蓝天太阳科技有限公司、天津三安光电有限公司、天津爱旭太阳能科技有限公司、天津市津能电池科技有限公司、包头稀土研究院、天津包钢稀土研究院有限责任公司、天津宝兴威科技股份有限公司、天津市天塑科技集团有限公司技术中心、天津市润彤磬科技发展有限公司。

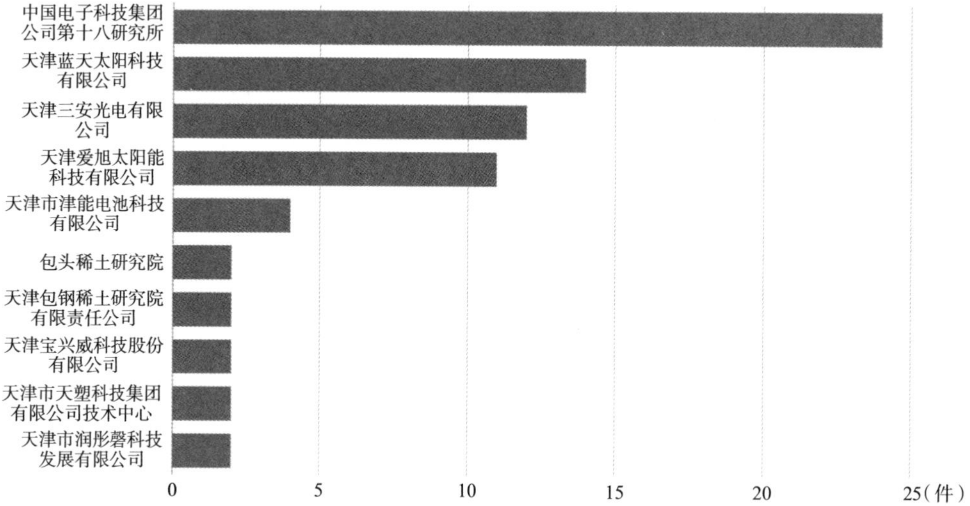

图 3-26　近 20 年滨海新区太阳能电池材料产业申请人排名

通过分析图 3-27 可知，申请总量排在前 10 的申请人在各个年份的专利申请量有所不同，中国电子科技集团公司第十八研究所的申请大量集中于 2012 年、2018 年和 2020 年，天津蓝天太阳科技有限公司的申请大量集中于 2012 年，天津三安光电有限公司的申请量集中于 2012 年，天津爱旭太阳能科技有限公司的申请大量集中于 2019 年和 2020 年，天津市津能电池科技有限公司的申请大量集中于 2012 年之前。

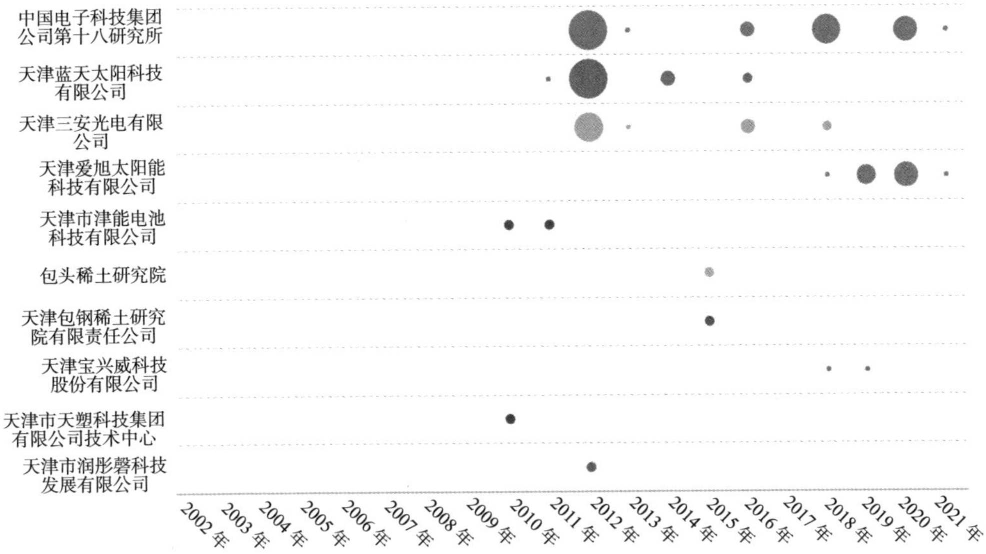

图 3-27　滨海新区重点申请人的申请趋势

通过分析图 3-28 可知，申请总量排在前 10 的申请人所聚焦的技术领域基本相同，中国电子科技集团公司第十八研究所、天津蓝天太阳科技有限公司、天津三安光电有限公司、天津爱旭太阳能科技有限公司的专利技术主要集中于半导体器件和其他类目中不包括的电固体器件（H01L）。

（3）申请人类型分析

通过分析图 3-29 可知，企业类的申请人最多，占比达 98.75%；其次是科研单位，占比达 2.50%；其余的为个人。

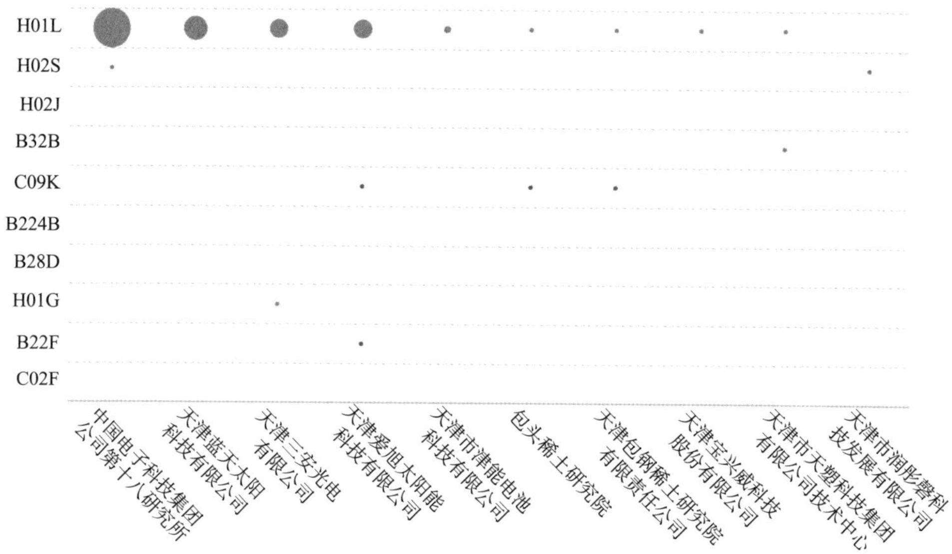

图 3-28　滨海新区重点申请人的技术主体构成

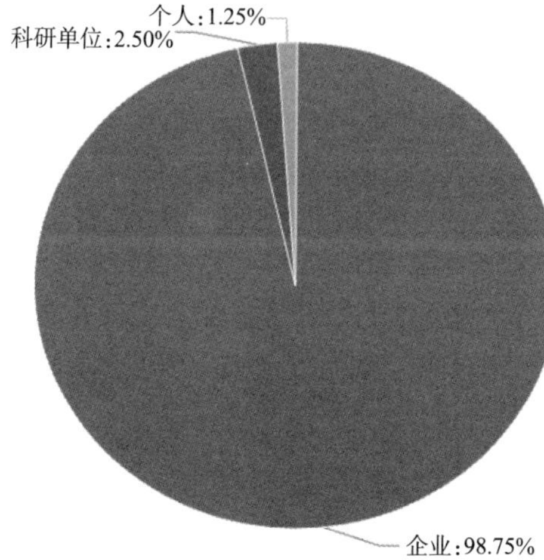

图 3-29　滨海新区申请人类型

注:因存在合作申请情况,故各类申请人专利申请量占比相加之和超过 100%。

(4)技术主体分布分析

通过分析图 3-30 可知,在太阳能电池材料产业相关专利申请中,涉及的技术领域广泛,其中较多的为半导体器件和其他类目中不包括的电固体器件(H01L),由红外线辐射、可见光或紫外光转换产生电能,如使用光伏(PV)模块(H02S),电容器和电解型的电容器、整流器、检波器、开关器件、光敏器件或热敏器件(H01G),用碳-碳不饱和键以外的反应得到的高分子化合物(C08G)等技术应用。进一步分析太阳能电池材料产业相关专利技术主体，其主要聚焦于化合物半导体太阳能电池、多层减反射膜、临近空间等，如图 3-31 所示。

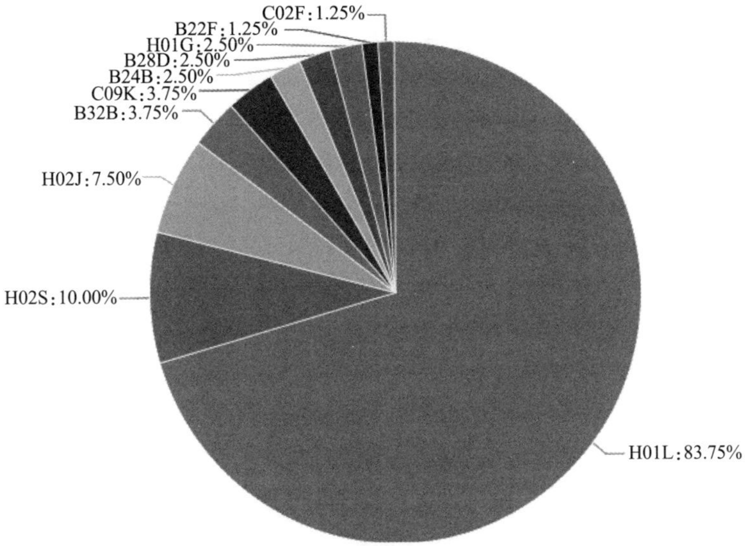

图 3-30　滨海新区技术主体分布

注：因一个专利可能对应两个或多个 IPC 分类号，故各 IPC 分类号专利申请量占比之和超过 100%。

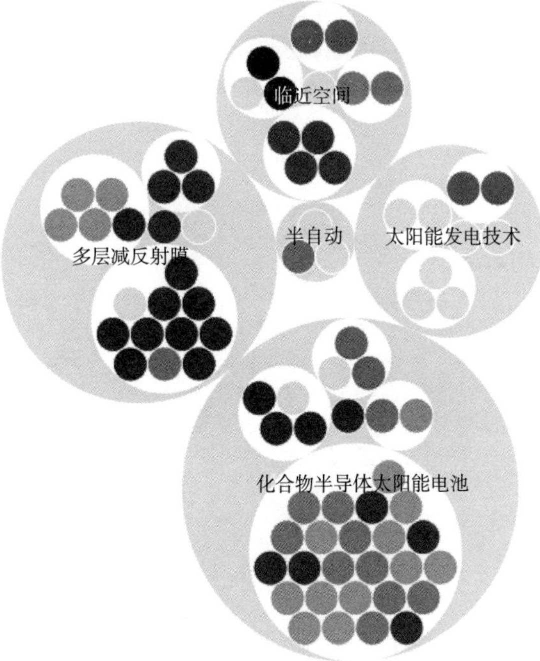

图 3-31　滨海新区技术主体的聚焦程度

通过分析图 3-32 可知，在太阳能电池材料产业相关专利申请类型中，发明专利（包括发明申请和发明授权）和实用新型两种类型的申请量差距较大，实用新型占比为 28.75%，发明占比为 71.25%。

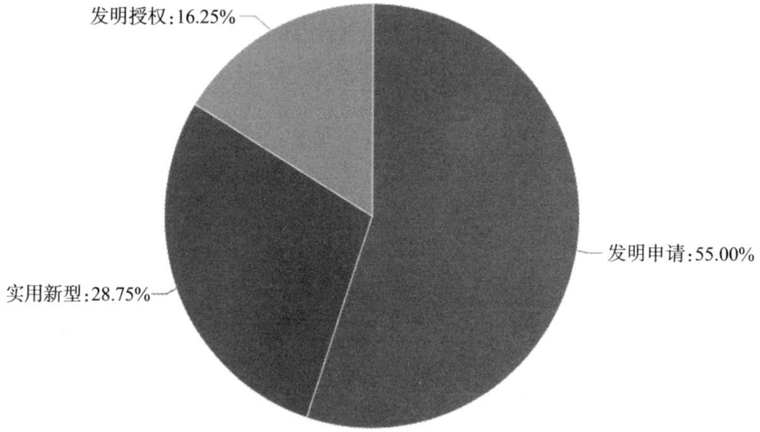

图 3-32　滨海新区专利申请类型分析

（5）专利申请法律状态分析

通过分析图 3-33 可知，在太阳能电池材料产业相关专利申请类型中，目前有 43.75%处于授权状态，20%处于实质审查中，16.25%处于未缴年费状态，13.75%处于撤回状态。此外，通过专利的转让及许可情况也能够看出专利的运营情况和专利的价值。由图 3-34 可知，专利转让的情况只发生在 2017 年和 2019 年，这反映了专利市场运营的活跃程度还不够。

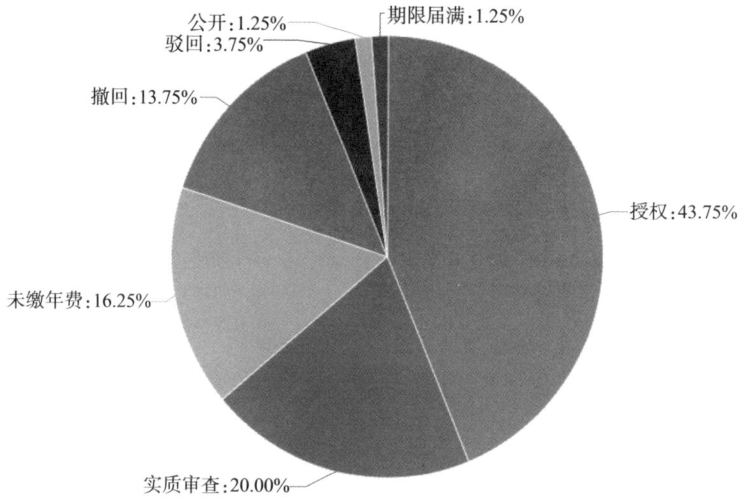

图 3-33　滨海新区专利申请当前法律状态

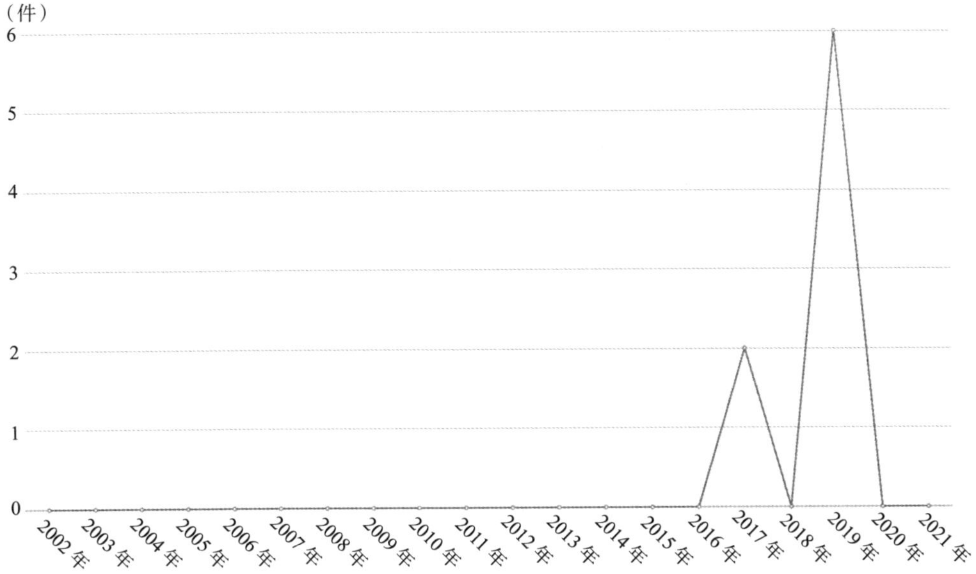

图 3-34　滨海新区专利的转让趋势

为了促进太阳能电池材料产业发展，天津市也出台了相应政策鼓励知识产权运营与保护，加强知识产权培育应用，支持企业加强光伏重点技术和应用领域核心专利培育，形成更多高质量的核心专利。

（6）滨海新区太阳能电池材料产业发展面临的主要问题

滨海新区的太阳能光伏电池材料产业已经形成了一定的布局，其中太阳能光伏电池材料及其配套方面更是太阳能光伏电池材料产业的主要支撑，但与全国乃至全球相比，专利申请量较少，技术创新能力不足，知识产权尚未形成有效保护，现阶段该产业在中国及全球市场难以形成有效竞争力，在产业专利布局、技术创新能力、创新人才储备、专利协同创新、专利运营实力等方面均有不足。

①产业覆盖不完整，专利布局力度有待提高。虽然滨海新区在太阳能光伏电池材料产业有一定的专利布局，但布局结构与国内外整体情况存在较大的差距。

②技术创新能力不足，企业专利优势尚未体现。天津市智能传感器产业的技术创新主要集中在天津大学以及滨海新区的企业，滨海新区企业对于太阳能光伏电池材料产业的主要研发重点在太阳能光伏电池材料及其配套的封装制造以及应用，而不在太阳能光伏电池材料技术本身的改进，天津大学对太阳能光伏电池材料及其配套的研究更为深入和先进，而这一部分技术内容还未转化为产业，造成了技术上的浪费。

③专利创新人才队伍单薄，技术创新分布不均。滨海新区太阳能光伏电池材料及其配套产业专利技术创新人才队伍主要集中在几个较“老”的企业，而没有新进的创新人才队伍，技术创新分布不均，不能形成较为完善的技术产业系统。

3.3 太阳能电池制造领域专利态势分析

在太阳能的有效利用当中，太阳能光电利用是近些年来发展最快、最具活力的研究领域，也是最受瞩目的项目之一。因此，人们研制和开发了太阳能电池。太阳能电池主要以半导体材料为基础，其工作原理是利用光电材料吸收光能后发生光电子转换反应。本节主要对太阳能电池制造领域相关专利态势进行研究分析。

3.3.1 全球专利整体分析

（1）全球专利申请量变化趋势分析

经检索，太阳能电池制造领域全球专利申请量达 8.3 万余件。图 3-35 所示为 1981 年至 2021 年太阳能电池制造领域相关专利全球申请量变化趋势。专利申请量变化趋势从侧面反映了专利技术的发展历程，通过专利申请量变化趋势分析，我们可以从宏观层面把握分析对象在各时期的专利申请热度变化和技术创新情况。从图 3-35 可以看出，全球太阳能电池制造领域专利申请量变化趋势可大致划分为 1991 年之前的产业萌芽期、1992—2002 年的缓慢发展期、2003—2012 年的快速发展期、2013 年以后的产业调整期四个阶段。

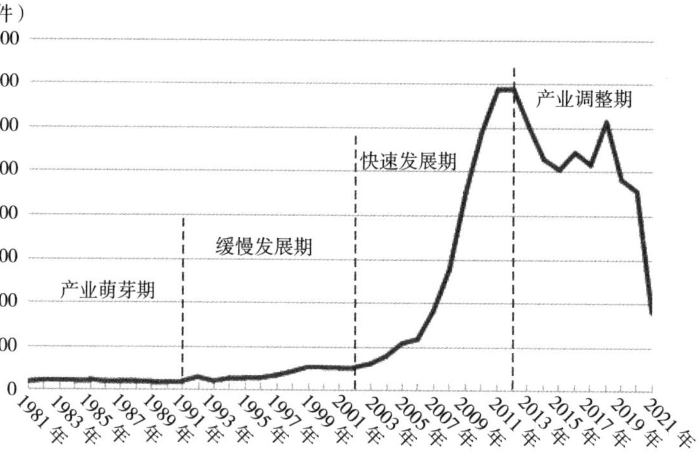

图 3-35　太阳能电池制造产业全球专利申请量变化趋势

1991 年之前，太阳能电池制造领域处于产业萌芽期，太阳能电池制造成本较高，实用价值较低，难以与传统能源竞争。在此阶段，参加该领域研究工作的人数和研究项目较少，专利申请量增速较缓，每年全球专利申请量不足 200 件。

1992—2002 年，太阳能电池制造领域处于缓慢发展期。1992 年，联合国在巴西召开“世界环境与发展大会”，会议通过了《里约热内卢环境与发展宣言》《21 世纪议程》和《联合国气候变化框架公约》等一系列重要文件，确立了可持续发展的模式。这次会议后，世界各国开始加强对清洁能源技术的开发，兴起了开发、利用太阳能的热潮，太阳能电池制造产业的专利申请量相较第一阶段有了一定程度的增加。

2003—2012 年，太阳能电池制造领域处于快速发展期，随着能源危机的持续加剧，世界各国对太阳能等清洁能源越来越重视，并出台了一系列对太阳能产业的扶持政策，研究人员和企业对太阳能电池技术的研究热情和积极性高涨，相关专利申请量迅速增加。

2013 年以后，太阳能电池制造领域发展进入产业调整期，产业发展出现了供过于求的情况，部分一线组件厂出现了不同程度的亏损，各国政府部门对相关扶持政策进行了调整，相关专利申请量稍有下降，但每年总申请量仍保持在 5 000 件以上，该技术仍是各国的研究热点。

（2）全球专利申请区域分布分析

图 3-36 和图 3-37 分别显示了太阳能电池制造领域全球专利申请的主要来源国家/地区和主要目标国家/地区，可以看出太阳能电池制造领域的区域性特征较为明显。从图 3-36 可以看出，全球太阳能电池制造技术专利申请分布极不均衡，主要集中在中国、日本、韩国、美国、德国等几个技术大国，这五个国家的专利申请总量占全球专利申请总量的 90%以上，说明这五个国家在太阳能电池制造领域技术输出程度较高。从图 3-37 可以看出，目前太阳能电池制造领域专利申请主要集中在中国、日本、美国、韩国、欧洲，其中中国已经成为世界最大的太阳能电池制造技术和产业国，相关领域专利来源地和目标地申请量均超过全球的 40%，这也是我国近二十年技术进步和知识产权保护意识提高的一个直观反映。

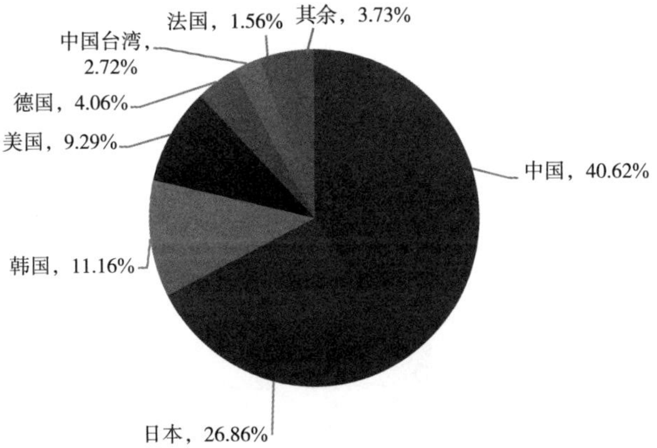

图 3-36　太阳能电池制造领域全球专利申请主要来源国家和地区

注：受统计数据限制，中国专利指中国大陆专利，不包含我国港澳台地区。

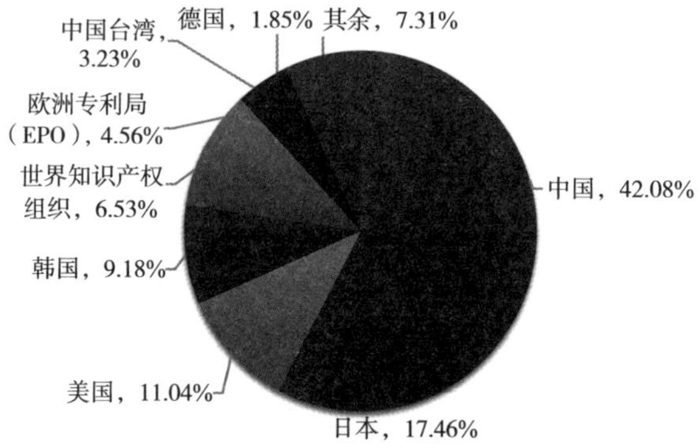

图 3-37　太阳能电池制造领域全球专利申请主要目标国家、组织和地区

注:受统计数据限制,中国专利指中国大陆专利,不包含我国港澳台地区;因一个专利可能对应两个或多个 IPC 分类号,故各 IPC 分类号专利申请量占比之和超过 100%。

图 3-38 展示了太阳能电池制造领域主要国家/地区专利来源和专利公开数量对比。从图 3-38 可以看出,太阳能电池制造领域专利申请的主要来源国家/地区和目标国家/地区基本一致,如中国、日本、韩国、美国、德国等,这反映了这些国家/地区在太阳能电池制造技术和市场上存在明显优势。其中,中国、美国的专利来源数量均稍低于专利目标数量,说明有众多外国申请人在这两个国家进行专利布局,有较多的外国企业准备进入或已经进入这两个国家的太阳能电池制造市场。反观日本、韩国和德国,这三个国家的专利来源数量均高于专利目标数量,说明这三个国家的申请人的海外布局意识较强。

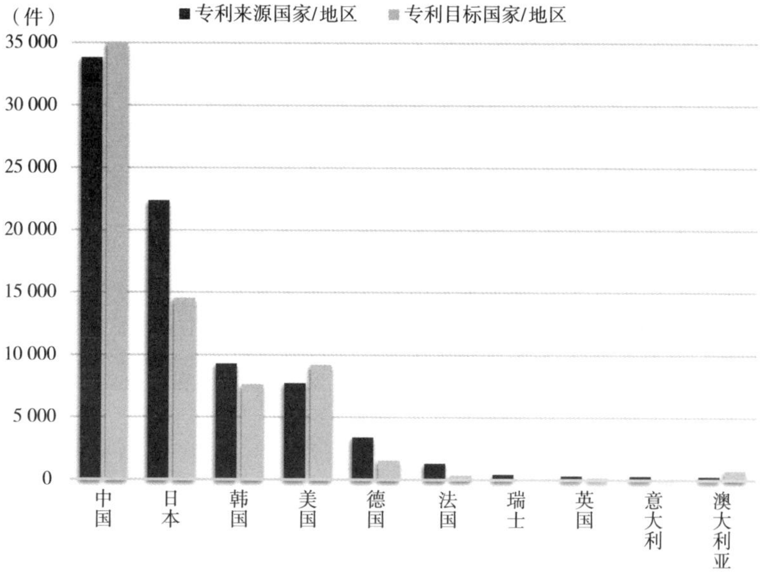

图 3-38　太阳能电池制造领域主要国家/地区专利来源和专利公开数量对比

注:受统计数据限制,中国专利指中国大陆专利,不包含我国港澳台地区。

图 3-39 展示了从 2002 年到 2021 年太阳能电池制造领域相关专利的主要来源国专利申请态势。通过分析可以了解太阳能电池制造技术在全球主要国家或地区的起源和发展情况。从图 3-39 可以看出，日本、美国在该领域起步较早，2005 年以前，日本、美国的专利申请量一直居于全球前两位。我国在该领域起步较晚，但自 2002 年，我国专利申请量稳步增长，于 2006 年超过美国位居第二，并于 2008 年超过日本跃居全球首位，此后一直保持比较明显的增长趋势，到 2018 年达到峰值 4 702 件，超过日本、韩国、美国、德国等其他主要国家专利申请量的总和。反观其他主要国家的专利申请量趋势，日本在 2007 年以前，专利申请量一直处于全球领先地位，2008 年被中国反超，2011 年达到峰值 1 499 件，此后专利申请量呈逐年下降趋势；美国在 2005 年以前一直保持专利申请量全球第二的位置，2006 年被中国反超，2012 年专利申请量达到峰值 1 133 件，此后专利申请量开始呈现逐年下降趋势。

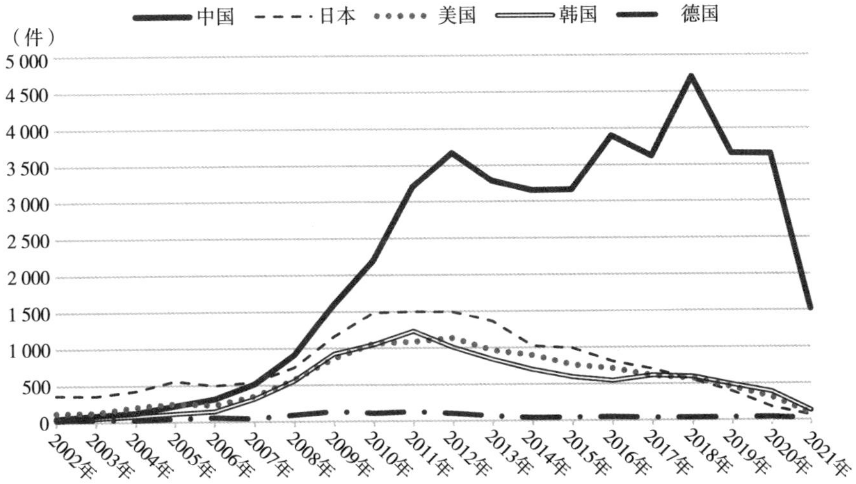

图 3-39　太阳能电池制造产业主要国家专利申请态势

图 3-40 展示了太阳能电池制造领域中国专利申请人国别。通过分析可以了解来自不同国家的申请人在中国申请保护的专利布局情况。从图 3-40 可以看出，该领域中国专利申请占 91.01%，外国在中国布局专利只占 8.99%。在外国申请人中，日本、美国、韩国申请人分别占 4.06%、1.71%、1.23%，说明日本、美国、韩国申请人较为注重在我国进行专利申请布局。这 3 个国家是与我国争夺太阳能电池制造领域市场的主要国家，且拥有不少技术实力雄厚的太阳能电池制造领域研发机构和生产企业，不仅在中国进行专利布局，在很多国家都进行了专利布局，将核心专利技术进行全球布局可以最大限度保护企业自身利益，也体现出该技术的价值，故建议天津市滨海新区太阳能电池制造领域企业加强海外专利布局，提升国际市场竞争力。

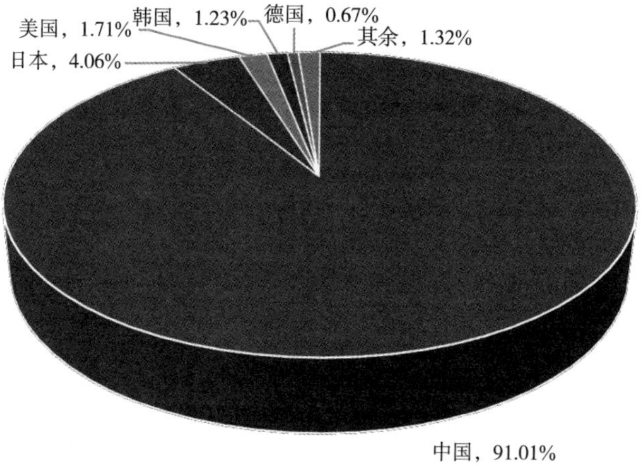

图 3-40　太阳能电池制造领域中国专利申请人国别

注：因一个专利可能对应两个或多个 IPC 分类号，故各 IPC 分类号专利申请量占比之和超过 100%。

（3）全球专利主要申请人分析

图 3-41 所示为太阳能电池制造领域全球专利申请量排名前十五的申请人情况。由图 3-41 可知，在全球范围内太阳能电池制造产业排名前十五的申请人中，日本企业有 10 家，分别为夏普公司、三菱公司、松下集团、富士胶片、Kaneka 公司、日立公司、大日本印刷、佳能公司、富士电机和住友公司；韩国企业有 2 家，分别为乐金集团和三星集团；美国企业有 1 家，为陶氏杜邦；我国企业有 1 家，为阿特斯阳光电力集团，另外中科院所作为标准申请人，位列全球申请人排名第 8 位。从申请人排名情况可以看出，日本虽然近几年在太阳能电池制造相关领域专利申请量不如我国，但在排名前十五的申请人中日本企业占据三分之二，表明日本企业在太阳能电池制造领域普遍拥有较强的研发与创新能力，实力较强，在产业中具有显著影响力；韩国乐金集团和三星集团是韩国在该领域实力最强的两大集团，凭借其在薄膜太阳能电池等领域的优势，在太阳能电池制造领域占有一席之地；美国仅有陶氏杜邦一家企业上榜，其在薄膜组件领域具有较强的研发能力；我国仅有阿特斯阳光电力集团进入前十五，表明虽然我国近年来太阳能电池制造领域发展迅速，专利申请量排名第一，但发展时间较短，企业的实力较国外还具有一定差距，而且中科院所专利申请排名靠前，说明我国太阳能电池制造领域的很多技术还处于研发阶段，距离产业化还有一定距离。

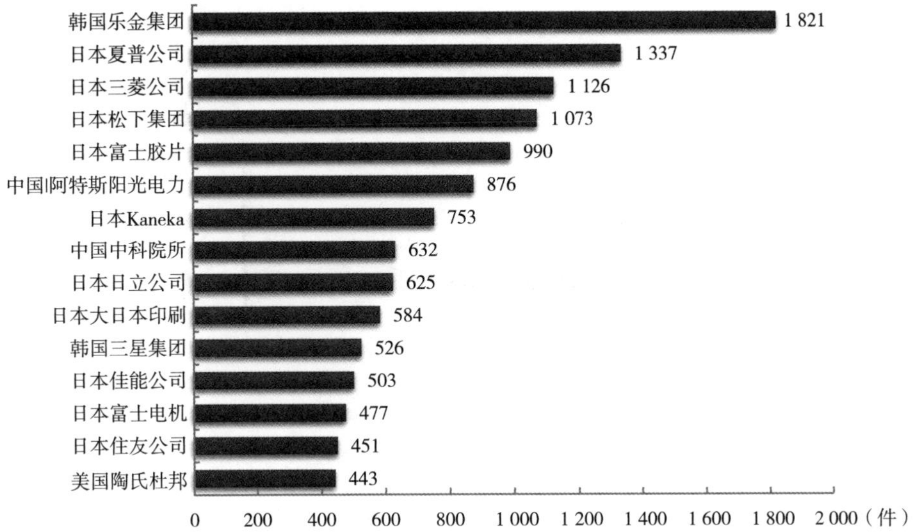

图 3-41　太阳能电池制造产业全球专利主要申请人

注：数据经过 incoPat 专利分析平台“标准化申请人”功能处理。

（4）技术生命周期分析

对全球太阳能电池制造领域专利技术的生命周期进行分析，如图 3-42 所示。技术生命周期分析可以作为企业研发投入的重要参考，根据专利申请人数量与时间序列关系、专利申请量与时间序列关系等绘制技术生命周期曲线，可分析专利技术所处的发展阶段，了解相关技术领域的现状，推测未来技术发展方向。从图 3-42 可以看出，2005—2011 年，太阳能电池制造领域处于快速发展期，随着太阳能电池制造技术的不断发展以及市场的扩大，技术的吸引力凸显，参与该领域技术研究的企业和机构不断增多，相关专利申请量和申请人数量呈现快速增长趋势，到 2011 年达到峰值；2013 年以后，太阳能电池制造领域进入技术成熟期，由于市场有限，进入该领域的企业数量趋缓，相关专利申请人数量和申请量的增长速度变慢并逐渐趋于稳定。

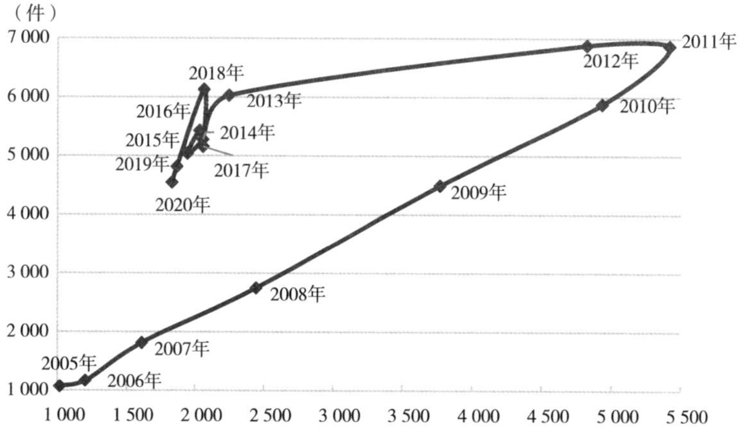

图 3-42　全球太阳能电池制造领域专利技术生命周期

（5）技术主体分布分析

图 3-43 和表 3-8 显示了全球太阳能电池制造领域技术构成情况。由图 3-43 可知，全球关于太阳能电池制造产业的专利申请涉及的技术领域非常集中，主要集中在半导体器件（H01L），专利数量占近 90%，这与太阳能电池进行光电转换的工作原理密切相关；其余技术应用领域主要涉及由红外线辐射可见光或紫外光转换产生电能（H02S）、电容器（H01G）、层状产品（B32B）、用于直接转变化学能为电能的方法或装置（H01M）、高分子化合物的组合物（C08L）、对金属材料的镀覆或用金属材料对材料的镀覆（C23C）、电缆或导体或绝缘体（H01B）、使用无机物或非高分子有机物作为配料（C08K）、用碳-碳不饱和键以外的反应得到的高分子化合物（C08G）等。

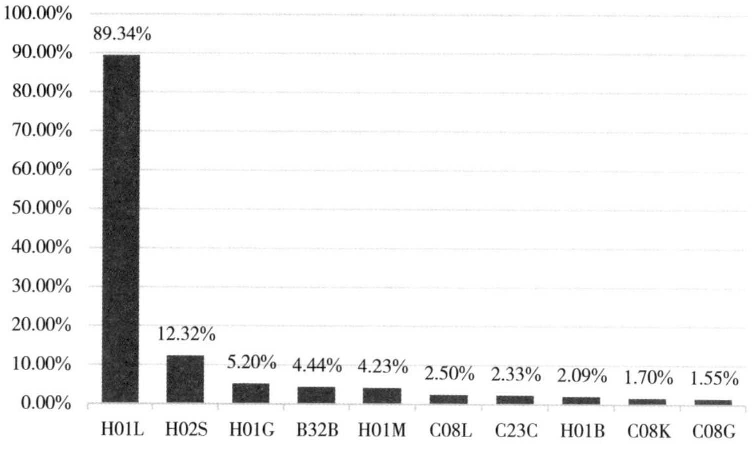

图 3-43　全球太阳能电池制造领域技术构成

表 3-8　全球太阳能电池制造技术构成 IPC 分类表

IPC 分类号（小类）	含义	专利申请量占比
H01L	半导体器件；其他类目中不包括的电固体器件（使用半导体器件的测量入 G01；一般电阻器入 H01C；磁体、电感器、变压器入 H01F；一般电容器入 H01G；电解型器件入 H01G9/00；电池组、蓄电池入 H01M；波导管、谐振器或波导型线路入 H01P；线路连接器、汇流器入 H01R；受激发射器件入 H01S；机电谐振器入 H03H；扬声器、送话器、留声机拾音器或类似的声机电传感器入 H04R；一般电光源入 H05B；印刷电路、混合电路、电设备的外壳或结构零部件、电气元件的组件的制造入 H05K；在具有特殊应用的电路中使用的半导体器件见应用相关的小类）	89.34%
H02S	由红外线辐射、可见光或紫外光转换产生电能，如使用光伏（PV）模块（从放射性源获取电能入 G21H1/12；无机光敏半导体器件入 H01L31/00；热电器件入 H01L35/00，H01L37/00；有机光敏半导体器件入 H01L51/42）[2014.01]	12.32%
H01G	电容器；电解型的电容器、整流器、检波器、开关器件、光敏器件或热敏器件（电介质专用材料的选择入 H01B3/00；电位跃迁或表面阻挡层的电容器入 H01L29/00）	5.20%
B32B	层状产品，即由扁平的或非扁平的薄层，例如泡沫状的、蜂窝状的薄层构成的产品	4.44%
H01M	用于直接转变化学能为电能的方法或装置，例如电池组〔2〕	4.23%
C08L	高分子化合物的组合物	2.50%
C23C	对金属材料的镀覆；用金属材料对材料的镀覆；表面扩散法，化学转化或置换法的金属材料表面处理；真空蒸发法、溅射法、离子注入法或化学气相沉积法的一般镀覆	2.33%
H01B	电缆；导体；绝缘体；导电、绝缘或介电材料的选择	2.09%
C08K	使用无机物或非高分子有机物作为配料	1.70%
C08G	用碳-碳不饱和键以外的反应得到的高分子化合物	1.55%

（6）专利转让许可分析

图 3-44 显示了全球太阳能电池制造领域专利转让许可情况。全球太阳能电池制造领域发生过转让或许可的专利有 15 690 件，占全球太阳能电池制造领域专利申请总量的 18.6%，其中发生过转让的专利有 15 320 件，发生过许可的专利有 390 件，既转让又许可的专利有 20 件。由图 3-44 可知，2002—2014 年，全球太阳能电池制造领域专利转让许可数量总体呈现稳定增长趋势；2015—2020 年，专利转让许可数量出现小幅度波动下降，2021 年专利转让许可活跃，数量出现大幅增长。

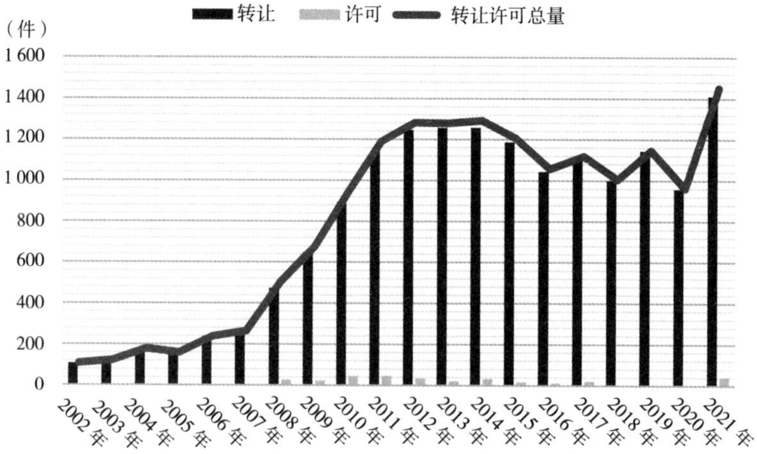

图 3-44　全球太阳能电池制造领域专利转让许可趋势

（7）专利诉讼分析

全球太阳能电池制造领域发生过诉讼的专利有 1 347 件，占全球太阳能电池制造领域专利申请总量的 1.6%。图 3-45 显示了全球太阳能电池制造领域发生诉讼专利的申请年份分布情况，图 3-46 显示了发生诉讼专利的主要公开国家、组织和地区，其中日本和印度在该领域发生诉讼的专利数量最多，分别占全球该领域发生诉讼专利总量的 40.31%和 34.67%；美国在该领域发生诉讼的专利占全球的 3.79%，中国发生诉讼的专利占全球的 1.71%。

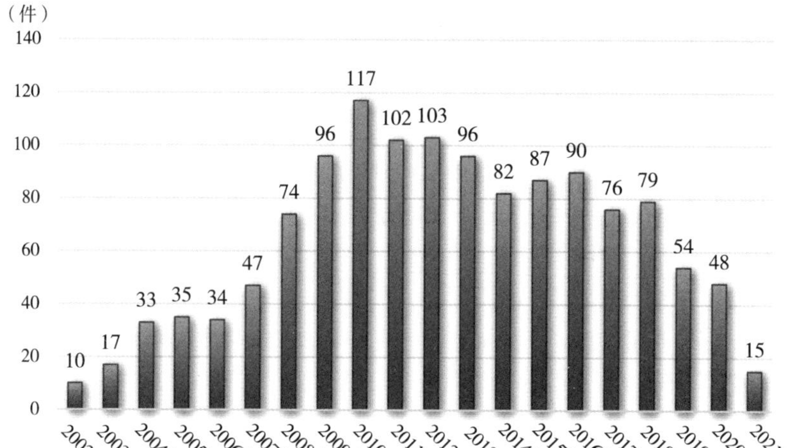

图 3-45　全球太阳能电池制造领域发生诉讼专利的申请年份分布情况

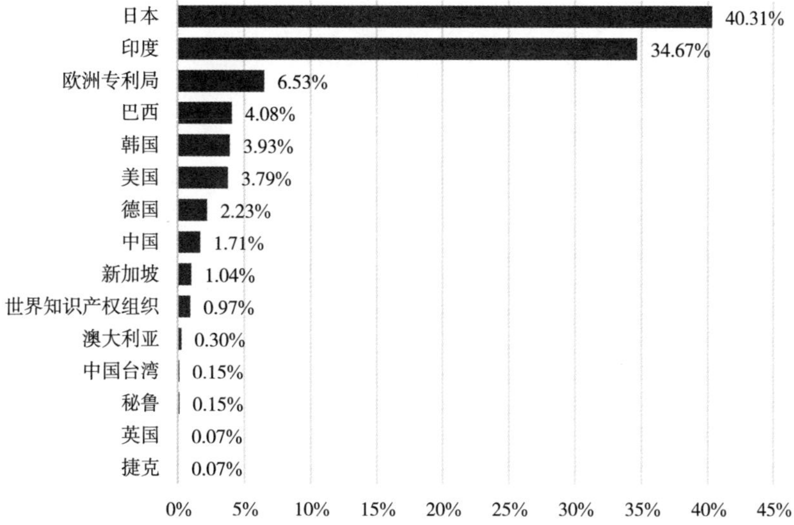

图 3-46　全球太阳能电池制造领域发生诉讼专利主要公开国家、组织和地区

注:受统计数据限制,中国专利指中国大陆专利,不包含我国港澳台地区

对全球太阳能电池制造领域发生过诉讼的专利进行技术关键词聚类分析,如图 3-47 所示。可以发现,涉案专利主要涉及晶体硅衬底、薄膜太阳能电池、太阳能电池串、太阳能电池背板、染料敏化太阳能电池等技术领域。

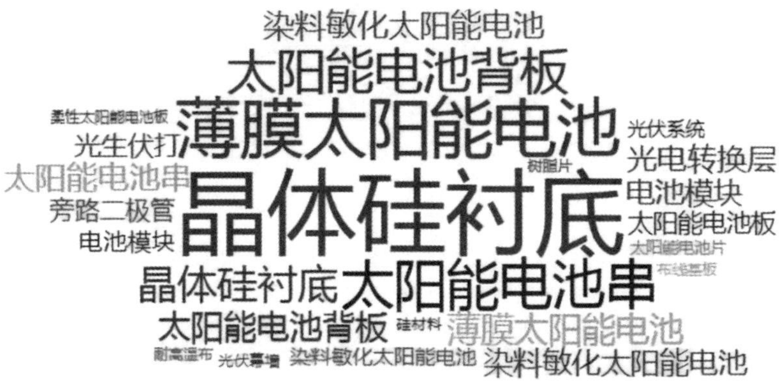

图 3-47　全球太阳能电池制造领域发生诉讼专利技术聚类词云图

3.3.2　全国专利整体分析

(1)专利申请量变化趋势分析

截至 2021 年 6 月,我国太阳能电池制造领域专利申请量达 3.5 万余件。图 3-48

显示了我国自 1981 年至 2021 年 6 月太阳能电池制造领域相关专利申请量变化趋势。从图 3-48 可以看出,我国太阳能电池制造领域的专利申请趋势与全球趋势大体一致。我国太阳能电池制造领域相关专利申请开始于 1985 年,之后十年处于发展初期,专利申请量相对较少,每年的专利申请均不足 10 件;从 1995 年开始进入缓慢发展时期,专利申请量缓慢增加;到 2005 年,专利申请量突破 100 件,开始进入快速发展时期;2009 年专利申请量突破 1 000 件,2018 年专利申请量达到峰值 4 052 件,2019 年的专利申请量有所降低,但仍有 3 130 件,说明太阳能电池制造领域新的技术成果不断涌现,该产业领域已处于发展的成熟期。

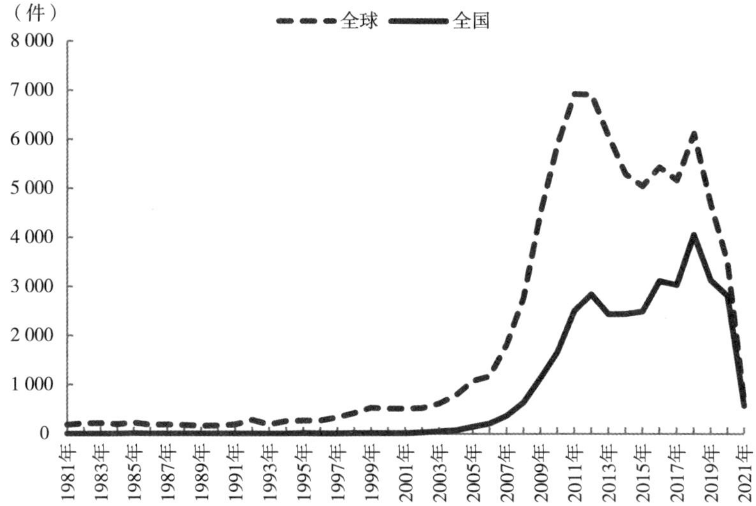

图 3-48 我国太阳能电池制造领域专利申请趋势

(2)技术生命周期分析

对我国太阳能电池制造领域专利技术的生命周期进行分析,如图 3-49 所示。从图 3-49 可以看出,2015 年以前,该领域专利申请量和申请人数量都比较少,技术集中度比较高。随着技术的不断发展以及市场的扩大,自 2016 年,参与该领域技术研究的企业逐渐增多,相关专利申请量和申请人数量出现较大幅度增长,到 2018 年达到峰值,此后进入技术成熟期,2019 年专利申请量和申请人数量呈现负增长,反映了我国太阳能电池制造领域的技术发展趋于成熟。

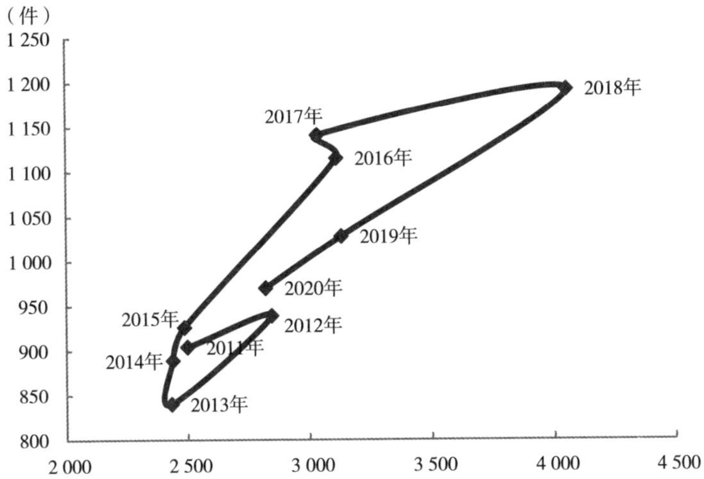

图 3-49　我国太阳能电池制造领域专利技术生命周期

（3）申请区域分布分析

图 3-50 所示为我国太阳能电池制造领域专利申请量在主要区域分布情况。从图 3-50 可以看出，江苏申请量遥遥领先，是我国太阳能电池制造领域专利申请的核心地区，以 10 121 件申请量位居第一，占全国申请总量的 28.89%；浙江以 3 401 件（占全国 9.71%）位居第二，广东以 2 753 件（占全国 7.86%）位居第三，北京和上海分别以 2 174 件（占全国 6.20%）和 2 026 件（占全国 5.78%）位居第四和第五，天津以 750 件（占全国 2.14%）排在全国第十一位。在京津冀地区，北京和河北在太阳能电池制造领域专利申请量均多于天津，天津在该领域的技术研究仍有待开发。天津深入贯彻京津冀协同发展国家战略，应充分借鉴北京、河北在太阳能电池制造领域相关技术研究和发展模式，进一步加强相关领域技术合作。

（4）重点申请人分析

图 3-51 所示为我国太阳能电池制造领域专利申请量排名前十的申请人分布情况。从图 3-51 可以看出，排名前十的申请人全部为我国本土企业，没有外国企业，可见目前在太阳能电池制造产业领域，我国本土企业和科研院所的科技创新能力较强，具有较强的市场竞争力，其中排名第一的申请人为苏州阿特斯阳光电力科技有限公司，专利申请量达 680 件。在排名前十的申请人中，阿特斯集团有 3 家公司入围，分别排在第一、二、六位；晶科能源有 2 家公司入围，分别排在第三、四位；此外，在该领域专利申请量较多的企业还有常州天合光能有限公司、泰州隆基乐叶光伏科技有限公司、英利能源（中国）有限公司、比亚迪股份有限公司、北京铂阳顶荣光伏科技有限公司，全部为上市公司或行业龙头企业，说明大型企业研发实力大大领先于其他企业，在我国太阳能电池制造领域中占据主导地位。

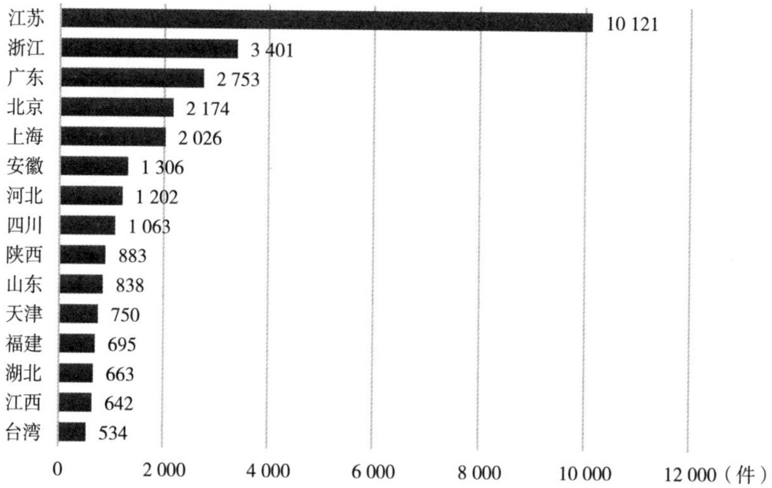

图 3-50　我国太阳能电池制造领域专利申请主要区域分布

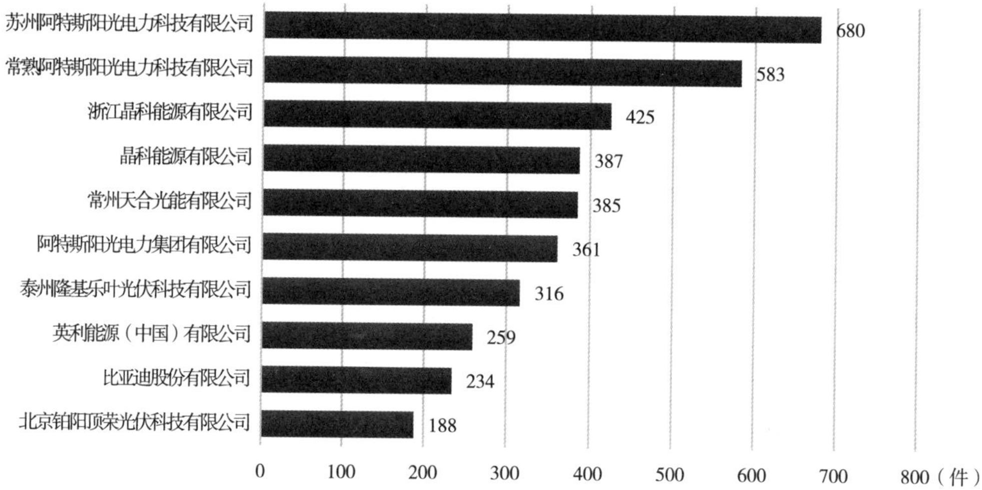

图 3-51　我国太阳能电池制造领域排名前十的专利申请人

部分重点申请人基本情况如下。

阿特斯阳光电力集团（CSIQ，简称阿特斯）成立于 2001 年，2006 年在美国纳斯达克股票交易所上市。阿特斯已经发展成为全球最大的太阳能光伏产品和能源解决方案提供商之一，同时也是全球最大的太阳能电站开发商之一，已累计为全球 160 多个国家的 2 000 多家活跃客户提供了 90 GW 的太阳能光伏发电产品。阿特斯持续加大对研发的投入，2007 年成立了太阳能电池片研发中心；2009 年光伏组件测试中心通过中国合格评定国家认可委员会（CNAS）实验室认证；2016 年建立了太阳能电池测试分析中心，同时建立了 PERC/TOPCon 太阳能研发中试线；2017 年成立了光伏组件工程技术研究中心。阿特斯一直专注于提升组件产品性能和可靠性，坚持自主研发和创新，掌握了具有自主知识产权的核心技术体系，包括大尺寸硅片技术、高效单晶 PERC 技术、N 型 HJT 电池技术、多主栅+半片电池技术、双面电池及双玻组件技术、光伏并网逆变器技术等，并主导制定了晶体硅双面光伏电池电参数测试方法 IEC 标准。①

晶科能源股份有限公司（晶科能源）是一家全球知名的太阳能科技企业，公司战略性布局光伏产业链核心环节，聚焦光伏产品一体化研发制造和清洁能源整体解决方案提供，销量领跑全球主流光伏市场。晶科能源在行业中率先建立了从硅片、电池片到组件生产的“垂直一体化”产能，在中国、马来西亚、越南、美国共拥有 14 个全球化生产基地，并主导制定了 IEC 等多项国际国内行业标准，不断拓展光伏技术的多元化规模应用场景，积极布局光伏建筑一体化、光伏制氢、储能等领域，着力打造新能源生态圈。晶科能源于 2022 年在上海证券交易所科创板上市。②

天合光能股份有限公司（天合光能）创立于 1997 年，是全国乃至全球最早一批光伏企业之一，业务覆盖光伏组件的研发、生产和销售，电站及系统产品，光伏发电及运维服务、智能微网及多能系统的开发和销售以及能源云平台运营等。同时，天合光能在全球布局下游生态链，为客户提供开发、融资、设计、施工、运维等一站式系统集成解决方案。天合光能致力于创新性研发，不断推动行业标准的建立以及产品性能和可持续性的相关标准制定。天合光能不断提高电池效率，天合光能光伏科学与技术国家重点实验室在光伏电池转换效率和组件输出功率方面多次创造和刷新世界纪录。光伏科学与技术国家重点实验室、先进的研发设备、与国内领先高校和研究机构合作，三者相互结合，共同缔造天合光能的创新核心。天合光能还与国际上领先的科学技术中心合作，开发尖端太阳能产品及解决方案。③

英利能源成立于 1987 年，总部位于河北保定，产业布局保定、天津、衡水等多个基地，是一家全球领先的绿色能源解决方案提供商，业务涵盖光伏和城市服务两大业务板块，光伏板块提供电池组件、光伏绿色建材、光伏配套材料产品及光伏全生命周期解决方案。英利能源 1998 年进入太阳能光伏发电行业，1999 年承接国家第一个年产 3 MW 多晶硅太阳能电池及应用系统产业化示范工程项目，填补了太阳能电池商业化生产空白，2007 年进入光伏绿色建材（BIPV）领域，2017 年发起中国首个零碳研究机构，拥有科技部“光伏材料与技术国家重点实验室”等四个国家级研发平台。

① 阿特斯. 阿特斯-中国[EB/OL].https://cn.csisolar.com.2023-06-01.

② 晶科能源. 晶科|Jinko Solar|Your Best Supplier of Modules,Cells & Wafers/[EB/OL].https://www.jinkosolar.com.2023-06-01.

③ 天合光能. 天合光能|全球领先的光伏智慧能源整体解决方案提供商[EB/OL].https://www.trinasolar.com.2023-06-01.

英利能源具备全国首条物理法晶硅光伏组件回收处理成套装备生产示范线，填补了我国光伏领域晶硅光伏组件回收处理设备技术空白，牵头“双面发电晶硅电池产业化关键技术”“园区智能微电网关键技术研究与集成示范”等重点项目及“863”计划，承担省市级项目 200 余项。英利能源在高效 N 型单晶硅太阳能电池技术方面达到国际领先水平。①

（5）申请人类型分析

图 3-52 所示为我国太阳能电池制造领域专利申请人类型分布情况。从图 3-52 可以看出在我国太阳能电池制造领域专利申请人以企业为主，占 77.16%，大专院校和科研单位分别占 14.75%和 3.99%，个人占 5.49%。产业内的专利申请人类型在一定程度上反映了技术或产业发展的成熟程度，该领域中企业申请专利所占比重较大，表明太阳能电池制造领域整体发展已经较为成熟，产业化程度较高，产业中大部分技术已经经过了研究开发的探索阶段，企业已经处于创新主体的地位。与此同时，大专院校和科研单位也占据一定比重，说明在太阳能电池制造领域中行业涉及面广，其中涉及的新兴产业还处于发展的初级阶段，相关产业技术还停留在科研阶段，具备进一步向产业转化的潜力。

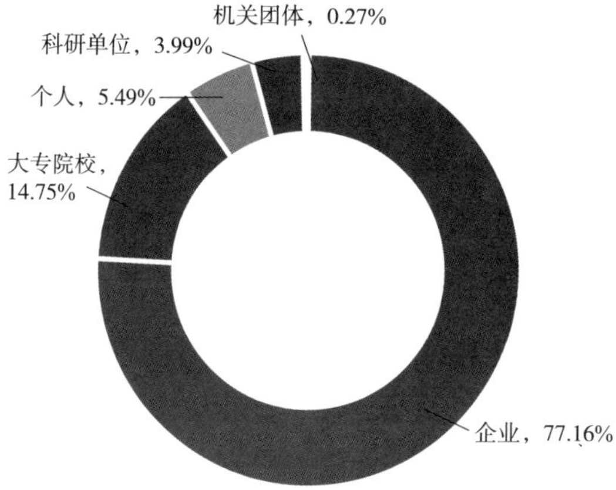

图 3-52　我国太阳能电池制造领域专利申请人类型

注：因存在合作申请情况，故各类申请人专利申请量占比相加之和超过 100%。

（6）专利发明人分析

我国太阳能电池制造领域专利申请量排在前十的发明人情况见表 3-9。可以看出，排名前十位发明人的所属单位类型全部为企业，其中 4 位发明人来自阿特斯，2 位发明人来自爱旭股份，各有 1 位发明人来自晶科能源、隆基股份、江苏中利集团和中来股份。

① 英利能源. 英利能源-英利官网[EB/OL].https://www.yinglisolar.com/.2023-06-01.

表 3-9 我国太阳能电池制造领域主要发明人情况

序号	发明(设计)人	专利申请量(件)	所在单位
1	许涛	292	阿特斯
2	陈刚	274	爱旭股份
3	金浩	272	晶科能源
4	邢国强	255	阿特斯
5	李华	222	隆基股份
6	董经兵	203	阿特斯
7	倪志春	197	江苏中利集团
8	林建伟	194	中来股份
9	王栩生	189	阿特斯
10	方结彬	185	爱旭股份

(7)专利申请类型分析

图 3-53 和图 3-54 显示了我国太阳能电池制造领域专利类型数量分布情况以及所占比例分布情况。一般情况下,发明专利所占比重越大,说明该领域技术的价值越高。可以看出,我国太阳能电池制造领域发明专利所占比重达到 62%,实用新型专利占 38%。从图 3-53 可以看出,发明专利申请量在 2012 年以前呈现增长趋势,2013—2018 年呈现波动增长趋势,2019 年以后稍有减少。从图 3-54 可以看出,2005 年发明专利占比最高,达到 79.4%,此后发明专利所占比例呈现逐年降低趋势, 2020 年占比降至 53.4%。

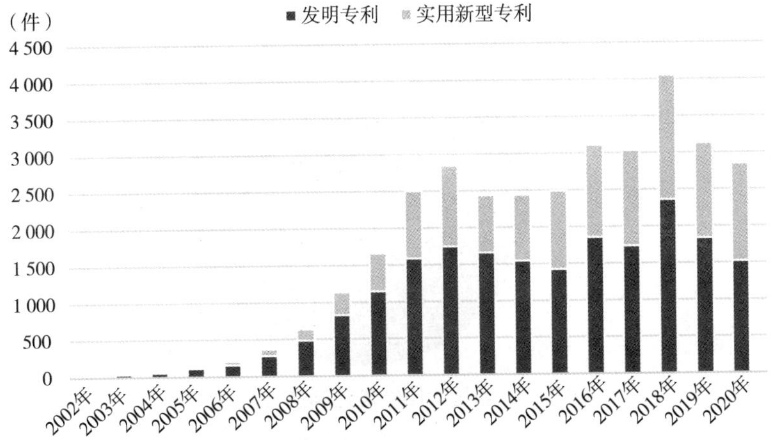

图 3-53 我国太阳能电池制造领域专利申请类型数量分布

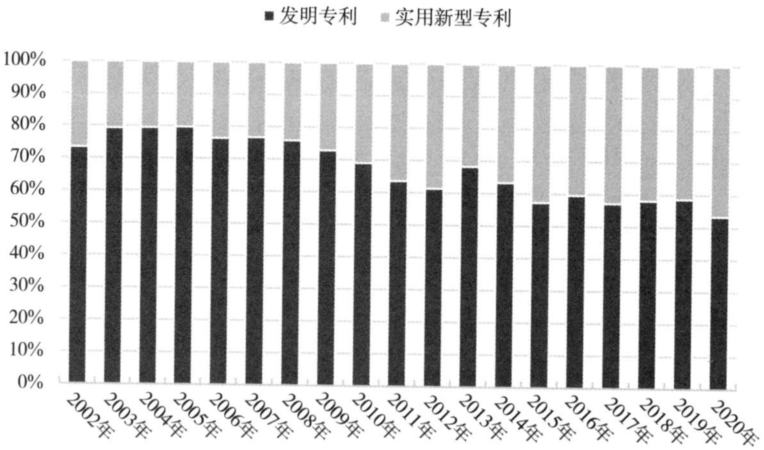

图 3-54 我国太阳能电池制造领域专利申请类型所占比例分布

(8)技术主体分布分析

图 3-55 和表 3-10 显示了我国太阳能电池制造领域技术构成情况。由图 3-55 可知,我国关于太阳能电池制造产业的专利申请涉及的技术领域比较集中,主要集中在半导体器件(H01L),专利数量占 85.03%;其余技术应用领域主要涉及由红外线辐射/可见光或紫外光转换产生电能(H02S)、电容器(H01G)、层状产品(B32B)、对金属材料的镀覆或用金属材料对材料的镀覆(C23C)、用于直接转变化学能为电能的方法或装置(H01M)、电缆或导体或绝缘体(H01B)等,与全球太阳能电池制造领域技术分布基本一致。

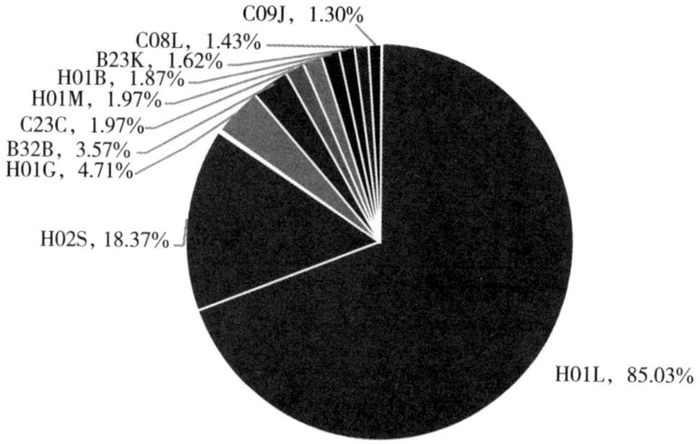

图 3-55 我国太阳能电池制造技术构成

注:因一个专利可能对应两个或多个 IPC 分类号,故各 IPC 分类号专利申请量占比之和超过 100%。

表 3-10　我国太阳能电池制造技术构成 IPC 分类表

IPC 分类号（小类）	含义	专利申请量占比
H01L	半导体器件；其他类目中不包括的电固体器件（使用半导体器件的测量入 G01；一般电阻器入 H01C；磁体、电感器、变压器入 H01F；一般电容器入 H01G；电解型器件入 H01G9/00；电池组、蓄电池入 H01M；波导管、谐振器或波导型线路入 H01P；线路连接器、汇流器入 H01R；受激发射器件入 H01S；机电谐振器入 H03H；扬声器、送话器、留声机拾音器或类似的声机电传感器入 H04R；一般电光源入 H05B；印刷电路、混合电路、电设备的外壳或结构零部件、电气元件的组件的制造入 H05K；在具有特殊应用的电路中使用的半导体器件见应用相关的小类）	85.03%
H02S	由红外线辐射、可见光或紫外光转换产生电能，如使用光伏（PV）模块（从放射性源获取电能入 G21H1/12；无机光敏半导体器件入 H01L31/00；热电器件入 H01L35/00，H01L 37/00；有机光敏半导体器件入 H01L51/42）[2014.01]	18.37%
H01G	电容器；电解型的电容器、整流器、检波器、开关器件、光敏器件或热敏器件（电介质专用材料的选择入 H01B3/00；电位跃迁或表面阻挡层的电容器入 H01L29/00）	4.71%
B32B	层状产品，即由扁平的或非扁平的薄层，例如泡沫状的、蜂窝状的薄层构成的产品	3.57%
C23C	对金属材料的镀覆；用金属材料对材料的镀覆；表面扩散法，化学转化或置换法的金属材料表面处理；真空蒸发法、溅射法、离子注入法或化学气相沉积法的一般镀覆	1.97%
H01M	用于直接转变化学能为电能的方法或装置，例如电池组〔2〕	1.97%
H01B	电缆；导体；绝缘体；导电、绝缘或介电材料的选择	1.87%
B23K	钎焊或脱焊；焊接；用钎焊或焊接方法包覆或镀敷；局部加热切割，如火焰切割；用激光束加工	1.62%
C08L	高分子化合物的组合物	1.43%
C09J	黏合剂；一般非机械方面的黏合方法；其他类目不包括的黏合方法；黏合剂材料的应用	1.30%

注：同一件专利可能对应两个或多个 IPC 分类号，故各 IPC 分类号专利申请量占比之和超过 100%。

（9）技术聚类分析

图 3-56 和图 3-57 分别为国外和我国太阳能电池制造技术专利聚类图，高峰代表技术聚焦的领域。由图可知，我国与国外太阳能电池制造专利技术聚焦领域有所不同，国外在太阳能电池制造领域专利布局主要聚焦在晶体硅衬底、太阳能电池背板、太阳能电池串、空穴传输层、光电转化元件、透明电极等技术方向；我国在太阳能电池制造领域专利布局主要聚焦在空穴传输层、异质结太阳能电池、染料敏化太阳能电池、EVA 胶膜层、焊带等技术方向。

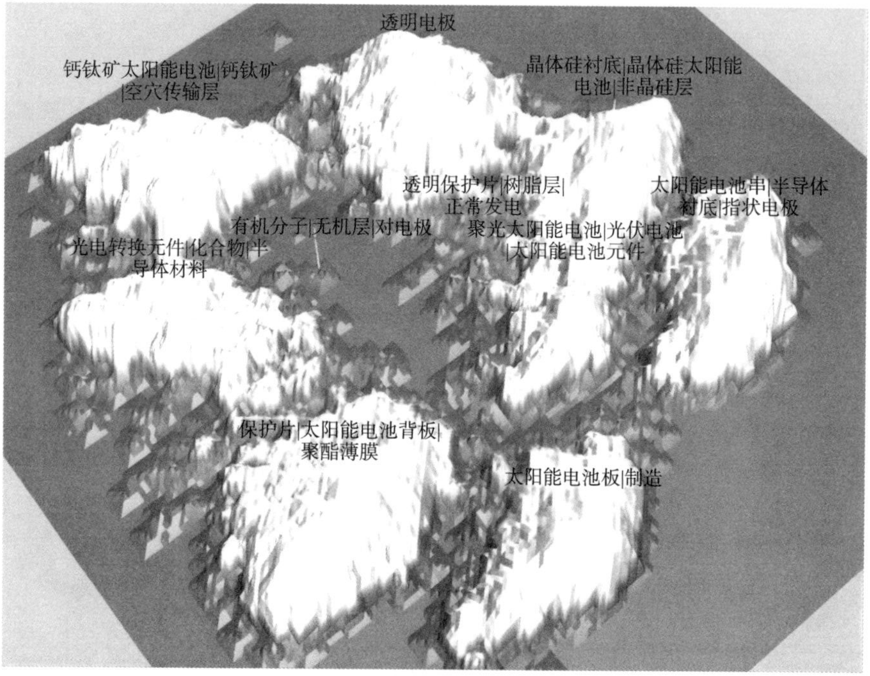

图 3-56　国外太阳能电池制造技术专利聚类图

图 3-57　我国太阳能电池制造技术专利聚类图

（10）专利申请法律状态分析

图 3-58 显示了我国太阳能电池制造领域专利申请的法律状态情况。我国在太阳能电池制造产业申请的 3.5 万件专利中，授权专利占比 37.83%；撤回的专利申请占 14.57%；处于实质审查中的专利占 10.50%；驳回的专利申请占 10.05%。由此可见，我国太阳能电池制造领域中专利申请获得授权的比重较大，说明我国在太阳能电池制造领域中创新性技术较多，同时也表明我国对太阳能电池制造领域的技术研究水平具有一定高度。因未缴年费失效的专利占比高达 23.63%，说明有相当一部分专利的申请质量不高，同时也说明企业、高校等创新主体的专利管理仍有待加强。

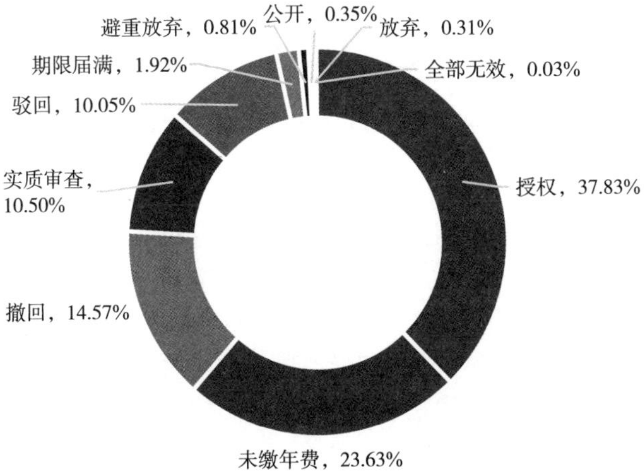

图 3-58　我国太阳能电池制造领域专利申请法律状态

（11）专利转让趋势分析

图 3-59 显示了我国太阳能电池制造领域专利转让情况。在我国太阳能电池制造领域 3.5 万件专利申请中，发生过转让的专利有 3 972 件，占比 11.35%。从图 3-59 可以看出，近二十年来，我国在太阳能电池制造领域专利转让呈现台阶式增长趋势，2007 年之前，该领域专利转让数量总体较少，每年不足 5 件；2008 年专利转让数量突破 10 件，此后缓慢增加；2011 年专利转让数量突破 100 件；2016 年专利转让数量突破 200 件，此后进入快速发展阶段，专利转让活动愈加频繁，2021 年专利转让数量突破 1 000 件，转让数量是 2010 年的 35.2 倍。

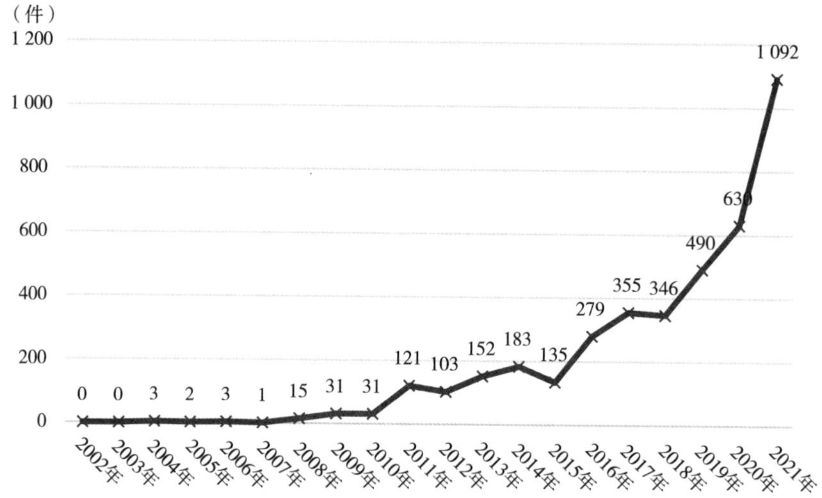

图 3-59　我国太阳能电池制造领域专利转让趋势

（12）专利许可趋势分析

图 3-60 显示了我国太阳能电池制造领域专利许可情况。在我国太阳能电池制造领域 3.5 万件专利申请中，发生过许可的专利有 340 件，占比 0.97%。从图 3-60 可以看出，该领域专利许可始于 2008 年，此后呈现振荡式发展趋势，2011 年达到峰值 48 件，2018—2020 年进入专利许可的"低谷"，年许可量不足 5 件，2021 年出现快速增长，专利许可达到 41 件。总体来看，我国在太阳能电池制造领域专利许可还不够活跃。

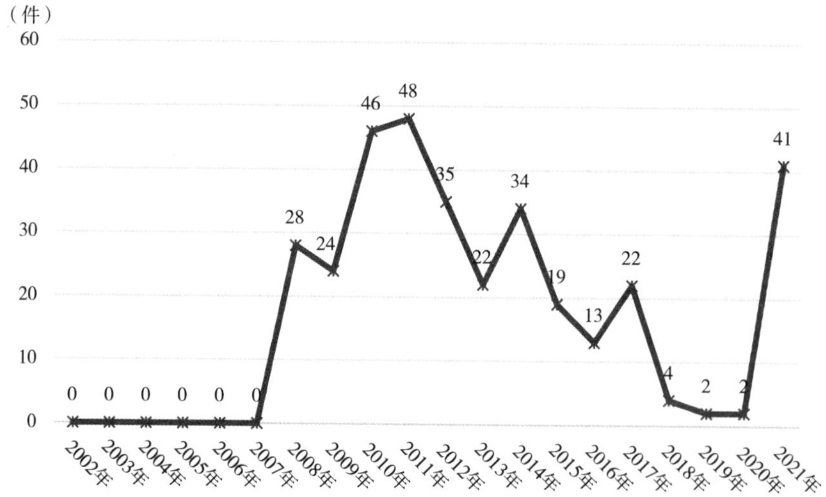

图 3-60　我国太阳能电池制造领域专利许可趋势

3.3.3　滨海新区专利整体分析

经检索，截至 2021 年 6 月 30 日，天津地区太阳能电池制造领域专利申请量为 750 件，各区专利申请分布情况如图 3-61 所示，其中排名前三的是滨海新区、南开区、西青区，其专利申请量分别为 263 件、158 件、156 件，可以看出滨海新区在全市各区太阳能电池制造领域专利申请量方面遥遥领先。本小节重点对滨海新区在太阳能电池制造领域的相关专利态势进行研究分析。

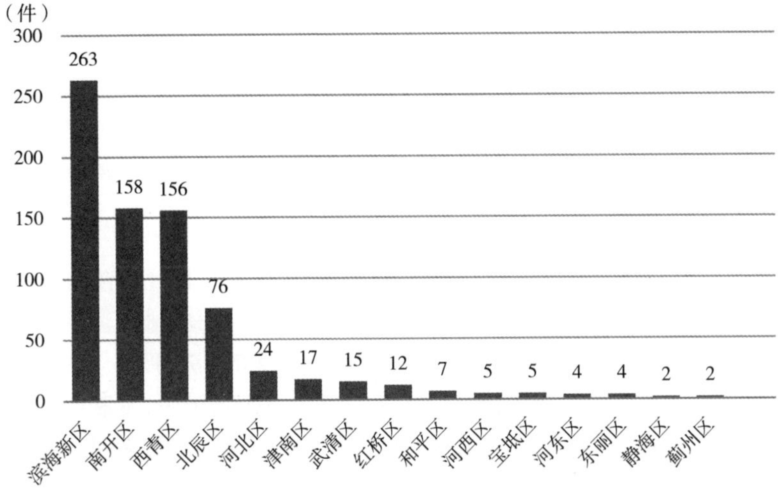

图 3-61　天津市各区太阳能电池制造领域专利申请量分布

（1）申请量变化趋势分析

图 3-62 显示了天津市和滨海新区自 2001 年至 2021 年 6 月太阳能电池制造领域相关专利申请量变化趋势。天津在该领域的专利申请始于 2002 年，最早由南开大学在薄膜太阳能电池领域申请了 2 件专利；2002—2008 年，天津在该领域的专利申请处于缓慢发展阶段，每年的专利申请量均低于 15 件；自 2009 年开始，天津在该领域的专利申请处于快速发展阶段，2016 年的专利申请量达到 103 件；自 2017 年开始，天津在该领域的专利申请基本进入成熟期，每年专利申请量维持在 50 件以上。滨海新区在该领域的专利申请始于 2009 年，当年专利申请量为 5 件，申请人全部为天津市津能电池科技有限公司；2012 年专利申请量达到峰值，为 49 件；自 2013 年开始，滨海新区在该领域的专利申请量一直处于缓慢发展阶段，年申请量基本上未突破 30 件。

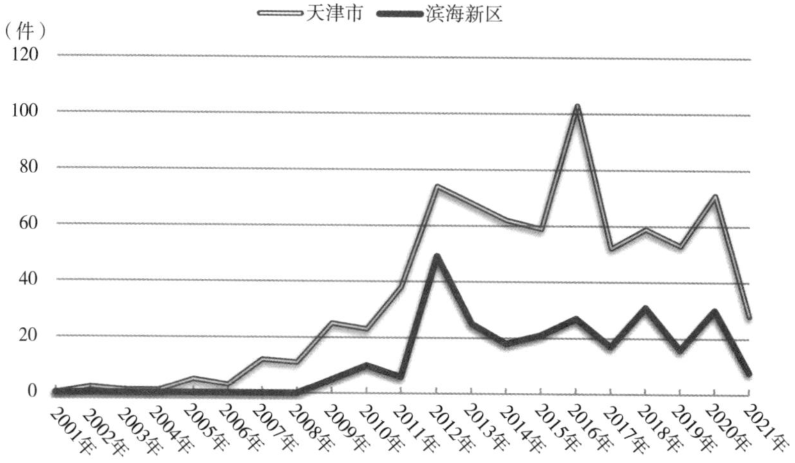

图 3-62　天津市和滨海新区太阳能电池制造领域专利申请趋势

（2）重点申请人分析

图 3-63 显示了滨海新区太阳能电池制造领域专利申请量排在前十的申请人分布情况。可以看出，滨海新区在该领域专利申请集中度较高，排在前十的申请人专利申请总量为 236 件，占滨海新区该领域专利申请总量的 89.73%。其中，中国电子科技集团公司第十八研究所在该领域以 80 件的申请量排名第一，专利申请量排在前五的还有天津英利新能源有限公司、天津蓝天太阳科技有限公司、天津三安光电有限公司、天津恒电空间电源有限公司。

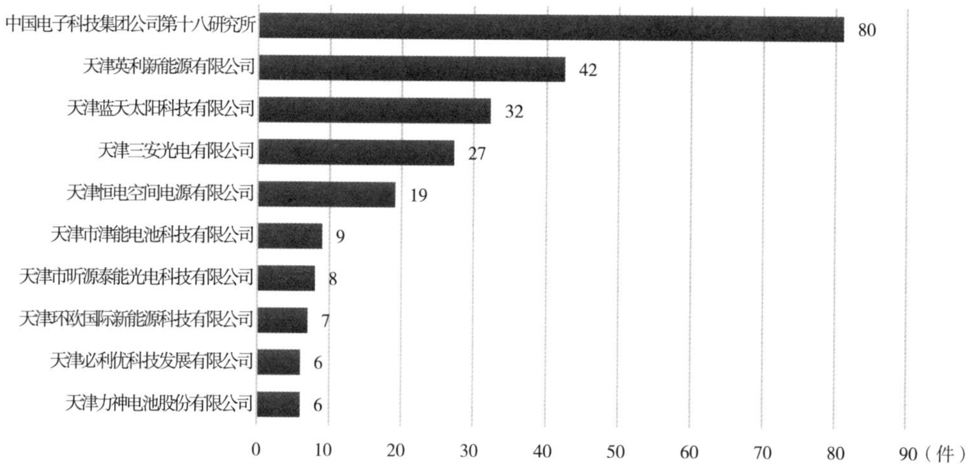

图 3-63　滨海新区太阳能电池制造领域专利重点申请人

图 3-64 显示了滨海新区太阳能电池制造领域专利申请量排在前十的申请人专利申请趋势。中国电子科技集团公司第十八研究所自 2012 年整体搬迁至滨海新区高新区后，逐渐成为滨海新区太阳能电池制造领域专利申请的主要机构，自 2012 年开始几乎每年都有该领域的专利申请布局（2015 年除外），专利申请量超过 20 件的年份有 2016 年、2018 年、2020 年，分别达到 20 件、24 件、25 件。天津英利新能源有限公司在该领域的专利申请集中于 2012 年、2013 年，此后几年的专利申请量有所减少，2021 年该公司由滨海新区迁至宁河区现代产业区。天津蓝天太阳科技有限公司在该领域的专利申请主要集中于 2012 年，达到 27 件，2017 年之后在该领域没有申请专利。天津三安光电有限公司自 2012 年开始在该领域进行专利布局，此后几乎每年都在该领域有专利申请（2017 年除外）。天津恒电空间电源有限公司成立于 2010 年，自 2013 年开始在该领域进行专利布局，年申请量总体不高。

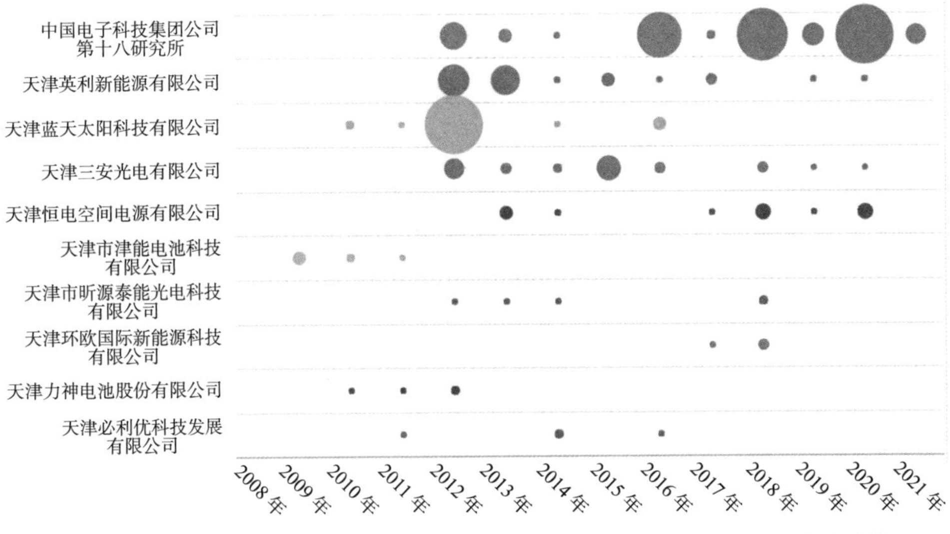

图 3-64　滨海新区太阳能电池制造领域专利申请量排在前十的申请人专利申请趋势

部分重点申请人基本情况如下。

中国电子科技集团公司第十八研究所（下简称十八所）隶属中国电子科技集团有限公司，为国家一类事业单位，是我国化学与物理电源行业中成立最早、规模最大、专业覆盖面最广、产品类别最多、技术实力雄厚的综合性化学与物理电源研究所，成立于 1958 年。2012 年初，十八所完成了整体搬迁，新所区位于天津市滨海新区高新区，占地 329 亩，建筑面积约 16 万平方米。自建所以来，十八所先后开展了硅太阳电池、砷化镓太阳电池、锌银电池、镉镍和氢镍蓄电池、锂电池、热电池、海水电池、密封铅酸蓄电池、燃料电池、温差发电器及温差制冷组件和由太阳电池、蓄电池、电子控制器构成的电源系统的研究开发工作，并先后研制和生产出50多个系列、1 000多个品种规格的电池产品，其中大部分技术和产品在国内居于领先地位，部分已达到或接近国际先进水平，在各领域获得了广泛的应用。

天津蓝天太阳科技有限公司是中电科能源旗下的全资控股子公司，是一家专业致力于新能源产品研发、生产、销售和服务的高新技术企业。该公司前身为中国电子科技集团公司第十八研究所光伏事业部，于2009年9月发起成立天津蓝天太阳科技有限公司，致力于地面用晶硅、薄膜、聚光光伏产品的开发和生产。该公司主营业务主要包括新能源材料与新能源电力两大板块，以砷化镓外延材料、电池正极材料、光伏发电、大规模集中储能、微电网系统为典型产品，建有天津市砷化镓太阳电池重点实验室、天津市企业技术中心。该公司先后承担了科技部“863”课题“兆瓦级高倍聚光化合物太阳电池产业化关键技术”，工信部国家重大科技成果转化项目“新型太阳电池及组件产业化”，天津市科委“杀手锏”项目“高效千倍聚光光伏组件”，天津市科技小巨人领军项目“带隙匹配高效三结太阳电池的研制与批产转化”等一批重点科技项目。

天津三安光电有限公司是三安光电股份有限公司（股票代码：600703）在天津设立的全资子公司，成立于2008年，位于华苑产业园区，专业从事半导体LED外延片及芯片、太阳能外延片及芯片和应用产品的研发与生产。三安光电股份有限公司的砷化镓、太阳能研发中心均设在天津三安光电有限公司，公司研发能力居国内前列，2011年被认定为“国家高新技术企业”，2013年6月被认定为“天津市企业技术中心”，2013年7月被批准为天津市科技小巨人企业，2014年获评滨海高新区纳税贡献十强企业，2015年8月获批筹建天津市重点实验室。天津三安光电有限公司产品主要分为三大类：GaN（氮化镓）、GaAs（四元砷化镓）、光伏产品。其中，GaAs产品包括红、橙、黄、黄绿光LED，GaN产品包括蓝、绿光LED，光伏产品包括高倍聚光多结太阳能电池外延片和芯片、空间高效多结太阳能电池外延片和芯片。公司产品性能指标在国内名列前茅，达到国际先进水平，广泛应用于照明领域，主打产品是LED外延片和芯片及高倍聚光三结太阳电池外延片和芯片。作为新型清洁能源，高效三结化合物太阳电池比硅太阳电池的效率更高，除在航天领域外，在地面电站的应用也会日趋成熟，市场份额也会越来越大。

天津恒电空间电源有限公司成立于2010年，由中国东方红卫星股份有限公司（航天五院控股）和中国电子科技集团公司第十八研究所共同组建。2018年，该公司股东方变更为中国东方红卫星股份有限公司和中电力神集团有限公司。该公司目前主要从事卫星用太阳能电池设计、开发、生产和服务，产品包括空间用三结砷化镓太阳电池、空间砷化镓/锗太阳电池和单晶硅太阳电池、空间用光敏器件、空间太阳电池配套玻璃盖片和旁路二极管。自2012年,其已先后为东方红系列通信卫星、北斗系列导航卫星、该神舟系列载人飞船及天宫系列空间实验室等100余个型号、400余颗卫星(船)提供配套产品。近几年来,随着商业航天市场的蓬勃兴起,为满足国网星座等商业卫星的综合需求,该公司专门研制了商业航天用三结砷化镓太阳电池。该公司高度重视技术进步和技术储备工作,结合空间用太阳能电池前沿技术发展态势,积极设立研发项目,持续加大科研资金投入力度,并全力配合用户单位开展技术试验和工艺研究工作,取得多项科技成果,获得30多项专利授权。截至目前,该公司拥有空间用单晶硅和空间用砷化镓两条太阳电池生产线(军标线),具备年生产交付300 kW(折合投产4寸外延片12万片)单体电池的能力。该公司以打造国内卓越、国际一流的卫星电源系统高新技术企业为目标,立足科学前沿,瞄准国际先进,为用户提供完整的太阳电池产品设计解决方案。

天津市津能电池科技有限公司是由天津市津能投资公司、国投高科技创业公司、天津机电国际贸易集团和南开大学共同组建的。该公司坐落于天津市高新技术产业园区,是天津市新能源产业基地的骨干企业之一。该公司建有2条太阳电池和组件生产线,于2010年完成120 MW非晶硅电池的生产。该公司持续加大研发投入,与南开大学合作建设工程研发中心,并于2007年投入使用,为公司保持持续竞争优势提供了保障。其中,引进美国技术和设备建成的双结非晶硅薄膜太阳电池生产线,提高了我国薄膜太阳电池的生产技术和产品质量水平。该公司主要从事太阳电池、组件及应用系统的生产、研究与开发,主要生产非晶硅薄膜太阳电池和组件、单晶硅/多晶硅太阳电池和组件,并已经成功开发了户用电源系统、村镇供电系统、广播电视设备供电系统、长输管道阴极保护电源系统以及解决牧区人畜用水问题的光伏提水系统。该公司承建并已投产的5 MW非晶硅薄膜太阳能电池生产线是由国家发展改革委批准建设的高新技术产业化示范工程,并被天津市高新技术产业发展规划项目实施办公室认定为"重大高新技术产业化项目",该项目具有国际先进和国内领先水平,产品大部分出口。

(3)申请人类型分析

图3-65显示了滨海新区太阳能电池制造领域专利申请人类型分布情况。其中,企业类的申请人占比高达98.86%,个人和大专院校类的申请人均占0.76%,科研单位类的申请人占0.38%。

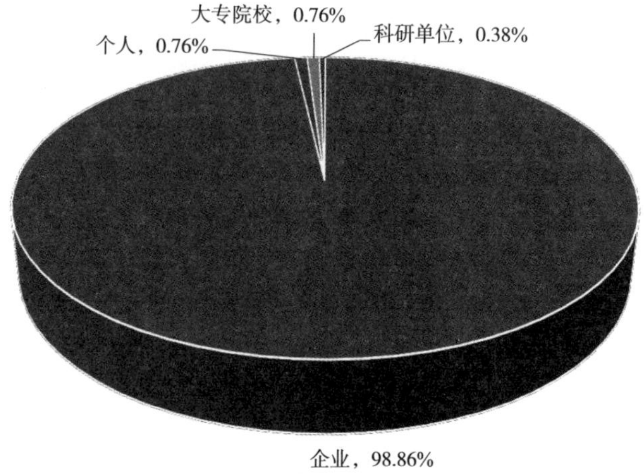

图 3-65　滨海新区太阳能电池制造领域专利申请人类型

注:因存在合作申请情况,故各类申请人专利申请量占比相加之和超过 100%

(4)专利申请类型分析

图 3-66 显示了滨海新区太阳能电池制造领域专利类型数量分布情况。其中发明专利所占比重较大,达到 60.5%,实用新型专利占 39.5%,与全国的专利申请类型分布情况基本一致。从图 3-66 可以看出，2012 年以来,滨海新区基本上每年的发明专利申请量均高于实用新型专利(2013 年、2017 年除外),说明滨海新区创新主体在太阳能电池制造领域的相关技术具有较高的创造性。

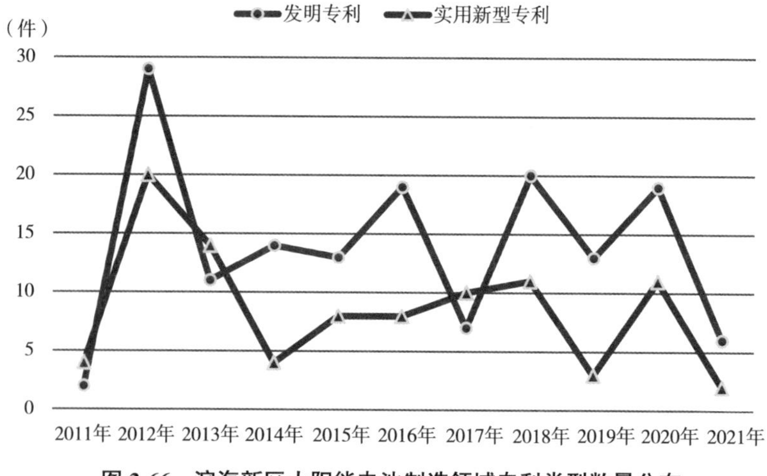

图 3-66　滨海新区太阳能电池制造领域专利类型数量分布

(5)技术生命周期分析

对滨海新区太阳能电池制造领域专利技术的生命周期进行分析,如图 3-67 所示。

可以看出，2009—2012 年，滨海新区太阳能电池制造领域处于快速发展期，随着技术的不断发展以及市场的扩大，申请人数量和专利申请量不断增加，到 2012 年达到峰值；2013 年以后，滨海新区太阳能电池制造领域竞争格局基本确定，逐渐进入技术成熟期，各申请人专利申请量逐渐减少至 30 件以内，申请人数量基本稳定在 8~10 个。

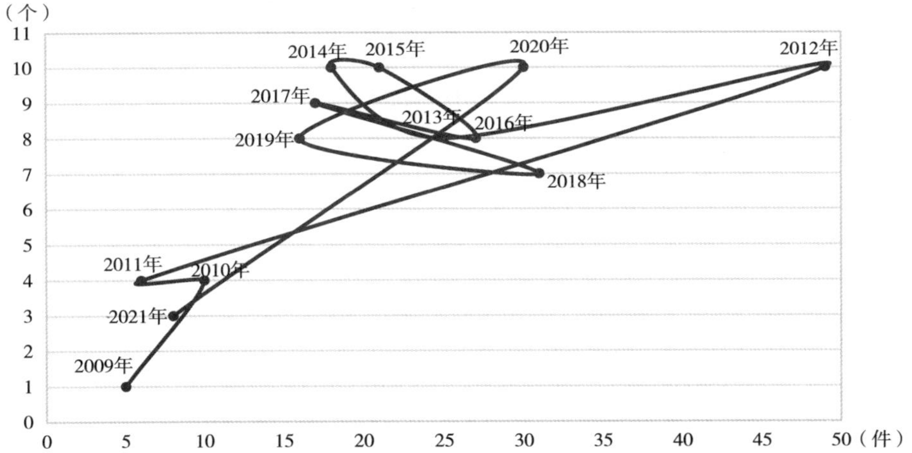

图 3-67　滨海新区太阳能电池制造领域专利技术生命周期

（6）技术主体分布分析

图 3-68 和表 3-11 显示了滨海新区太阳能电池制造领域技术构成情况。由图 3-68 可知，滨海新区关于太阳能电池制造领域的专利申请涉及的技术领域比较集中，主要集中在半导体器件（H01L），专利数量占比为 85.93%。占比超过 20%的领域还有由红外线辐射、可见光或紫外光转换产生电能（H02S），专利数量占比为 23.57%；其余技术应用领域占比均不超过 3%，主要涉及层状产品（B32B）、用钎焊或焊接方法包覆或镀敷（B23K）、电容器（H01G）等。

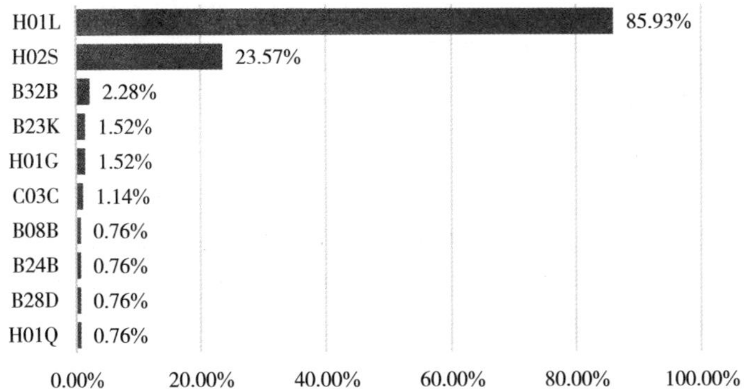

图 3-68　滨海新区太阳能电池制造领域技术构成

表 3-11 滨海新区太阳能电池制造领域技术构成 IPC 分类表

IPC 分类号（小类）	含义	专利申请量占比
H01L	半导体器件；其他类目中不包括的电固体器件（使用半导体器件的测量入 G01；一般电阻器入 H01C；磁体、电感器、变压器入 H01F；一般电容器入 H01G；电解型器件入 H01G9/00；电池组、蓄电池入 H01M；波导管、谐振器或波导型线路入 H01P；线路连接器、汇流器入 H01R；受激发射器件入 H01S；机电谐振器入 H03H；扬声器、送话器、留声机拾音器或类似的声机电传感器入 H04R；一般电光源入 H05B；印刷电路、混合电路、电设备的外壳或结构零部件、电气元件的组件的制造入 H05K；在具有特殊应用的电路中使用的半导体器件见应用相关的小类）	85.93%
H02S	由红外线辐射、可见光或紫外光转换产生电能，如使用光伏（PV）模块（从放射性源获取电能入 G21H1/12；无机光敏半导体器件入 H01L31/00；热电器件入 H01L35/00，H01L37/00；有机光敏半导体器件入 H01L51/42）[2014.01]	23.57%
B32B	层状产品，即由扁平的或非扁平的薄层，例如泡沫状的、蜂窝状的薄层构成的产品	2.28%
B23K	钎焊或脱焊；焊接；用钎焊或焊接方法包覆或镀敷；局部加热切割，如火焰切割；用激光束加工	1.52%
H01G	电容器；电解型的电容器、整流器、检波器、开关器件、光敏器件或热敏器件（电介质专用材料的选择入 H01B3/00；电位跃迁或表面阻挡层的电容器入 H01L29/00）	1.52%
C03C	玻璃、釉或搪瓷釉的化学成分；玻璃的表面处理；由玻璃、矿物或矿渣制成的纤维或细丝的表面处理；玻璃与玻璃或与其他材料的接合	1.14%
B08B	一般清洁；一般污垢的防除	0.76%
B24B	用于磨削或抛光的机床、装置或工艺	0.76%
B28D	加工石头或类似石头的材料	0.76%
H01Q	天线，即无线电天线（微波加热用辐射器或天线入 H05B6/T2）	0.76%

（7）技术聚类分析

图 3-69 所示为滨海新区太阳能电池制造技术专利聚类图，高峰代表了技术聚焦的领域。由图可知，滨海新区在太阳能电池制造领域专利布局主要聚焦在 N 型掺杂、多结太阳电池、焊带、光伏玻璃等技术方向。

（8）专利申请法律状态分析

图 3-70 显示了滨海新区太阳能电池制造领域专利申请的法律状态情况。其中，授权专利占 41.44%，处于实质审查中的专利申请占 8.37%，撤回的专利申请占 16.35%，驳回的专利申请占 8.37%；因未缴年费失效的专利占比高达 22.05%，说明相当一部分专利的申请质量不高，也可能是因为企业、科研院所等创新主体专利管理不到位、未进行专利维护等因素导致专利失效。

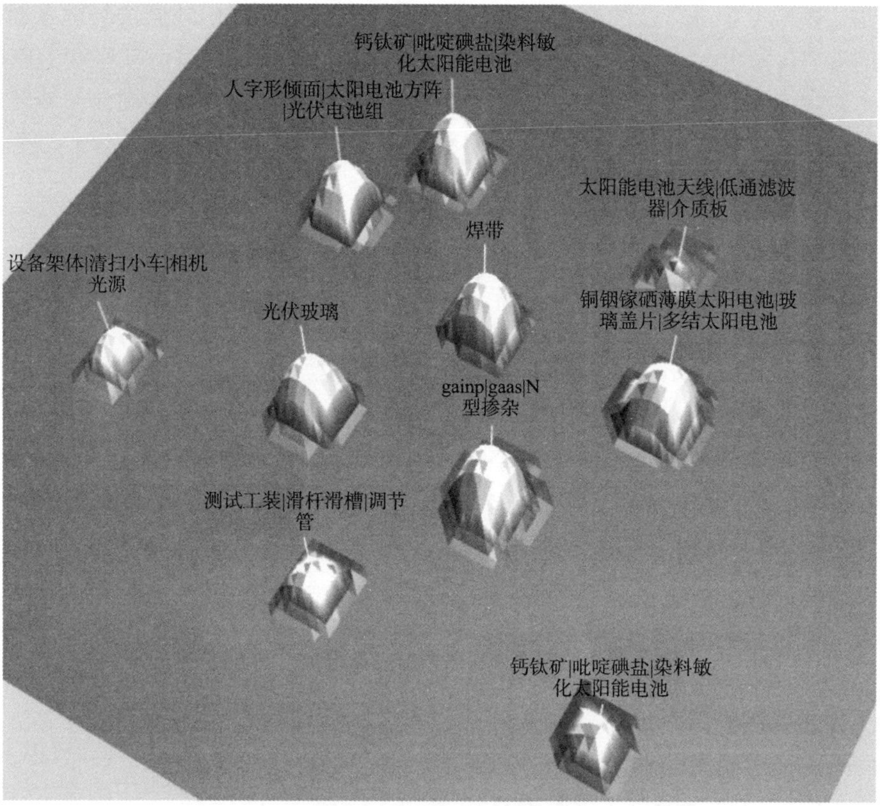

图 3-69　滨海新区太阳能电池制造技术专利聚类图

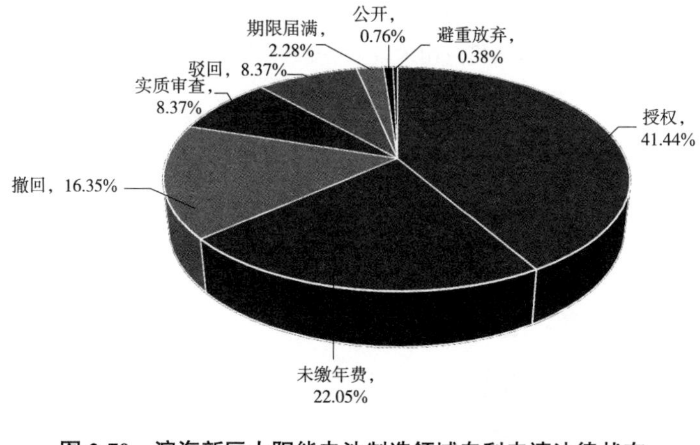

图 3-70　滨海新区太阳能电池制造领域专利申请法律状态

(9)专利转让许可趋势分析

图 3-71 显示了滨海新区太阳能电池制造领域专利转让情况。滨海新区太阳能

电池制造领域发生过转让的专利有 23 件，占滨海新区太阳能电池制造领域专利申请总量的 8.7%；发生过许可的专利为 0 件。从图 3-71 可以看出，滨海新区在太阳能电池制造领域专利转让活动主要发生在 2019 年和 2021 年。滨海新区在该领域转让许可专利数量占天津市该领域转让许可专利数量的 39.5%，反映了滨海新区乃至天津市在太阳能电池制造领域专利转让许可并不活跃。

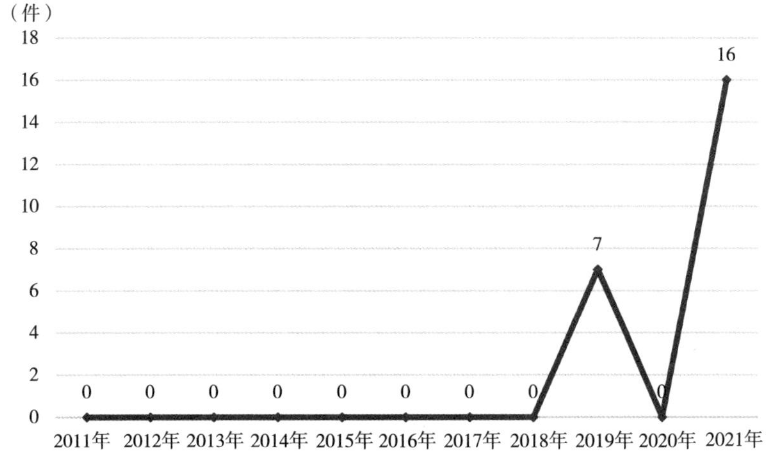

图 3-71　滨海新区太阳能电池制造领域专利转让趋势

图 3-72 显示了滨海新区太阳能电池制造领域专利转让人排名情况。可以看出，滨海新区在该领域发生过专利转让行为的主要涉及 6 个转让人，其中中国电子科技集团第十八研究所转让数量最多，达到 26 件，中电科能源有限公司转让专利 13 件，其余转让人还有天津蓝天太阳科技有限公司（5 件）、天津力神电池股份有限公司（2 件）、天津恒电空间电源有限公司（2 件）和天津环欧国际新能源科技有限公司（2 件）。

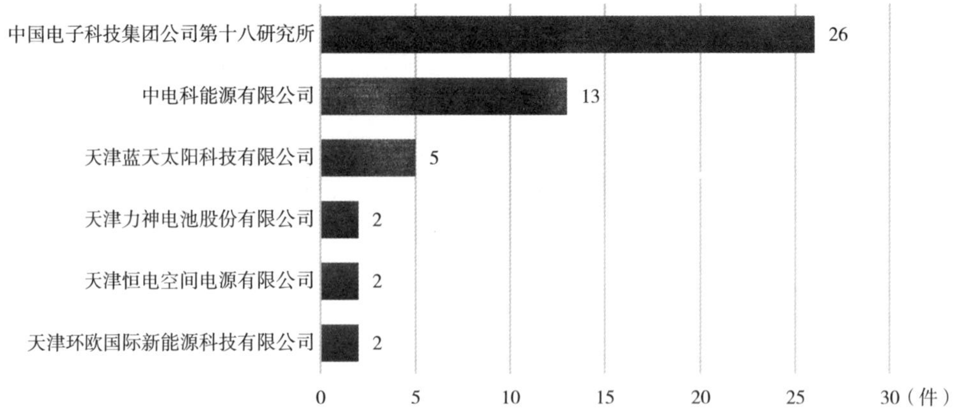

图 3-72　滨海新区太阳能电池制造领域专利转让人排名

3.4　太阳能光伏应用系统领域专利态势分析

近年来，随着太阳能光伏应用系统产业的不断发展，全球各地涌现出大量对于太阳能光伏应用系统产业技术的研究。本节对太阳能光伏应用系统产业的整体态势进行具体分析。

3.4.1　全球专利整体分析

（1）专利申请量变化趋势分析

图 3-73 显示了自 2002 年至 2021 年 6 月 30 日太阳能光伏应用系统产业相关专利全球申请量变化趋势。

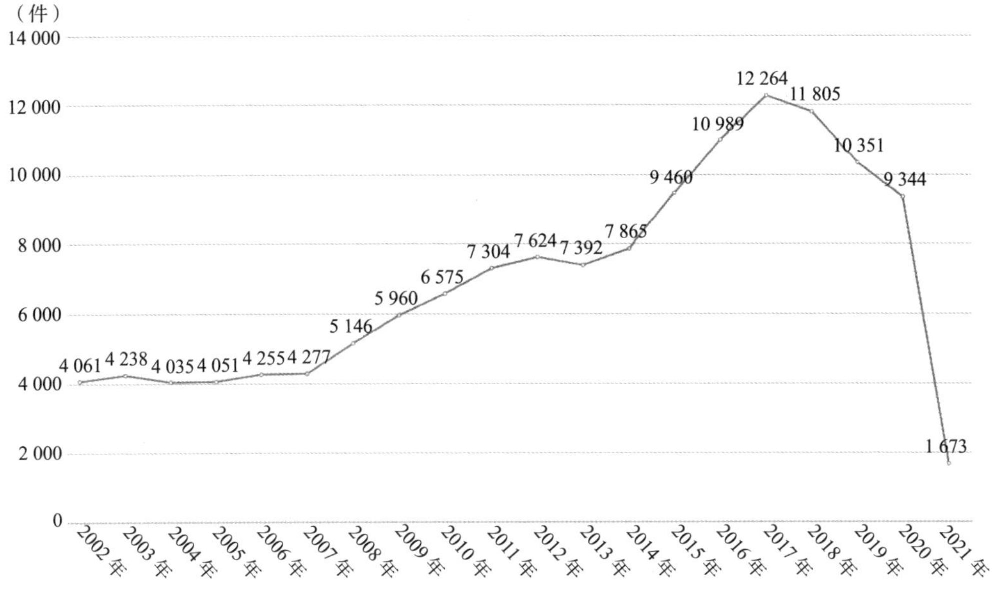

图 3-73　全球专利申请量变化趋势

从图 3-73 可以看出，自 2004 年起，太阳能光伏应用系统产业技术在全球已开始进入缓慢平稳的增长时期；从 2007 年开始，该技术的专利申请量迅速增长，至 2017 年专利申请量达到最大，总量高达 12 264 件。可见，从 2004 年开始，各国就已经开始对太阳能光伏应用系统产业技术进行重点研究，从而出现了对太阳能光伏应用系统产业技术相关专利的申请热潮。到 2018 年，虽然关于太阳能光伏应用系统产业技术的专利申请量稍有下降，但其总申请量仍保持在 1.18 万件以上，因此该技术仍是各国的研究重点；但是该技术的专利申请量于 2021 年明显降低，这是专利申请公开日晚于申请日的特点造成的。截至 2021 年 6 月 30 日，于 2021 年申请的太阳能光伏应用系统产业相关专利的公开数量为 1 673 件,该值还不到 2020 年全年申请量的 20%,由此可以预测 2021 年的全年专利申请数量较上年仍有所下降。

(2)申请来源国分析

图 3-74 展示了从 2012 年到 2021 年全球太阳能光伏应用系统产业相关专利的来源国申请量变化情况。可以看出,中国、日本、美国、韩国和德国专利申请量最多。2012—2017 年,中国的专利申请量一直保持着明显的增长趋势,到 2018 年专利申请量才稍有下降,并且中国的专利申请量一直高于其他国家的专利申请量,特别是从 2014 年开始,中国的专利申请量已经超过了美国、日本、韩国、德国等国专利申请量的总和,占据了全球太阳能光伏应用系统产业相关专利申请的半壁江山。

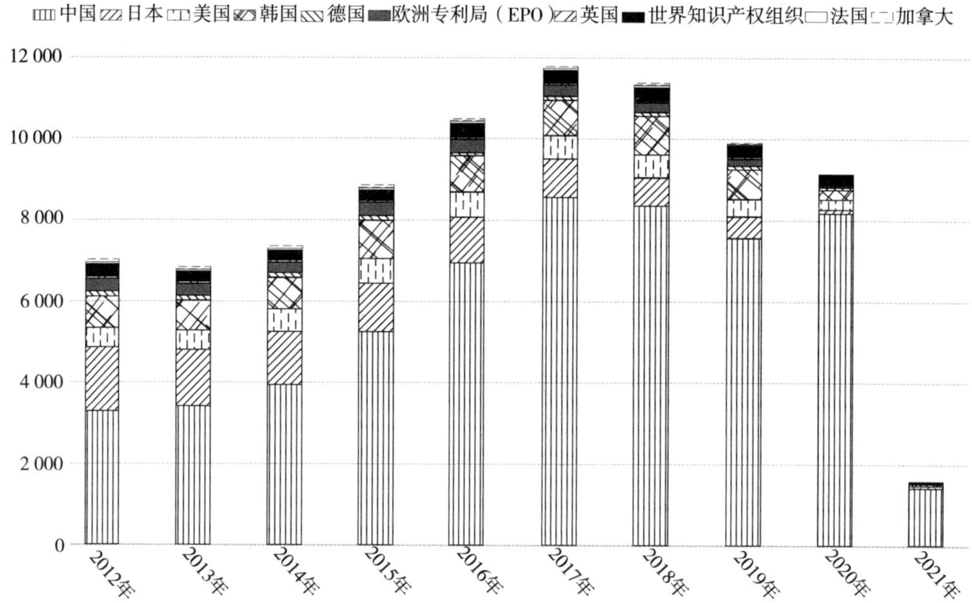

图 3-74 主要来源国家和组织申请量变化

注:受统计数据限制,中国专利指中国大陆专利,不包含我国港澳台地区

反观其他国家的专利申请量,2012—2016 年日本的专利申请量保持缓慢平稳的减少,2016—2021 年的专利申请量开始明显下降;2012—2018 年美国的专利申请量基本保持缓慢平稳的增长;2012—2018 年韩国的专利申请量逐年增加,德国的专利申请量自 2012 年以来一直保持平稳的增长。

由以上太阳能光伏应用系统产业专利来源国申请量的变化趋势可以看出,美国、日本、韩国和德国的太阳能光伏应用系统产业发展较早,2012 年开始其太阳能光伏应用系统产业的发展已经相对成熟,因此从 2012 年到 2018 年一直保持着较为平稳的发展态势,专利申请量也较为稳定;而中国的太阳能光伏应用系统产业发展相对较晚,从 2012 年到 2017 年一直处于蓬勃发展的阶段,相关专利申请量呈井喷式增长。

（3）主要申请人分析

表 3-12 为太阳能光伏应用系统产业相关专利全球主要申请人分布情况。在排名前 15 的申请人中，有 13 位日本申请人、1 位英国申请人和 1 位中国申请人。其中，日本申请人专利类型覆盖太阳能光伏应用系统产业各个方面；中国申请人只有芜湖美的厨卫电器制造有限公司一家公司，可见虽然近年来太阳能光伏应用系统产业在中国蓬勃发展，但中国本土的技术创新主体在技术研发上仍比较薄弱，太阳能光伏应用系统产业在中国的发展仍然比较片面。

表 3-12　全球主要申请人分布

排名	申请人	专利申请量（件）	所属国家
1	松下电器公司	5 499	日本
2	能率株式会社	2 309	日本
3	三菱电视株式会社	2 171	日本
4	加斯塔尔公司	958	日本
5	大阪煤气公司	870	日本
6	东陶有限公司	824	日本
7	科罗娜公司	800	日本
8	松下公司	788	日本
9	林内集团	772	日本
10	芜湖美的厨卫电器制造有限公司	744	中国
11	日本电装公司	731	日本
12	林内公司	709	日本
13	大金公司	688	日本
14	三洋电机公司	662	日本
15	塞拉麦斯有限公司	495	英国

（4）技术主体分布分析

图 3-75 所示为太阳能光伏应用系统产业相关专利全球技术主体分布，可以看出，全球太阳能光伏应用系统产业相关专利申请涉及的技术领域广泛，主要涉及一般有热发生装置的流体加热器（F24H）、电热和其他类目不包含的电照明（H05B）、由红外线辐射/可见光或紫外光转换产生电能（H02S）、用于直接转变化学能为电能的方法或装置（H01M）等技术应用。其中，一般有热发生装置的流体加热器（F24H）占据首位。另外，较为平均的技术应用涉及住宅供热系统或区域供热系统，如集中供热系统和住宅热水供应系统以及其所用部件或构件（F24D）；半导体器件和其他类目中不包括的电固体器件（H01L）；供电或配电的电路装置或系统和电能存储系统（H02J）。上述技术应用包括光伏发电技术及设备、光伏产品、加热器、电热、光或紫

外光转换产生电能、半导体器件、电固体器件、供电或配电的电路等。

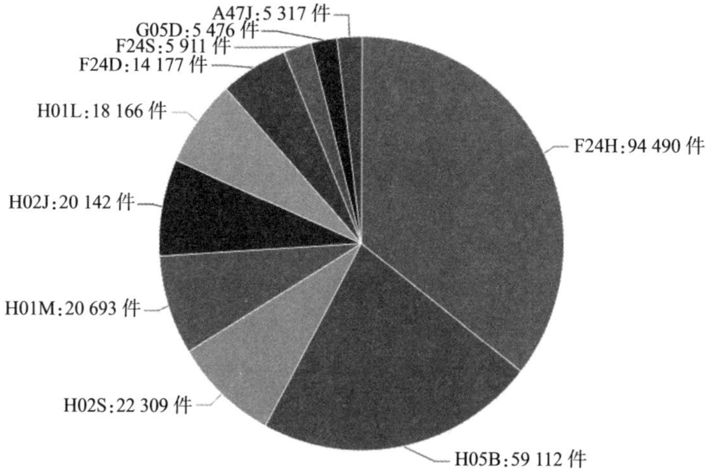

图 3-75　太阳能光伏应用系统产业相关专利全球技术主体分布

注:因一个专利可能对应两个或多个 IPC 分类号,故各 IPC 分类号专利申请量占比之和超过 100%

由图 3-76 所示全球部分国家和组织技术主体分布可知,在各个技术领域中,中国、日本及美国申请量位于前列。由图 3-83 可知,中国、日本、美国及韩国对太阳能光伏应用系统产业相关技术的侧重点以及占比不同。中国太阳能光伏应用系统产业专利申请主要涉及一般有热发生装置的流体加热器(F24H)、由红外线辐射/可见光或紫外光转换产生电能(H02S)、半导体器件和其他类目中不包括的电固体器件(H01L)。日本太阳能光伏应用系统产业专利申请主要涉及一般有热发生装置的流体加热器(F24H)、由红外线辐射/可见光或紫外光转换产生电能(H02S)、半导体器件和其他类目中不包括的电固体器件(H01L)。美国太阳能光伏应用系统产业专利申请主要涉及一般有热发生装置的流体加热器(F24H)、由红外线辐射/可见光或紫外光转换产生电能(H02S)、半导体器件和其他类目中不包括的电固体器件(H01L)。韩国太阳能光伏应用系统产业专利申请主要涉及一般有热发生装置的流体加热器(F24H)、由红外线辐射/可见光或紫外光转换产生电能(H02S)、半导体器件和其他类目中不包括的电固体器件(H01L)。由上述数据分析可知,排名前四的国家对一般有热发生装置的流体加热器、由红外线辐射/可见光或紫外光转换产生电能、半导体器件和其他类目中不包括的电固体器件均比较重视。另外,日本在一般有热发生装置的流体加热器领域的专利研究一直比较突出,所以其一般有热发生装置的流体加热器相关技术的专利申请量也比较突出,可见其技术的发展带动了太阳能光伏应用系统产业专利申请量的提升。由此可知,各国对太阳能光伏应用系统产业相关技术均有不同的侧重,虽然中国的研究重点与其他三国基本类似,但是主要研究技术占比不高,可见其技术还比较分散,需要加强对重点技术的研究投入。

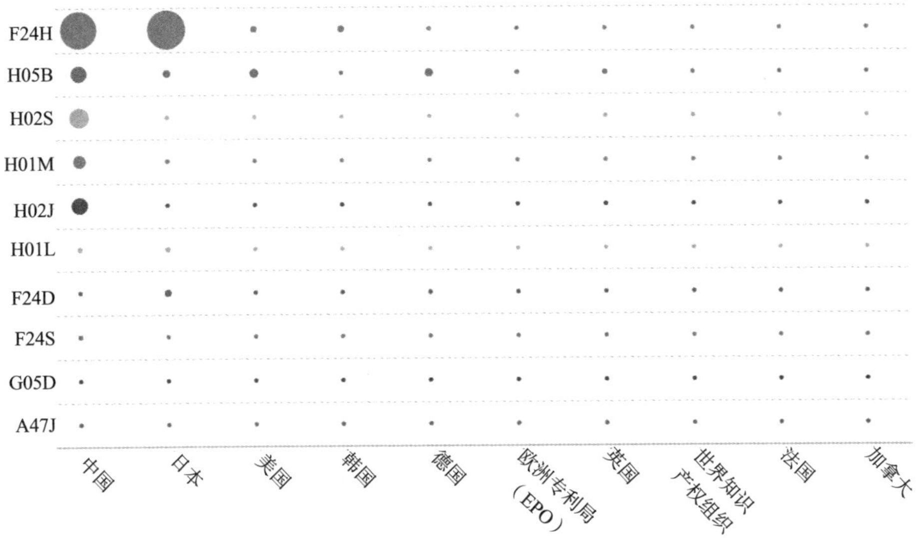

图 3-76 全球部分国家和组织技术主体分布

注:受统计数据限制,中国专利指中国大陆专利,不包含我国港澳台地区

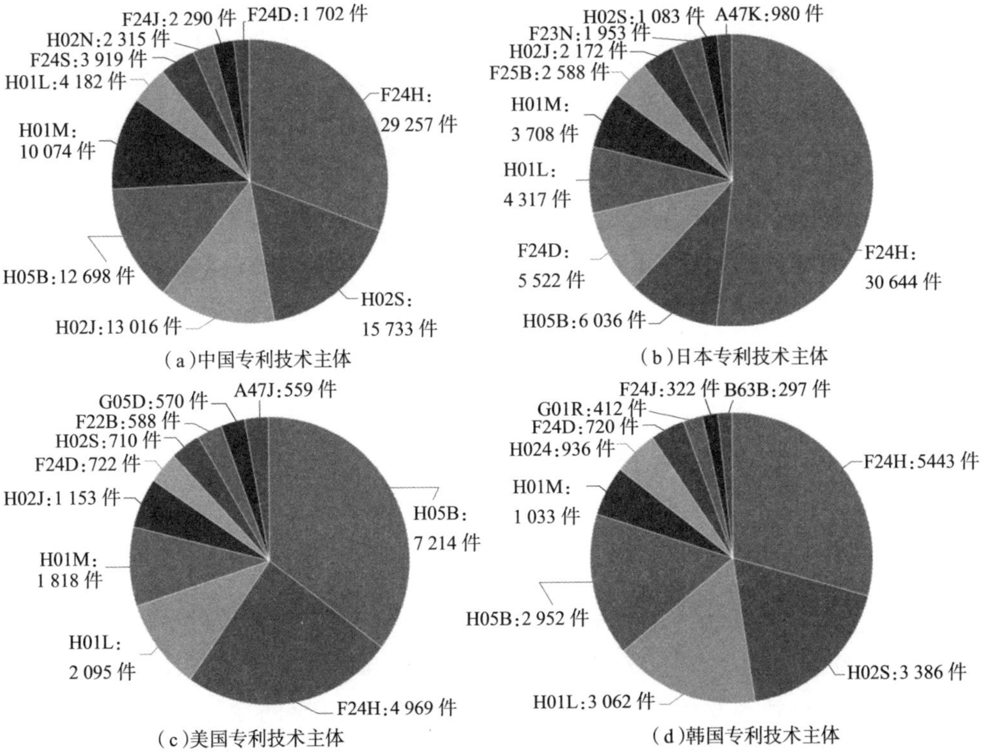

图 3-77 中国、日本、美国和韩国专利技术主体分布

3.4.2 全国专利整体分析

（1）专利申请量变化趋势分析

图 3-78 显示了我国太阳能光伏应用系统产业专利申请量变化趋势。可以看出，我国太阳能光伏应用系统产业相关专利申请开始于 2002 年，之后到 2013 年一直缓慢稳定增长，2013 年专利申请量达到 3 403 件，2014 年开始爆发式增长，至 2017 年申请量达到峰值，为 8 559 件。2018 年的专利申请量较 2017 年有小幅下降，2021 年上半年的专利申请量为 1 421 件，较 2020 年的专利申请量有较大幅度减少，但由于图中数据不包括 2021 年已经申请但未公开的专利申请情况，所以 2021 年专利申请量数据不具备实际参考作用。通过对我国太阳能光伏应用系统产业专利申请量变化趋势分析可知，我国对太阳能光伏应用系统产业技术的专利申请量自 2017 年以来整体上呈下降趋势，说明我国近年来对太阳能光伏应用系统产业的研究趋于成熟；而且可以预测，在接下来的一段时间内，对太阳能光伏应用系统产业的研究仍会下降。

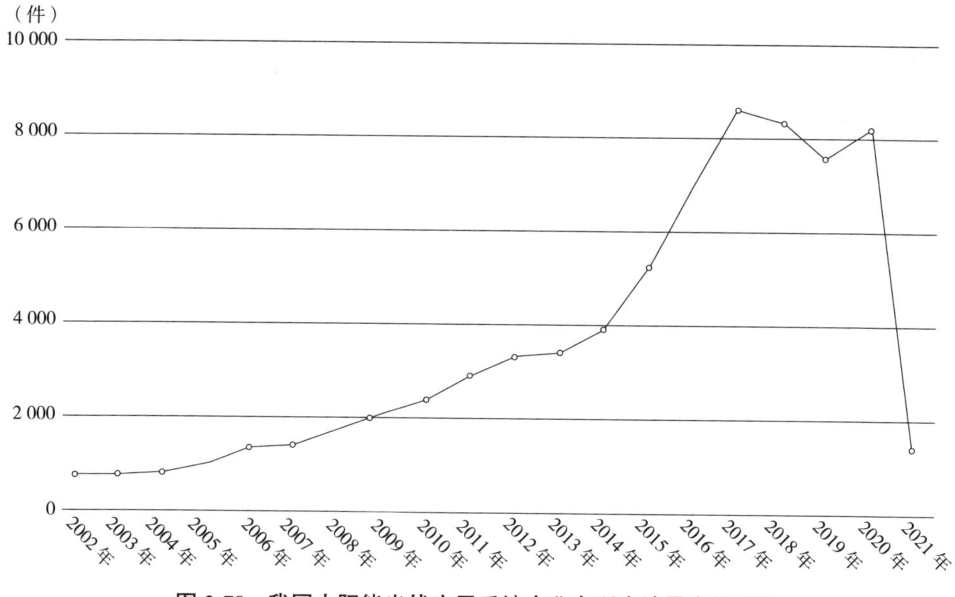

图 3-78　我国太阳能光伏应用系统产业专利申请量变化趋势

（2）申请地区分布

由图 3-79 所示我国太阳能光伏应用系统产业技术专利在我国部分省市地区的申请分布情况可知，广东、江苏、浙江、山东地区专利申请量最大，是我国太阳能光伏应用系统产业技术专利的核心地区，其中广东以 16.01%的专利申请量占比位居第一，江苏以 14.38%位居第二，浙江以 8.79%位居第三，山东以 6.90%位居第四，上述4个省份的专利申请量总和占总量的46.08%,接近全国申请量的二分之一。从上述统计资料可见,各省市地区在光伏发电技术上的研发投入有较大不平衡,这是地区性经济差异导致的,沿海经济发达地区的专利数量较多。天津专利申请量在我国各省市地区中排名第11位,占总申请量的2.54%。由此可见,天津的太阳能光伏应用系统产业技术研究尚有一定的开发空间,具有比较广阔的前景,可作为今后重点技术进行研究。天津具有毗邻北京的地理优势,可以借鉴北京对太阳能光伏应用系统产业相关技术的研究。

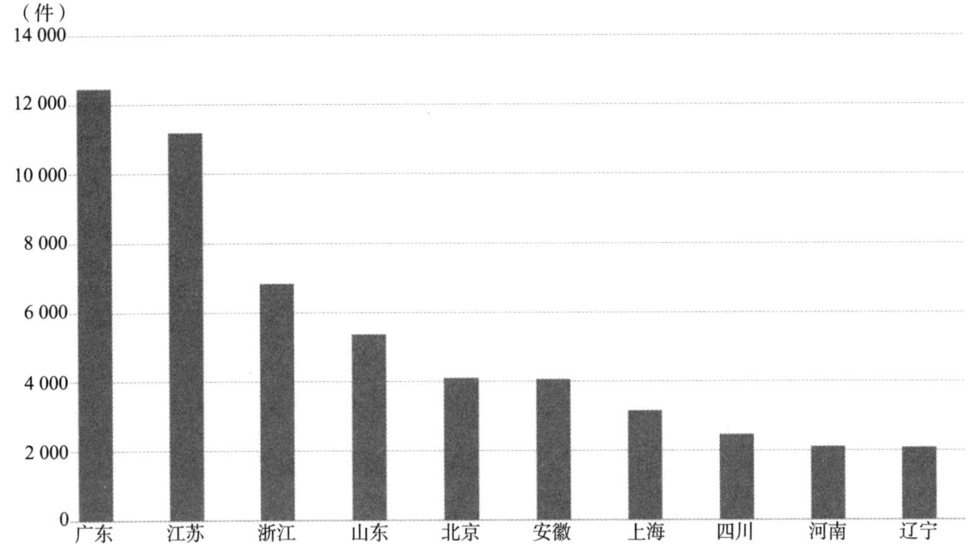

图 3-79 我国部分省份的太阳能光伏应用系统产业技术专利申请分布

由图3-80可知,排名前4的省市关于太阳能光伏应用系统产业的重点研究技术不尽相同。广东主要涉及一般有热发生装置的流体加热器(F24H)、电热和其他类目不包含的电照明(H05B)、由红外线辐射/可见光或紫外光转换产生电能(H02S)。江苏主要涉及一般有热发生装置的流体加热器(F24H)、电热和其他类目不包含的电照明(H05B)、由红外线辐射/可见光或紫外光转换产生电能(H02S)。浙江主要涉及一般有热发生装置的流体加热器(F24H)、电热和其他类目不包含的电照明(H05B)、由红外线辐射/可见光或紫外光转换产生电能(H02S)。江苏和浙江主要研究技术比较平均,广东和山东主要集中在一般有热发生装置的流体加热器(F24H),还是有所差别的。以上差别可能是各省份的南北差异或地区差异导致的,而天津具有毗邻北京的地理优势,可以借鉴北京对太阳能光伏应用系统产业相关技术的研究,吸取其主要研究技术以及应用成果,重点发展太阳能光伏应用系统产业这一朝阳技术。

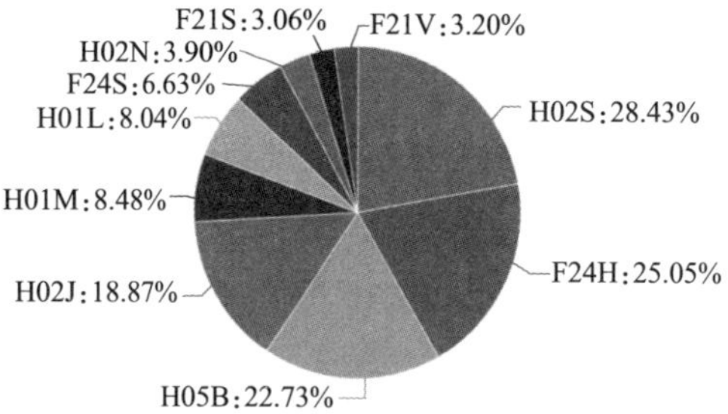

（a）广东专利技术主体

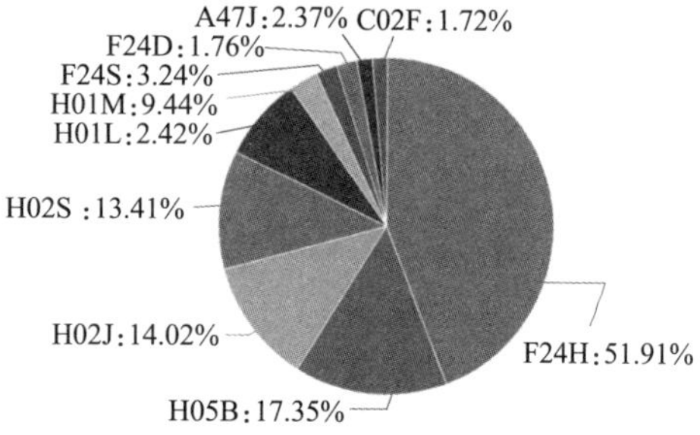

（b）江苏专利技术主体

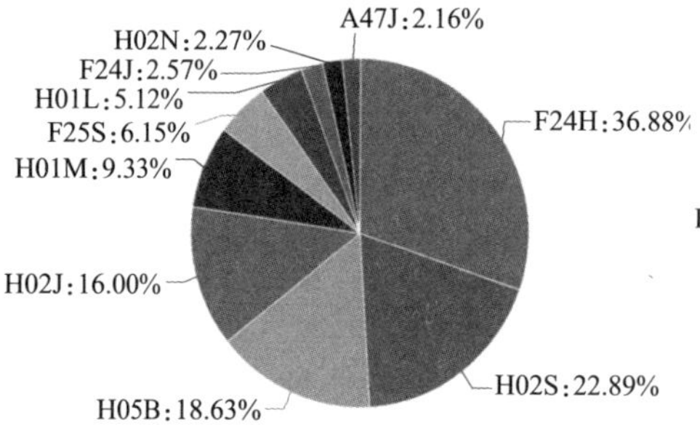

（c）浙江专利技术主体

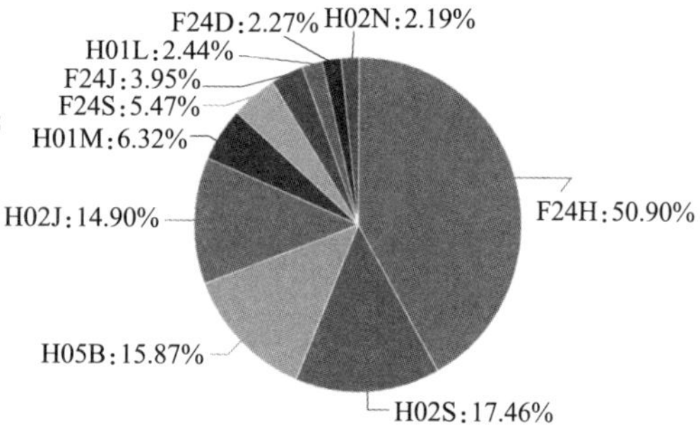

（d）山东专利技术主体

图 3-80　广东、江苏、浙江和山东专利技术主体分布

注:同一件专利可能对应两个或多个 IPC 分类号,故各 IPC 分类号专利申请量占比之和超过 100%

（3）主要申请人分析

图 3-81 显示了我国太阳能光伏应用系统产业技术专利申请排名前 10 的申请人分布情况。由图可知,排名前 10 的申请人均为国内企业,说明目前我国太阳能光伏应用系统产业的创新主体为我国本土企业。其中,芜湖美的厨卫电器制造有限公司位居第一,且申请数量远超其他申请人,为 744 件,占排名前 10 的申请人专利申请总量的 20.4%,其研发实力大大领先于其他竞争企业。美的集团股份有限公司和青岛经济技术开发区海尔热水器有限公司作为国内光伏领域的主导企业,在太阳能光伏应用系统产业中同样占有较大比重,申请量分别为 495 件和 402 件,分别占排名前 10 的申请人专利申请总量的 11.2%和 11.1%;其余申请人均为国内著名企业及 1 所高校,这说明我国太阳能光伏应用系统产业中高新技术领域逐渐趋于成熟,具备了一定的产业转化能力。虽然从我国太阳能光伏应用系统产业的主要专利申请人情况可以看出目前我国在该产业的创新主体为我国本土企业及大专院校,但是也应当注意到我国的太阳能光伏应用系统产业起步较晚,市场化还不成熟,应当在西方发达国家进入我国市场之前尽快完成太阳能光伏应用系统产业中重点领域的专利布局,防范风险。

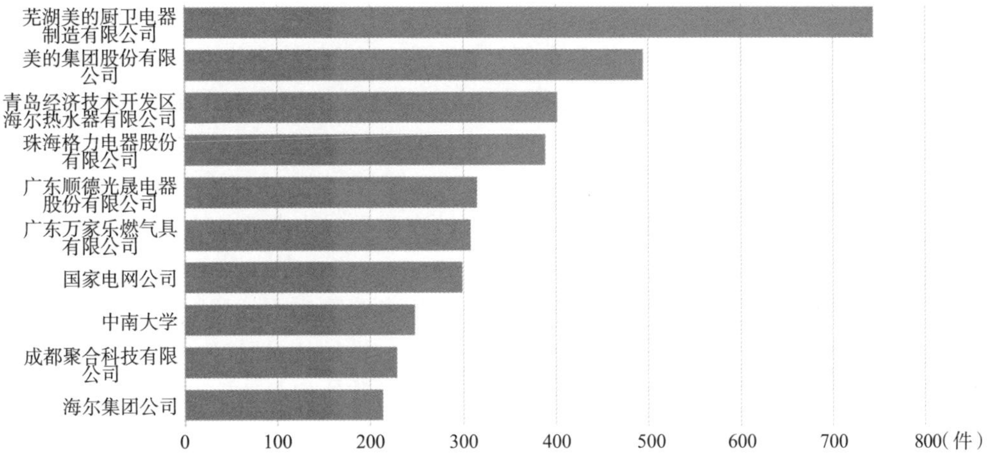

图 3-81　我国太阳能光伏应用系统产业主要专利申请人的专利申请量

(4)申请人类型

图 3-82 显示了不同类型的申请人专利申请量的比重具有较大的差异。在我国，太阳能光伏应用系统产业专利申请人以企业为主，占 58.79%；大专院校及科研单位各占 11.70%和 2.12%；个人申请比重较大，占 26.95%。产业内的专利申请人属性构成在一定程度上反映了技术或产业发展的成熟程度。该领域中企业申请专利所占比重较大，表明太阳能光伏应用系统产业整体上已经发展较为成熟，产业化程度较高，产业中大部分技术已经经过了研究开发的探索阶段，企业已经处于创新主体的地位。与此同时，大专院校和个人申请也占据一定比重，说明太阳能光伏应用系统产业中行业涉及面广，其中涉及的新兴产业还处于发展的初级阶段，相关产业技术还停留在科研阶段，具备进一步向产业转化的潜力。

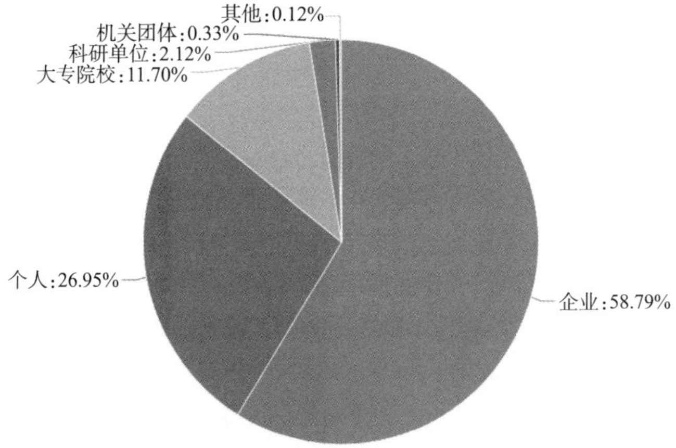

图 3-82　我国申请人类型分布

（5）技术主体分布分析

由图 3-83 所示我国技术主体分布可知，我国对于太阳能光伏应用系统产业的研究一直是国内专利研究技术的重点，我国对太阳能光伏应用系统产业专利技术的研究主要一般有热发生装置的流体加热器（F24H）、由红外线辐射/可见光或紫外光转换产生电能（H02S）、供电或配电的电路装置或系统和电能存储系统（H02J）、电热和其他类目不包含的电照明（H05B）、用于直接转变化学能为电能的方法或装置，如电池组（H01M），占比分别为 30.74%、16.53%、13.67%、13.34%以及 10.58%，但是我国对太阳能光伏应用系统产业技术的研究比较分散，并没有突出的技术，需要对太阳能光伏应用系统产业进行技术深入研究，并提出有代表性的技术及产品，从而确立太阳能光伏应用系统产业发展的技术领头地位，才能带动其他相关技术的发展。

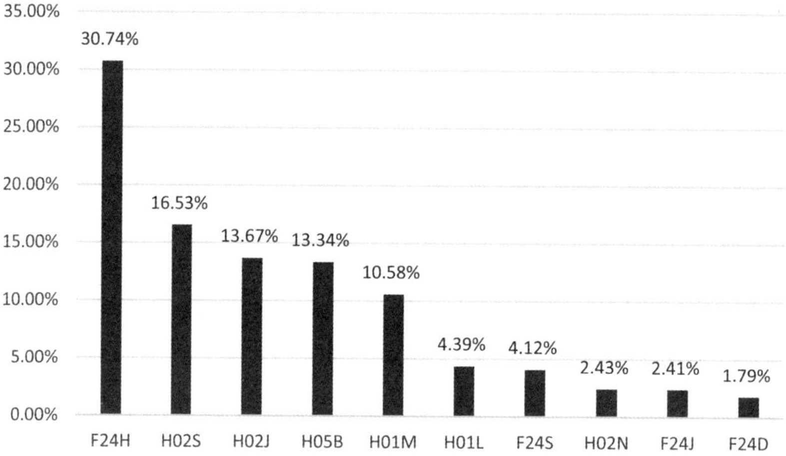

图 3-83　我国技术主体分布

注：因同一件专利可能对应两个或多个 IPC 分类号，故各 IPC 分类号占比之和超过 100%

如图 3-84 所示我国近 10 年重点技术主体的专利申请趋势可知，近年来，一般有热发生装置的流体加热器（F24H）、由红外线辐射/可见光或紫外光转换产生电能（H02S）、供电或配电的电路装置或系统和电能存储系统（H02J）、电热和其他类目不包含的电照明（H05B）、用于直接转变化学能为电能的方法或装置，如电池组（H01M）等相关技术从 2012 年至 2017 年的专利申请量均呈现直线上升趋势，尤其从 2015 年开始专利申请量增长趋势明显，到 2017 年专利申请量分别达到最高，且分别为 2 624 项、2 137 项、2 105 项、999 项以及 1 167 项，2017 年以后的专利申请量整体上呈下降趋势，2019—2020 年有回升的趋势，截至 2021 年都下降得很明显，虽然说由于图中数据未包括 2021 年已经申请但未公开的专利申请，故 2021 年的专利申请量数据不具备实际参考价值，但是可以预见在接下来的一段时间内，对太阳能光伏应用系统产业的研究速度仍会减缓。

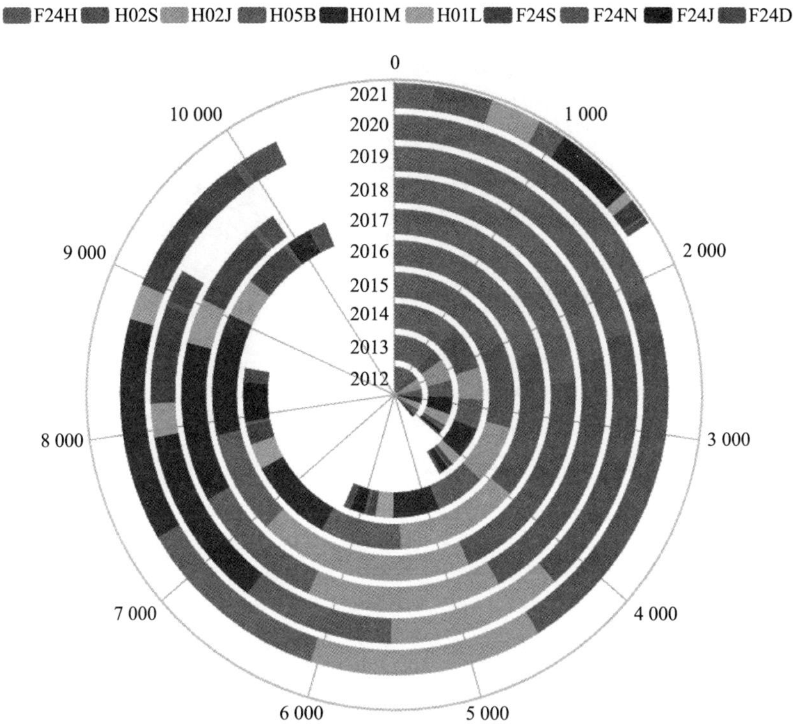

图 3-84　我国重点技术主体申请趋势

（6）专利申请类型分析

图 3-85 显示了我国太阳能光伏应用系统产业专利申请类型的分布情况。可以看出，对于太阳能光伏应用系统产业的专利申请主要集中在两类，即发明专利申请（包括发明申请和发明授权）和实用新型专利申请，其中实用新型专利申请所占比重最大，达 55.46%，发明专利申请占 35.13%。

（7）专利申请法律状态分析

图 3-86 显示了我国专利申请的法律状态情况。对于我国太阳能光伏应用系统产业的专利申请，授权 30 752 件，占比 39.56%，处于未缴年费的专利申请占 31.67%，处于实质审查中的案件占 10.99%，撤回的专利申请占 9.39%，驳回的专利申请占 4.26%。由此可见，太阳能光伏应用系统产业中专利申请的授权比重较大，说明在太阳能光伏应用系统产业中新创性的发明较多，同时也表明我国对太阳能光伏应用系统产业的技术研究水平有一定高度。

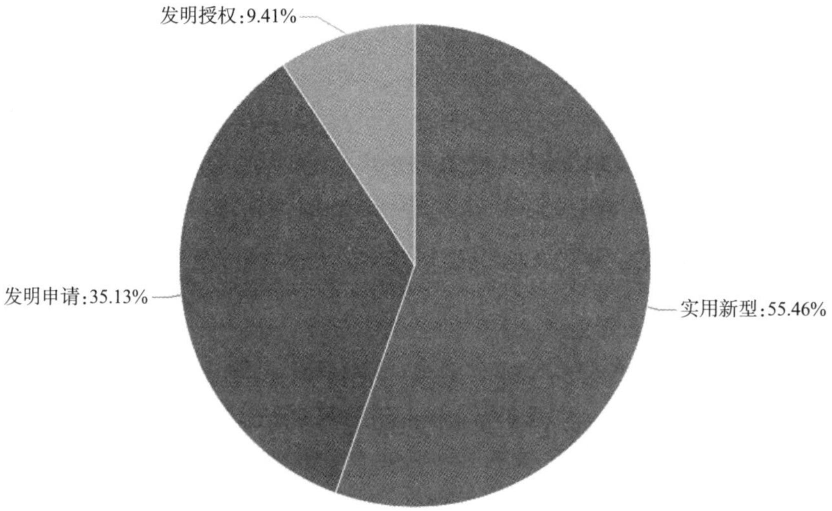

图 3-85　我国太阳能光伏应用系统产业专利申请类型分布

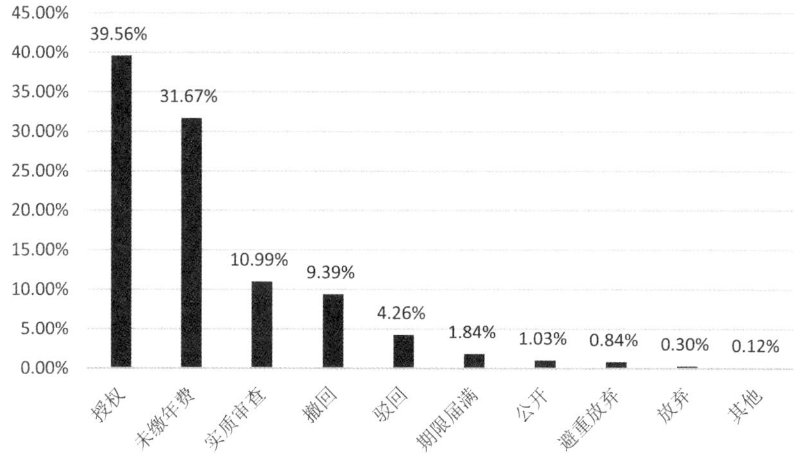

图 3-86　我国专利申请的法律状态

3.4.3　滨海新区专利整体分析

(1)专利申请量变化趋势分析

从图 3-87 可以看出,自 2002 年至 2008 年,太阳能光伏应用系统产业相关技术处于萌芽阶段,其中最初于 2002 年申请的专利技术涉及热水领域;在 2007—2010 年专利申请量出现小幅攀升,之后 2011 年略有下降,从 2012 年开始太阳能光伏应用系统产业相关专利申请量开始迅速增长,到 2017 年该技术的专利申请量出现新的峰值，共计 77 件，其中天津力神电池股份有限公司的专利申请量为 14 件。

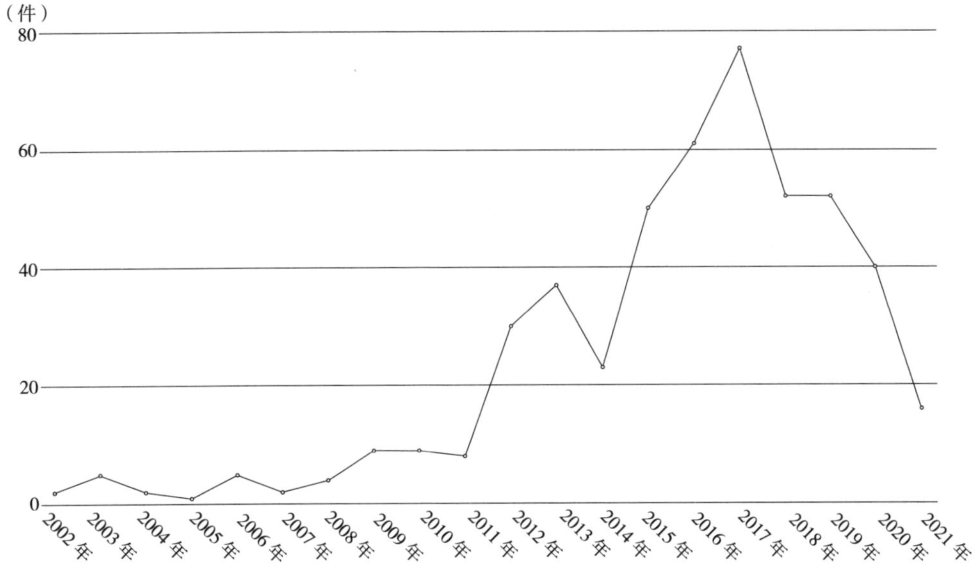

图 3-87　滨海新区太阳能光伏应用系统产业专利申请量变化趋势

（2）重点申请人分析

通过分析图 3-88 所示近 20 年来滨海新区太阳能光伏应用系统产业相关专利申请量可知，专利申请量排在前列的分别为天津力神电池股份有限公司、中国电子科技集团公司第十八研究所、天津环宇阳光新能源科技有限公司、天津唯元科技发展有限公司、天津蓝天太阳科技有限公司、天津巴莫科技股份有限公司、天津永明新能源科技有限公司、天津津能滨海新能源有限公司、天津源尚新能源科技有限公司、天津英利新能源有限公司。

通过分析图 3-89 可知，专利申请总量排在前列的申请人，其在各个年份的专利申请量有所不同。其中，天津力神电池股份有限公司的专利申请量集中于 2012 年和 2016 年；中国电子科技集团公司第十八研究所的专利申请量集中于 2017 年以后；天津环宇阳光新能源科技有限公司的专利申请量集中于 2016 年和 2017 年；天津唯元科技发展有限公司的专利申请量集中于 2015 年和 2017 年；天津蓝天太阳科技有限公司的专利申请量集中于 2012 年。

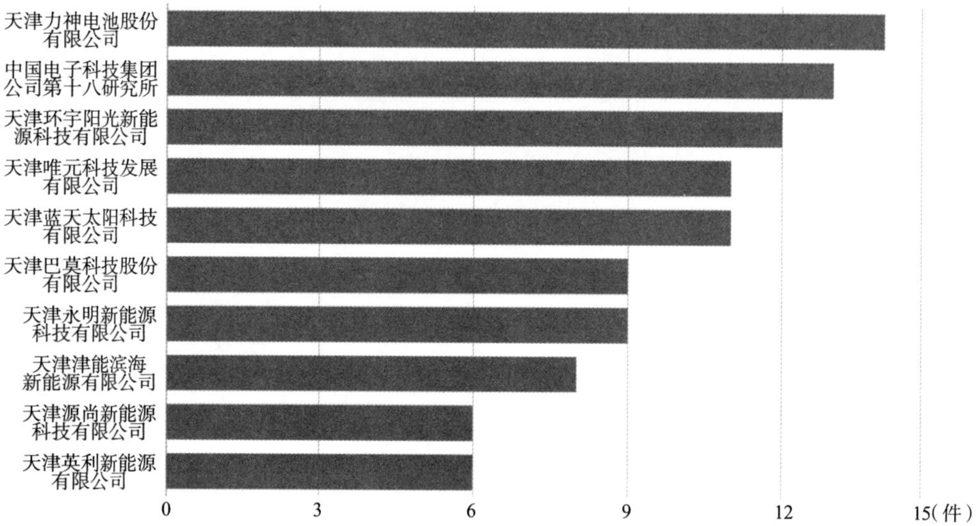

图 3-88　滨海新区太阳能光伏应用系统产业申请人排名

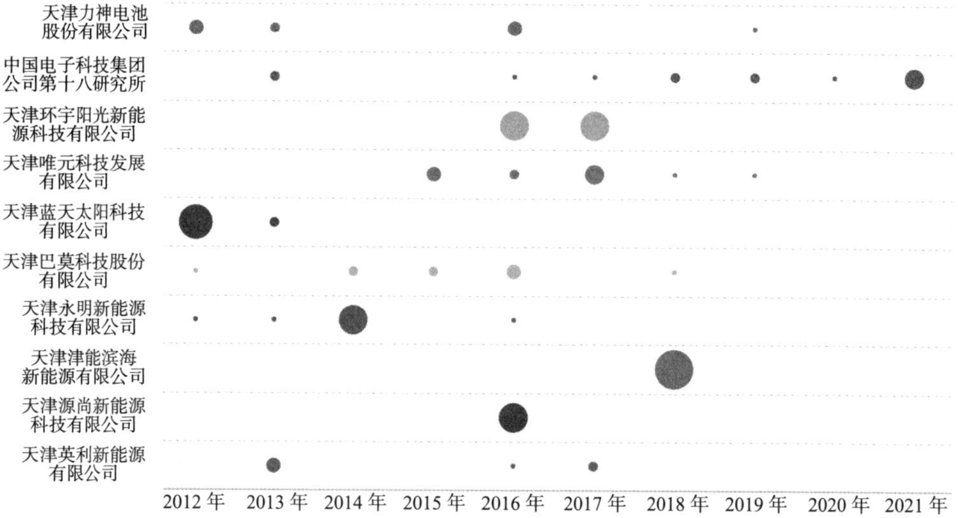

图 3-89　滨海新区太阳能光伏应用系统产业重点申请人的申请趋势

此外,通过分析图 3-90 可知,各个申请人所聚焦的技术领域也有所不同。其中,天津力神电池股份有限公司的专利技术主要集中于用于直接转变化学能为电能的方法或装置,如电池组(H01M);中国电子科技集团公司第十八研究所的专利技术主要集中于由红外线辐射、可见光或紫外光转换产生电能(H02S),用于直接转变化学能为电能的方法或装置,如电池组(H01M);天津环宇阳光新能源科技有限公司的专利技术主要集中于由红外线辐射、可见光或紫外光转换产生电能（H02S），专门用途的建筑物或类似的构筑物/游泳或喷水浴槽或池/桅杆/围栏/一般帐篷或天篷（E04H）。

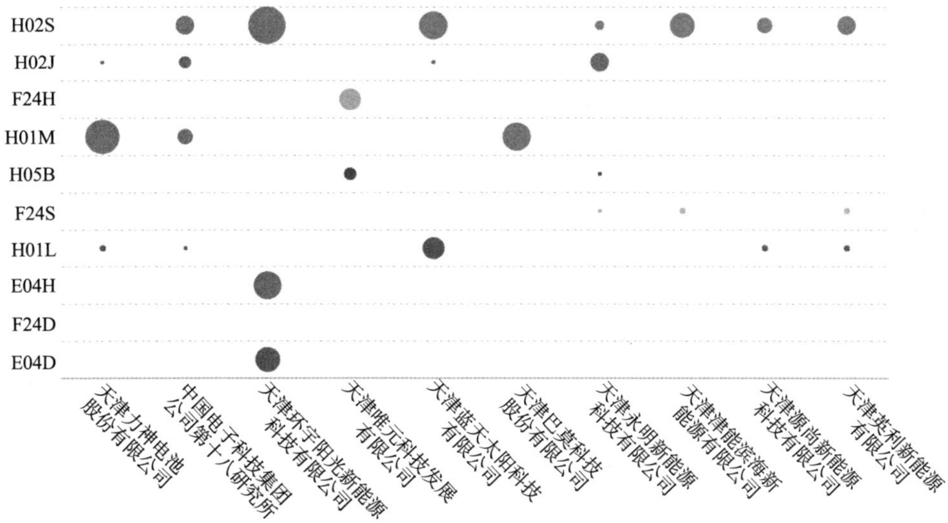

图 3-90　滨海新区太阳能光伏应用系统产业重点申请人的技术主体构成

（3）申请人类型分析

通过分析图 3-91 可知，企业类的申请人最多，占比达 92.89%；其次是个人申请，占比达 4.67%；其余为大专院校、机关团体及科研单位。

（4）技术主体分布分析

通过分析图 3-92 可知在太阳能光伏应用系统产业相关专利申请中涉及的技术领域广泛，其中涉及较多的为由红外线辐射/可见光或紫外光转换产生电能（H02S）、供电或配电的电路装置或系统和电能存储系统（H02J），以及一般有热发生装置的流体加热器，如水或空气的加热器（F24H）。进一步分析太阳能光伏应用系统产业相关专利技术主体，其主要聚焦于电热水器、太阳能、发电板、光伏并网逆变器等，如图 3-93 所示。

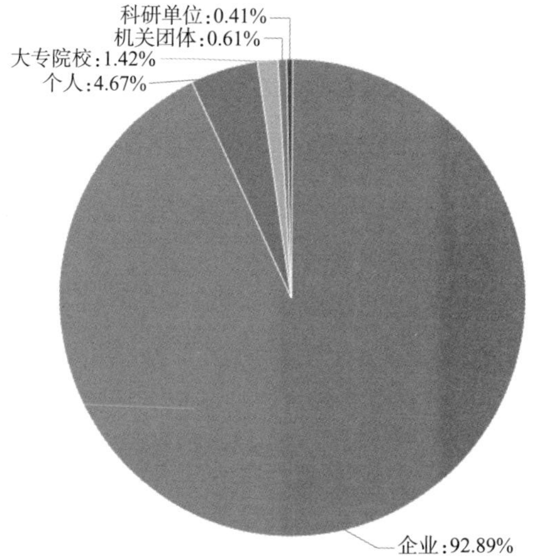

图 3-91　滨海新区太阳能光伏应用系统产业申请人类型

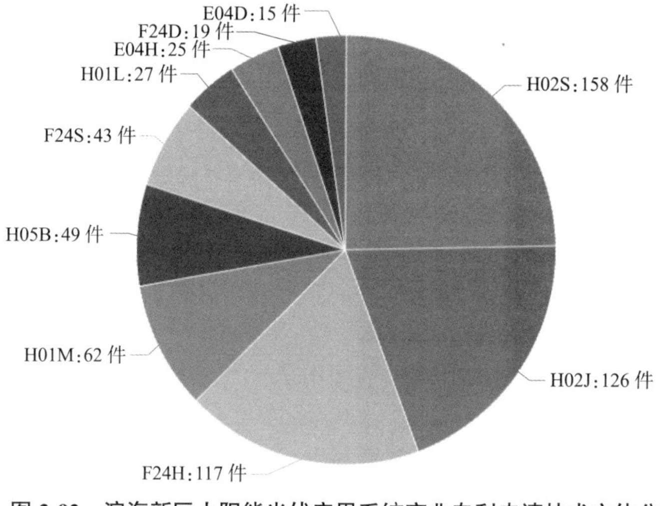

图 3-92　滨海新区太阳能光伏应用系统产业专利申请技术主体分布

(5)专利申请类型分析

通过分析图 3-94 可知,在滨海新区太阳能光伏应用系统产业相关专利申请类型中,发明专利(包括发明申请和发明授权)和实用新型两种类型的申请量差距较大,实用新型为 312 件,发明专利为 174 件。

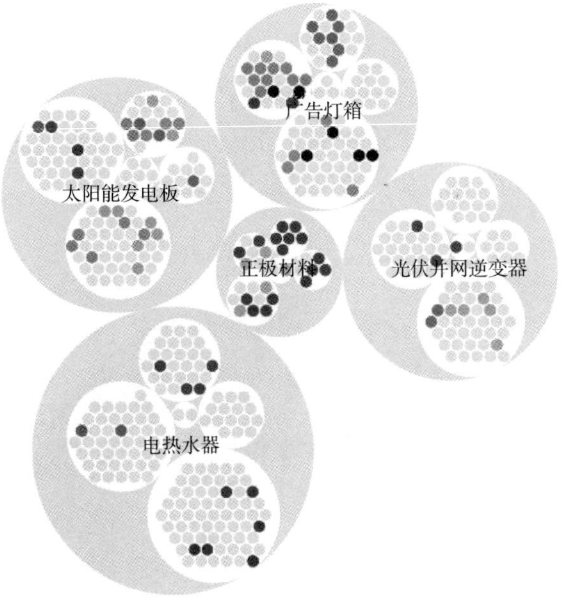

图 3-93　滨海新区太阳能光伏应用系统产业专利申请技术主体的聚焦程度

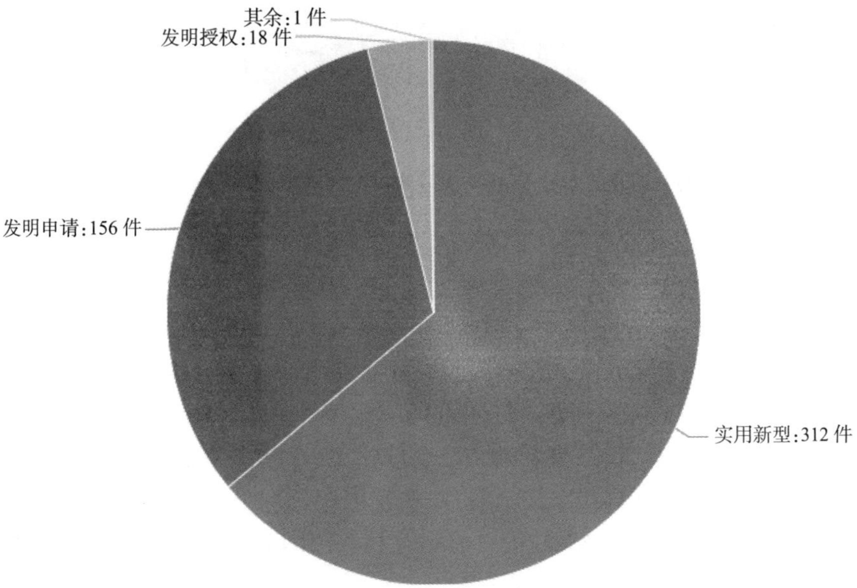

图 3-94　滨海新区太阳能光伏应用系统产业专利申请类型

(6)专利申请法律状态分析

通过分析图 3-95 可知,滨海新区太阳能光伏应用系统产业相关专利申请类型中,目前有 41.89%处于授权状态,9.86%处于实质审查状态,27.93%因未缴年费权利已经终止。此外,通过专利的转让及许可情况也能够看出专利的运营情况和专利的价值。由图 3-96 可知,专利市场运营的活跃度在逐步提升。

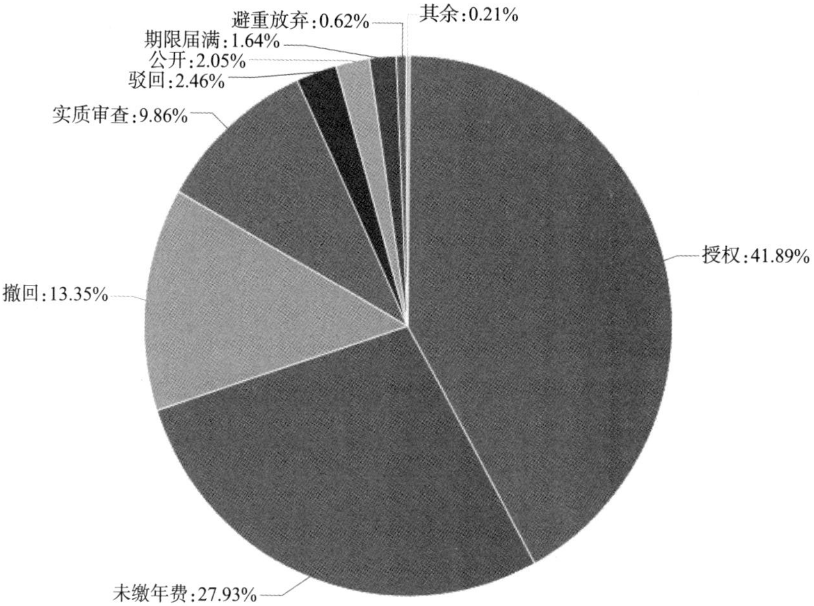

图 3-95 滨海新区太阳能光伏应用系统产业专利申请法律状态

为了促进太阳能光伏应用系统产业发展,天津市也出台了相应政策鼓励知识产权运营与保护,加强知识产权培育应用,支持企业加强人工光伏重点技术和应用领域核心专利培育,形成更多高质量核心专利。

(7)滨海新区太阳能光伏应用系统产业发展面临的主要问题

滨海新区的光伏发电产业具有一定的布局,其中在光伏发电及其配套方面更是光伏发电产业的主要支撑,但与全国乃至全球相比,专利申请量较少,技术创新能力不足,知识产权尚未形成有效保护,现阶段在中国及全球难以形成有效竞争力,在产业专利布局、技术创新能力、创新人才储备、专利协同创新、专利运营实力等方面均有不足。

①产业覆盖不完整,专利布局力度有待提高。虽然滨海新区在光伏发电产业有一定的专利布局,但布局结构与国外及中国整体情况存在较大的差距。

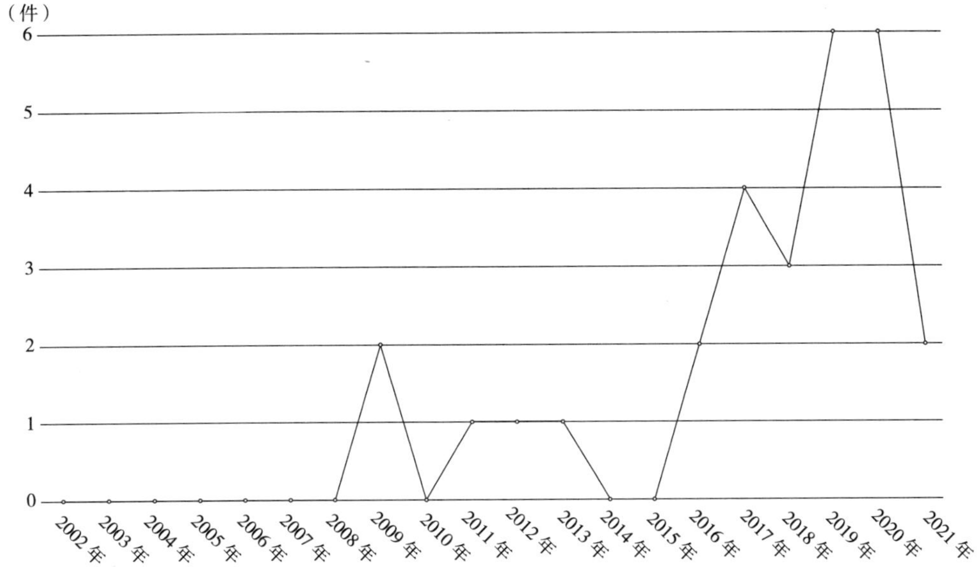

图3-96　滨海新区太阳能光伏应用系统产业专利申请的转让趋势

②技术创新能力不足，企业专利优势尚未体现。天津市智能传感器产业的技术创新主要集中在天津大学和滨海新区的企业，滨海新区的企业对于光伏发电产业主要研发重点在光伏发电及其配套的封装制造以及应用，而不在光伏发电技术本身的改进，天津大学在光伏发电及其配套上的研究更为深入和先进，而这一部分技术内容还未转化为产业，造成了技术上的浪费。

③专利创新人才队伍单薄，技术创新分布不均。滨海新区光伏发电及其配套产业专利技术创新人才队伍主要集中在几个较“老”的企业，而没有新进的创新人才队伍，技术创新分布不均，不能形成较为完善的技术产业系统。而天津大学的技术团队具有较高的技术创新能力，滨海新区为发展智能光伏发电及其配套产业可与该团队进行深入合作或人才引进。

Chapter 4

第 4 章 太阳能产业关键技术分析

4.1 光伏电池材料产业关键技术分析

本节从光伏电池材料产业结构调整方向、技术发展重点及热点方向入手,通过专利布局揭示产业发展方向,通过重点专利揭示技术热点方向。

4.1.1 通过专利布局揭示产业发展方向

基于专利数据支撑,以全局模式展示光伏电池材料产业发展的整体趋势和走势,从全球产业结构调整方向、主要国家产业结构分布、龙头企业产业结构调整方向等三方面展开研究。

(1)全球产业结构调整方向

为了解全球产业结构调整方向,本节将光伏电池材料分为硅系、附属材料、多元化合物、聚合物、纳米晶,并进一步将硅系产业分为单晶硅、多晶硅、非晶硅三个技术重点,将附属材料产业分为石英制品、碳-碳复合材料、碳化硅、乙二醇,将聚合物分为砷化镓、碲化镉、铜铟硒、硫化镉,通过专利分析研究其在不同阶段的专利布局占比变化情况,从而揭示全球产业结构的调整方向。

针对光伏电池材料,从图 4-1 所示的全球光伏电池材料产业专利申请量国家、组织和地区分布的主要国家产业结构整体布局可以看出,中国、日本、美国、韩国的相关专利申请量最多,并且各国家和地区均在设计与制造领域拥有整体数量最多的专利布局,其中中国、日本、美国、韩国尤为突出,说明这四个国家的光伏电池材料的设计与制造领域技术市场竞争更为激烈。

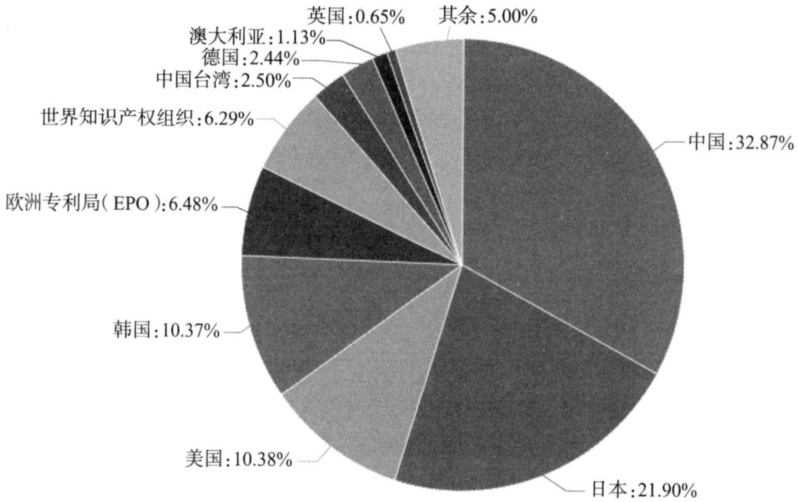

图 4-1　全球光伏电池材料产业专利申请量国家、组织和地区分布

(2)主要国家产业结构分布

中国在应用场景领域的专利布局量占光伏电池材料产业专利总申请量的32.87%,专利布局明显,说明应用场景是中国的主要技术研究方向,在市场上受到很大重视;日本以 21.90%居于第二位,而美国、韩国在专利总申请量上与中国有一定差距。

中国的发展主要分为三个阶段,从技术分支来看,中国着力发展光伏电池材料的上下游应用系统技术,并一直占据主要地位,且专利申请量巨大,说明随着光伏电池材料的上下游产品种类越来越丰富,其行业应用规模不断扩大。

(3)龙头企业产业结构调整方向

夏普株式会社、乐金化学、乐金电子、松下、海洋王照明科技股份有限公司在光伏电池材料方面专利申请量均较大,具有较强的技术实力,属于该领域的龙头企业,其中夏普的专利较多,并且在光伏电池材料产业的专利产出占比最大。

从图 4-2 可以看出,海洋王照明科技股份有限公司对光伏电池材料的技术研发主要集中于 2012—2013 年;三菱电视株式会社在 2013—2015 年的研发专利产出量处于平稳状态;而富士、乐金化学、乐金电子、松下则在近 10 年间一直处于平稳产出状态。

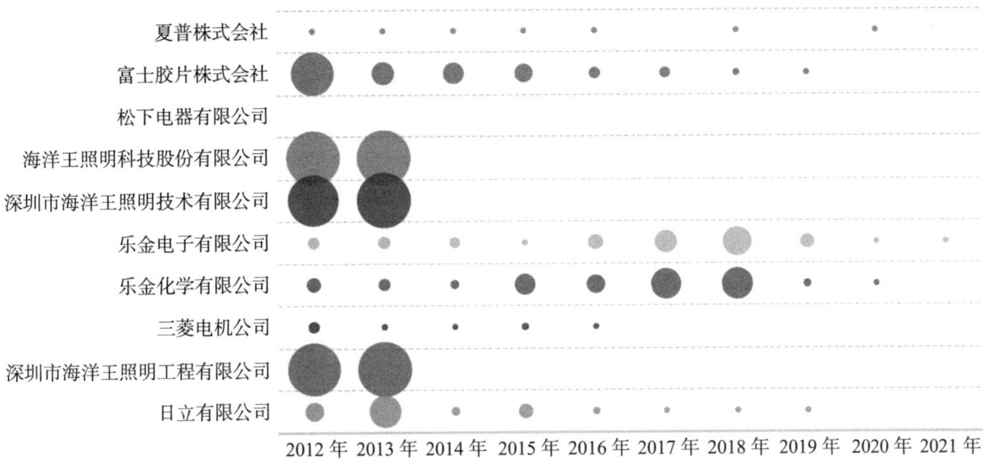

图 4-2　全球光伏电池材料产业龙头企业近 10 年专利产出构成

通过对全球光伏电池材料市场的专利布局、主要国家光伏电池材料专利产业以及重点企业的分析，可以发现近年来光伏电池材料产业上下游的相关应用是研发的重点，目前尚未出现能够短期提升光伏电池材料上下游市场驱动力的应用。而在今后 5~10 年内随着光伏电池材料技术的成熟，传统以硅材料为主要应用对象的光伏电池材料的市场份额利润空间将面临压缩。反之，以聚合物为应用对象的光伏电池材料作为新兴应用领域，展现出强劲的增长潜力与盈利能力，有望成为推动市场持续扩张的新动力。

4.1.2　通过重点专利揭示技术热点方向

专利申请量不仅可以反映产业结构及调整方向，也可以反映技术热点方向，某技术专利申请量增大或某技术专利申请量占比提高，说明该方向是产业研发主体的重点和关注热点，可能是未来的重点发展方向。

通过光伏电池材料各热点技术的专利布局及趋势分析、技术演进热点方向分析、龙头企业专利布局分析、企业协同创新方向分析、新进入者以及专利运用分析、商业并购分析等，可以了解光伏电池材料产业未来的热点发展方向。

（1）热点技术的专利布局及趋势分析

图 4-3、图 4-4、图 4-5、图 4-6 和图 4-7 分别展示了多种光伏电池材料，即硅系、多元化合物、附属材料、聚合物和纳米晶在全球的专利申请趋势。可以看出，近 20 年内，多种光伏电池材料，即硅系、多元化合物、附属材料、聚合物和纳米晶的发展趋势基本保持一致，基本在 2011 年前后达到巅峰，随后专利申请量开始下降，但是各种材料的专利申请量的差距非常大，附属材料远大于其他材料。

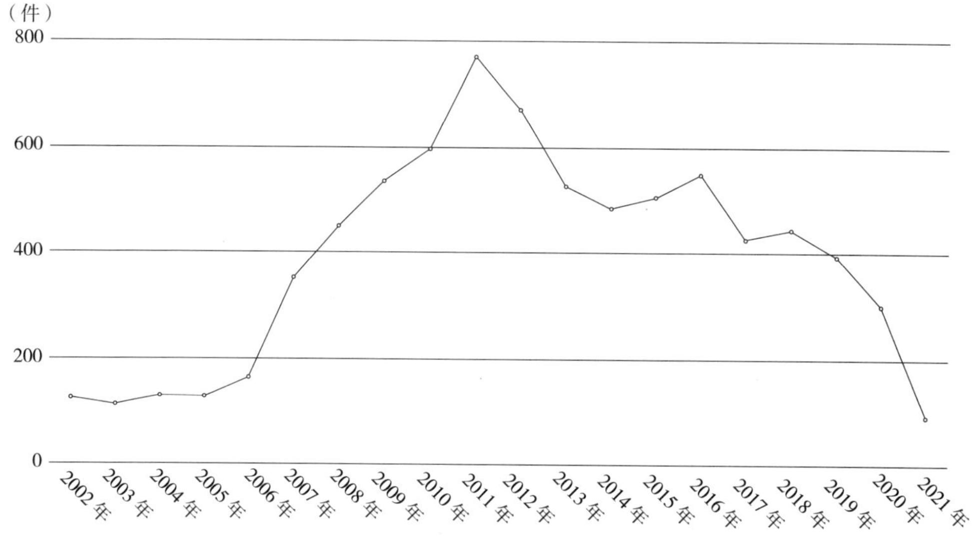

图 4-3　光伏电池材料硅系专利申请趋势

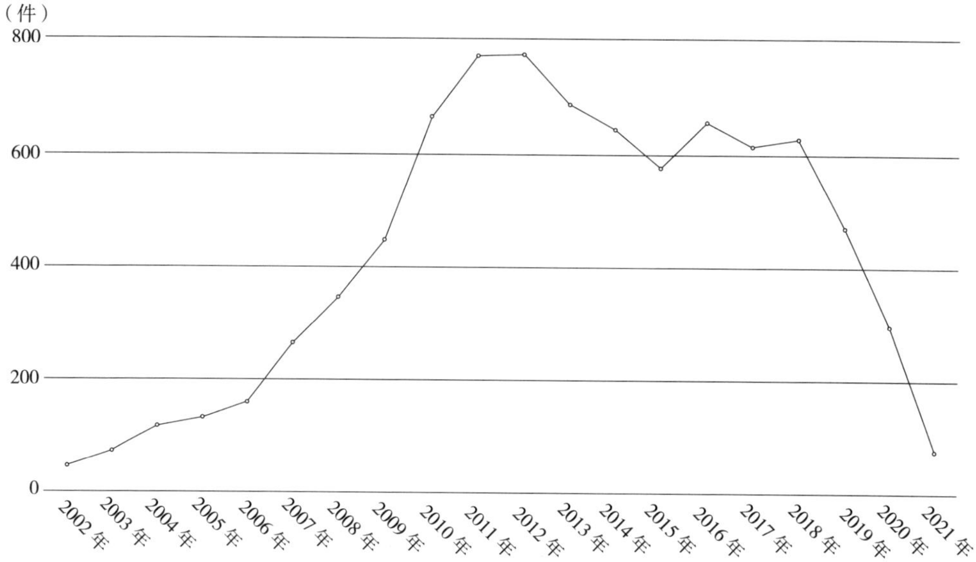

图 4-4　光伏电池材料多元化合物专利申请趋势

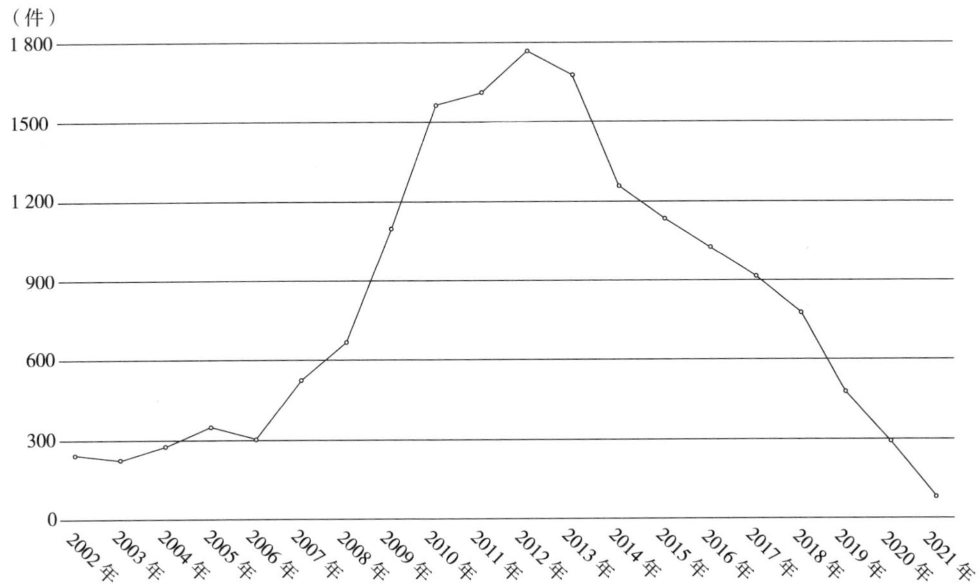

图 4-5　光伏电池材料附属材料专利申请趋势

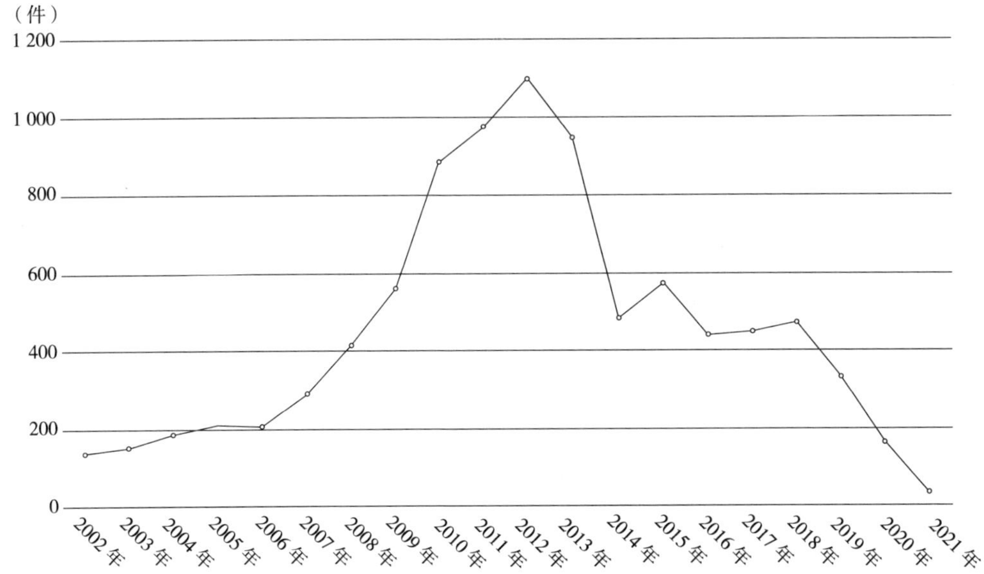

图 4-6　光伏电池材料聚合物专利申请趋势

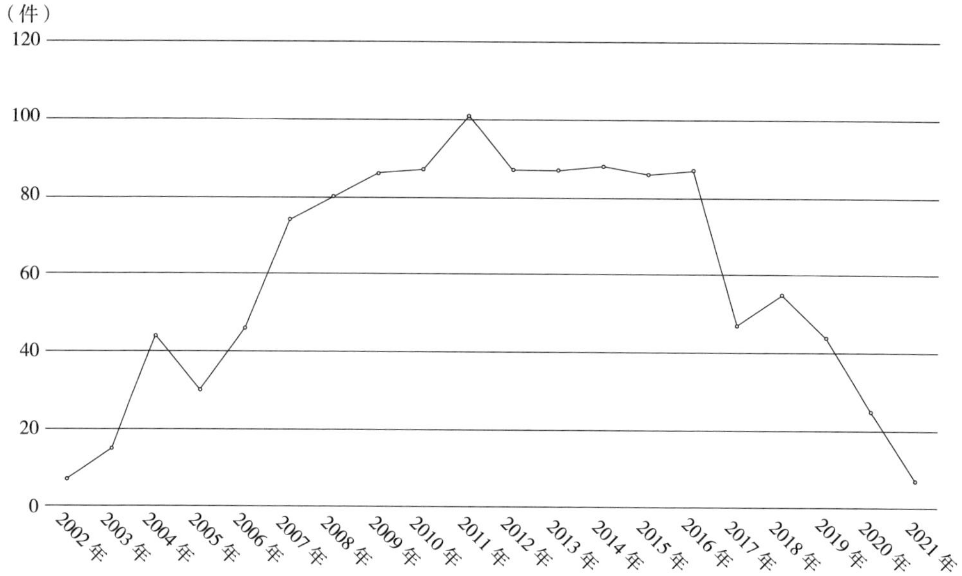

图 4-7　光伏电池材料纳米晶专利申请趋势

在硅系光伏电池材料方面，夏普、太阳能公司、乐金电子、西门子、佳能在该领域优势突出，如图 4-8 所示。

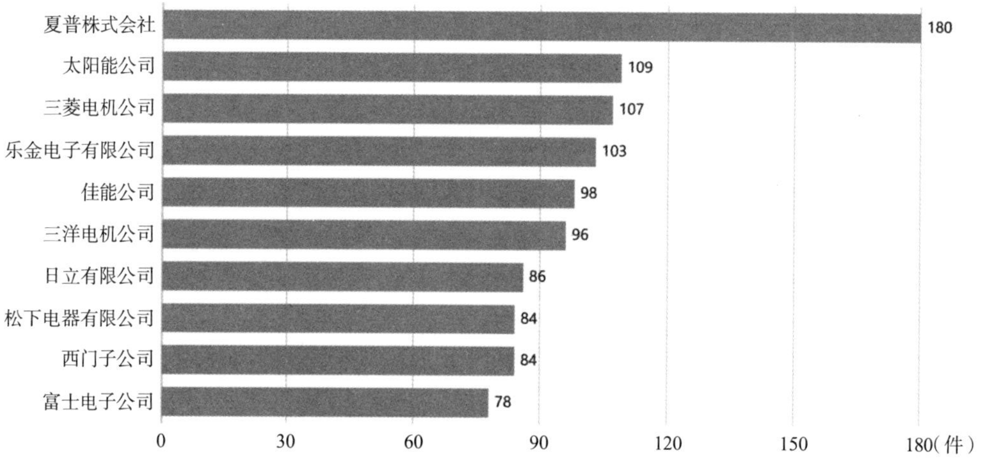

图 4-8　硅系光伏电池材料重点申请人

在多元化合物光伏电池材料方面，富士胶片株式会社、松下电器有限公司、乐金化学有限公司、夏普株式会社、日立有限公司在该领域优势突出，如图 4-9 所示。

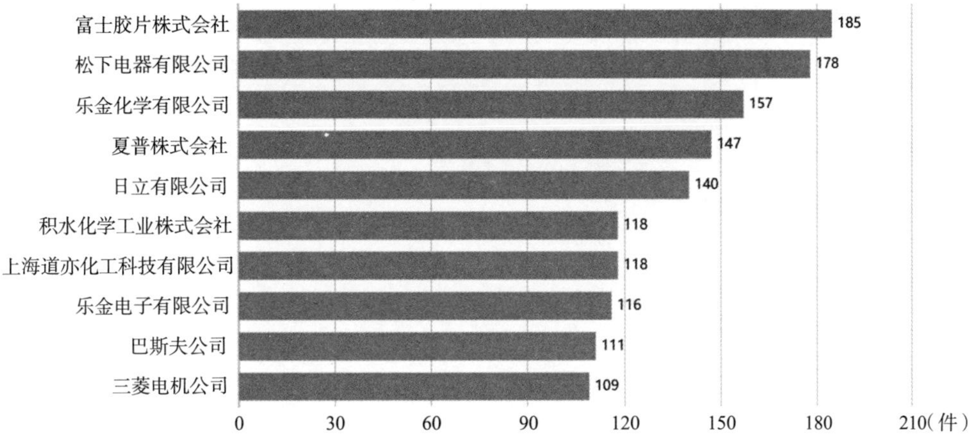

图 4-9　多元化合物光伏电池材料重点申请人

在附属材料光伏电池材料方面，西门子、弗劳恩霍夫协会、乐金电子、日立、夏普在该领域优势突出，如图 4-10 所示。

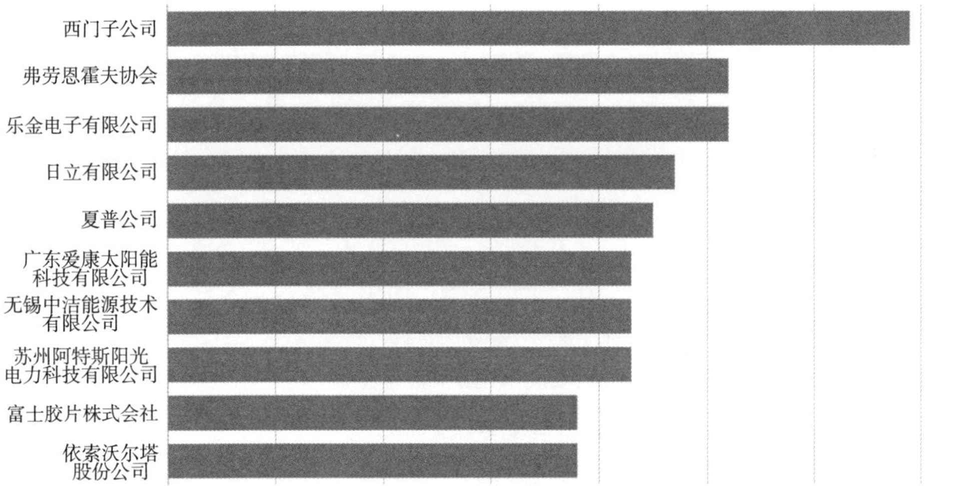

图 4-10　附属材料光伏电池材料重点申请人

在聚合物光伏电池材料方面，海洋王照明科技股份有限公司、深圳市海洋王照明技术有限公司、深圳市海洋王照明工程有限公司、富士胶片、乐金化学在该领域优势突出，如图 4-11 所示。

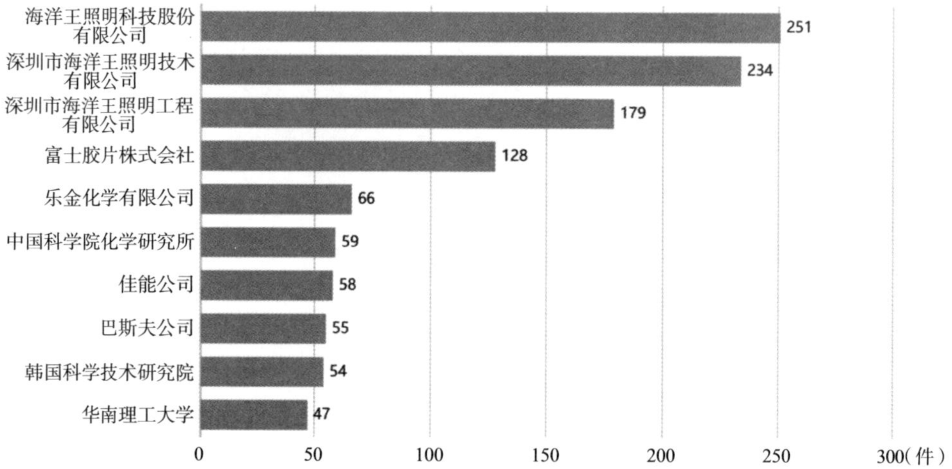

图 4-11　聚合物光伏电池材料重点申请人

在纳米晶光伏电池材料方面,武汉大学、复旦大学、中国科学院化学研究所、彩虹集团公司、上海交通大学在该领域优势突出,如图 4-12 所示。

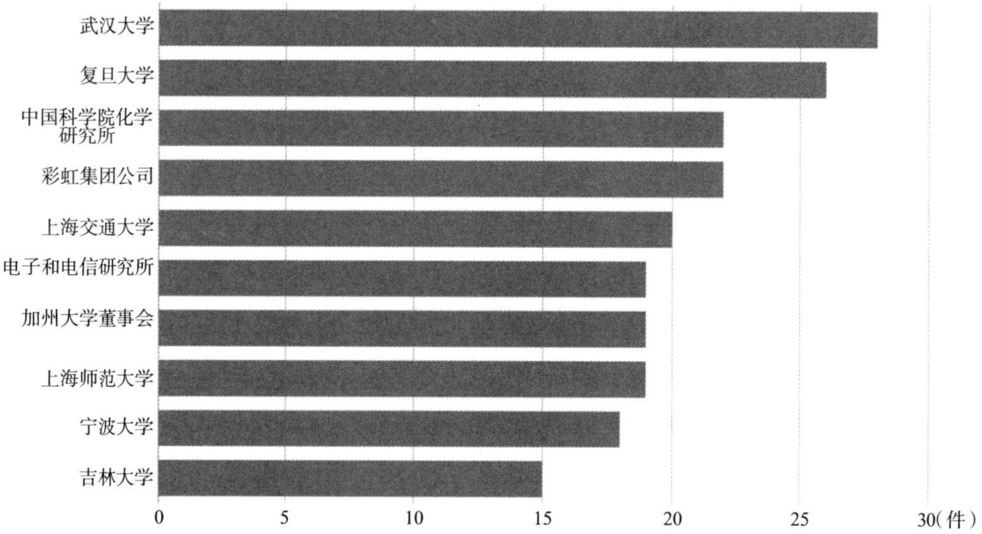

图 4-12　纳米晶光伏电池材料重点申请人

硅系、多元化合物、附属材料、聚合物、纳米晶等光伏电池材料的申请技术聚类图如图 4-13 至 4-17 所示。

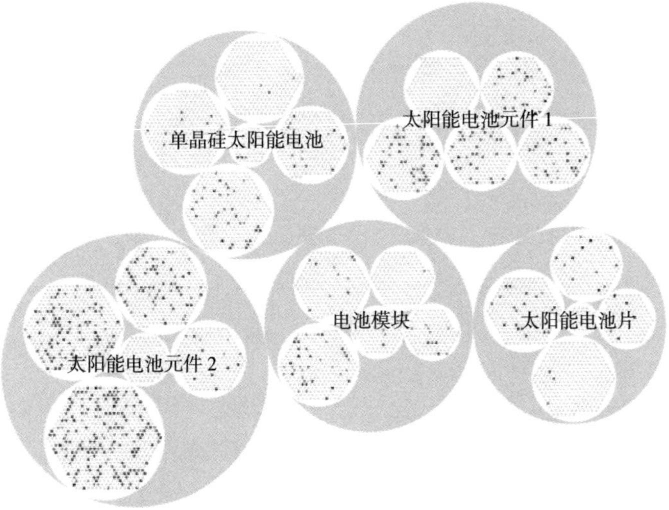

图 4-13　硅系光伏电池材料申请技术聚类图

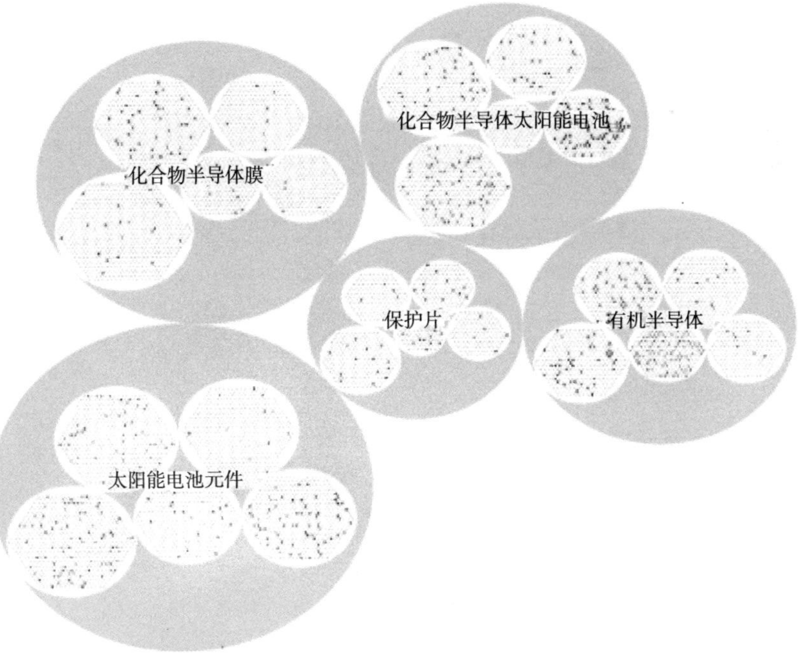

图 4-14　多元化合物光伏电池材料申请技术聚类图

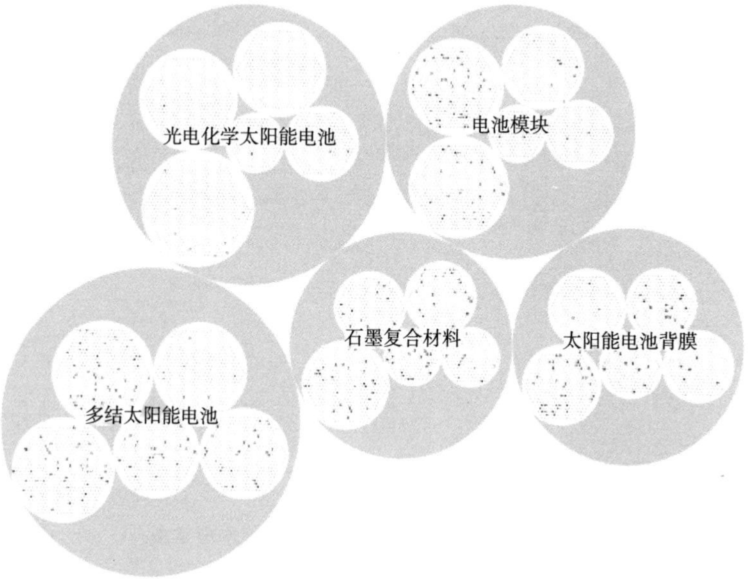

图 4-15　附属材料光伏电池材料申请技术聚类图

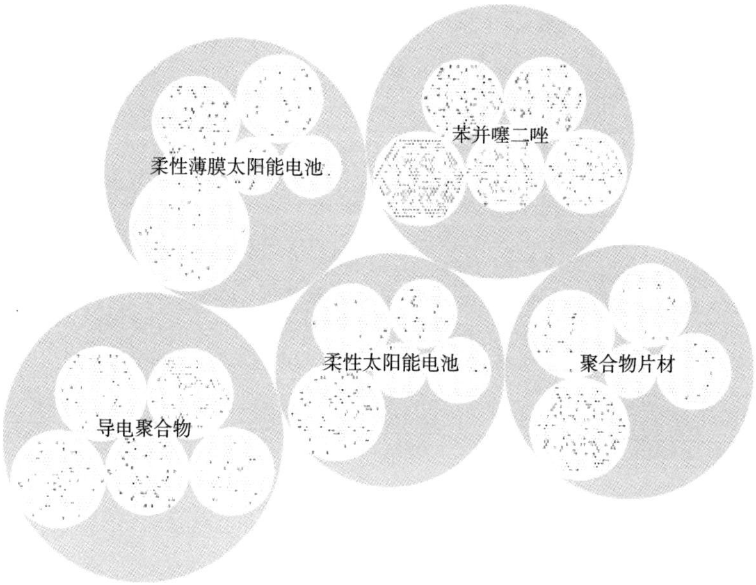

图 4-16　聚合物光伏电池材料申请技术聚类图

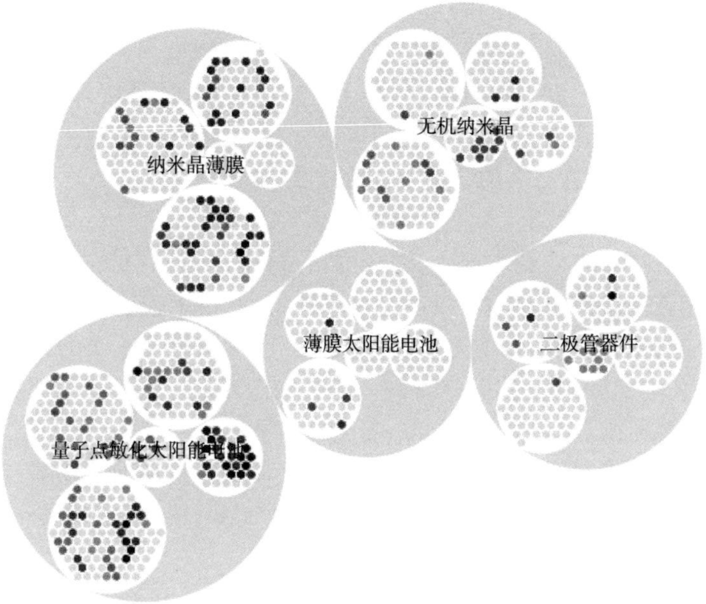

图 4-17 纳米晶光伏电池材料申请技术聚类图

在硅系光伏电池材料方面,我国各省份中,专利申请量占据前列的省份依次为江苏、广东、北京、浙江、山东、上海、安徽,天津以 71 件的专利申请量位于全国第 11。经过统计分析可知,占据前列的五省份的专利总申请量占我国申请人专利申请总量的 31.08%,说明在硅系光伏电池材料领域,我国在上述五省市的研发分布比较集中,特别是江苏和广东的相关研发较为活跃。

在多元化合物光伏电池材料方面,我国各省份中,专利申请量占据前列的省份依次为江苏、广东、浙江、上海、北京,天津位居第 14 位。经过统计分析可知,占据前列的五省份的专利总申请量占我国申请人专利申请总量的 35.14%,说明在多元化合物光伏电池材料领域,我国在上述五省市的研发分布比较集中,特别是江苏、广东的相关研发较为活跃。

在附属材料光伏电池材料方面,我国各省份中,专利申请量占据前列的省市依次为江苏、浙江、广东、北京、上海,天津位居第 11 位。经过统计分析可知,占据前列的五省市的专利总申请量占我国申请人专利申请总量的 25%,说明在附属材料光伏电池材料领域,我国在上述五省市的研发分布比较集中。

在聚合物光伏电池材料方面,我国各省份中,专利申请量占据前列的省份依次为江苏、广东、浙江、北京、上海,天津位居第 12 位。经过统计分析可知,占据前列的五省份的专利总申请量占我国申请人专利申请总量的 28.44%,说明在聚合物光伏电池材料领域,我国在上述五省市的研发分布比较集中。

在纳米晶光伏电池材料方面,我国各省份中,专利申请量占据前列的省份依次为上海、北京、江苏、浙江、湖北,天津位居第 14 位。经过统计分析可知,占据前列的五省份的专利总申请量占我国申请人专利申请总量的 31.4%,说明在纳米晶光伏电池材料领域,我国在上述五省市的研发分布比较集中。

(2)技术演进热点方向

技术演进通过重点专利来推进,因此可通过分析核心专利的发展构成来分析技术演进的热点方向。核心专利可以通过技术稳定性、技术先进性和保护范围予以考核。本书根据技术稳定性、技术先进性和保护范围对所有检索出的相关专利进行评分排名,将排名前 2 596 的专利视为核心专利,如图 4-18 所示。分析发现,全球光伏电池材料重点专利在 2011 年达到巅峰,与全球专利申请趋势相比, 2012 年前全球在该领域的专利申请量也是呈增长态势,说明以核心专利为基础的外围专利布局已在逐渐开展; 2015 年之后,核心专利申请量呈现下滑趋势,说明该领域核心技术实力较为雄厚。

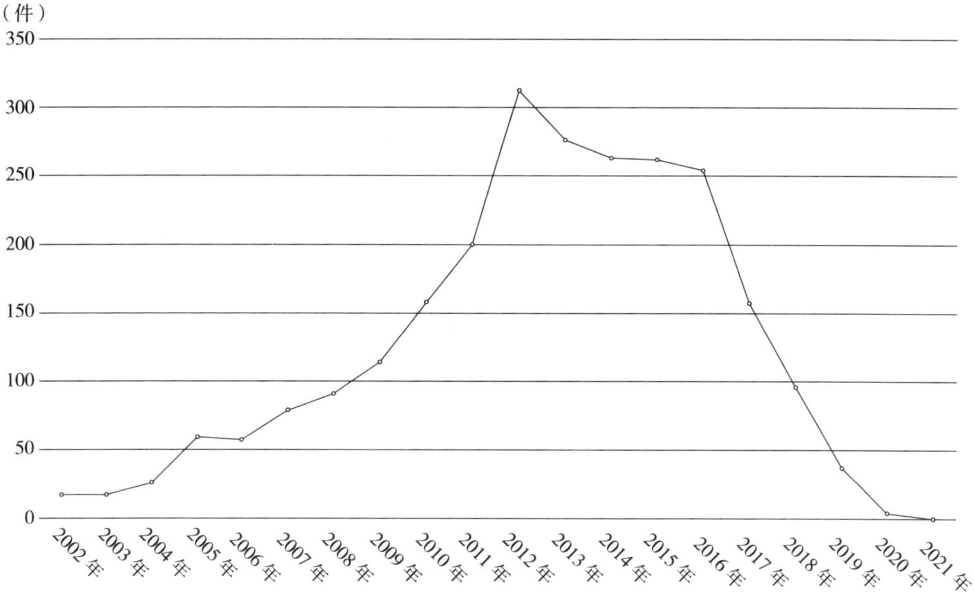

图 4-18 核心专利申请趋势

从核心专利区域分布情况来看,中国核心专利占比最高,说明中国注重核心专利的研究和投入,并重视在全球的专利布局,日本、欧洲专利局、美国和韩国也都是专利申请大户,如图 4-19 所示。

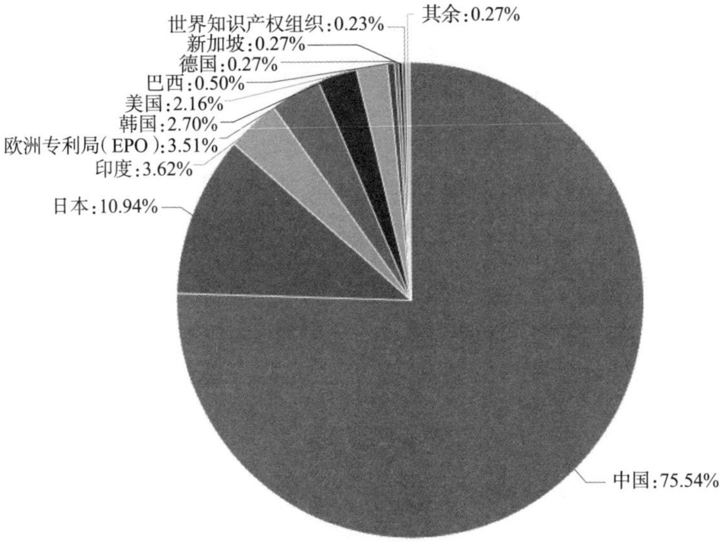

图 4-19　核心专利国家和组织专利申请占比

注:受统计数据限制,中国专利指中国大陆专利,不包含我国港澳台地区。

通过分析核心专利全球技术构成,可以了解技术的重点发展方向。本书共筛选出国外核心专利 2 286 项,中国核心专利 1 848 项。经过分析可知,半导体器件和其他类目中不包括的电固体器件产业是最为重要的技术方向;电容器,电解型的电容器、整流器、检波器、开关器件、光敏器件或热敏器件,杂环化合物等核心专利也较多,这些技术分支可能是该领域国内外研发重点方向。核心技术情况见表 4-1。

表 4-1　核心技术情况

序号	标题(翻译)	申请号	申请人
1	控制扩散用半导体表面的氧化	US03550622	贝尔电话劳务公司
2	制造的半导体膜	JP63300446	太平洋里奇弗尔德公司
3	制造非单晶膜的方法和非单晶半导体装置	EP93105043	佳能公司
4	屋顶用于太阳能发电	JP05185665	富士电机株式会社; 三泽住宅株式会社
5	太阳能电池模块	JP06271629	佳能株式会社
6	太阳能电池组件层叠工艺	US08538838	加州大学董事会
7	用于从基体分离器件形成层的方法	US08595382	索尼半导体解决方案公司
8	硅结构及其制造方法以及使用该硅结构的太阳能电池	US08701292	松下电器公司

续表

序号	标题(翻译)	申请号	申请人
9	黄铜矿的多部件构成的太阳能电池化合物半导体薄膜光吸收层	JP08299791	昭和砚壳石油株式会社
10	光生伏特器件和制造方法	KR1019970019164	佳能公司
11	高效率多结太阳能电池	EP97121850	休斯电子公司
12	太阳能电池及其制造	JP10188361	夏普株式会社
13	用于制造光生伏特模块的方法	EP99931217	Isovolta AG;Fraunhofer Gesellschaft zur Forderung der angewandten Forschung e V
14	用于密封的太阳能电池的后表面膜和使用该相同的太阳能电池	JP2000209438	东丽株式会社
15	超薄半导体的化学表面沉积	US09942536	Mccandless Brian E;Shafarman William N
16	用于太阳能电池的半导体晶片的制造方法和用于太阳能电池的半导体晶片	JP2001372236	三星 SDI 株式会社
17	包括低湿气透过率黏合剂组合物的太阳能电池板	US10224983	Ferri Louis Anthony;Milano Steven Michael
18	用于太阳能电池的球形或颗粒状半导体元件及其制造方法;包括所述半导体元件的太阳能电池的制造方法和太阳能电池	IN373MUMNP2006	绍于腾玻璃集团公司
19	人工非晶半导体和应用到太阳能电池	EP05735944	新南创新有限公司
20	太阳能模块作为复合安全玻璃及其制造方法和使用	JP2005182386	可乐丽欧洲有限责任公司
21	背板用于太阳能电池	JP2005212550	大金工业株式会社
22	光生伏特器件	JP2005257818	三洋电机株式会社
23	集成薄膜太阳能电池和用于产生所述相同的过程	IN4258DELNP2006	昭和砚壳石油株式会社
24	使用Ⅲ-Ⅴ族半导体太阳能电池的地面太阳能发电系统	US11500053	Mcglynn Daniel;Sharps Paul R;CornfeldArthur;Stan Mark A
25	在线过程中的方法和装置,用于控制所述的 CIGS 的过程	IN5619DELNP2006	索里布罗研究公司
26	电子装置的模块	BRPI0714999	陶氏环球技术有限责任公司
27	降低石墨烯氧化物掺杂的掺杂剂,薄层和透明电极	KR1020070126 947	三星电子株式会社
28	制造太阳能电池的方法、模块与多孔二氧化硅抗反射涂层	IN1832DELNP2008	佳殿玻璃有限公司

续表

序号	标题(翻译)	申请号	申请人
29	太阳能电池具有掺杂的半导体异质结触点	IN5636CHENP2008	太阳能公司
30	叠层太阳能浓缩的光生伏特器件	IN8895DELNP2008	索尔福克斯股份有限公司
31	低铁高透过率锑碱玻璃光伏器件及相应方法	US12292346	Fulton Kevin R;Hulme Richard;Thomsen Scott V
32	用于太阳能电池的光吸收层的印度-硫-硒精细薄膜的制备方法	BRPI0821501	中国科学院上海硅酸盐研究所
33	涂布组合物、涂布膜、层叠体及其制造方法,太阳能电池组件、反射器装置以及太阳能热发电系统	BRPI1009429	旭化成株式会社
34	磷膏用于利用所述磷扩散和工艺用于制造太阳能电池膏	IN7119DELNP2010	信越化学工业株式会社
35	用于太阳能电池模块的背板和太阳能电池模块	IN356DELNP2011	AGC 株式会社
36	电子器件和有机电致发光元件	JP2018202243	半导体能源实验室有限公司

(3)龙头企业研发热点

下面将国内外龙头企业作为分析对象,从而推断其技术重点及未来的发展方向。由图 4-20 所示的光伏电池材料全球申请人排名和重点专利申请人排名情况来看,乐金集团以 840 件专利排名第一,其次是富士胶片和三菱公司,这表明乐金集团、富士胶片和三菱公司在光伏电池材料的研发上投入较大,是该领域内的龙头企业。前 6 名企业主要来自日本和韩国,而中国科学院作为唯一的科研机构进入前十名,其专利数量为 340 项,这也反映出我国在光伏电池材料研究方面的进步和发展潜力。

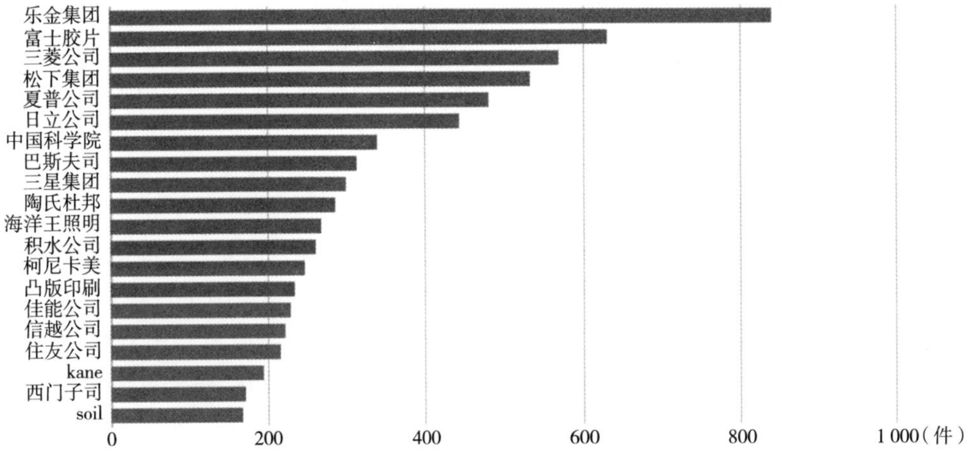

图 4-20　光伏电池材料重点申请人专利情况

注:数据经过 incoPat 专利分析平台“标准化申请人”功能处理。

随着全球对清洁能源需求的增长和政策支持，光伏电池材料市场有望持续扩大。各龙头企业继续加强在光伏电池材料领域的技术研发和产品创新将有助于保持其竞争优势，并为光伏电池材料市场带来更多的发展机遇。

4.2 晶体硅太阳能电池关键技术分析

4.2.1 技术简介

将太阳能直接转换为直流电能的太阳能电池的生产是太阳能光伏产业链中最关键的一环，晶体硅太阳能电池仍然主导着光伏发电市场，在光伏器件及制造技术方面，自光伏电池问世以来，晶体硅就作为基本的电池材料一直占据着主导地位，是目前国际光伏市场上的主流产品。天津辖区的中国电子科技集团公司第十八研究所、英利新能源等企业和研发机构在晶体硅太阳能电池关键技术方面具有较强的优势，研究晶体硅太阳能电池技术的发展情况可以为天津市和滨海新区相关产业领域的发展提供重要参考。因此，本节主要对晶体硅太阳能电池关键技术进行重点分析。

（1）技术分类

硅太阳能电池是以硅为基体材料的太阳能电池。按硅片厚度的不同，其可分为晶体硅太阳能电池和薄膜硅太阳能电池。按材料的结晶形态，晶体硅太阳能电池可分为单晶硅（c-Si）太阳能电池和多晶硅（p-Si）太阳能电池两类；薄膜硅太阳能电池可分为非晶硅（a-Si）薄膜太阳能电池、微晶硅（μc-Si）太阳能电池和多晶硅（p-Si）薄膜太阳能电池三种。本小节以晶体硅太阳能电池为重点分析对象。

常规晶体硅太阳能电池可分为单晶硅太阳能电池和多晶硅电池。单晶硅和多晶硅的区别是当熔融的单质硅凝固时，硅原子以金刚石晶格排列成许多晶核，如果这些晶核长成晶面取向相同的晶粒，则形成单晶硅；如果这些晶核长成晶面取向不同的晶粒，则形成多晶硅。多晶硅在物理性质方面，如在力学性质、电学性质等方面，均不如单晶硅；多晶硅可作为拉制单晶硅的原料。

1）单晶硅太阳能电池

单晶硅太阳能电池是采用单晶硅片制造的太阳能电池。这类太阳能电池发展最早，技术也最为成熟。与其他种类的电池相比，单晶硅太阳能电池的性能稳定、转换效率高，目前其在实验室里最高的转换效率为 24.7%（理论最高光电转换效率为 25%），规模化生产的电池效率已达 17%~19%。由于技术的进步，单晶硅太阳能电池价格从最初的每瓦 1 000 多美元不断下降，到 2010 年已经降到平均每瓦 3.7 美元，曾经长时期占领最大的市场份额。由于生产成本比较高，单晶硅太阳能电池的年产量在 1998 年后已被多晶硅太阳能电池超过。大幅度降低单晶硅太阳能电池的成本很困难，为了节省硅材料，发展了多晶硅薄膜太阳能电池和非晶硅薄膜太阳能电池作为单晶硅太阳能电池的替代产品。不过在以后的若干年内，单晶硅太阳能电池仍会继续发展，通过大规模生产和向超薄、高效发展，有望进一步降低成本，保持较高的市场份额。单晶硅太阳能电池具有以下特点：①完整的结晶，易得到高转换效率；②不容易发生光致衰退；③发电特性稳定，约有 20 年的耐久性；④硅原料丰富；⑤应力承受能力强。

2）多晶硅太阳能电池

多晶硅太阳能电池一般采用低等级的半导体多晶硅，或者专门为太阳能电池使用而生产的铸造多晶硅等材料。在制作多晶硅太阳能电池时，作为原料的高纯硅不是拉成单晶，而是熔化后浇铸成正方形的硅锭，然后使用切割机切成薄片，再加工成电池。由于硅片是由多个不同大小、不同取向的晶粒构成的，因而多晶硅太阳能电池的转换效率要比单晶硅太阳能电池低，规模化生产的多晶硅太阳能电池转换效率达到 15%~17%。与单晶硅太阳能电池相比，多晶硅太阳能电池成本较低，而且规模化生产的电池转换效率与单晶硅太阳能电池比较接近，因此逐渐成为太阳能电池的主要产品之一。多晶硅太阳能电池占据市场，除取决于此类电池的优异性能外，还在于其充足、廉价、无毒、无污染的硅原料来源，而近年来多晶硅成本的降低将使多晶硅太阳能电池大行其道。

（2）技术原理

晶体硅太阳能电池发电的原理主要是硅半导体材料的光电效应。硅晶体中可以掺入其他的杂质，如硼、磷等，当掺入硼时，硼元素能够俘获电子，硅晶体中就会存在一个空穴，这个空穴因为没有电子而变得很不稳定，容易吸收电子而中和，其就成为空穴型半导体，称为 P 型半导体（在半导体材料硅或锗晶体中掺入三价元素杂质可构成缺壳粒的 P 型半导体，掺入五价元素杂质可构成多余壳粒的 N 型半导体）；当掺入磷时，由于磷原子最外层有五个电子，则会有一个电子变得非常活跃，成为电子型半导体，称为 N 型半导体。P 型半导体中含有较多的空穴，而 N 型半导体中含有较多的电子，这样当 P 型半导体和 N 型半导体结合在一起时，两种半导体的交界面区域会形成一个特殊的薄层，交界面的 P 型一侧带负电，N 型一侧带正电并出现浓度差。N 区的电子会扩散到 P 区，P 区的空穴会扩散到 N 区，一旦扩散就形成一个由 N 区指向 P 区的"内电场"，从而阻止扩散进行。扩散达到平衡后，就形成一个特殊的薄层形成电势差，从而形成 PN 结。当晶体硅片受阳光照射后，PN 结中，N 区的空穴向 P 区移动，而 P 区的电子向 N 区移动，从而形成从 N 区到 P 区的电流，然后在 PN 结中形成电势差，从而这就形成了电源。

由于半导体不是电的良导体，电子在通过 PN 结后如果在半导体中流动，电阻会非常大，损耗也就非常大。但如果在晶体硅片上层全部涂上金属，阳光就不能通过，电流就不能产生，因此一般用金属网格覆盖 PN 结，以增加入射光的面积。另外，硅表面非常光亮，会反射掉大量的太阳光，不能被电池利用。因此，科学家给它涂上了一层反射系数非常小的保护膜（减反射膜），实际工业生产中基本都是用化学气相沉积方法沉积一层氮化硅膜，厚度在 1 000 Å（1 Å=0.1 μm）左右，反射损失将减小到 5% 甚至更小；或者采用制备绒面的方法，即用碱溶液对硅片进行各向异性腐蚀，在硅片表面制备绒面，入射光在这种表面经过多次反射和折射，可降低光的反射，增加光的吸收，提高太阳能电池的短路电流和转换效率。一个电池所能提供的电流和电压毕竟有限，于是人们又将很多电池并联或串联起来使用，形成太阳能光电板。

（3）制造工艺

晶体硅太阳能电池的制造工艺由成熟的微电子工艺转化而来，是目前最成熟的光伏工艺，具有原材料资源丰富、电池转换效率高、光电性能的稳定性和可靠性高、技术工艺成熟、无毒、无污染、市场接受程度高等优点。晶体硅太阳能电池制造流程包括硅片表面处理、绒面制备、扩散制结、去除背结、制备减反射膜、腐蚀周边和制作电极等主要工序，如图 4-21 所示。另外，晶体硅光伏组件封装是晶体硅太阳能电池生产中的关键步骤，没有良好的封装工艺，拥有再好的电池也生产不出好的组件板。电池组件的制作工艺包括电池检测、正面焊接、背面串接、敷设、层压、去毛边、装边框、焊接接线盒、组件测试及外观检验、包装入库等。

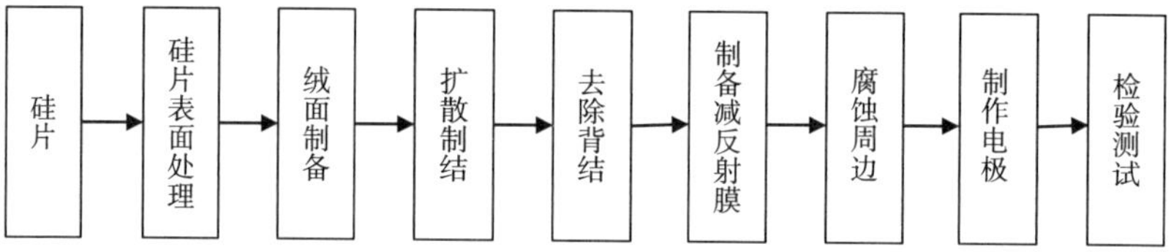

图 4-21　晶体硅太阳能电池的制造流程

1）硅片表面处理

硅片在切割过程中会产生大量的表面缺陷，导致硅片表面的质量较差和电池制造过程碎片增多，还会导致电池工作时表面复合概率增大，因此在电池制备前必须将切割损伤层去除，一般采用酸或碱腐蚀，腐蚀的厚度一般约为 10 μm。

2）绒面制备

绒面制备就是把相对光滑的硅片表面通过酸或碱腐蚀，使硅片表面变得凹凸不平，增加受光面积并对光产生漫反射，这样可以减少直射损失，提高太阳光的利用效率。计算表明，金字塔形角锥体的受光面积比光滑平板增加 1.732 倍。单晶硅具有各向异性的碱腐蚀特性，可以采用氢氧化钠和乙醇的混合碱溶液腐蚀单晶硅表面，形成无数的金字塔结构，利用制绒工艺通常能够将单晶硅表面的反射比降到 10%以下。对于多晶硅来说，由于材料缺乏各向异性，因此表面制绒比较复杂，目前有机械刻槽法、反应离子刻蚀法、酸腐蚀法等。多晶硅的制绒工艺仍是国内外研究的热点。

3）扩散制结

扩散的目的在于形成 PN 结。由于晶体硅太阳能电池的原始硅片采用 P 型硅，扩散制结一般采取三氯氧磷气体携带源方式用磷做 N 型掺杂，采用磷扩散可以实现高浓度掺杂，有利于降低电池的串联电阻，从而提高其填充因子。该工艺的特点是生产效率高，有利于降低成本。大型的生产厂家一般用口径为 20.32 cm（8 in）扩散炉进行硅片的扩散，大口径扩散炉的石英管的恒温区长，可以提高扩散薄层电阻的均匀性。目前，扩散炉的石英管口径达 270 mm。除均匀扩散制结工艺外，选择性扩散制结工艺也是一种重要的产业化生产技术，这种技术采用在栅线下进行扩散的方式，不仅能保证较低的接触电阻和较好的填充因子，而且能够减小接触造成的前表面复合损失。

4）去除背结

在扩散制结过程中，硅片的周边表面也会形成扩散层，这种扩散层将导致上、下电极短路，由于任何微小的局部短路都会使电池并联电阻下降，因此必须干净地除去硅片周边表面的扩散层，目前工业化生产常采用等离子刻蚀法去除硅片周边表面的扩散层。

5）制备减反射膜

为了使晶体硅太阳能电池更有效地获得太阳光辐射能，硅片表面都要制备一层减反射膜，以减少表面的反射损失。目前常用的减反射膜有 TiO_2、SiO_2 和 SiN 及其组合。在商业化生产中，SiN 减反射膜一般都采用等离子增强化学气相沉积（PECVD）技术制作，这种方法利用 SiH 与 NH 反应在硅片表面沉积一层厚约 75 nm 的 SiN，反射比可以降低到 3%以下。由于沉积中生成的原子氢可以很好地钝化硅片表面悬挂键，因此 PECVD 还能起到很好的钝化效果，从而可以提高载流子迁移率，而且 SiN 层具有良好的绝缘性和致密性，可以阻止杂质原子，特别是 Na 原子渗透进入电池基体。PECVD 减反射膜技术的采用大大提高了多晶硅太阳能电池的光电转换效率，是多晶硅太阳能电池商业化生产的关键性技术。

6）制作电极

电极的制作不仅决定了发射区的结构，而且决定了电池的串联电阻和电池表面被金属覆盖的面积，因此其是晶体硅太阳能电池生产过程中的一个重要步骤。目前，晶体硅太阳能电池的电极制作普遍采用丝网印刷法，所用的丝网细栅线为 110~150 μm，主栅为 1.5~2.0 mm。由于电极的存在有遮光的效果，导致太阳能电池效率降低的损失在 8%左右，因此如何进一步减小电极宽度是当前研究的热点。

（4）技术优劣

晶体硅太阳能电池技术具有以下三方面优势：①发展得较为成熟，企业不需频繁进行技术改造;②设备投资较低,国产设备已经可以满足电池片生产线大部分的需求;③生产工艺成熟,产品次品率低。同时,其也存在以下三方面明显劣势:①产业链工艺复杂,成本大幅度降低的可能不大;②原材料成本波动幅度较大,市场风险巨大;③硅产业是一个高污染、高耗能的产业,存在政策调整风险。

(5)产业市场结构

据中国有色金属工业协会硅业分会统计,2015—2017年我国多晶硅的产能逐渐增加,年产能分别为16.9万t、21万t和27.6万t,2016年相较于2015年增长率为24.26%,2017年相较于2016年增长率为31.43%。从这个数据来看,到2017年为止,我国多晶硅的产能逐渐增加。但据中国可再生能源学会光伏专业委员会专家分析,目前产生这种现状的原因主要是多晶硅工艺流程相较于单晶硅更简单,且成本更低,作为地面电站的光伏组件能为企业带来更多的短期效益。然而,在“531”政策出台后,光伏将会趋于分布式,单晶硅的占比将会逐步增大,多晶硅的市场将会减小[①]。

单晶硅技术取得突破性进展。①切割技术成熟,成本大幅度降低。无论是单晶硅还是多晶硅,都是先制备成硅棒或者硅锭,然后通过切割技术切割成适宜的厚度。传统切割技术主要是通过合金钢线带动碳化硅磨料来回切割。近几年来,金刚线代替合金刚线的技术在单晶硅的切割技术中迅速发展起来,金钢线的切割速度快、能耗低,硅料损失明显降低,并且该技术在单晶硅的制备中已经发展得很成熟,并走向大规模生产,使整个单晶硅生产工艺的成本降低了很多。②单晶硅的转换效率更高。晶体硅太阳能电池生产的核心技术之前一直掌握在美、德、日等国家企业手中,我国直到2005年才掌握晶体硅太阳能电池生产技术,并在量产的同时,也注重晶体硅太阳能电池技术的研发和改进。近期,天合光能光伏科学与技术国家重点实验室联合研发合成的小尺寸单晶硅太阳能电池实验室转换效率达到24.4%,而其研发的多晶硅太阳能电池实验室转换效率只达到了21.25%,处在目前的最高水平,创造了世界纪录。在量产方面,根据中国可再生能源学会光伏专业委员会数据显示,普通单晶硅太阳能电池效率处于19.6%~20.2%,多晶硅太阳能电池效率处于18.3%~18.8%,单晶硅组件的转换效率高于多晶硅。

(6)重点技术进展

目前,晶体硅太阳能电池的发展以提高效率和降低成本为主。在提高晶体硅太阳能电池效率的同时,需要降低光学损失和电学损失,降低光学损失的有效措施包括前表面低折射率的减反射膜、前表面绒面结构、背部高反射等陷光结构及技术,而前表面无金属电极遮挡的全背接触技术则可以最大限度地提高入射光的利用率;降低电学损失则需要从提高硅片质量、改善PN结形成技术(如离子注入等)、新型钝化材

① 金智创新.晶硅太阳能电池走向:单晶硅的天下[EB/OL].https://www.sohu.com/a/319570315_100299669.2021-09-28.

料与技术（如 TOPCon、POLO 等）、金属接触技术等方面入手。针对如何降低光学损失和电学损失的问题，由此发展出很多种特殊结构的单晶硅太阳能电池①②，主要有以下几种。

1）钝化发射极背场点接触（PERC）电池家族

PESC（钝化发射极背接触）、PERC、PERL（钝化发射极背部局域扩散）电池是新南威尔士大学研究了近 20 年的先进电池系列，前两个字母 PE（Passivated Emitter）代表前表面的钝化（选择性扩散），后两个字母代表后表面的扩散和接触情况。PESC 电池于 1985 年问世，可以做到大于 83%的填充因子和 20.8%（AM1.5）的效率。PERL 电池在背面接触点下增加一个浓硼扩散层，以减小金属接触电阻。在 1.02 μm 波长的单色光下，PERL 电池的转换效率达到 45.1%，其在 AM0 下效率也达到了 20.8%。无锡尚德太阳能电力有限公司的 Pluto 技术就是以 PERL 技术为基础的，不仅降低了电池单元表面的光反射，而且在阳光不直接照射的时段也能集光；此外，通过使电池单元表面的布线图案微细化，进而扩大了受光面积。PERC 电池用背面点接触代替 PESC 电池的整个背面铝合金接触，这种电池达到了约 700 mV 的开路电压和 22.3%的效率。PERC 太阳能电池结构示意图如图 4-22 所示。2017 年，隆基乐叶光伏科技有限公司和晶科能源股份有限公司两家公司分别报道了效率达到 23.26%和 23.45%的单晶硅 PERC 电池。2018 年，它们又先后报道了效率为 23.6%和 23.95%的电池。在 PERC 电池的制备工艺中，背部电极的设计和金属电极与硅基底之间形成良好的欧姆接触是两个关键的步骤。目前，实现金属电极与硅基底的欧姆接触技术越来越成熟，在生产线上已经得到普遍的运用。

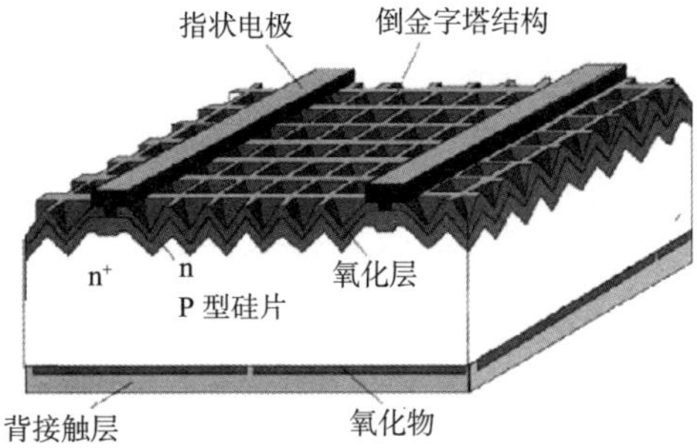

图 4-22　PERC 太阳能电池结构示意图

2）交叉指式背接触（IBC）太阳能电池

1975 年，Schwartz 首次提出背接触式太阳能电池。经过多年的发展，人们研发

① 陈俊帆,赵生盛,高天,等. 高效单晶硅太阳电池的最新进展及发展趋势[J]. 材料导报,2019,33(1):110-116.

② 李俊峰. 中国战略性新兴产业研究与发展:太阳能[M]. 北京:机械工业出版社,2013.

出了交叉指式背接触（IBC）太阳能电池。IBC 太阳能电池最显著的特点是 PN 结和金属接触都处于太阳能电池的背部，前表面彻底避免了金属栅线电极的遮挡，结合前表面的金字塔绒面结构和减反层组成的陷光结构，能够最大限度地利用入射光，减少光学损失，具有更高的短路电流；同时，背部采用优化的金属栅线电极，降低了串联电阻。通常其前表面采用 SiN_x/SiO_x 双层薄膜，不仅具有减反效果，而且对绒面硅表面有很好的钝化效果。IBC 太阳能电池结构示意图如图 4-23 所示。这种前面无遮挡的太阳能电池不仅转换效率高，而且具有外形美观等优势，适合应用于光伏建筑一体化，具有极大的商业化前景。目前，IBC 太阳能电池是商品化晶体硅太阳能电池中工艺最复杂、结构设计难度最大的电池，标志着晶体硅研发制造的最高水平。作为 IBC 太阳能电池产业化领导者的美国 SunPower 公司已经研发了三代 IBC 太阳能电池。我国企业天合光能股份有限公司也一直致力于 IBC 单晶硅太阳能电池的研发，其自主研发的大面积 6 in 的 N 型单晶硅 IBC 太阳能电池效率达到 25.04%[①]。

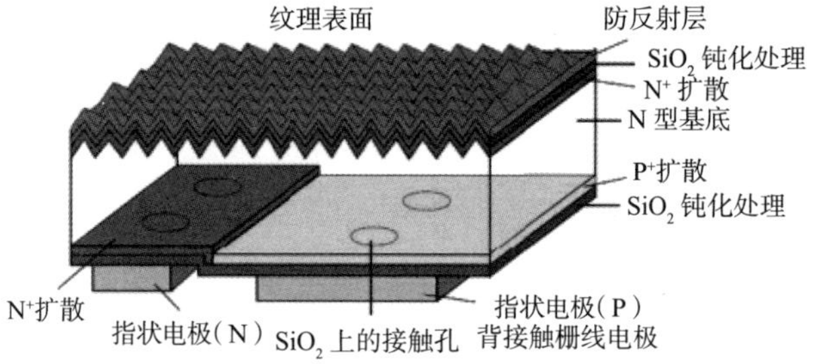

图 4-23　IBC 太阳能电池结构示意图

3）硅异质结（SHJ）太阳能电池

PERL 电池和 IBC 电池虽然可以获得极高的效率，但都是基于同质 PN 结实现的。而异质结有利于太阳能电池获得更高的开路电压，从而获得较高的电池效率。由于异质结中两种半导体材料的禁带宽度、导电类型、介电常数、折射率和吸收系数等不同，因此比同质结的应用更加广泛。从 20 世纪 80 年代起，日本三洋公司及随后的松下公司在单晶硅异质结太阳能电池（HIT，也称 SHJ）领域一直处于领先地位，经过对本征 a-Si：H 钝化层、背部场结构、高导电与高透过 ITO、陷光结构、金属化栅线和硅片厚度等关键技术的不断优化与调整，2013 年将面积为 101.8 cm^2 的 SHJ 太阳能电池效率提高到 24.7%，开路电压达到 750 mV，远高于同质结电池的开路电压。硅异质结（SHJ）太阳能电池研究的迅速发展与其自身具备的优势密切相关，其优势

① 北极星太阳能光伏网. 超过 25%!天合光能 IBC 电池效率再创新高[EB/OL].https://guangfu.bjx.com.cn/news/20180213/880992.shtml/.2023-06-01.

包括低温制备工艺、异质结造就的高开路电压、双面制绒结构实现的双面采光、全钝化层接触结构、无须光刻开孔、载流子的一维传输和低成本、高效率等。近年来，我国在 SHJ 电池上已取得长足的进步。杭州赛昂电力有限公司报道的 SHJ 电池转换效率达到 23.1%（有效面积 229.9 cm^2）。2017 年，中科院上海微系统与信息技术研究所在大面积（156 mm × 156 mm）的 N-CZ 硅片上制备的 SHJ 电池效率达到 23.5%。在工业化方面，国内外多家公司已经在逐步推进其产业化链的发展。SHJ 太阳能电池结构示意图如图 4-24 所示。

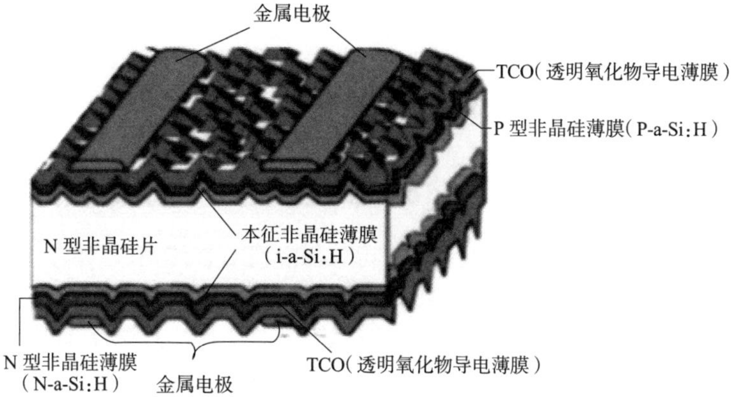

图 4-24　SHJ 太阳能电池结构示意图

4）隧穿氧化层钝化接触（TOPCon）太阳能电池

德国 Fraunhofer 研究中心在电池背面利用化学方法制备一层超薄氧化硅（~1.5 nm），然后沉积一层掺杂多晶硅，两者共同形成了钝化接触结构，这种技术被称为隧穿氧化层钝化接触（TOPCon）技术。由于 n^+多晶硅与吸收层的功函数存在差异，前者会在后者表面形成一个累积层。累积层或者能带弯曲会产生一个势垒阻挡空穴到达隧穿氧化层，而电子则能够轻易到达。相比于电子，超薄氧化层也会为空穴提供更高的势垒阻挡其隧穿，因而该层具有载流子选择性。TOPCon 太阳能电池结构示意图如图 4-25 所示。TOPCon 最关键的技术就是超薄氧化层的制备。目前，研究人员探索出了一系列超薄氧化层的制备方法，如紫外臭氧氧化、等离子体辅助氧化（N_2 和 O_2 混合氛围）、湿化学方法氧化（硝酸热氧化、盐酸热氧化）、高温热氧化（Ar 与 O_2 混合氛围下快速热氧化、超高真空热氧化）、高温中性氧原子等离子体氧化、场诱导阳极氧化等。随着 TOPCon 太阳能电池的超薄氧化层制备技术不断成熟，其不仅在实验室中得到了广泛的应用，而且具有很大的市场产业化空间。TOPCon 太阳能电池具有的工业化应用前景在于 TOPCon 技术的多样性，晶体硅太阳能电池的 PN 结、金属电极、减反射层等工业技术已经成熟，为工业化生产高效晶体硅太阳能电池提供了一种选择。

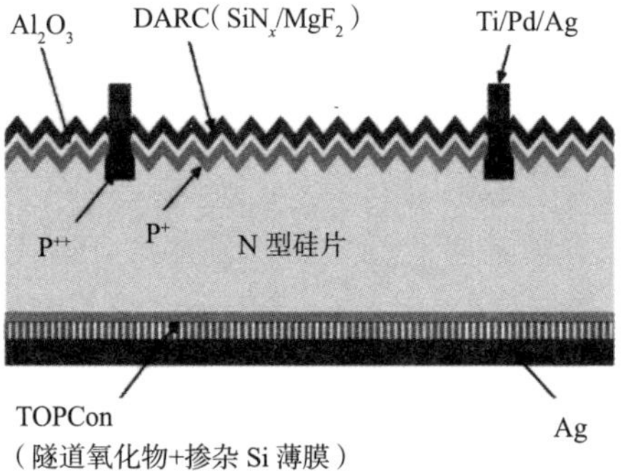

图 4-25 TOPCon 太阳能电池结构示意图

4.2.2 专利布局揭示产业发展方向

为了掌握晶体硅太阳能电池技术领域专利申请的整体情况，本小节重点研究全球和全国专利申请的变化趋势、主要国家、组织和地区专利布局变化趋势、重点申请人情况等。检索所使用的数据库为 incoPat 数据库，截至 2021 年 6 月，全球晶体硅太阳能电池技术领域的专利申请共计 4.3 万余件，其中中国专利申请 2.3 万余件。

（1）全球专利申请态势

基于专利数据支撑，以全局模式展示晶体硅太阳能电池技术领域发展的整体趋势和方向走势。为了解全球产业结构调整方向，本书将晶体硅太阳能电池技术领域涉及的关键技术分为晶体硅电池、晶体硅光伏组件、电池制造工艺及装备三个技术分支，研究分析不同技术分支产业结构调整情况，了解晶体硅太阳能电池领域的重点技术及未来发展方向，各技术分支的全球专利申请态势如图 4-26。

图 4-26 所示专利申请量的增加反映了该领域技术发展的成果，各技术分支在不同时间段的专利申请占比变化反映了全球结构的最新调整方向，见表 4-2。

表 4-2 全球晶体硅太阳能电池领域三个技术分支不同时间段的专利申请量

技术分支	专利申请量（件）	占比	不同时间段占比			
			1991 年之前	1992 年—2002 年	2003 年—2012 年	2013 年—2021 年
晶体硅电池	14 477	27.90%	45.42%	32.38%	28.47%	26.39%
晶体硅光伏组件	29 595	57.03%	32.43%	42.02%	53.24%	61.35%
电池制造工艺及装备	7 823	15.07%	22.15%	25.60%	18.29%	12.26%

由图 4-26 可以看出，晶体硅太阳能电池技术的发展经历了四个发展阶段，分别是技术萌芽期（1991 年之前）、缓慢发展期（1992—2002 年）、快速发展期（2003—2012 年）、成熟期（2013—2021 年）。由图 4-26 和表 4-2，从各发展阶段来看晶体硅太阳能电池技术构成上的变化，在 1991 年之前，晶体硅太阳能电池技术领域总体上专利申请量较少，每年专利申请量在 100 件以下，技术构成以晶体硅电池为主，晶体硅光伏组件次之；1992—2002 年，各技术分支的专利申请量缓慢增加，晶体硅光伏组件的占比逐渐超过晶体硅电池，电池制造工艺及装备的占比也得到提升，这一阶段世界各国兴起了开发、利用太阳能的热潮；2003—2012 年，随着能源危机的持续加剧，世界各国对太阳能等清洁能源越来越重视，晶体硅太阳能电池产业化进程加快，各技术分支的专利申请量快速增加，晶体硅光伏组件占据越来越重要的位置；2013—2021 年，晶体硅太阳能电池技术进入成熟期，晶体硅光伏组件的专利申请量仍处于主导地位，且占比持续增加其专利申请量在 2018 年之前仍处于增长态势，2019 年出现小幅度下降，晶体硅电池、电池制造工艺及装备的专利申请量均趋于稳定，每年分别为 1 000 件、500 件左右。

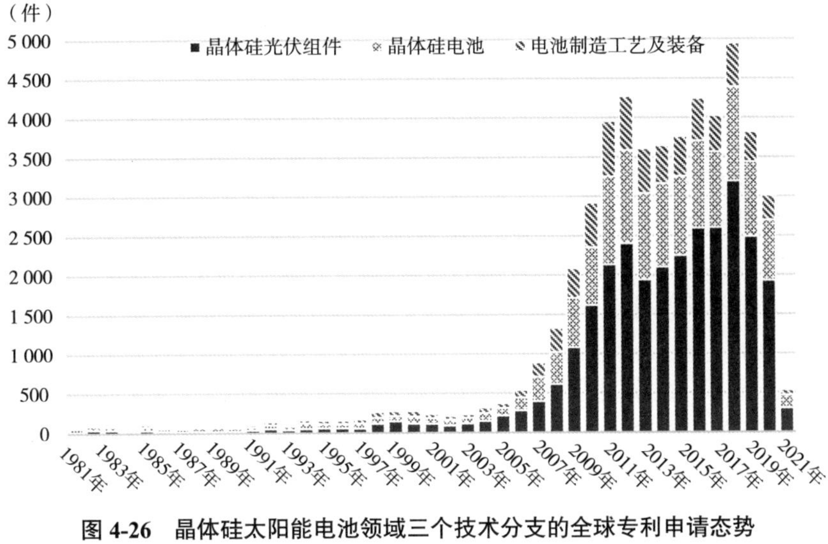

图 4-26　晶体硅太阳能电池领域三个技术分支的全球专利申请态势

（2）主要国家、组织和地区产业结构调整方向

对采集的专利数据按国家和地区进行统计，分析各国家、组织和地区在晶体硅太阳能电池技术领域的技术实力和研发活跃程度，可以反映主要国家、组织和地区产业结构调整的方向，如图 4-27 所示。

由图 4-27 可以看出，在晶体硅太阳能电池领域专利全球公开国家、组织和地区中，中国、日本、美国、韩国是该领域专利技术主要目标国，其中中国专利申请量遥遥领先。

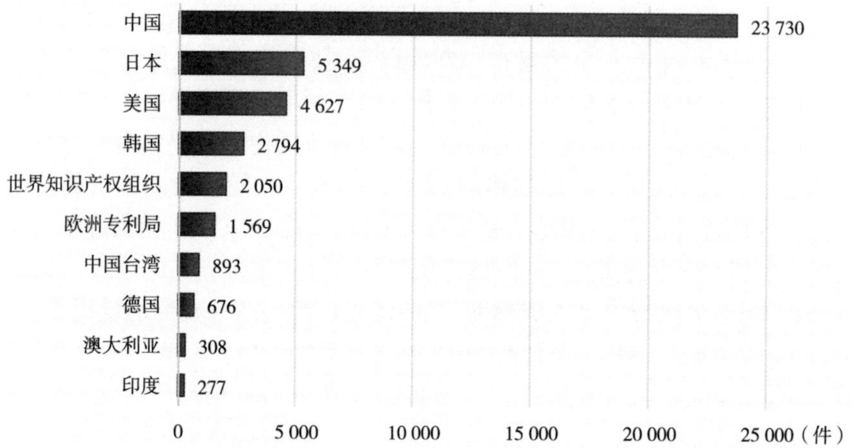

图 4-27　晶体硅太阳能电池领域专利全球公开国家、组织和地区排名

注：受统计数据限制，中国专利指中国大陆专利，不包含我国港澳台地区。

进一步对世界主要国家和地区在晶体硅太阳能电池领域不同技术分支的专利布局情况进行分析（图 4-28）。可以看出，世界主要国家和地区均在晶体硅光伏组件领域拥有较多的专利布局，中国在晶体硅电池、晶体硅光伏组件、电池制造工艺及装备三个领域均占据优势地位，专利申请量分别占全球总量的 37.00%、19.07%、6.52%，在晶体硅光伏组件和晶体硅电池领域的优势更加突出；日本和美国在这三个领域的专利申请量都比较接近，日本略高于美国，表明日本和美国在晶体硅太阳能电池技术领域竞争较为激烈。

从中国、日本、美国、韩国在晶体硅太阳能电池领域各技术分支的专利申请趋势来看（图 4-29 至图 4-32），中国自 2001 年开始，晶体硅光伏组件的专利申请在晶体硅太阳能电池技术领域始终处于领先地位，晶体硅电池次之，电池制造工艺及装备的专利申请相对最少；日本在 2003 年之前，在晶体硅电池和晶体硅光伏组件的专利申请相差不大，自 2008 年开始，晶体硅光伏组件的专利申请明显增速，逐渐占据领先地位，与中国不同的是，日本自 2010 年开始，电池制造工艺及装备的专利申请比晶体硅电池的多，说明日本在晶体硅太阳能电池领域产业化程度更高；美国自 2001 年开始，晶体硅光伏组件的专利申请相较其他两个分支始终占据领先地位，与中国不同的是，美国在电池制造工艺及装备的专利布局与晶体硅电池基本相当；韩国在晶体硅太阳能电池技术领域的专利布局相较于日本、美国起步较晚，2007 年之前发展缓慢，自

2007 年开始发展速度加快，自 2010 年开始，晶体硅光伏组件的专利申请明显增多，占据领先地位，自 2011 年开始，在晶体硅电池领域的专利申请逐渐减少，目前在该领域的专利布局少于电池制造工艺及装备。

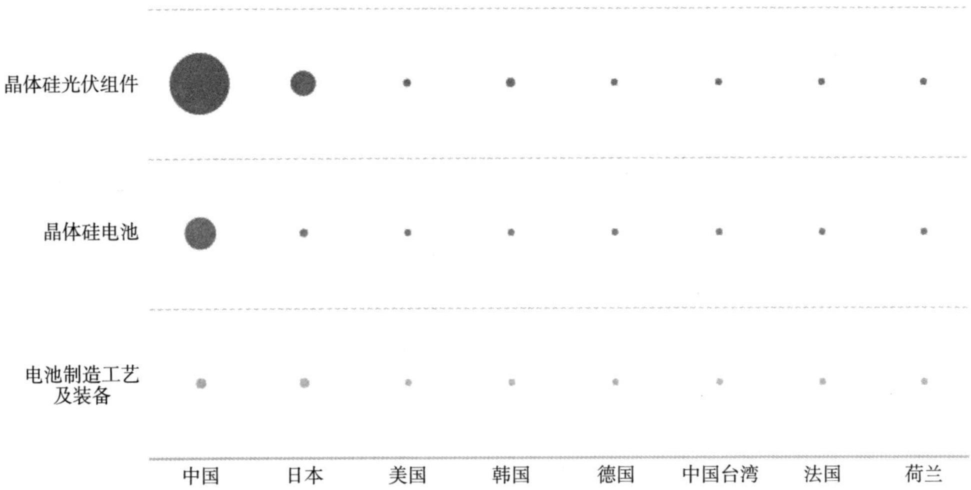

图 4-28　世界主要国家和地区在晶体硅太阳能电池领域产业结构布局

注：受统计数据限制，中国专利指中国大陆专利，不包含我国港澳台地区。

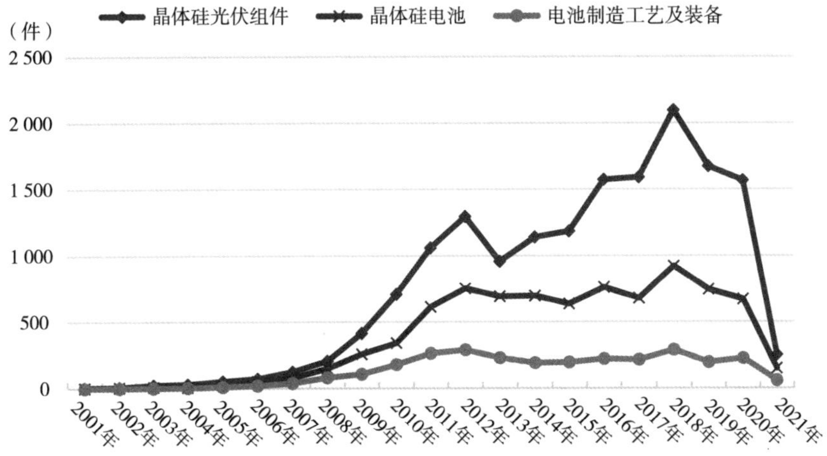

图 4-29　中国晶体硅太阳能电池领域专利申请趋势

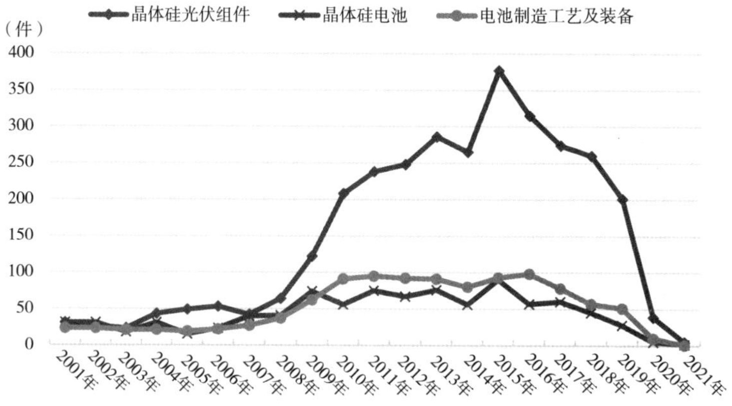

图 4-30　日本晶体硅太阳能电池领域专利申请趋势

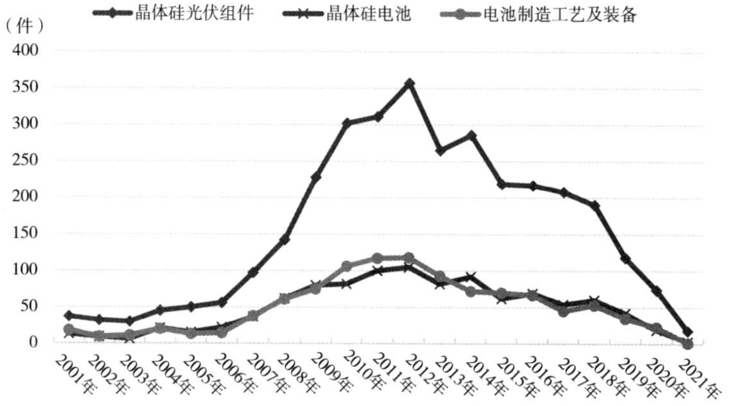

图 4-31　美国晶体硅太阳能电池领域专利申请趋势

图 4-32　韩国晶体硅太阳能电池领域专利申请趋势

（3）中国专利各省（区、市）分布情况

从图 4-33 可以看出，在晶体硅太阳能电池领域我国各省（区、市）申请量排名中，江苏排名第一，占全国该领域总申请量的 16.33%，总量遥遥领先；其次为浙江，占全国该领域总申请量的 6.71%；排名前 10 的省市还有广东、上海、北京、山东、四川、河北、安徽、陕西等省份；天津在全国该领域占比为 1.16%，排在第 13 位。可见，我国晶体硅太阳能电池领域专利申请主要集中在以江苏、浙江、上海为代表的长三角地区，这与该地区的经济发展水平较高、创新主体活跃有关。在京津冀地区中，天津在晶体硅太阳能电池技术领域不占优势，北京、河北在该领域专利申请量均高于天津。

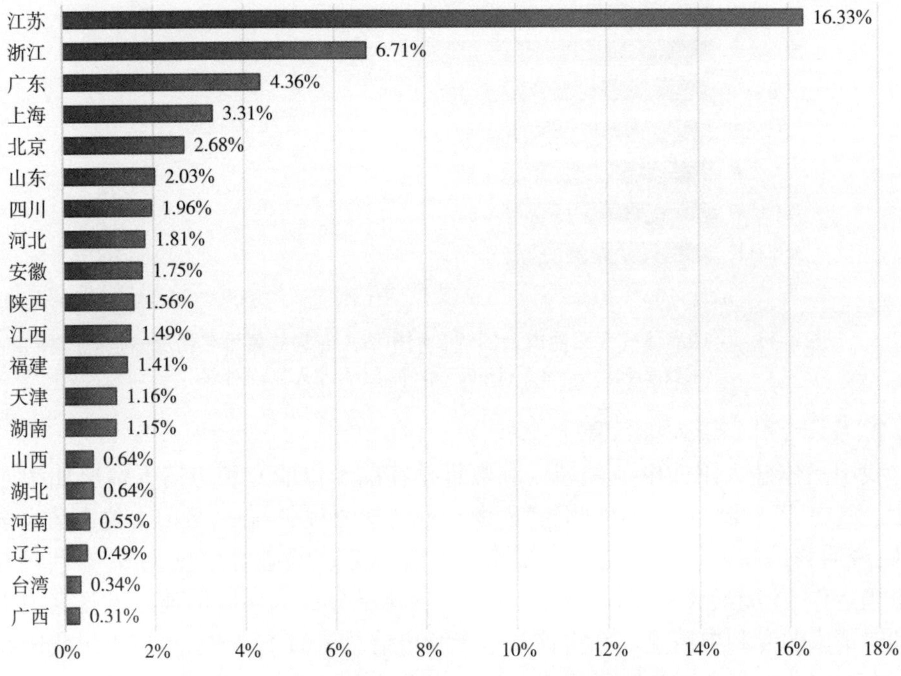

图 4-33　晶体硅太阳能电池领域中国专利申请排名前 20 省（区、市）情况

（4）申请人分析

申请人的专利拥有量可以反映其基础实力和技术创新能力，同时其申请活跃度可以反映各申请人近年来对该领域的发展重视程度及进展情况。

1)全球专利申请人排名情况

全球晶体硅太阳能电池领域专利数量排在前十位的专利申请人情况如图 4-34 所示。其中,乐金集团、阿特斯、夏普公司排名前三,在前十位申请人中有 5 家我国企业,说明我国企业在晶体硅太阳能电池领域具有较强的技术优势。而且这前十位专利申请人在晶体硅太阳能电池领域的专利申请量之和占该领域专利申请总量的 12.95%,可以看出全球在该领域专利申请人集中度整体不高,具有一定专利实力的企业不在少数。

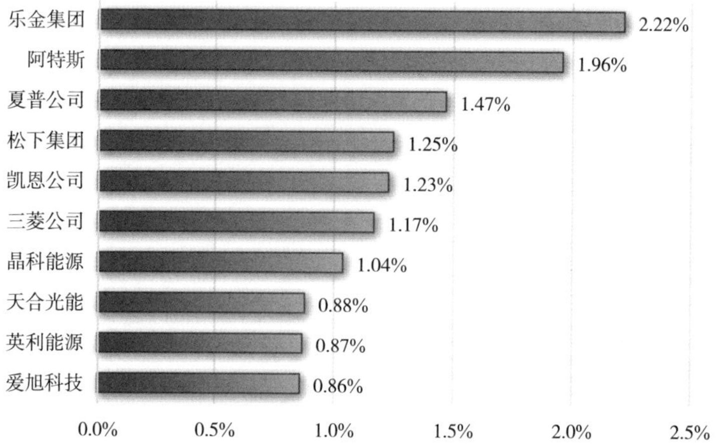

图 4-34　全球晶体硅太阳能电池领域专利申请人专利数量排名情况(前十)

注:数据经过 incoPat 专利分析平台“标准化申请人”功能处理。

2)我国专利申请人排名情况

我国晶体硅太阳能电池领域专利数量排在前十位的专利申请人情况如图 4-35 所示。其中,苏州阿特斯、常熟阿特斯、浙江晶科能源排名前三,且前十位申请人全是企业,说明我国晶体硅太阳能电池领域产业化率较高,企业是市场主体,专利只有投入市场运作,才能最大限度地实现其价值。我国晶体硅太阳能电池领域排名前十的专利申请人的专利申请量之和占该领域专利申请总量的 14.45%,可以看出我国在该领域专利申请人集中度整体不高。

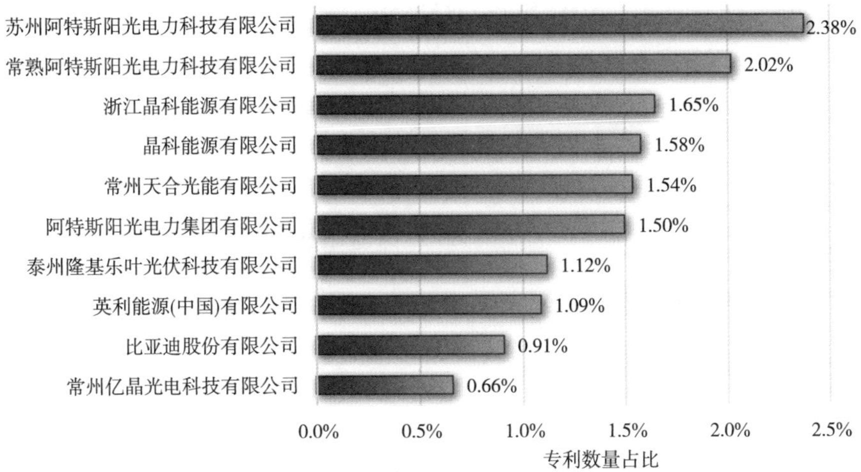

图 4-35　我国晶体硅太阳能电池领域专利申请人专利数量排名情况(前十)

(5)龙头企业产业结构调整方向

企业是产业转型升级的主体,龙头企业的技术发展方向往往引领着一个行业的发展,因此对龙头企业的技术发展方向进行研究,对了解产业未来的发展方向具有重要的指导意义。从全球晶体硅太阳能电池领域专利申请量排名靠前的企业中筛选出乐金集团、夏普公司、松下集团、阿特斯、晶科能源等 5 家重点企业,这 5 家企业具有较强的技术实力,并且在各个技术分支均有布局,属于该领域内的龙头企业。下面对这 5 家企业在不同阶段的专利申请量占比情况及各技术分支的占比情况进行分析,通过研究上述 5 家企业近 30 年来专利技术产出的变化,了解 5 家龙头企业的研发方向变化。

图 4-36 展示了近 30 年来,5 家龙头企业在晶体硅太阳能电池领域不同时间段的专利申请量占比情况。可以看出,夏普公司、松下集团较早开始在该领域开展研发,夏普公司的专利申请量在 2016 年之前一直保持稳步增长的态势,2016—2021 年专利申请量有所降低;松下集团的专利申请量集中于 2011—2015 年,2016—2021 年专利申请量明显减少。相对于夏普公司、松下集团,乐金集团在该领域起步较晚,其专利申请量于 2006 年以后迅速发展起来,2016—2021 年的专利申请量与 2011—2015 年基本持平,目前仍处于快速发展期。阿特斯和晶科能源在该领域开始技术研发的时间较晚,但自 2011 年开始,这两家企业的专利申请量快速增长,目前正处于高速发展期。

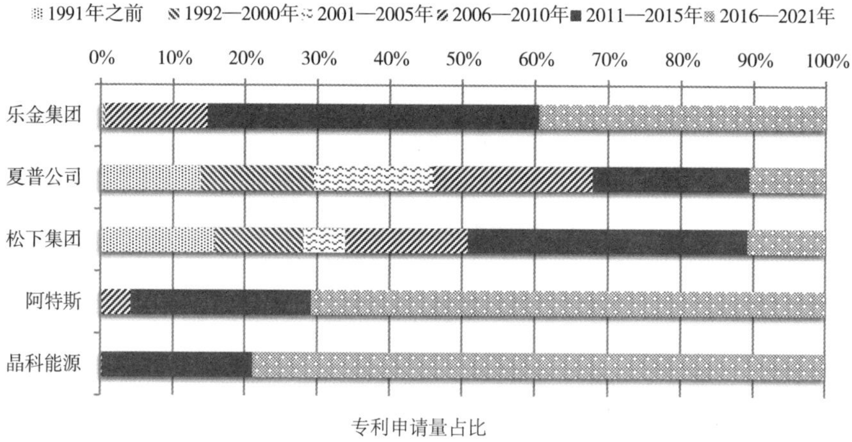

图 4-36　5 家龙头企业在晶体硅太阳能电池领域专利申请量占比

注:数据经过 incoPat 专利分析平台“标准化申请人”功能处理。

下面梳理这 5 家龙头企业在各技术分支的专利申请占比情况和其在各技术分支的布局衍变情况,以期明晰龙头企业的产业结构调整方向。图 4-37 展示了这 5 家龙头企业在各技术分支的专利申请占比情况,表 4-3 至表 4-7 分别给出了这 5 家龙头企业各技术分支的专利申请随时间的占比变化情况。

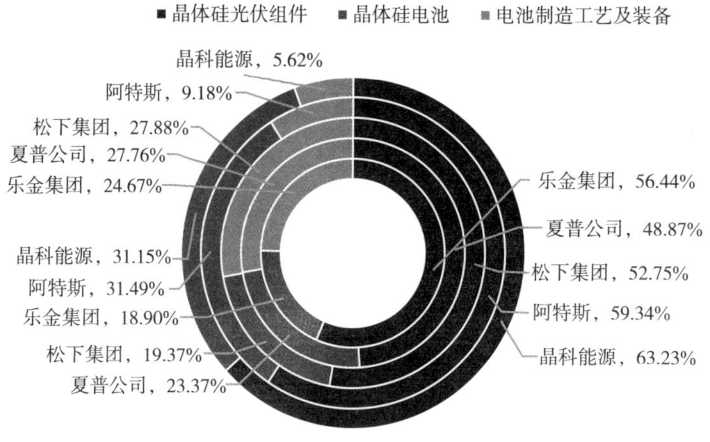

图 4-37　5 家龙头企业在各技术分支的专利申请量占比

乐金集团是韩国企业,它是晶体硅电池领域专利申请量最大的企业,专利申请量达 963 件,在三个技术分支中,专利申请量由多到少依次为:晶体硅光伏组件、电池制造工艺及装备、晶体硅电池。近年来该集团在晶体硅光伏组件领域的投入一直较大,目前处于稳定阶段,专利布局约占比 60%左右;其在晶体硅电池领域的专利布局呈现逐渐降低的趋势,详见表 4-3。

表 4-3　乐金集团各技术分支发展变化

技术分支	2000 年以前	2001—2005 年	2006—2010 年	2011—2015 年	2016—2021 年
专利申请量（晶体硅太阳能电池领域）/件	5	1	136	441	380
晶体硅电池占比	33.3%	0.0%	32.0%	18.7%	14.0%
晶体硅光伏组件占比	11.1%	100.0%	33.1%	61.3%	60.5%
电池制造工艺及装备占比	55.6%	0.0%	34.8%	20.0%	25.5%

夏普公司和松下集团均是日本企业。夏普公司在晶体硅太阳能电池领域的专利申请量达到 586 件，在三个技术分支中，专利申请量由多到少依次为：晶体硅光伏组件、电池制造工艺及装备、晶体硅电池。2006—2010 年，该公司在晶体硅光伏组件领域的技术研发一度达到高潮，在 2011—2015 年有所减弱，2016—2021 年又持续增加；该公司在晶体硅电池领域的专利申请量低于电池制造工艺及装备领域，在晶体硅电池领域研发热度集中于 2005 年之前，此后呈现下降趋势，2016—2021 年在该领域专利布局仅占 6.8%；2016—2021 年在电池制造工艺及装备领域的专利投入比例有所降低，从 2011—2015 年的 25.6%降至 16.4%，详见表 4-4。松下集团在晶体硅太阳能电池领域的专利申请量达到 573 件，在三个技术分支中，专利申请量由多到少依次为：晶体硅光伏组件、电池制造工艺及装备、晶体硅电池。近年来，该公司在晶体硅光伏组件领域的投入一直较大，整体处于增长态势；该公司在晶体硅太阳能电池领域于 2011—2015 年期间达到技术研发高潮，2016—2021 年研发热度有所降低，详见表 4-5。

表 4-4　夏普公司各技术分支发展变化

技术分支	2000 年以前	2001—2005 年	2006—2010 年	2011—2015 年	2016—2021 年
专利申请量（晶体硅太阳能电池领域）/件	173	96	129	126	62
晶体硅电池占比	42.3%	32.0%	7.7%	13.8%	6.8%
晶体硅光伏组件占比	24.7%	36.8%	67.3%	60.6%	76.7%
电池制造工艺及装备占比	33.0%	31.2%	25.0%	25.6%	16.4%

表 4-5　松下集团各技术分支发展变化

技术分支	2000 年以前	2001—2005 年	2006—2010 年	2011—2015 年	2016—2021 年
专利申请量（晶体硅太阳能电池领域）/件	161	33	97	220	62
晶体硅电池占比	35.5%	17.5%	23.1%	10.8%	11.2%
晶体硅光伏组件占比	39.8%	72.5%	39.6%	59.4%	67.4%
电池制造工艺及装备占比	24.7%	10.0%	37.3%	29.8%	21.3%

阿特斯和晶科能源均是中国企业。我国晶体硅太阳能电池领域技术研发起步较晚，上述两家企业在2010年之前相关领域专利申请很少，然而依托强有力的技术和资金优势，上述两家企业也在快速发展中。阿特斯在晶体硅太阳能领域的专利申请量达到569件，近年来呈现明显的增长态势。在三个技术分支中，专利申请量由多到少依次为：晶体硅光伏组件、电池制造工艺及装备、晶体硅电池。该公司在晶体硅光伏组件领域的技术研发投入持续加大，2019—2021年在该领域专利布局超过80%，在晶体硅电池领域的专利布局占比有所降低，2016—2018年降至11.6%，2019—2021年相关专利申请降至1.6%，详见表4-6。晶科能源的专利申请也呈现明显的增长态势，其在晶体硅太阳能领域的专利申请量达到402件，在三个技术分支中，晶体硅光伏组件领域的专利布局最多，其次是电池制造工艺及装备领域，专利布局最少的是晶体硅电池领域。详见表4-7。

表4-6　阿特斯各技术分支发展变化

技术分支	2005年以前	2006—2010年	2011—2015年	2016—2018年	2019—2021年
专利申请量（晶体硅太阳能电池领域）/件	0	24	142	178	225
晶体硅电池占比	0.0%	14.3%	16.3%	11.6%	1.6%
晶体硅光伏组件占比	0.0%	10.7%	29.1%	65.1%	81.9%
电池制造工艺及装备占比	0.0%	75.0%	54.7%	23.3%	16.5%

表4-7　晶科能源各技术分支发展变化

技术分支	2005年以前	2006—2010年	2011—2015年	2016—2018年	2019—2021年
专利申请量（晶体硅太阳能电池领域）/件	0	1	84	161	156
晶体硅电池占比	0.0%	50.0%	7.7%	3.7%	5.9%
晶体硅光伏组件占比	0.0%	0.0%	45.1%	69.5%	67.6%
电池制造工艺及装备占比	0.0%	50.0%	47.3%	26.8%	26.5%

总体来看，我国龙头企业对晶体硅太阳能电池领域技术研发起步较晚，目前保持较大的研发投入，且涉及的技术分支明显偏向于晶体硅光伏组件中端领域。而国外的龙头企业技术逐渐趋于成熟，晶体硅光伏组件领域是这5家龙头企业的技术分支重点研发方向。

4.2.3 专利布局揭示技术热点方向

为明晰晶体硅太阳能电池领域核心技术衍变趋势，先筛选出此领域的核心专利，核心专利可以通过同族专利数量和被引证数量予以考虑。同族专利数量多，表明专利权人对该专利技术极为重视，需要在较多国家进行专利布局；被引证数量多，表明该专利技术被其他技术创新者关注，是相对重要的技术，而一项专利的简单同族中所有专利被引证的数量（家族被引证数量）能更加全面地反映该技术方案被关注的程度。下面通过家族被引证数量、简单同族个数、专利技术稳定性、专利类型等角度筛选出部分重要专利并绘制技术发展路线图。

（1）单晶硅太阳能电池技术发展脉络

单晶硅太阳能电池技术发展脉络如图 4-38 所示。其绘制思路是以技术发展需求为主线，基于非专利文献信息、专利引证关系、专利被引频次等角度筛选代表关键技术节点的重要专利。

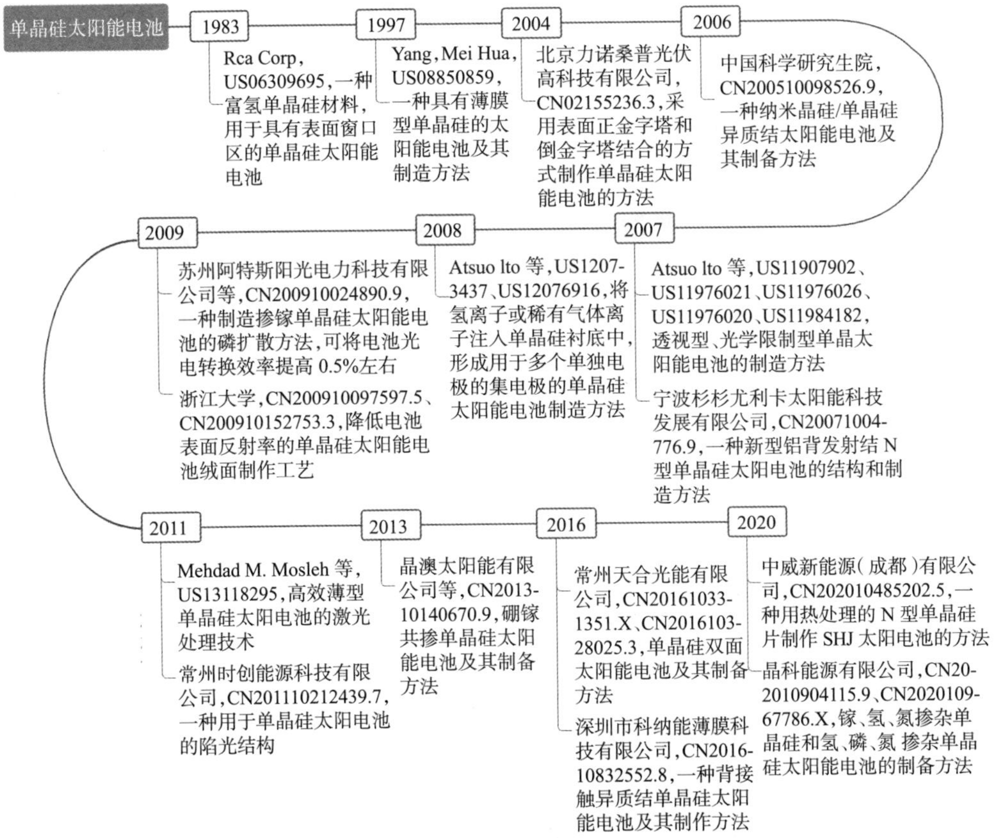

图 4-38　单晶硅太阳能电池技术发展脉络图

1983 年，Rca Corp（特艺集团）在美国申请的专利 US06309695，公开了一种新的具有大于 1.1 eV 带隙能的富氢单晶硅材料，用于具有表面窗口区的单晶硅太阳能电池。

1997 年，Yang 和 Mei Hua 在美国申请的专利 US08850859，公开了一种具有薄膜型单晶硅的太阳能电池及其制造方法。

2004 年，北京力诺桑普光伏高科技有限公司在中国申请的专利 CN02155236.3，公开了采用表面正金字塔和倒金字塔结合的方式制作单晶硅太阳能电池的方法。

2006 年，中国科学院研究生院在中国申请的专利 CN200510098526.9，公开了一种纳米晶硅/单晶硅异质结太阳能电池及其制备方法，采用无织构的 CZ 单晶硅，电池转换效率达 17.18%。

2007 年，Atsuo Ito 等在美国申请的专利 US11907902、US11976021、US11976026、US11976020，分别公开了透视型单晶硅太阳能电池的几种制造方法。同年，Atsuo Ito 等在美国申请的专利 US11984182，公开了一种光学限制型单晶硅太阳能电池的制造方法。

2007 年，宁波杉杉尤利卡太阳能科技发展有限公司在中国申请的专利 CN 200710047776.9，公开了一种新型铝背发射结 N 型单晶硅太阳电池的结构和制造方法。

2008 年，Atsuo Ito 等在美国申请的专利 US12073437、US12076916，分别公开了将氢离子或稀有气体离子注入单晶硅衬底中，在第一导电类型和第二导电类型的多个区域形成用于多个单独电极的集电极的单晶硅太阳能电池制造方法。

2009 年，苏州阿特斯阳光电力科技有限公司等在中国申请的专利 CN200910024890.9，公开了一种制造掺镓单晶硅太阳能电池的磷扩散方法，可将电池光电转换效率提高 0.5%左右。

2009 年，浙江大学在中国申请的专利 CN200910097597.5、CN200910152753.3，公开了降低电池表面反射率的单晶硅太阳能电池绒面制作工艺。

2011 年，Mehrdad M. Moslehi 等在美国申请的专利 US13118295，公开了高效薄型单晶硅太阳电池的激光处理技术。

2011 年，常州时创能源科技有限公司在中国申请的专利 CN201110212439.7，公开了一种用于单晶硅太阳电池的陷光结构。

2013 年，晶澳太阳能有限公司等在中国申请的专利 CN201310140670.9，公开了硼镓共掺单晶硅太阳能电池及其制备方法。

2016 年，常州天合光能有限公司在中国申请的专利 CN201610331351.X、CN201610328025.3，公开了单晶硅双面太阳能电池及其制备方法。

2016 年，深圳市科纳能薄膜科技有限公司在中国申请的专利 CN20-1610832552.8，公开了一种背接触异质结单晶硅太阳能电池及其制作方法。

2020 年，中威新能源（成都）有限公司在中国申请的专利 CN202010485202.5，公开了一种用热处理的N型单晶硅片制作SHJ太阳电池的方法。

2020年，晶科能源有限公司在中国申请的专利CN202010904115.9、CN202010967786.X，公开了镓、氢、氮掺杂单晶硅太阳能电池和氢、磷、氮掺杂单晶硅太阳能电池的制备方法，有利于提升电池钝化效果，提高太阳能电池的转换效率。

单晶硅太阳能电池技术领域部分重点专利概况见表4-8。

表4-8 单晶硅太阳能电池技术领域部分重点专利概况

序号	标题（中文）	申请人	申请号	申请日	IPC主分类
1	一种富氩单晶硅材料，用于具有表面窗口区的单晶硅太阳能电池	Rca Corp	US06309695	1981-10-08	H01L31/06
2	一种具有薄膜型单晶硅的太阳能电池及其制造方法	Yang, Mei Hua	US08850859	1997-05-02	H01L31/18
3	单晶硅太阳能电池的表面结构及其制作方法	北京力诺桑普光伏高科技有限公司	CN02155236.3	2002-12-10	H01L31/0236
4	纳米晶硅/单晶硅异质结太阳能电池及其制备方法	中国科学院研究生院	CN200510098526.9	2005-09-02	H01L31/042
5	单晶硅太阳能电池的制造方法及单晶硅太阳能电池	Atsuo Ito; Shoji Akiyama; Makoto Kawai; Koichi Tanaka; Yuuji Tobisaka; Yoshihiro Kubota	US11907902	2007-10-18	H01L31/04
6	单晶硅太阳能电池的制造方法及单晶硅太阳能电池	Atsuo Ito; Shoji Akiyama; Makoto Kawai; Koichi Tanaka; Yuuji Tobisaka; Yoshihiro Kubota	US11976021	2007-10-19	B05D5/12
7	单晶硅太阳能电池的制造方法及单晶硅太阳能电池	Atsuo Ito; Shoji Akiyama; Masahiro Furuya; Makoto Kawai; Koichi Tanaka; Yoshihiro Kubota; Yuuji Tobisaka	US11976026	2007-10-19	B05D5/12
8	单晶硅太阳能电池的制造方法及单晶硅太阳能电池	Atsuo Ito; Shoji Akiyama; Makoto Kawai; Koichi Tanaka; Yuuji Tobisaka; Yoshihiro Kubota	US11976020	2007-10-19	H01L31/00
9	单晶硅太阳能电池的制造方法及单晶硅太阳能电池	Atsuo Ito; Shoji Akiyama; Makoto Kawai; Koichi Tanaka; Yuuji Tobisaka; Yoshihiro Kubota	US11984182	2007-11-14	B05D5/12

续表

序号	标题（中文）	申请人	申请号	申请日	IPC 主分类
10	新型铝背发射结N型单晶硅太阳电池	宁波杉杉尤利卡太阳能科技发展有限公司	CN200710047776.9	2007-11-02	H01L31/042
11	单晶硅太阳能电池的制造方法及单晶硅太阳能电池	Atsuo Ito; Shoji Akiyama; Makoto Kawai; Kouichi Tanaka; Yuuji Tobisaka; Yoshihiro Kubota	US12073437	2008-03-05	H01L31/00
12	单晶硅太阳能电池的制造方法及单晶硅太阳能电池	Atsuo Ito; Shoji Akiyama; Makoto Kawai; Koichi Tanaka; Yuuji Tobisaka; Yoshihiro Kubota	US12076916	2008-03-25	H01L31/04
13	一种制造掺镓单晶硅太阳能电池的磷扩散方法	苏州阿特斯阳光电力科技有限公司；常熟阿特斯阳光电力科技有限公司；阿特斯光伏电力（洛阳）有限公司	CN200910024890.9	2009-03-02	H01L31/18
14	一种在单晶硅太阳能电池表面上蚀刻绒面的方法	浙江大学	CN200910097597.5	2009-04-14	H01L31/18
15	一种低表面反射率的单晶硅太阳电池绒面制作工艺	浙江大学	CN200910152753.3	2009-09-28	H01L31/18
16	高效薄型单晶硅太阳电池的激光加工	Mehrdad M. Moslehi; Virendra V. Rana; Jianjun Liang; Pranav Anbalagan	US13118295	2011-05-27	H01L21/8222
17	一种用于单晶硅太阳电池的陷光结构	常州时创能源科技有限公司	CN201110212439.7	2011-07-27	H01L31/0216
18	硼镓共掺单晶硅片及其制备方法和太阳能电池	晶澳太阳能有限公司；河北宁晋松宫半导体有限公司	CN201310140670.9	2013-04-23	H01L31/0288
19	一种单晶硅双面太阳电池及其制备方法	常州天合光能有限公司	CN201610331351.X	2016-05-17	H01L31/0216
20	单晶硅双面太阳电池及其制备方法	常州天合光能有限公司	CN201610328025.3	2016-05-17	H01L31/0236
21	一种背接触异质结单晶硅太阳能电池及其制作方法	深圳市科纳能薄膜科技有限公司	CN201610832552.8	2016-09-20	H01L31/20
22	一种用热处理的N型单晶硅片制作SHJ太阳电池的方法	中威新能源（成都）有限公司	CN202010485202.5	2020-06-01	H01L31/074

续表

序号	标题(中文)	申请人	申请号	申请日	IPC 主分类
23	镓、氢、氮掺杂单晶硅及其制备方法、太阳能电池	晶科能源有限公司；浙江晶科能源有限公司	CN202010904115.9	2020-09-01	C30B29/06
24	氢、磷、氮掺杂单晶硅及其制备方法、太阳能电池	新疆晶科能源有限公司；晶科能源有限公司	CN202010967786.X	2020-09-15	C30B29/06

(2)多晶硅太阳能电池技术发展脉络

多晶硅太阳能电池技术发展脉络如图 4-39 所示。

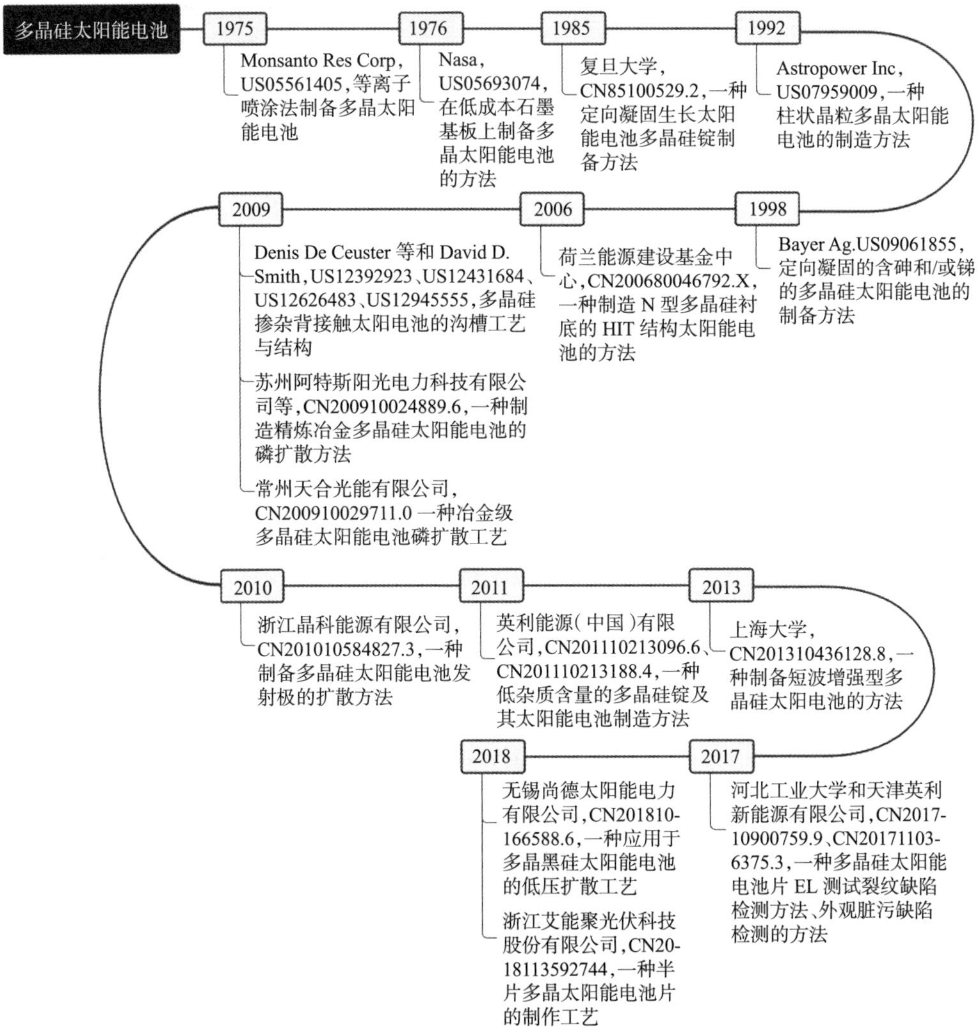

图 4-39　多晶硅太阳能电池技术发展脉络图

1975 年,Monsanto Res Corp 在美国申请的专利 US05561405,公开了等离子喷涂法制备多晶太阳能电池。

1976 年,Nasa 在美国申请的专利 US05693074,公开了在低成本石墨基板上制备多晶太阳能电池的方法。

1985 年,复旦大学在中国申请的专利 CN85100529.2,公开了一种定向凝固生长太阳能电池多晶硅锭制备方法,制作的太阳能电池性能良好,全面积转换效率最佳值达 11.3%。

1992 年, Astropower Inc 在美国申请的专利 US07959009,公开了一种柱状晶粒多晶太阳能电池的制造方法。

1998 年,Bayer Ag 在美国申请的专利 US09061855,公开了定向凝固的含砷和/或锑的多晶硅太阳能电池的制备方法。

2006 年,荷兰能源建设基金中心在中国申请的专利 CN200680046792.X,公开了一种制造 N 型多晶硅衬底的 HIT 结构太阳能电池的方法。

2009 年, Denis De Ceuster 等和 David D. Smith 在美国申请的专利 US12392923、US12431684、US12626483、US12945555,公开了多晶硅掺杂背接触太阳电池的沟槽工艺与结构。

2009 年,苏州阿特斯阳光电力科技有限公司等在中国申请的专利 CN200910024889.6,公开了一种制造精炼冶金多晶硅太阳能电池的磷扩散方法,可以降低太阳能电池的漏电流,提高电池的可靠性。

2009 年,常州天合光能有限公司在中国申请的专利 CN200910029711.0,公开了一种冶金级多晶硅太阳能电池磷扩散工艺。

2010 年,浙江晶科能源有限公司在中国申请的专利 CN201010584827.3,公开了一种制备多晶硅太阳能电池发射极的扩散方法,该方法相比一次有源扩散可以在不增加成本的情况下获得效率提升。

2011 年,英利能源(中国)有限公司在中国申请的专利 CN201110213096.6、CN201110213188.4,公开了一种低杂质含量的多晶硅锭及其太阳能电池制造方法。

2013 年,上海大学在中国申请的专利 CN201310436128.8,公开了一种在多晶硅上形成倒金字塔型多孔表面纳米织构的方法及制备短波增强型多晶硅太阳电池的方法。

2017 年,河北工业大学和天津英利新能源有限公司在中国申请的专利 CN201710900759.9、CN201711036375.3,分别公开了一种多晶硅太阳能电池片 EL 测试裂纹缺陷检测方法和一种外观脏污缺陷检测的方法。

2018 年,无锡尚德太阳能电力有限公司在中国申请的专利 CN201810166588.6,公开了一种应用于多晶黑硅太阳能电池的低压扩散工艺,改善了多晶黑硅扩散后方块电阻的均匀性。

2018 年，浙江艾能聚光伏科技股份有限公司在中国申请的专利 CN201811359274.4，公开了一种半片多晶太阳能电池片的制作工艺。

多晶硅太阳能电池技术领域部分重点专利概况见表 4-9。

表 4-9　多晶硅太阳能电池技术领域部分重点专利概况

序号	标题（中文）	申请人	申请号	申请日	IPC 主分类
1	等离子喷涂法制备多晶太阳能电池	Monsanto Res Corp	US05561405	1975-03-24	H01L21/203
2	多晶太阳能电池用低成本石墨基板的使用方法	Nasa	US05693074	1976-06-04	H01L21/20
3	一种定向凝固生长太阳能电池用的多晶硅锭工艺	复旦大学	CN85100529.2	1985-04-01	H01L31/18
4	柱状晶粒多晶太阳能电池及其制造方法	Astropower Inc	US07959009	1992-10-09	H01L31/0392
5	定向凝固的多晶硅，其制备方法及其用途，以及含有该硅的太阳能电池及其制备方法	Bayer Ag	US09061855	1998-04-17	H01L25/00
6	制造 N 型多晶硅太阳能电池的方法	荷兰能源建设基金中心	CN200680046792.X	2006-10-04	H01L31/072
7	多晶硅掺杂背接触太阳电池的沟槽工艺与结构	Denis De Ceuster; Peter John Cousins; David D. Smith	US12392923	2009-02-25	H01L31/00
8	多晶硅掺杂背接触太阳电池的沟槽工艺与结构	David D. Smith	US12431684	2009-04-28	H01L31/072
9	具有形成多晶硅掺杂区的背面接触太阳能电池	David D. Smith	US12626483	2009-11-25	H01L31/00
10	多晶硅掺杂背接触太阳电池的沟槽工艺与结构	Denis De Ceuster; Peter John Cousins; David D. Smith	US12945555	2010-11-12	H01L31/072
11	一种制造精炼冶金多晶硅太阳能电池的磷扩散方法	苏州阿特斯阳光电力科技有限公司；常熟阿特斯阳光电力科技有限公司；阿特斯光伏电力（洛阳）有限公司	CN200910024889.6	2009-03-02	H01L31/18
12	冶金级多晶硅太阳能电池磷扩散工艺	常州天合光能有限公司	CN200910029711.0	2009-04-02	H01L31/18
13	一种制备多晶硅太阳能电池发射极的扩散方法	浙江晶科能源有限公司	CN201010584827.3	2010-12-13	H01L31/18

续表

序号	标题（中文）	申请人	申请号	申请日	IPC 主分类
14	多晶硅锭及其制造方法、太阳能电池	英利能源（中国）有限公司	CN201110213096.6	2011-07-28	C30B11/00
15	多晶硅锭及其制造方法、生长炉及其底板、太阳能电池	英利能源（中国）有限公司	CN201110213188.4	2011-07-28	C30B29/06
16	在多晶硅上形成倒金字塔型多孔表面纳米织构的方法及制备短波增强型太阳电池的方法	上海大学	CN201310436128.8	2013-09-24	H01L31/0352
17	一种多晶硅太阳能电池片EL 测试裂纹缺陷检测方法	河北工业大学；天津英利新能源有限公司	CN201710900759.9	2017-09-28	G06T7/00
18	一种多晶硅太阳能电池片外观脏污缺陷检测的方法	河北工业大学；天津英利新能源有限公司	CN201711036375.3	2017-10-30	H01L21/66
19	应用于多晶黑硅太阳能电池的低压扩散工艺	无锡尚德太阳能电力有限公司	CN201810166588.6	2018-02-28	H01L31/18
20	半片多晶太阳能电池片的制作工艺	浙江艾能聚光伏科技股份有限公司	CN201811359274.4	2018-11-15	H01L31/18

（3）基于重点专利解读的技术热点判断

对晶体硅太阳能电池领域的重点专利进行挖掘梳理，综合考虑专利类型、同族专利数量、家族被引证数量、技术价值度等因素，最终筛选出全球晶体硅太阳能电池领域重点专利 673 项。通过聚类分析，发现单晶硅太阳能电池、晶体硅衬底、背面银浆、有机载体、掺杂区域等技术为晶体硅太阳能电池领域的重点研发方向（图 4-40）。

通过 incoPat 专利检索系统的 3D 专利沙盘功能进行进一步分析，发现重点技术集中于单晶硅太阳能电池/单晶硅层/单晶硅衬底、掺杂区/太阳电池/多晶硅层、制绒/化学腐蚀液/绒面、有机载体/背面银浆/玻璃粉、磷扩散/扩散炉管/扩散等细分领域，如图 4-41 所示。

在筛选出的重点专利中，我国晶体硅太阳能电池领域重点专利有 458 项，其申请年度分布如图 4-42 所示。可以看出，自 2005 年开始，我国申请人在晶体硅太阳能电池重点领域进行了持续的专利布局，其中重点专利申请量较多的年份集中于 2011—2016 年，其中 2013 年数量最多，达到 67 项。

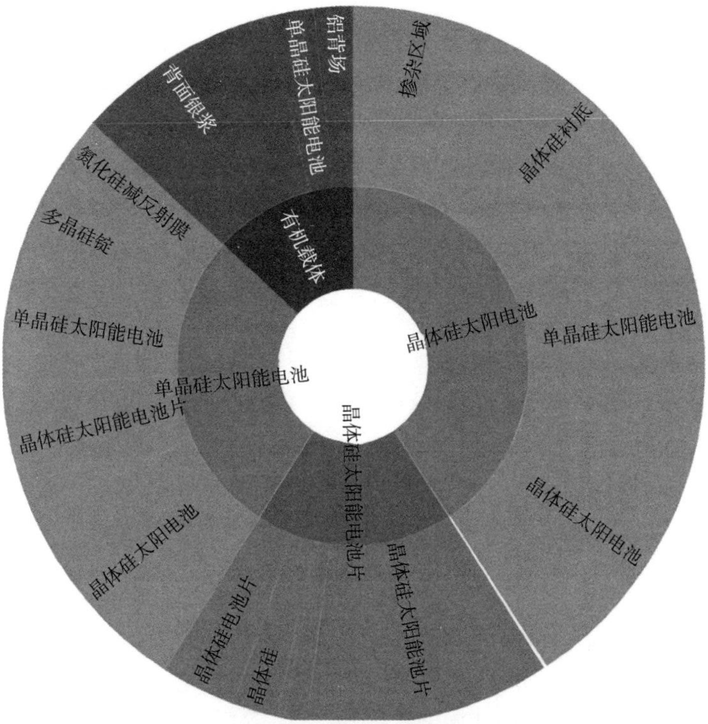

图 4-40　晶体硅太阳能电池领域全球重点专利聚类分析图

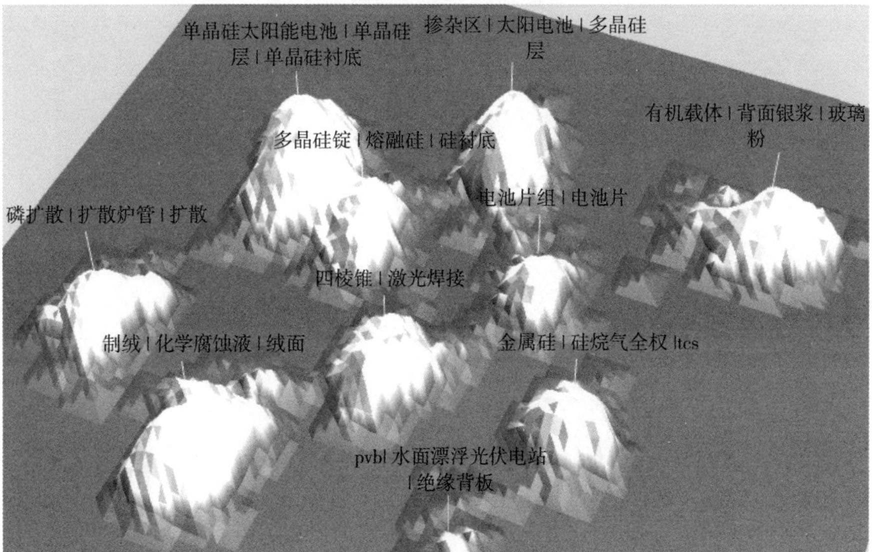

图 4-41　晶体硅太阳能电池领域重点专利 3D 专利沙盘图

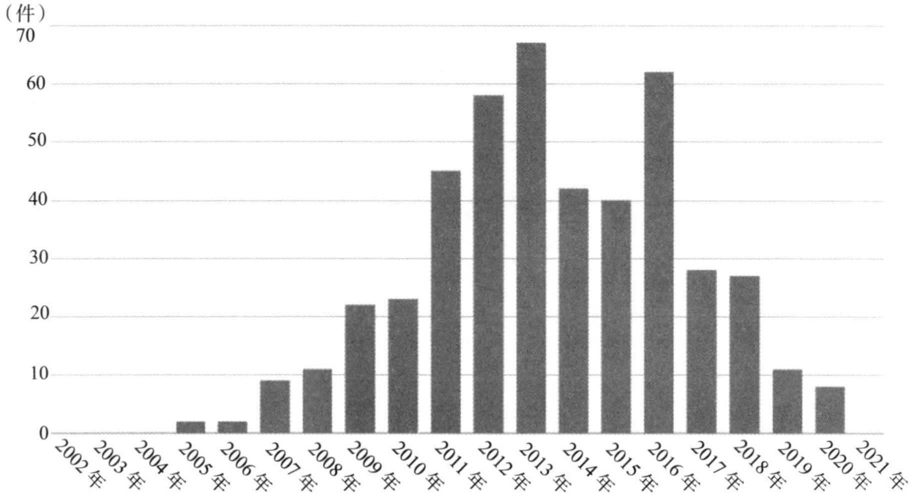

图 4-42　我国晶体硅太阳能电池领域重点专利申请量年度分布

通过对我国晶体硅太阳能电池领域重点专利进行3D专利沙盘分析，发现单晶硅片/晶体硅片/减反射膜、有机载体/玻璃粉/有机黏合剂、扩散/扩散炉管/氮气流量、晶体硅电池片/背面钝化膜/栅线等技术为我国晶体硅太阳能电池领域热点研发方向，如图4-43所示。

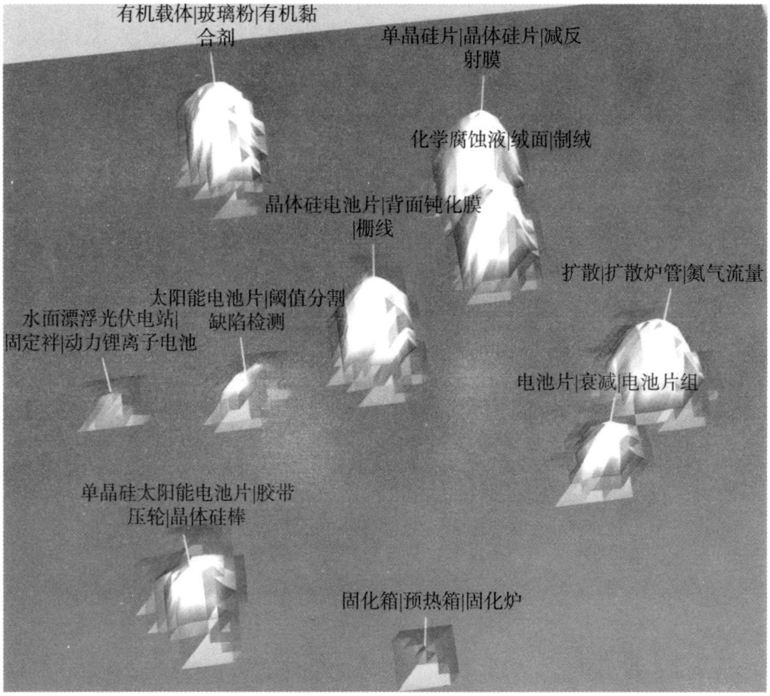

图 4-43　我国晶体硅太阳能电池领域重点专利 3D 专利沙盘图

（4）专利保护和运用分析

下面对路径规划领域中与专利相关的主要法律事件进行分析，从侵权诉讼、转让、许可等角度出发，以反映市场主体在竞争中的行为模式和习惯，为应对不同的市场竞争提供决策依据。

图 4-44 显示了全球及主要国家在晶体硅太阳能电池领域涉及诉讼、转让、许可的专利数量。由图可知，在专利诉讼方面，全球在晶体硅太阳能电池领域涉诉专利数量较少，仅 24 件，其中中国涉诉专利有 15 件，占全球 62.5%，其次为日本，涉诉专利有 6 件；在专利转让方面，全球在晶体硅太阳能电池领域专利转让达到 7 436 件，美国、中国、德国是该领域专利转让主要国家，尤其是美国专利转让量高居第一，达到 4 146 件，占全球 55.8%，显示了美国市场专利转让活跃度非常高，中国紧随其后，在该领域专利转让量为 2 799 件，占全球 37.6%；在专利许可方面，全球在晶体硅太阳能电池领域专利许可达到 304 件，全部来自中国，说明中国在该领域专利许可比较活跃。

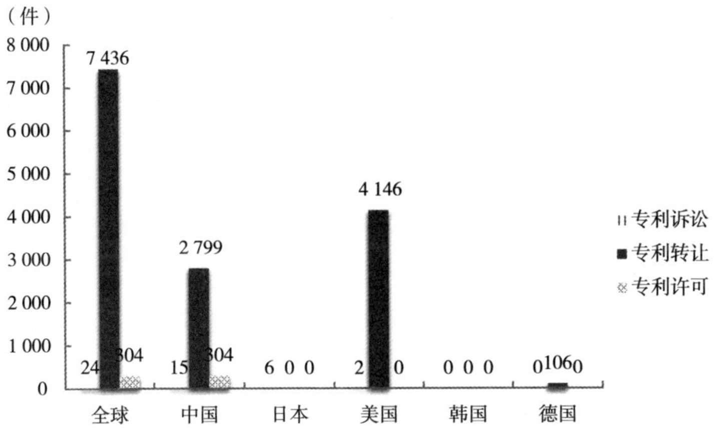

图 4-44　全球及主要国家晶体硅太阳能电池领域主要法律事件类型分布

图 4-45 显示了全球晶体硅太阳能电池领域转让专利的主要申请人情况。由图可知，在全球转让专利数量排名前十五的申请人中，晶体硅太阳能电池领域国外龙头企业如乐金集团、松下集团、佳能公司、凯恩公司等转让专利数量排名靠前，我国该领域龙头企业阿特斯专利转让数量排在前十名之外，相对于我国本土企业来说，国外龙头企业在全球晶体硅太阳能电池领域专利交易市场表现较为活跃。

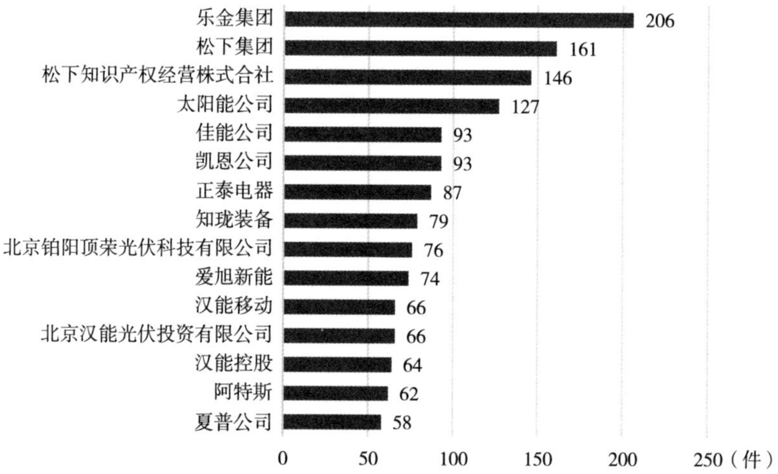

图 4-45 全球晶体硅太阳能电池领域转让专利涉及主要申请人

注：数据经过 incoPat 专利分析平台“标准化申请人”功能处理。

图 4-46 显示了全球晶体硅太阳能电池领域许可专利的主要申请人情况。由图可知，在全球许可专利数量排名前十五的申请人中，有 11 个申请人为企业申请人，其中我国企业成都晔凡科技有限公司以 34 件专利许可量排名第一，其余排名靠前的企业中不乏晶体硅太阳能电池领域龙头企业，如比亚迪、乐金集团、英利能源等；中国科学院相关科研院所（中科院所）许可专利 13 件，常州大学许可专利 7 件，上述科研院所和高校与企业在晶体硅太阳能电池领域相关技术研发和成果转化方面建立了较密切的合作关系。

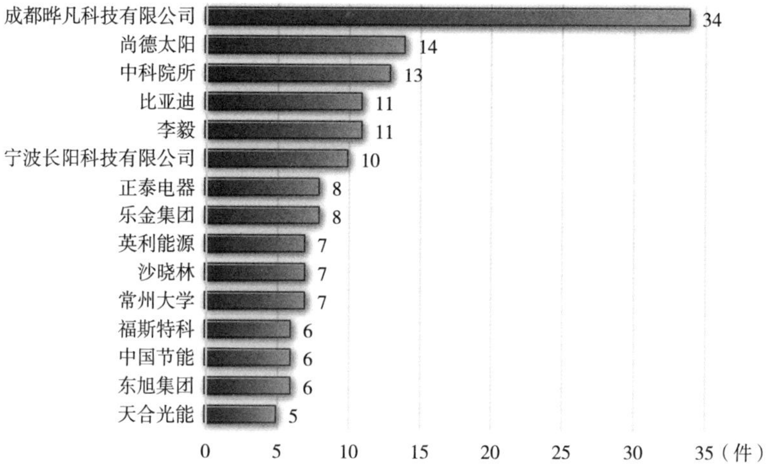

图 4-46 全球晶体硅太阳能电池领域许可专利涉及主要申请人

注：数据经过 incoPat 专利分析平台“标准化申请人”功能处理。

4.3　光伏发电技术及设备关键技术分析

本节旨在揭示光伏发电技术及设备发展的整体趋势与基本方向，从光伏发电技术及设备产业结构调整方向、技术发展重点及热点方向着手，通过专利布局揭示产业发展方向、技术热点方向，通过重点专利揭示技术热点发展方向。

4.3.1　通过专利布局揭示产业发展方向

下面基于专利数据支撑以全局模式展示光伏发电技术及设备产业发展的整体趋势和方向走势，从全球产业结构分布、主要国家和地区产业结构分布、龙头企业产业结构分布等三方面进行介绍。

（1）全球产业结构分布

为了解全球产业结构分布，我们将光伏发电技术及设备分为光伏发电配套产业和光伏发电产业，再进一步将光伏发电配套产业分为逆变器、蓄电池、传感器三个技术重点，通过专利分析研究其不同阶段的专利布局占比变化情况，从而揭示全球产业结构的分布。

在光伏发电配套产业的全球专利申请量中，中国占比 68.70%，韩国占比 11.72%，日本占比 9.63%，美国占比 3.06%，如图 4-48 所示。

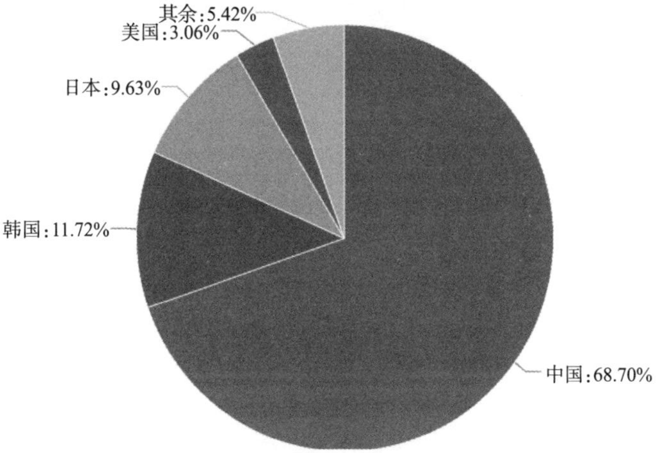

图 4-48　全球光伏发电技术及设备专利申请量国别分布

针对光伏发电技术及设备，从全球光伏发电技术及设备专利申请量国别分布的主要国家产业结构整体布局可以看出，中国、韩国、日本的相关专利申请总量最多，并且各国和地区均在设计与制造领域拥有整体数量最多的专利布局，其中美国、中国、日本、韩国尤为突出，表明这四个国家的光伏发电技术及设备的设计与制造领域技术市场竞争更为激烈。

（2）主要国家和地区产业结构分布

中国在应用场景领域的专利申请量占光伏发电技术及设备专利申请总量的68%，专利布局明显，说明应用场景是中国的主要技术研究方向，在市场受到很大重视；而韩国、美国、日本在总申请量上与中国有一定差距。中国的发展主要分为三个阶段，从技术分支来看，中国着力发展光伏发电技术及设备的上下游应用系统技术，并一直占主要地位，且专利申请量巨大，这说明中国随着光伏发电技术及设备的上下游产品种类越来越丰富，行业应用规模也在不断扩大。韩国的发展虽有减缓，但是韩国在该技术领域处于成熟发展期，专利申请呈现逐渐下降态势，应用系统技术领域专利申请占比较大，说明底层技术已日趋成熟，与全球热点产业发展一致。美国的发展主要分为三个阶段，自2003年，美国在光伏发电技术及设备领域技术分支都在进行研究。

（3）龙头企业产业结构分布

在光伏发电技术及设备方面，无锡同春新能源科技有限公司、成都聚合科技有限公司、国家电网公司、三菱电机公司、夏普公司专利申请量均较大，具有较强的技术实力，属于该领域的龙头企业，其中无锡同春新能源科技有限公司的专利最多，并在光伏发电技术及设备专利产出占比最大，如图4-49所示。

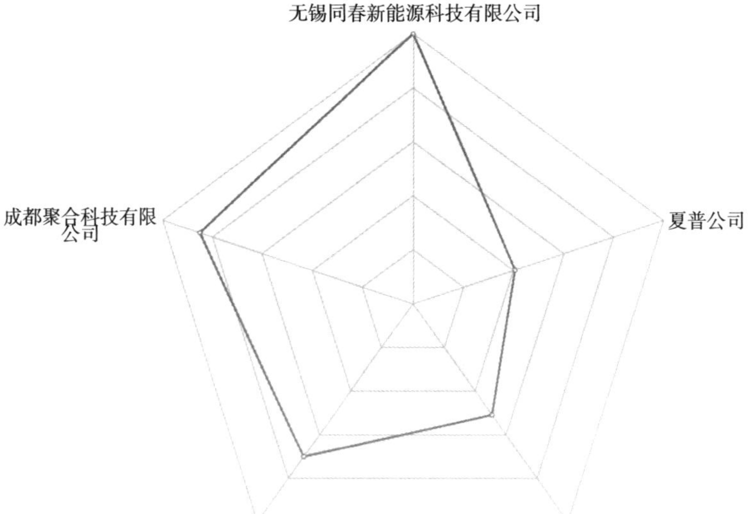

图4-49　龙头企业专利申请量

从图4-50中可以看出，2017年之前，无锡同春新能源科技有限公司、成都聚合科技有限公司、国家电网公司、三菱电机公司、夏普公司对光伏发电技术及设备上下游的技术研发，专利产出量增加明显。在这 5 家龙头企业中，无锡同春新能源科技有限公司和成都聚合科技有限公司的专利产出主要集中在 2012—2017 年，国家电网公司的专利产出主要集中在 2014—2017 年。从整体看来，各龙头企业对光伏发电技术及设备的研发投入都非常大。

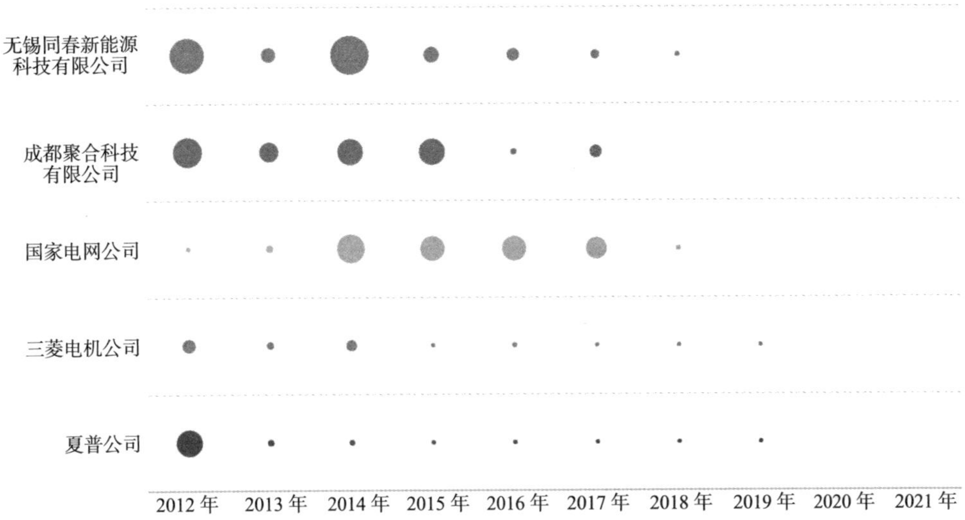

图 4-50　5 家龙头企业 2012—2021 年专利产出构成

通过对国际光伏发电技术及设备市场的专利布局、主要国家和地区光伏发电技术及设备专利产业分析以及重点企业分析，我们发现近些年光伏发电技术及设备的上下游传感器的相关软件应用成为研发的重点，我们还没看到大量的应用能成为光伏发电技术及设备的上下游市场的短期增长驱动力。具体来说，在之后 5~10 年内，随着光伏发电技术及设备技术的成熟，以光伏发电以及逆变器、蓄电池为主要应用对象的市场利润将逐渐下降，以控制器为应用对象的光伏发电技术及设备还将持续增长和盈利。

4.3.2　通过专利布局揭示技术热点方向

专利申请量不仅可以反映产业结构及调整方向，也可以反映技术热点方向，某技术专利申请量大或某技术专利申请量占比升高，显示该方向是产业研发主体的重点和关注热点，可能是未来的热点发展方向。

下面通过光伏发电技术及设备各技术分支的专利布局及趋势分析、技术演进热点方向分析、龙头企业专利布局分析等，了解光伏发电技术及设备产业未来的热点发展方向。

(1)光伏发电技术及设备各技术分支的专利布局及趋势分析

在光伏发电技术及设备方面,光伏控制器发电技术及设备技术主要可分为光伏控制器、光伏逆变器和光伏蓄电池。图 4-51 至图 4-53 分别展示了光伏控制器、光伏蓄电池和光伏逆变器在全球及中国的专利申请趋势。可以看出，2002—2021 年光伏控制器、光伏逆变器和光伏蓄电池技术发展趋势基本保持一致,都是在 2017 年达到峰值,随后专利申请量开始下降。

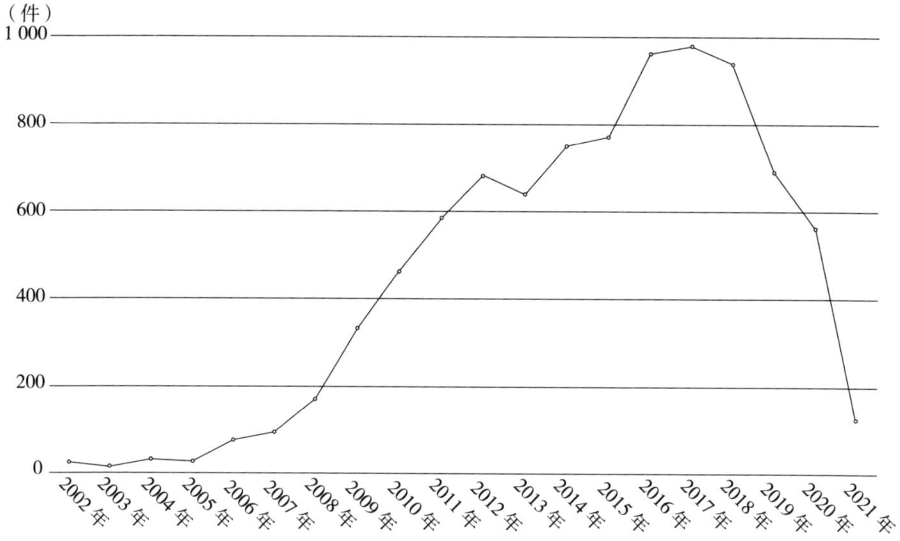

图 4-51　光伏控制器专利申请趋势

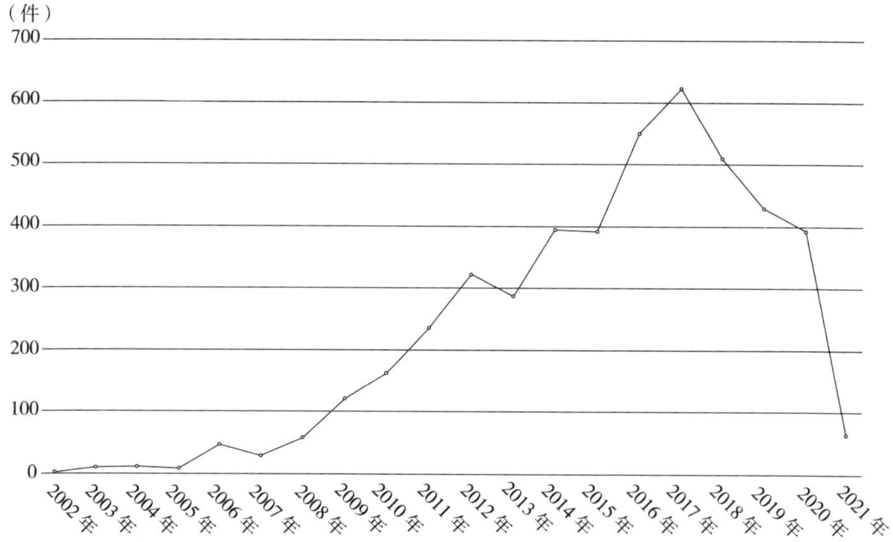

图 4-52　光伏蓄电池专利申请趋势

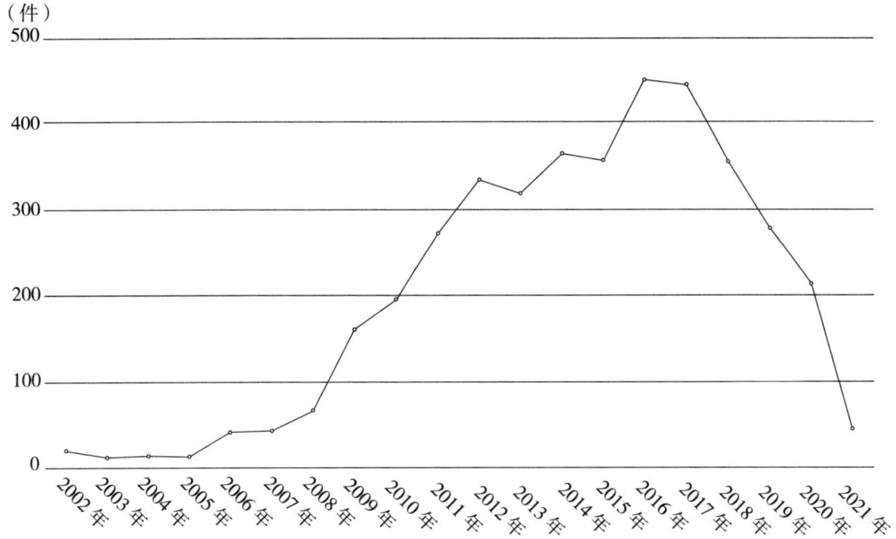

图 4-53　光伏逆变器专利申请趋势

在光伏控制器方面，无锡同春新能源科技有限公司、国家电网公司、日立有限公司、LS 电气株式会社、三菱电机公司显示出在该领域的优势，如图 4-54 所示。

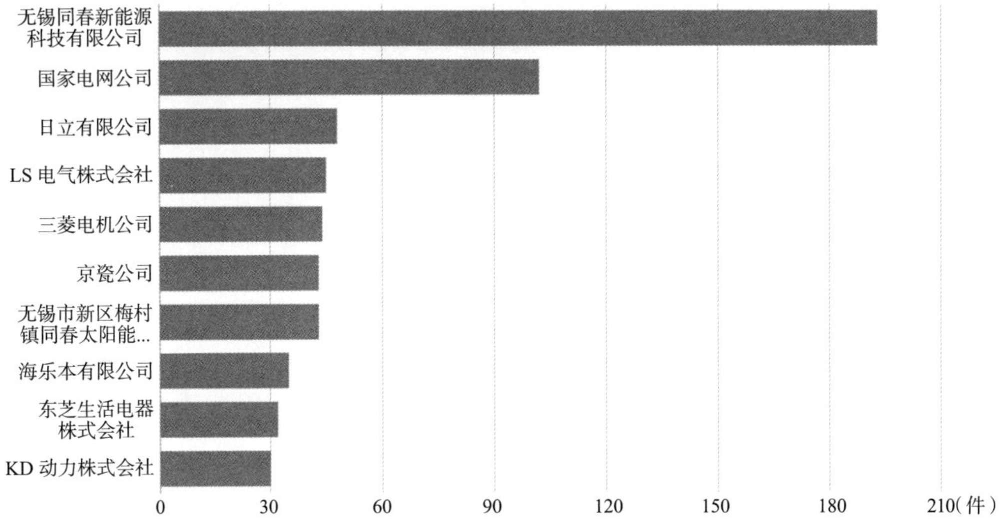

图 4-54　光伏控制器重点申请人

在光伏逆变器方面，无锡同春新能源科技有限公司、国家电网公司、无锡市新区梅村镇同春太阳能源有限公司、LS 电气株式会社、艾思玛太阳能技术股份公司凸显出在该领域的优势，如图 4-55 所示。

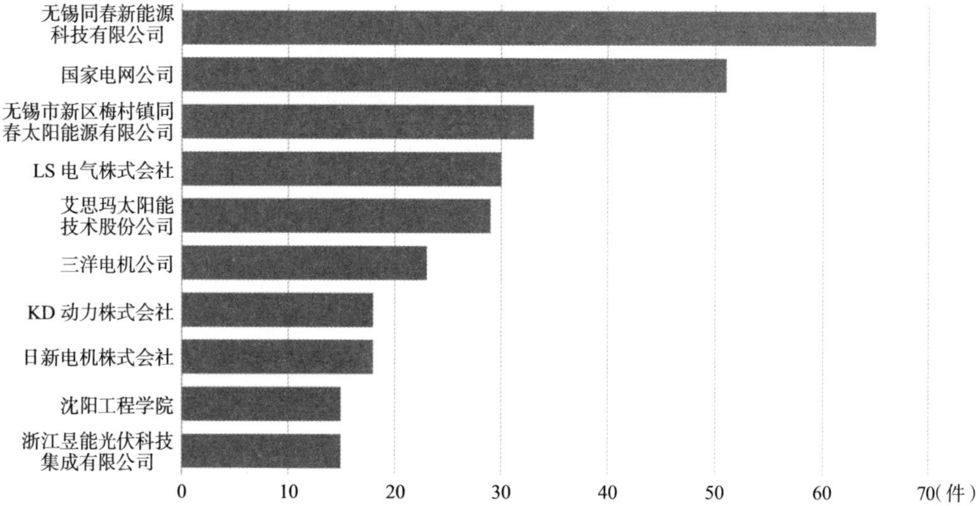

图 4-55　光伏逆变器重点申请人

在光伏蓄电池方面，无锡同春新能源科技有限公司、国家电网公司、江苏大学、大和房屋工业株式会社、京瓷公司显示出在该领域的优势，如图 4-56 所示。

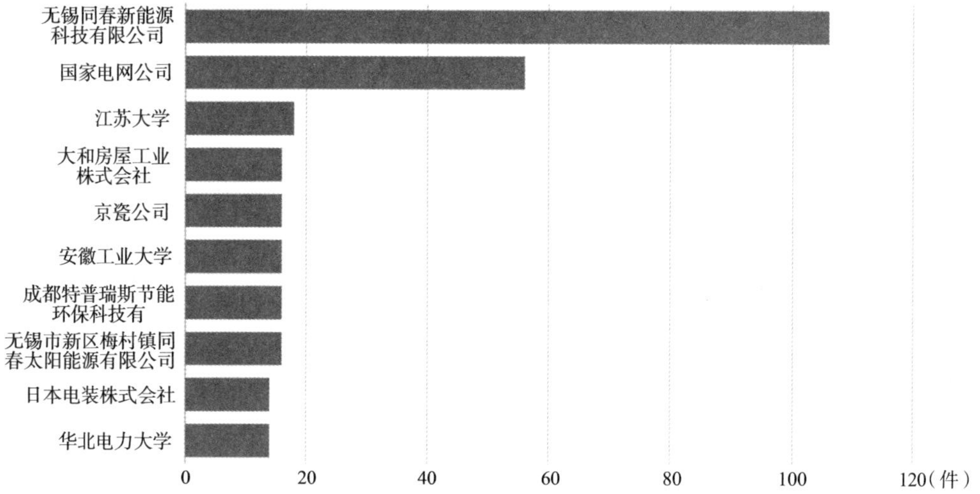

图 4-56　光伏蓄电池重点申请人

图 4-57 至图 4-59 分别为光伏控制器、光伏逆变器、光伏蓄电池的申请技术聚类图。

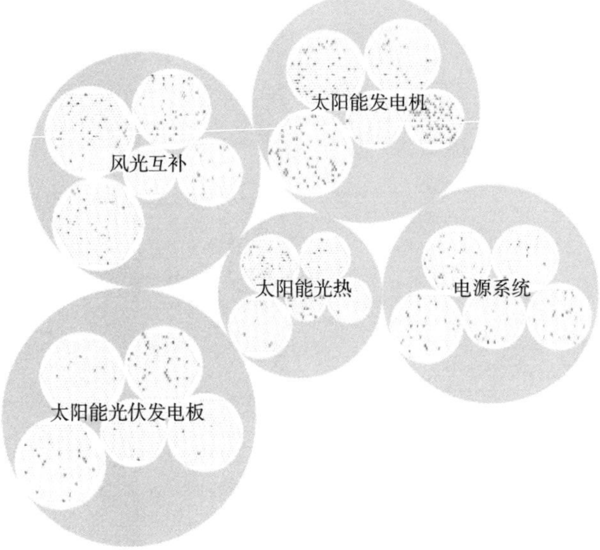

图 4-57　光伏控制器申请技术聚类图

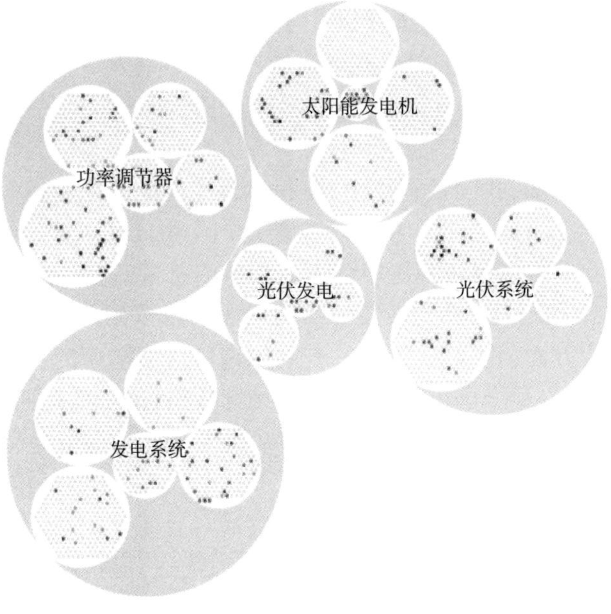

图 4-58　光伏逆变器申请技术聚类图

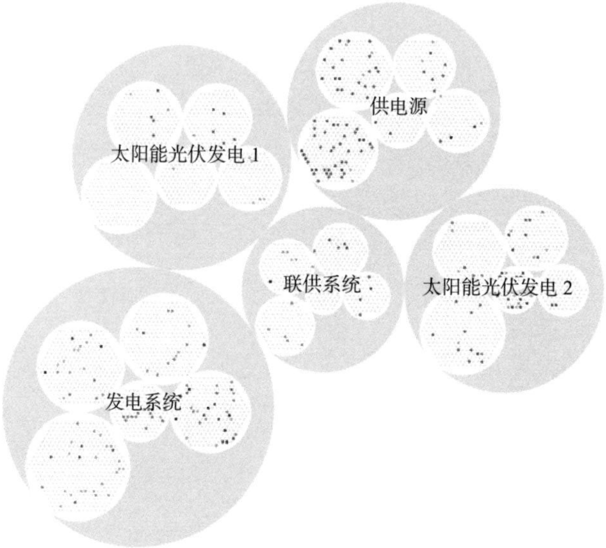

图 4-59　光伏蓄电池申请技术聚类图

在光伏控制器方面,我国各省份中,专利申请量占据前列的省市依次为江苏、广东、北京、浙江、山东、上海、安徽,天津以 71 件的专利申请量位于全国第 11 位。经过统计分析,位于前列的五省市的总专利申请量占我国申请人专利申请总量的 31.08%,可见在光伏控制器领域,上述五省份的研发分布比较集中,特别是江苏和广东的相关研发较为活跃。

在光伏逆变器方面,我国各省市中,专利申请量占据前列的省份依次为江苏、广东、浙江、山东,天津以 142 件的专利申请量位于全国第 11 位。经过统计分析,位于前列的五省市的总专利申请量占我国申请人专利申请总量的 35.72%,可见在光伏逆变器领域,上述五省市的研发分布比较集中,特别是江苏和广东的相关研发较为活跃。

在光伏蓄电池方面,我国各省市中,专利申请量占据前列的省市依次为江苏、广东、浙江、山东,天津位于全国第 12 位。经过统计分析,位于前列的五省市的总专利申请量占我国申请人专利申请总量的 36.22%,可见在光伏蓄电池领域,上述五省市的研发分布比较集中。

(2)技术演进热点方向分析

技术演进可以通过重点专利来推进,因此可以通过分析核心专利的发展构成来分析技术演进的热点方向。核心专利可以通过技术稳定性、技术先进性和保护范围予以考核。本书参考技术稳定性、技术先进性和保护范围对所有检索出的相关专利进行评分排名,将排名前 670 名的专利视为核心专利。通过分析发现,光伏发电技术及设备全球重点专利申请量在 2011 年达到峰值,与全球专利申请趋势相比, 2011 年前全球在该领域的专利申请量也是呈增长态势，说明以核心专利为基础的外围专利布局在逐渐开展；2015 年之后，核心专利申请量呈现下滑态势，如图 4-60 所示。

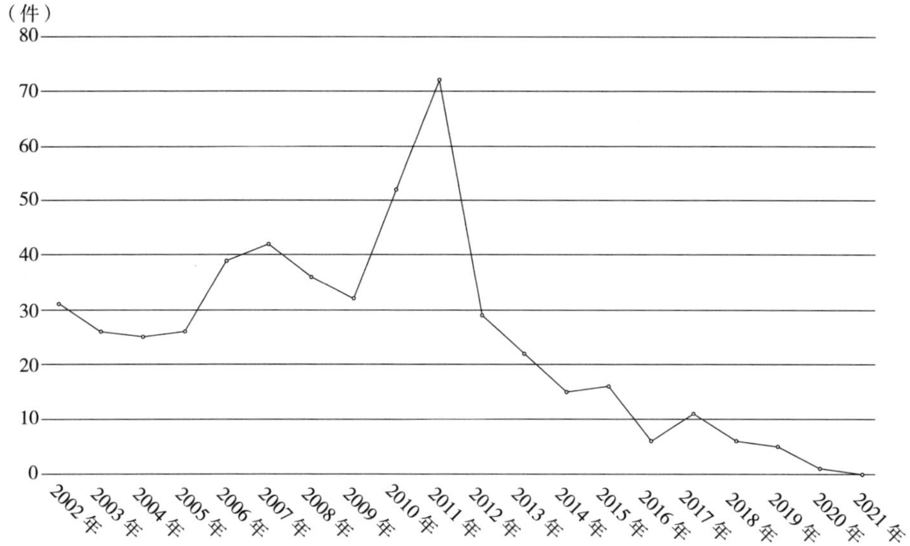

图 4-60　核心专利申请趋势

从重点专利区域分布情况来看，中国核心专利占比最高，说明中国注重核心技术的研究和投入，并重视在全球的专利布局。紧随其后的欧洲专利局、美国和日本也都是专利申请大户，如图 4-61 所示。相关核心专利见表 4-10。

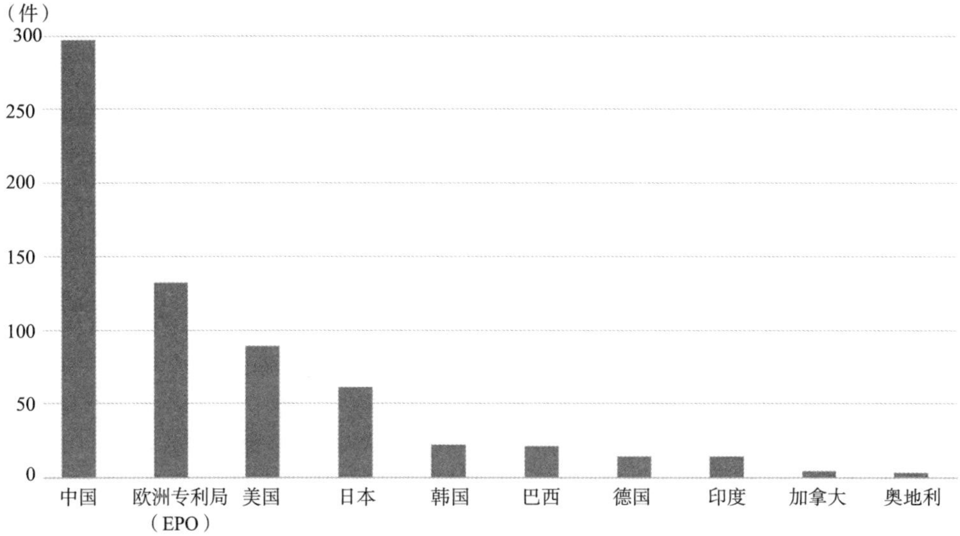

图 4-61　核心专利国家和组织申请量

表 4-10　核心专利情况

序号	申请人	申请号	标题
1	朗姆研究公司	US07757921	采用同心电加热元件 CVD 平板加热器系统
2	金普斯公司	EP92906568	用于连续组装图案条带的方法以及由该办法获得的集成电路微模块条
3	金普斯公司	EP96106073	通过连续组织图案化条带获得的集成电路微型模块
4	佳能公司	KR1019970019164	光生伏特器件和制造方法
5	日立有限公司	JP10044850	所述太阳能发电机和太阳能发电模块以及用于安装太阳能发电系统的方法
6	夏普株式会社	JP10124692	功率转换装置用于光伏发电
7	Seitz David	US09241185	具有改进的加热元件控制器的流体加热器
8	应用材料公司	US09920891	利用 HDP-CVD 实现高纵横比间隙填充的气体化学循环
9	Blake Clinton E Hairfield John R Higgins Charles T Nunnally H Neal;Ripley Robert L	US10161639	从锂离子电源供应电力的电加热吸烟系统和方法
10	3M 创新有限公司	KR1020107013913	温度控制装置和方法用于高电化学电池的能量
11	麦克赛尔株式会社	JP2003030081	电极材料及其制造方法和用于可再充电电池负极和非可再充电电池
12	Vinegar Harold J	US11113353	使用氮化物绝缘的地下电加热器
13	三菱化学株式会社	KR1020097020547	用于可再充电电池的非水电解质和与非水电解液可充电电池
14	通用电气公司	EP10163331	太阳能逆变器和控制方法

通过分析核心专利全球技术构成,可以了解技术的重点发展方向。本书共筛选出国外核心专利 650 项,中国核心专利 279 项。上述结果表明,电热和其他类目不包含的电照明产业是最为重要的技术方向;用于直接转变化学能为电能的方法或装置(如电池组)、一般有热发生装置的流体加热器(如水或空气的加热器、半导体器件)以及其他类目中不包括的电固体器件等核心专利也较多,这些技术分支可能是本领域国内外研发的重点方向。

(3)龙头企业专利布局分析

下面将国内外龙头企业作为分析对象,从而推断其技术重点及未来的发展方向。由光伏发电技术及设备全球专利申请人排名和重点专利申请人排名情况来看,松下电器公司不仅申请量中排名第一,在核心专利的拥有量中也排名第一,专利多达 5 500

件，也充分印证了松下电器公司在全球光伏发电技术及设备领域的强劲技术实力，其是该领域的龙头企业，能率株式位居第二，三菱电机公司、加斯塔尔公司、大阪煤气公司、科罗娜公司核心专利申请量较多，都在 800 件以上。

从重点专利申请人排名中挑选出前 6 名，作为申请专利质量较高的龙头企业，并进行技术分支的统计，如图 4-62 所示。可以看出，从技术分支来看，松下电器公司仍然对半导体器件进行了高质量专利的布局，光伏发电技术及设备全球专利申请人排名和重点专利申请人排名情况来看，松下电器公司的申请量排名第一，是该领域内的龙头企业。

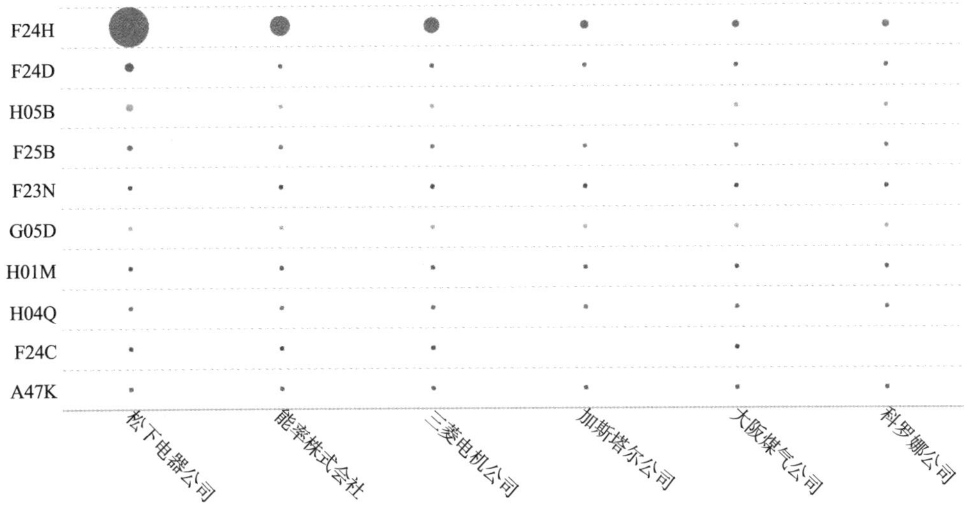

图 4-62　核心企业技术分布

4.4　第二代薄膜太阳能电池关键技术分析

4.4.1　技术简介

（1）历史发展

随着地球上化石能源的逐渐枯竭和环境污染问题的不断加剧，人们开始将目光转向清洁、可再生的新能源。太阳能作为地球上无限、可再生的无污染能源之一，其应用逐渐受到了人们的关注。在各种太阳能电池中，晶体硅太阳能电池是目前光电转换效率最高的太阳能电池，已经在商业和民用领域得到了广泛应用。然而，由于其成本较高和能量转换效率提升的限制，各国纷纷开始研发可作为晶体硅太阳能电池替代品的新型太阳能电池。

第一代太阳能电池的制作工艺简单,但它的转换效率相对有限。而第二代薄膜太阳能电池虽然材料和制作成本较低,但它的转换效率也不够高。薄膜太阳能电池是一种缓解能源危机的新型光伏器件,它可以使用价格低廉的陶瓷、石墨、金属片等材料作为基板,形成的可产生电压的薄膜厚度仅为数微米。目前,这种薄膜太阳能电池的转换效率最高可以达到 13%,展现出良好的应用前景。

薄膜太阳能电池还具有可挠性的特点,即可以制作成非平面构造,因此其应用范围十分广泛。薄膜太阳能电池可以与建筑物结合或融入建筑物,以便更好地利用太阳能资源;还可以应用于各种移动设备,例如手机、平板电脑、便携式发电机等,使这些设备的能源供应更加可持续和环保。

(2)技术原理

硅材料是目前太阳能电池的主要制作材料,由于其在成品太阳能电池成本中占据了近 40%的份额,因此被誉为太阳能电池的主导材料。硅材料不仅具有高稳定性和高光电转换效率,还具有广阔的应用前景。非晶硅太阳能电池是一种以硅为基底材料的太阳能电池,其厚度不到 1 μm,仅为晶体硅太阳能电池厚度的 1%。这种超薄的构造大大降低了制造成本,同时也为电池的便携性和可弯曲性提供了可能。非晶硅太阳电池的制造温度很低,只有~200 ℃,这个特点使其易于实现大面积生产,同时也降低了能源消耗和环境污染。因此,非晶硅太阳能电池在薄膜太阳能电池中占据首要地位。在制造方法方面,非晶硅太阳能电池有多种制备方法,包括电子回旋共振法、光化学气相沉积法、直流辉光放电法、射频辉光放电法、溅射法和热丝法等。其中,射频辉光放电法由于其低温过程(~200 ℃),易于实现大面积和大批量连续生产,已成为国际公认的成熟技术。在材料研究方面,科学家对 a-SiC 窗口层、梯度界面层、μC-SiCp 层等进行了深入研究,这些成果明显改善了电池的短波光谱响应。同时,采用绒面 TCO 膜、绒面多层背反射电极(ZnO/Ag/Al)和多带隙叠层结构,即 glass/TCO/$p_1i_1n_1$/$p_2i_2n_2$/$p_3i_3n_3$/ZnO/Ag/Al 结构,成功增加了长波响应。

在提高叠层电池效率方面,科学家采用了渐变带隙设计、隧道结中的微晶化掺杂层等创新方法,以改善载流子收集。这些技术的应用使薄膜太阳能电池的转换效率得到了显著提升。

薄膜太阳能电池是一种缓解能源危机的新型光伏器件,它的出现为太阳能的应用和发展开辟了新的途径。

无机薄膜太阳能电池的主要结构包括对电极、窗口层、缓冲层、光敏层、底电极及透明基底。其中,光敏层中的 CIGS 或 CZTS 可作为 P 型半导体,与缓冲层中的 N 型材料形成 PN 结,构成整个电池的核心部分。目前, CIGS 薄膜太阳能电池的光电转换效率接近于新型太阳能电池,已基本满足商业化要求,但 CIGS 中所含的 Ga 和 Se

具有一定的毒性，存在污染环境的问题。而 CZTS 薄膜太阳能电池相比于传统新型太阳能电池还有较大差距，目前还处于实验室研究阶段，需要进一步提升光电转换效率。CZTS 材料的制备工艺较为烦琐，需要优化工艺或探索新的制备方法以降低生产成本，从而满足商业化发展的需求。

相比之下，CZTS 薄膜太阳能电池在光电转换效率上还有较大的提升空间，针对 CZTS 材料在制备和应用过程中可能出现的环境问题，也需要进行深入研究，并采取有效措施加以解决，以确保其商业化发展的可持续性。总体来说，无机薄膜太阳能电池是一种具有重要应用前景的可再生能源技术。尽管 CIGS 薄膜太阳能电池已经接近商业化要求，但还需要关注其环境影响并寻求解决方案。而 CZTS 薄膜太阳能电池作为一种具有潜力的发展方向，还需要在实验室研究的基础上进一步优化制备工艺，提高光电转换效率并解决其环境问题，以满足商业化发展的需求。

（3）技术分类

薄膜太阳能电池是一种具有广阔应用前景的太阳能电池，其制造材料丰富多样，包括玻璃、塑料、陶瓷、石墨、金属片等，这为其在各种不同场景中的应用提供了便利。这些材料经过特殊工艺处理后，可形成仅数微米厚的薄膜，使其在相同的受光面积下大幅减少原料的用量，降低生产成本。薄膜太阳能电池的厚度可低于硅晶圆太阳能电池 90%以上，具有极高的经济效益。目前，薄膜太阳能电池的实验室最高转换效率已达 20%以上，规模化量产稳定效率最高约 13%，这使其在太阳能电池市场中具有很大的竞争力。

薄膜太阳能电池除具有平面结构外，还具有可挠性的特点，这使得它可以被制作成非平面构造，扩大了其应用范围。它可以与建筑物结合或者成为建筑体的一部分，实现建筑与太阳能的融合，这为城市建筑提供了新的发展方向。在薄膜太阳能电池的制造过程中，可以使用的沉积技术多种多样，通过各种工艺一层又一层地将 P 型或 N 型材料生长在基板上，形成所需的太阳能电池结构。常见的薄膜太阳能电池包括化合物薄膜太阳能电池（如 $CuInSe_2$（CIS）、$CuInGaSe_2$（CIGS）、CdTe 等）和晶硅薄膜太阳能电池等。这些不同种类的薄膜太阳能电池适用于不同的应用场景，为其广泛应用提供了丰富的选择。

1）化合物薄膜太阳能电池

Ⅰ. 砷化镓（GaAs）薄膜太阳能电池

GaAs 是一种具有重要应用价值的Ⅲ-Ⅴ族化合物半导体材料，其能隙为 1.4 eV，与太阳光谱的匹配程度较高，因此在太阳能电池等领域具有广阔的应用前景。在 250 ℃的条件下，其光电转换性能仍然良好，最高光电转换效率约为 30%，特别适合高温聚光太阳能电池的制作。

GaAs 的生产方式与传统的硅晶圆生产方式存在显著差异，需要采用磊晶技术制造。磊晶圆的直径通常为 4~6 in，需要使用特殊的机台进行生产。同时，GaAs 原材料的成本远高于硅材料，这些因素共同导致 GaAs 成品 IC 的成本相对较高。GaAs 等Ⅲ-Ⅴ族化合物薄膜太阳能电池的制备主要采用 MOVPE 和 LPE 技术，其中 MOVPE 方法制备 GaAs 薄膜太阳能电池受衬底位错、反应压力、Ⅲ-Ⅴ比率、总流量等诸多参数的影响。在 GaAs 薄膜太阳能电池的制造过程中，采用液相外延法或 MOCVD 技术制备是降低成本的有效方法。以硅片为衬底，采用 MOCVD 技术异质外延方法制造 GaAs 薄膜太阳能电池有望降低成本。已经研究的砷化镓系列太阳能电池包括单晶砷化镓、多晶砷化镓、镓铝砷-砷化镓异质结、金属-半导体砷化镓、金属-绝缘体-半导体砷化镓太阳能电池等。

1998 年，德国夫朗霍费·费莱堡太阳能系统研究所制得的 GGaAs 太阳能电池的转换效率达到了 24.2%，创下了欧洲纪录。此外，其还首次制备了 GaInP 电池，其转换效率为 14.7%。通过堆叠结构制备的 GaAs 和 GaSb 电池组合，其转换效率可以达到 31.1%。砷化镓（GaAs）Ⅲ-Ⅴ化合物电池的转换效率可达 28%，这种化合物材料具有理想的光学带隙和高吸收效率，抗辐照能力强，对热不敏感，适合制造高效单结电池。然而，GaAs 材料高昂的价格，限制了 GaAs 电池的普及和应用。砷化镓太阳能电池在太空环境下的光电转换效率可达 27%。德国科技工作者采用铝砷化镓和掺氮砷化镓作为 PN 结，组成薄膜太阳能电池，并通过激光照射实现了创纪录的 68.9% 的转换效率。这项技术的优点在于所用半导体材料的光谱与激光的光谱接近，因此才会有如此高的光电转换效率。虽然该技术是通过激光照射产生电能，但它一定会在某些特殊场合发挥重要作用。

Ⅱ. 铜铟硒（$CuInSe_2$）薄膜太阳能电池

铜铟硒是一种具有独特特性的半导体材料，其在太阳能电池领域的应用备受关注。作为光电转换材料，铜铟硒具有 1.1 eV 的能隙，这一特性使其非常适用于制作太阳能电池。相对于其他常用的太阳能电池，如硅晶太阳能电池，铜铟硒太阳能电池具有更加简单、高效的制备工艺和更低廉的成本。制备铜铟硒太阳能电池的主要方法包括真空蒸镀法和硒化法。真空蒸镀法是一种通过蒸发铜、铟、硒等材料来制备薄膜的方法，这种方法的优点是能够精确控制薄膜的厚度和成分。而硒化法则是一种先通过将铜铟沉积在基底上，再通过硒化处理来制备薄膜的方法。目前，铜铟硒太阳能电池的转换效率已经从 20 世纪 80 年代的 8%发展到了 15%左右，甚至最高达到 17.1%。这一显著提升的转换效率使得铜铟硒太阳能电池具有广阔的应用前景。除高转换效率外，铜铟硒太阳能电池还具有其他硅晶太阳能电池所不具备的优势。首先，铜铟硒太阳能电池的价格更为低廉，这使得它更具竞争力。其次，铜铟硒太阳能电池的性能良好，能够满足各种环境和条件下的使用需求。最后，铜铟硒太阳能电池的制备工艺相对简单，这使得它的生产更具效率和经济性。

综上所述，铜铟硒太阳能电池具有转换效率高、成本低、性能良好和制备工艺简单等优势。随着技术的不断进步和应用领域的扩大，预计未来铜铟硒太阳能电池的转换效率还将进一步提高，有望达到甚至超过多晶硅太阳能电池的水平，这将为铜铟硒太阳能电池在太阳能产业的应用提供更广阔的发展前景。

Ⅲ. 碲化镉（CdTe）薄膜太阳能电池

CdTe 是一种Ⅱ-Ⅵ族化合物半导体材料，其带隙为 1.5 eV，这个带隙与太阳光谱非常匹配，使得它非常适用于光电能量转换过程。作为一种薄膜太阳能电池，CdTe 具有极高的理论效率（高达 28%）和稳定性，一直以来都受到全球光伏界的广泛关注。这种太阳能电池通常以 CdS/CdTe 异质结为基础结构，显示出非常高的填充因子，其值达到 0.75。

制备 CdTe 薄膜的方法包括近空间升华法、电沉积、物理气相沉积（PVD）、化学气相沉积（CVD）、化学沉积（CBD）、丝网印刷、溅射和真空蒸发等。其中，丝网印刷烧结法通过使用丝网印刷技术将 CdTe 和 CdS 浆料制备成薄膜，然后在高温下进行热处理，进而得到具有大晶粒结构的薄膜；近空间升华法利用玻璃作为衬底，在高温下使 CdTe 升华并在衬底上冷凝形成薄膜；真空蒸发法则通过将 CdTe 加热升华并冷凝在衬底上制备薄膜。

典型的 CdTe 薄膜太阳能电池结构包括减反射膜/玻璃/（SnO_2：F）/CdS/P-CdTe/背电极，其中 CdTe 作为吸收层，CdS 作为窗口层。在实验室条件下，CdTe 薄膜太阳能电池的效率不断提高，已经达到 16%左右。然而，在商业化方面，其平均效率仅为 8%~10%。尽管在 20 世纪 90 年代初，CdTe 薄膜太阳能电池实现了规模化生产，但市场发展缓慢，市场份额一直在 1%左右。随着技术的不断进步和效率的不断提高，我们有理由相信，在未来的光伏市场中，CdTe 薄膜太阳能电池将会有更广阔的发展前景。现在的 CdTe 薄膜太阳能电池有五层结构，其功能如下。①玻璃衬底：作为电池的支架，不仅具有极高的透光性，还方便太阳光的入射，并且能有效防止外界污染，保护电池内部的稳定工作。②TCO 层：透明导电氧化层的缩写，具有高透光性和高导电性，能够充当电池中的电极，为电池的正常运行提供必要的导电通路。③CdS 窗口层：一种 N 型半导体材料，与 CdTe 吸收层形成 PN 结，是光电转换的关键层。该层能够有效吸收太阳光，并将其转化为电能，是整个电池系统的重要环节。④CdTe 吸收层：一种 P 型半导体材料，与 CdS 窗口层形成 PN 结，是整个电池的核心部分。该层负责光电转换的过程，将太阳光转化为电能，是整个电池系统的核心和关键部分。⑤背接触层和背电极：其作用是降低金属电极的接触势垒，使电流能够顺利引出，它们不仅能够提高电池的导电性能，还能够有效防止电池内部的短路和断路，保证电池的稳定性和可靠性。

适当减薄 CdS 窗口层的厚度，可以减少入射光的损失，从而提高电池的短波响应和短路电流密度；还可以将 CdTe 的沉积温度降到 550 ℃以下，以适应廉价的玻璃衬底从而降低成本。另外，为了提高电池的效率，可以优化电池结构和各个层次的材料工艺。CdTe 薄膜太阳能电池是一种太阳能电池技术，具有较高的效率和低成本的优势。目前，许多国家的研究小组已经在实验室阶段取得了较高的效率，并且在大面积组件方面也取得了进展；一些公司也正在进行中试和生产厂的建设，CdTe 薄膜太阳能电池已经开始走向规模工业化生产。此外，将实验室成果转化为产业化产品还需要进行组件以及生产模式的设计、研究和优化。

在广泛而深入的应用研究基础上，国际上许多国家对 CdTe 薄膜太阳能电池的研发和生产已经从实验室阶段走向工业化生产。例如，1998 年，美国的 CdTe 电池产量就已经达到 0.2 MW，而日本的 CdTe 电池产量更是高达 2.0 MW。这一成果的实现，不仅归功于科学家们对于这一技术的深入研究和理解，还得益于他们对于生产工艺的不断优化和创新。

德国的 ANTEC 公司计划在 Rudisleben 建造一家年产 10 MW 的 CdTe 薄膜太阳能电池组件生产厂，这一举措预计会使其生产成本降到 1.4 美元/W 以下。这种组件不仅性能优良，而且其生产工艺十分先进，使得该光伏组件具有完美的外观，可以在建筑物上使用。这一特点不仅拓宽了其应用范围，而且还有可能取代某些建筑材料，从而进一步降低电池的成本。随着科技的不断发展，我们有理由相信，CdTe 薄膜太阳能电池将会在未来的太阳能市场中发挥越来越重要的作用。

CdTe 薄膜太阳能电池是一种光伏器件，其发展较快。1993 年，美国南佛罗里达大学成功制备出面积大于 1 cm^2 的 CdS/CdTe 太阳能电池的 AM1.5 效率为 15.8%。随后，日本报道了以 CdTe 作吸收层，以 CdS 作窗口层的 n-CdS/p-CdTe 半导体异质结电池，其典型结构为 MgF_2/玻璃/SnO_2: F/n-CdS/p-CdTe/背电极，小面积电池最高转换效率为 16%，成为当时 CdTe 薄膜太阳能电池的纪录。如今，太阳能电池的研究重点集中在提高转换效率、降低成本和增强稳定性，因此以 CdTe 为代表的薄膜太阳电池成为关注焦点。

Ⅳ. 有机薄膜太阳能电池

有机薄膜太阳能电池的核心部分是活性层，该层由给体材料和受体材料构成，形成具有有机特性的 PN 结。给体材料在光伏特性方面起着关键作用，其通常是具有特定结构的有机小分子或高分子聚合物。大多数给体材料是 P 型材料，这意味着它们只能传输正电荷；但也有一些是 N 型，只能传输负电荷。这些材料在有机薄膜太阳能电池中起着至关重要的作用，因为它们能够吸收太阳光并将其转化为电能。受体材料在有机薄膜太阳能电池中也扮演着重要的角色，其通常采用富勒烯材料，如 PCBM（多取代的 C_{60}），或者小分子非富勒烯材料，如 N2200。这些受体材料能够接收从给体材料传输过来的电子，形成电荷转移复合物，并进一步将电子传递到电极上。在有机薄膜太阳能电池中，还有一种重要的材料是 FTO（氟掺杂氧化锡）。这种材料在电池中起着吸光作用，它能够吸收太阳光并将其转化为电能。FTO 的表面涂层能够反射未被吸收的光线，使其能够更好地被活性层吸收。同时，FTO 还起着电极的作用，它能够收集从活性层传递过来的电子，并将其传递到外部电路中。

Ⅴ. 其他多元化合物薄膜太阳能电池

科学家为了寻找单晶硅电池的替代品，不仅开发了多晶硅、非晶硅薄膜太阳能电池，还研制了砷化镓Ⅲ-Ⅴ族化合物、硫化镉、碲化镉及铜铟硒薄膜电池等其他材料的太阳能电池。其中，尽管硫化镉、碲化镉多晶薄膜太阳能电池效率高、成本低、易于大规模生产，但由于镉有剧毒，会对环境造成严重的污染，因此其并不是晶体硅太阳能电池最理想的替代品。砷化镓Ⅲ-Ⅴ族化合物及铜铟硒薄膜太阳能电池具有较高的转换效率，受到人们的普遍重视。GaAs 等Ⅲ-Ⅴ族化合物薄膜太阳能电池的制备主要采用金属有机化学气相沉积系统（MOVPE）和液相外延（LPE）技术，其中 MOVPE 方法制备 GaAs 薄膜太阳能电池受多种参数的影响。除 GaAs 外，其他Ⅲ-Ⅴ化合物如 GaSb、GaInP 等电池材料也得到了开发。另外，还有研究所采用堆叠结构制备 GaAs, GaSb 电池，该电池效率达到 31.1%。CIS 作为太阳能电池的半导体材料，具有价格低廉、性能良好和工艺简单等优点，将成为今后发展太阳能电池的一个重要方向。其唯一的问题是材料的来源，由于铟和硒都是比较稀有的元素，因此这类电池的发展又必然受到限制。这也提醒我们，未来的太阳能电池研究既要关注效率的提高，也要重视环保和可持续性。

2）晶硅薄膜太阳能电池

Ⅰ. 多晶硅薄膜太阳能电池

多晶硅薄膜太阳能电池是一种以多晶硅材料为基底的太阳能电池，其材料性能相对较好，在光伏领域具有广阔的应用前景。这种电池主要由许多大小不等、具有不同晶面取向的小晶粒构成，这些小晶粒在多晶硅薄膜中呈现出高度有序的结构。多晶硅薄膜太阳能电池具有高光敏性，能够有效吸收太阳光并转化为电能；其光照稳定性与晶体硅相当，而且在长波段表现更为出色。因此，多晶硅薄膜太阳能电池被认为是高效、低耗的最理想的光伏器件之一。多晶硅薄膜太阳能电池兼具单晶硅和多晶硅太阳能电池的高转换效率和长寿命等优点，同时材料制备工艺相对简单，有望使太阳能电池组件的成本得到更大程度的降低，从而使光伏发电的成本能够与常规能源相竞争。多晶硅薄膜太阳能电池要求多晶硅薄膜的厚度在 5~150 pm，且薄膜的宽度至少是厚度的 1 倍；同时要求底材具有机械支撑能力，有良好的背电极，还需要对背表面进行钝化。目前，低温制备多晶硅薄膜的技术备受关注，因为在低温下制备多晶硅薄膜可以使多晶硅薄膜沉积在如玻璃等廉价底材上成为现实。根据制备方法分类，其可分为先制备非晶态材料、再固相晶化为多晶硅薄膜和直接在底材上沉积多晶硅两大类。

多晶硅薄膜太阳能电池在提高转换效率、节约能源和大幅度降低成本等方面都具有极其广阔的前景。随着技术的不断进步和应用领域的扩大，多晶硅薄膜太阳能电池将会在可持续发展和绿色能源领域发挥越来越重要的作用。多晶硅太阳能电池的制作工艺与单晶硅太阳能电池相似，但光电转换效率较低，一般为17%~18%。相比单晶硅太阳能电池，多晶硅太阳能电池具有低能耗、无污染等优点，且制作成本较低。然而，多晶硅太阳能电池的使用寿命较短、效率较低，在载流子迁移率、寿命和扩散长度等方面都不如单晶硅太阳能电池。

Ⅱ.非晶硅薄膜太阳能电池

晶硅薄膜太阳能电池是一种利用光电效应或光化学效应将光能转化成电能的太阳能电池，其基本组成成分是非晶硅化合物，其又称 a-Si 太阳能电池和无定型硅太阳能电池。相较于单晶硅太阳能电池，非晶硅薄膜太阳能电池具有以下优点：①非晶硅的光吸收系数大，这意味着在吸收光线能量时，薄膜的厚度可以相对较小，从而减少原材料的使用和制造成本；②非晶硅太阳能电池的制造工艺简单，制造过程能量消耗少，这使得它成为一种经济实惠的能源转换设备；③由于非晶硅太阳能电池的制造过程中可以采用大面积的薄膜制造技术，因此可以实现大面积化及连续生产，从而提高生产效率；④非晶硅太阳能电池可以用玻璃或不锈钢等材料作衬底，这有利于降低成本并提高生产效率；⑤非晶硅太阳能电池可以做成叠层结构，从而提高效率，这是因为它可以在不同的材料之间形成有效的界面，从而增强光的吸收和光电转换能力。

由于经济上的优势，非晶硅太阳能电池成为一些发达国家能源计划的重点。在薄膜太阳能电池中，非晶硅太阳能电池是唯一能进行大规模生产的器件，且价格便宜，因此市场占有率逐年增加。除应用在如计算器、手表等弱光电池市场外，非晶硅太阳能电池还能应用在微波中继站、光伏水泵等电源及功率领域，显示出其广阔的应用前景。非晶硅太阳能电池主要采用等离子增强化学气相沉积法（PECVD）制备，这种方法使用 SiH_4 和 H_2 或 SiH_4 和 GeH 作为原料气，在低温等离子体的作用下分解产生 a-Si 或 a-SiGe 薄膜。这种制备方法的特点是在低温下进行，制备工艺相对简单，薄膜生长速率快，大面积制备成本低。

为了提高光电转换效率，叠层电池结构成为发展趋势。叠层电池结构主要是通过将不同禁带宽度的 i 层堆叠在一起，形成多结的 PIN 结构，如两结或三结电池。这种结构可以更有效地吸收太阳能光谱，从而提高电池效率。常规的叠层电池结构主要为 a-Si/aSiGe、a-Si/a-Si/a-SiGe、a-Si/a-SiGe/a-SiGe、a-SiC/a-Si/a-SiGe 等。Sanyo 公司研制了一种新型的 HIT 电池，在这种电池结构中，非晶硅沉积在绒面单晶硅片的两面上，具有较高的效率，100 mm × 100 mm 大小的电池的效率可达 21%，

800 mm × 1 200 mm 大小的电池的效率可达 18.4%。然而，非晶硅薄膜太阳能电池仍存在一些需要解决的问题，如 Staebler-Wronski 效应、沉积速率低、后续加工困难、存在大量的杂质等。其未来研究方向包括采用优质的底电池 i 层材料、朝叠层结构电池发展、开发生产叠层型非晶硅太阳能电池模块技术、使用便宜封装材料以降低成本。这些研究方向将有助于进一步提高非晶硅薄膜太阳能电池的光电转换效率和应用范围，推动其在能源领域的应用和发展。

Ⅲ. 微晶硅薄膜太阳能电池

纳米硅太阳能电池和 CIGS 薄膜太阳能电池都是目前备受瞩目的太阳能电池，具有极大的发展潜力。纳米硅太阳能电池是利用氢化纳米硅或微晶硅薄膜构成的 PIN 型太阳能电池，其性能主要取决于纳米晶粒的大小、晶相比、氢含量以及微结构。这类太阳能电池通常具有较好的稳定性，同时具有长波吸收特性，能够在各种环境下稳定工作。CIGS 薄膜太阳能电池则因其独特的优异性能被誉为最有希望的光伏器件之一，并已成为各国的研究热点。它是一种化合物薄膜太阳能电池，兼具高光电转换效率与较低制造成本的优点。CIGS 的组成成分是 $Cu(In_{1-x}Ga_x)Se_2$，其结构为黄铜矿相，是 $CuInSe_2$ 和 $CuGaSe_2$ 的混合半导体。CIGS 薄膜太阳能电池的光吸收系数高达 10^5/cm，这是已知半导体材料中最高的，并且它是一种直接带隙的半导体材料，适合薄膜化。通过在 $CuInSe_2$ 中用 Ga 代替 In，可使半导体材料的禁带宽度可从在 1.04~1.65 eV 间灵活变化。此外，由于 CIGS 薄膜太阳能电池中的薄膜晶体结构和化学键稳定，尚未发现光致衰退效应，使其使用寿命更长。CIGS 可以在玻璃基板上形成缺陷少、品质高的大晶粒，且在制作过程中不存在具有污染性的化学物质。

制备 CIGS 薄膜的方法主要有真空蒸发法、溅射法和电沉积法。其中，电沉积法是一种最具潜力且低成本的制备 CIGS 先驱薄膜的方法。此方法在制备 CIGS 薄膜过程中可以有效地控制薄膜的厚度、化学组成、结构及孔隙率，而且设备投资少、原材料利用率高、工艺简单易于操作。然而，尽管该方法工艺简单、易于操作，但要想通过该方法制备理想的具有复杂组成的薄膜材料却比较困难，从而限制了该方法的应用范围，需要进一步研究和改进。CIGS 薄膜太阳能电池在性能上表现优异，受到一些发达国家的高度重视，日本、美国和德国在该方面的研究水平已处于世界领先，并已接近或达到实际生产水平，其性能和品质也在不断提高。美国可再生能源实验室制备的小面 CIGS 薄膜太阳能电池的最高光电转换效率已达 19.2%。日本昭和壳牌石油公司已经完成技术开发，并准备建设 10~20 MW 级生产线，2005 年向市场提供商用 CIGS 太阳能电池，技术路线以 CuInGa 测射成膜再 HSe 硒化。日本本田公司也宣布完成了 CIGS 的产业化开发。美国的 Shell Solar 公司生产的 CIGS 太阳电池组件（40 W）已达到转换效率 12%，技术路线也是以 CuInGa 溅射成膜，然后硒化。德国的 Wurth Solar 公司，他们的技术路线是 CuInGaSe 共蒸发，并进行 2 次硒化，平均转换效率 8.5%。与国际上研发力度和规模相比较，国内薄膜太阳能电池相关基础研究水平较低，国内达到的实验室最高光电转化率仅约为 10%，规模化生产主要靠引进国外的设备和技术。

（4）制作工艺

1）化合物薄膜太阳能电池制作工艺

Ⅰ. 砷化镓（GaAs）薄膜太阳能电池

砷化镓是一种常见的太阳电池材料，其制备方法包括晶体生长法、直接拉制法、气相生长法和液相外延法等。这些制备方法与硅半导体材料的制备类似，因为它们都需要经过精细的工艺和严格的过程控制，以确保材料的晶体结构和物理性能的准确性。其中，晶体生长法是通过控制温度、压力、溶液浓度等参数，使砷和镓在一定条件下发生化学反应，生成砷化镓晶体；直接拉制法则是利用高温高压的条件，直接将砷和镓拉制成单晶棒；气相生长法是通过控制气体流量、温度、压力等参数，使砷和镓的化合物在气相中合成并结晶成薄膜；而液相外延法则是在砷化镓的熔融体中添加镓，通过控制温度和溶液浓度，使砷化镓在液相表面外延生长成单晶薄膜。然而，由于镓较为稀缺，砷又具有毒性，加之制造成本高昂，因此砷化镓太阳能电池的发展受到了一定的影响。尽管如此，砷化镓材料仍然具有许多优点，如高光电转换效率和长寿命等，使它成为太阳能电池领域的常用材料之一。除 GaAs 外，其他Ⅲ-Ⅴ化合物如 GaSb、GaInP 等也被广泛开发为电池材料，这些材料通常具有较高的光电转换效率和稳定性，同时具有较低的制造成本，因此被广泛应用于商业化太阳能电池的生产中。

Ⅱ. 铜铟镓硒（CIGS）薄膜太阳能电池

CIGS 薄膜太阳能电池具有稳定性优异、抗辐射能力强等优点，其光电转换效率是目前所有薄膜太阳能电池之首，接近于目前市场主流产品晶体硅太阳能电池的转换效率，而其成本仅为晶体硅太阳能电池的 1/3。这一独特的优势使其被国际社会誉为下一代的廉价太阳能电池，无论是在地面阳光发电还是在空间微小卫星动力电源的应用上，其都具有广阔的市场前景。CIGS 薄膜太阳能电池因与多晶硅太阳能电池拥有相近的效率、低成本和高稳定性而备受青睐，并且已经突破了产业化瓶颈。在全球晶体硅太阳能电池原材料短缺和价格上涨的背景下，许多公司纷纷投入巨资，使 CIGS 产业呈现出蓬勃发展的态势。

目前，全球有 30 多家公司涉足 CIGS 产业，但真正进入市场开发的公司只有德国的 Wuerth Solar 和 Surlfulcell，美国的 Global Solar Energy，日本的 Honda、Showa Solar Shell 等少数几家。尽管这些公司在 CIGS 产业上投入了大量资金和资源，但截至 2006 年和 2007 年，全球 CIGS 电池组件的产能分别为 17.5 MW 和 60.5 MW，在全球光伏市场中所占份额非常小。南开大学以国家“十五”863 计划为依托，建设出了 0.3 MW 的中试线，现在已经制备出 30 cm × 30 cm，效率为 7%的集成组件样品。这一成果为中国光伏产业的发展带来了新的希望。此外，2008 年 2 月，山东孚日光伏科技有限公司宣布与德国的 Johanna 合作，独家引进了中国首条 CIGSSe（铜铟镓硫硒化合物）商业化生产线。这一合作标志着中国在薄膜太阳能电池技术领域迈出了重要的一步，进一步推动了 CIGS 电池产业化进程。当前全球经济环境不景气，传统硅晶太阳能电池厂正面临售价跌破成本的压力。然而，薄膜太阳能电池以其成本优势逐渐崭露头角，成为新的投资热点。与传统光伏技术相比，薄膜光伏技术将通过在许多应用中提供更具成本竞争力的解决方案来抢占市场份额。同时，凭借其特性（质量轻、灵活、易于嵌入其他材料），薄膜光伏技术将开发出新的应用领域。然而，尽管薄膜光伏技术的发展道路充满机遇，但这项技术还面临诸多挑战。例如，近年来晶硅原料的短缺问题已经得到缓解，这消除了薄膜光伏技术需求增长的一个主要动力。此外，薄膜光伏技术的生产工艺还需要进一步优化和完善，以提高其效率和稳定性。同时，薄膜光伏技术的应用领域也还需要进一步拓展，以满足不同领域的需求。

Ⅲ. 有机聚合物太阳能电池（OPV）

有机聚合物太阳能电池和有机太阳能电池是一类在实验室中广泛研究，但在商业应用中较少见到的薄膜太阳能电池。这类电池具有研究价值，但商业化难度较大。有机太阳能电池具有正向和反向两种结构，其中反向结构可以通过溶液印刷的方法逐层制备，这使得有机光伏（OPV）的制备技术成本相对较低，只需要像印刷报纸一样卷对卷印刷，就可以实现大面积、低成本的生产。然而，尽管 OPV 的制备工艺相对简单，但其效率较低、材料稳定性差以及封装材料昂贵等劣势使这类电池在市场上还没有占据太大的份额。尽管有机聚合物太阳能电池和有机太阳能电池在商业应用上还处于初级阶段，但它们的出现为太阳能电池的研究和应用开辟了新的方向。这两类薄膜太阳能电池在制备工艺、材料选择以及应用领域等方面都具有很大的潜力，值得进一步研究和探索。随着科技的不断发展，我们有理由相信，未来的有机聚合物太阳能电池和有机太阳能电池将会在效率和稳定性方面取得更大的突破，从而在太阳能电池市场占据更为重要的地位。

Ⅳ. 其他多元化合物薄膜太阳能电池

其他多元合物薄膜太阳能电池在实验室中的概念性技术研究已经很多，但生产组件还比较少，具体的制备流程在此就不介绍了。

2）晶硅薄膜太阳能电池制作工艺

Ⅰ. 多晶硅薄膜太阳能电池

多晶硅太阳能电池与单晶硅太阳能电池的制作工艺虽然有一些相似之处，但整体上来说，它们的制作流程和具体细节还存在一些差异。多晶硅太阳能电池的光电转换效率较低，一般在 17%~18%，相比之下，单晶硅太阳能电池的效率要更高。尽管如此，多晶硅太阳能电池在生产成本和生产效率方面具有一定优势。

多晶硅片的生产能耗相对较低，这有助于降低生产成本。此外，多晶硅的生产过程较为环保，对环境造成的污染较小。这些优势使得多晶硅太阳能电池在制作成本上更具竞争力，也促使了它在太阳能产业中得到更大的发展和应用。

然而，多晶硅太阳能电池也存在一些不足之处，如使用寿命相对较短，效率也低于单晶硅太阳能电池。这主要是由于多晶硅内存在晶粒界面、晶格错位等缺陷，这些缺陷对载流子的迁移率、寿命和扩散长度等指标产生负面影响，使得多晶硅太阳能电池在这些方面表现得不如单晶硅太阳能电池。这些因素在一定程度上限制了多晶硅太阳能电池的应用和发展，特别是在一些高效率、长寿命需求的应用场景。因此，尽管多晶硅太阳能电池在成本和生产效率方面具有一定优势，但在实际应用中还需要综合考虑其性能和使用寿命等因素，以选择更为合适的光伏电池类型。

Ⅱ. 非晶硅薄膜太阳能电池

太阳能电池主要可分为结晶体太阳能电池、薄膜太阳能电池以及处于萌芽阶段的湿式太阳能电池。其工作原理是半导体 PN 结的光生伏特效应，即受到光照时，物体内的电荷分布状态发生变化而产生电动势和电流的一种效应。非晶硅太阳能电池的工作原理是半导体的光伏效应，即当太阳光照射到电池上时，电池吸收光能产生光生电子-空穴对，在电池内建电场的作用下，光生电子和空穴被分离，形成光生电动势和光生电流。当外电路接通时，形成最大光电流，称为短路电流；当外电路加入负载时，则维持某一光电压和光电流。

Ⅲ. 微晶硅薄膜太阳能电池

在精密的实验室环境中，研究人员利用 PECVD 技术，通过调整不同的氢稀释比条件，成功地制备出了单层纳米硅膜。这一成果具有重大意义，因为单层纳米硅膜的微观结构对材料的物理和化学性质有着深远的影响。为了深入理解这一过程，研究人员对不同条件下生长的纳米硅体系进行了细致的分析。他们发现，纳米硅薄膜的禁带宽度与制备条件有着密切的联系。禁带宽度是半导体材料的一个重要参数，它决定着材料对于特定能量的光吸收能力。氢稀释比的变化，直接影响着纳米硅薄膜的禁带宽度，这一发现对于理解纳米硅膜的生长机制以及优化其性能具有重要的理论指导意义。在明确了最佳制备条件后，他们将纳米硅作为顶电池的 P 型层，成功制备了非晶硅单结太阳能电池。这种太阳能电池展现出了优异的性能，最高转换效率达到 7.44%。这一成果显著超越了此前该领域的研究水平，证明了利用纳米硅作为 P 型层在太阳能电池制备中的优势和潜力。为了进一步提高太阳能电池的性能，他们还制备了非晶硅/微晶硅叠层电池。这种电池的设计理念是通过拓宽硅基电池的光谱响应，使电池在弱光等环境下也能持续发电。实验结果表明，通过优化叠层电池的结构和界面性质，成功地将电池的光电转换效率提高至 8.42%。这一成果验证了这种创新型电池设计的有效性和优越性，为未来太阳能电池技术的发展开辟了新的道路。

（5）技术优劣

薄膜太阳能电池相比晶硅电池具有显著的成本优势，其制造成本低于晶硅电池，这为其带来了更大的利润空间。在原材料方面，薄膜太阳能电池也具有一定的优势，这主要体现在其对材料的需求较少，从而降低了原材料的成本。在光伏电站等需要大量产生电能的应用领域，薄膜太阳能电池的成本优势更加明显。此外，薄膜太阳能电池还具有更高的光能收获率，这使得其在高温环境下仍能保持较高的转换效率。然而，薄膜太阳能电池的一个致命缺陷是其光电转换效率远低于晶体硅太阳能电池。此外，薄膜太阳能电池的生产过程中需要消耗更多的土地面积，这对其广泛应用造成了一定的限制。

非晶硅薄膜太阳能电池的生产设备价格相当高，其设备投资额约占薄膜太阳能电池制造成本的 20%~30%，这在一定程度上增加了生产成本，对薄膜太阳能电池的市场竞争力造成了一定的影响。此外，薄膜技术的快速进步使得生产设备的更新换代速度非常快，这也使得电池生产厂家难以适应不断变化的技术和市场。这种技术更新和市场变化的不适应性，是薄膜太阳能电池在发展过程中需要面对的一个重要挑战。晶体硅太阳能电池可以吸收长波长的太阳光能，但在阴雨天难以工作；同时，在高温环境下，其转换效率会大幅下降。相比之下，薄膜太阳能电池的转换效率受温度变化的影响要小得多，因此对光能的收获率更高。然而，薄膜太阳能电池的光电转换效率远低于晶体硅太阳能电池，一般商业化的薄膜太阳能电池光电转换效率在 6%~11%，而晶硅电池则可以做到 14%~18%。因此，在同等功率的前提下，薄膜太阳能电池板需要消耗的土地面积要比晶体硅光伏板大很多，这个问题在土地价格不断攀升的今天尤为重要。非晶硅薄膜太阳能电池的生产设备昂贵的一个原因是硅薄膜太阳能电池的生产设备和工艺是一体的，制造设备必须在研究材料和工艺的基础上才能实现，从而导致硅薄膜太阳能电池设备昂贵。目前，国外几大非晶硅设备供应商提供的设备购置费比晶硅太阳能电池生产设备高至少 3 倍以上，以 25 MWp 的非晶硅太阳能电池生产线为例，设备投资额 7 000 万~9 000 万美元，其设备费用占薄膜太阳能电池制造成本的 20%~30%。CdTe 薄膜太阳能电池的生产工艺基本上是被美国 First Solar 一家垄断，其他公司和研究机构才刚刚起步，这为更多企业的进入设置了门槛。

4.4.2　专利布局揭示产业发展方向

下面揭示第二代薄膜太阳能电池发展的整体趋势与基本方向，从第二代薄膜太阳能电池产业结构调整方向、技术发展重点及热点方向着手，通过专利布局揭示产业发展方向、技术热点方向，通过重点专利揭示技术热点发展方向。

（1）总体态势

1）专利申请量变化趋势分析

专利申请可以有效地反映现阶段的产业结构情况，这是因为专利申请通常是由企业或个人为了保护其创新技术和产品的独特性而提出的。通过观察专利申请量的变化情况，我们可以大致推测出产业结构的发展方向。某一特定领域的专利申请量占比升高，往往预示着该领域正在成为产业研发的热点，也是产业结构调整的重要方向。下面通过分析第二代薄膜太阳能电池产业结构调整的方向、技术发展的重点以及热点方向等，深入揭示新型太阳能电池的整体发展趋势和基本方向。我们首先对1999—2022 年与薄膜太阳能电池技术相关的专利进行全面的检索（图 4-63），共获得了 7 228 件相关专利，然后对这些专利进行深入分析，包括国内外发展趋势、地域分布、技术流向等多个方面，以便更准确地了解该技术的发展态势。

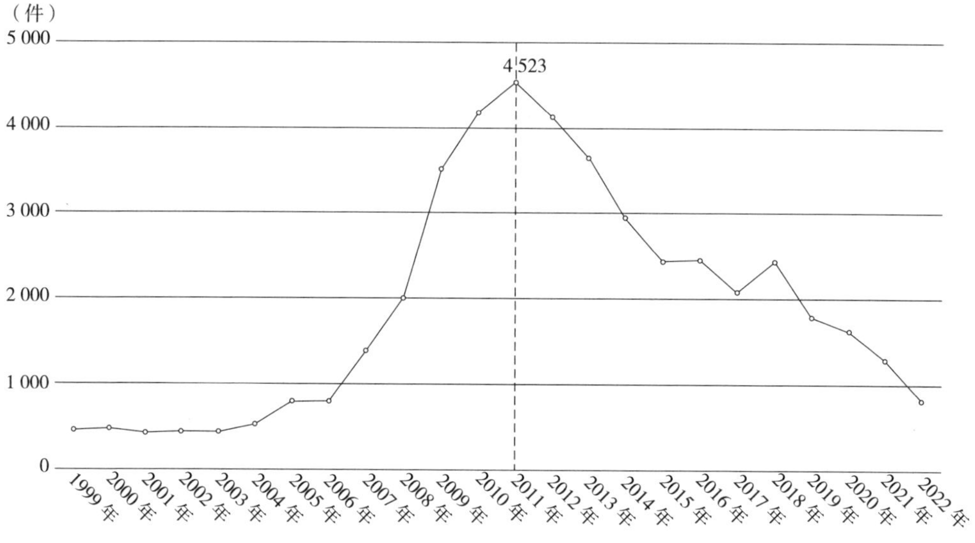

图 4-63　全球第二代薄膜太阳能电池专利申请趋势

通过对检索到的专利进行深入分析，我们可以看到在 1999—2002 年，薄膜太阳能电池技术领域的创新速度非常快，且该领域的技术发展呈现出明显的全球化特征，来自世界各地的企业、研究机构和个人都在积极参与这一领域的技术研发和创新，这使得薄膜太阳能电池技术成为全球范围内的一大研究热点。同时，我们也发现，在所有的技术流向中，我国的技术发展与世界其他地区的技术发展密切相关，这充分说明了全球化的技术交流和合作在推动薄膜太阳能电池技术发展中的重要作用。通过进一步的分析，我们发现第二代薄膜太阳能电池技术已经成为当前产业结构的重点调整方向。这是因为相比于传统的晶体硅太阳能电池，第二代薄膜太阳能电池具有更高的光电转换效率和更低的制造成本，这使其在可再生能源领域具有巨大的市场潜力。同时，我们也发现，高效、低成本、环保是薄膜太阳能电池技术发展的三大重点，也是该领域技术创新的热点方向。通过分析专利申请量的变化趋势，我们可以清晰地看出产业结构的变化情况以及技术的发展态势。而通过对特定领域如薄膜太阳能电池技术的专利分析，我们可以深入了解该领域的发展现状和未来趋势，从而为我们的技术创新和产业发展提供重要的参考。

从图 4-63 可以看出，第二代薄膜太阳能电池技术的专利申请量在 2007 年之前是非常少的，每年只有零星的几项申请；然而，2007—2011 年该领域的专利申请量快速增长，且每年都有显著增加，尤其是 2009 年和 2010 年，增长势头尤为明显，2015 年专利申请量达到了顶峰；2011 年以后，第二代薄膜太阳能技术的专利申请量则呈现了下降的趋势，尽管下降的幅度并不大，但这一趋势确实表明了该领域的专利申请量已经不再增长，而是逐渐趋于稳定或略有下滑。

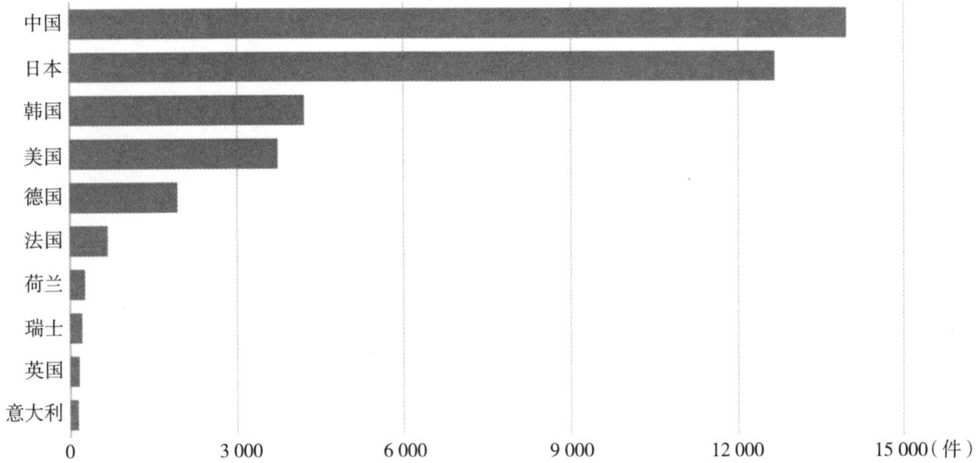

图 4-64　全球第二代薄膜太阳能电池专利申请量

从图 4-64 可以看出，全球薄膜太阳能专利申请格局中，中国和日本的表现尤为突出。由图所示，中国和日本的第二代薄膜太阳能专利申请数量在全球范围内占据主导地位，约占全球总数的 65%。这一占比充分展示了两国在薄膜太阳能领域的技术实力和创新能力，也反映出亚洲地区对新能源技术研发的重视程度。紧随其后的是韩国、美国、德国、法国、荷兰、瑞士、英国和意大利。这些国家在全球薄膜太阳能领域也具有一定的影响力，但与中日两国相比，仍有一定的差距。中国作为全球最大的太阳能市场,在薄膜太阳能技术研发方面投入巨大,成果丰硕。而日本在太阳能领域也有着丰富的技术积累和创新能力,这使得两国在薄膜太阳能领域的竞争非常激烈。

从图 4-65 可以清晰地看出我国第二代薄膜太阳能电池专利申请量排名前十的分布情况。其中,专利申请量排名靠前的省市主要集中在东部沿海经济较发达的地区,这一现象尤为明显。在这些省市中,排名前五的分别是江苏、北京、广东、浙江和上海,它们在专利申请量上占据了重要地位。可以推断,我国东部沿海地区为该类型专利的主要研发地区,这一推断得到了数据的支持。此外,对于国内申请人的构成,企业的专利申请量占据了主导地位,占总申请人数的 20.71%。这一数据进一步印证了企业的强大研发实力和对于该类型专利的高度关注。这也表明,企业正成为推动该类型专利研发的重要力量。

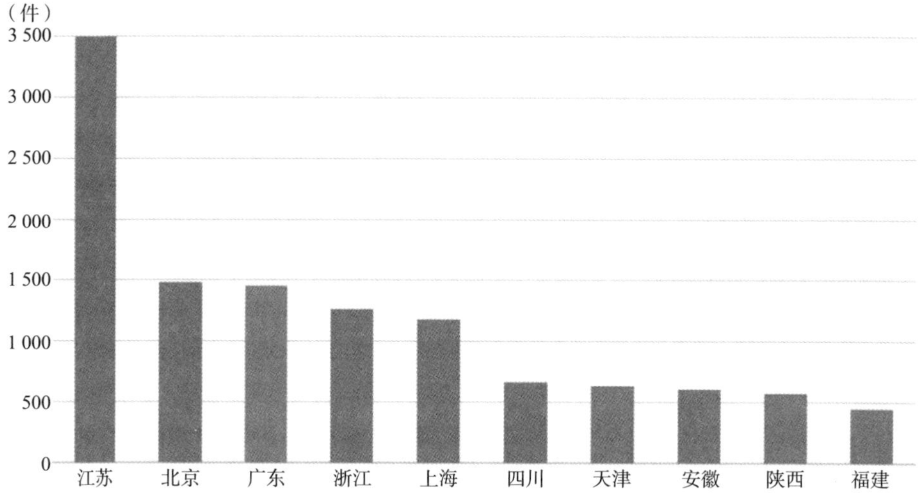

图 4-65　我国第二代薄膜太阳能电池专利申请量对比

2)国内重点申请人分析

图 4-66 展示了我国第二代薄膜太阳能电池专利申请量排名前十位申请人的分布情况。我们可以清楚地看到,前十位申请人中包含中国电子科技集团公司第十八研究所、中国科学院苏州纳米技术与纳米仿生研究所、南开大学、电子科技大学、北京铂阳顶荣光伏科技有限公司等重要机构和公司。这些机构和公司在太阳能电池技术领域拥有雄厚的研发实力和丰富的经验,为推动我国太阳能产业的发展做出了重要贡献。

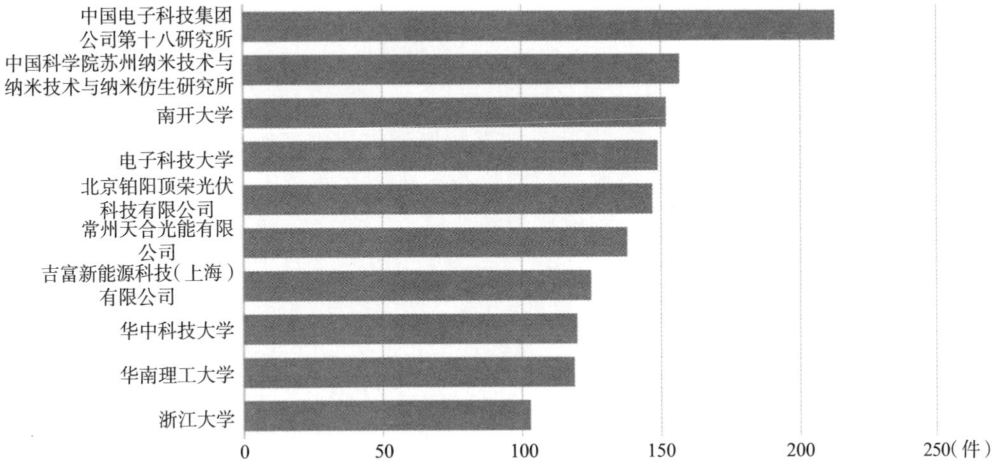

图 4-66　我国第二代薄膜太阳能电池专利申请人排名

中国电子科技集团公司第十八研究所(十八所)作为我国薄膜太阳能电池领域的领军企业之一,致力于太阳能电池技术的研发和应用,其专利申请数量和质量一直处于国内领先地位,为推动我国太阳能产业的发展做出了突出贡献。自 1958 年创立以来,十八所已成功研制和生产出 50 多个系列、1 000 多个品种规格的军用和民用产品,累计取得各类成果 2 000 余项。在 2014 年"五一"前夕,十八所因出色的工作表现以及完成了嫦娥三号工程等各项国家重点工程任务,荣获"全国五一劳动奖状",这是十八所继 2003 年、2005 年、2011 年后第四次获得这一崇高荣誉。在此之前的 2011 年 12 月,十八所在人民大会堂接受了党和国家的隆重表彰,荣获"中国载人航天突出贡献集体"荣誉称号。此外,在 2010 年 12 月,十八所荣获国家六部委授予的"探月工程嫦娥二号任务突出贡献单位"荣誉称号。自"十二五"规划实施以来,十八所在科技创新工作方面取得了显著成效,突破和掌握了一批核心技术并应用于国家重点工程。这些成果包括获得国家科学技术进步奖特等奖 1 项,国家科学技术进步奖一等奖 1 项,国防科学技术进步奖一等奖 2 项,国防科学技术进步奖二等奖 5 项,国防科学技术进步奖三等奖 5 项,军队科学技术进步奖一等奖 2 项,军队科学技术进步奖二等奖 3 项,军队科学技术进步奖三等奖 1 项,省部级科学技术进步奖 28 项。此外,十八所还申请了 471 项专利,并获得了 237 项授权。

中国科学院苏州纳米技术与纳米仿生研究所(以下简称中科院苏州纳米所)作为国内纳米技术领域的权威机构之一,在太阳能电池技术方面也拥有丰富的研发经验和技术储备。其专利申请覆盖了纳米级太阳能电池、染料敏化太阳能电池等多个领域,为推动我国太阳能产业的发展提供了强大的技术支持。中科院苏州纳米所于

2006年正式成立，由中国科学院、江苏省人民政府、苏州市人民政府以及苏州工业园区共同出资创建，位于苏州工业园区独墅湖科教创新区内，具有独特的科研与教育优势。中科院苏州纳米所根据中国科学院的科技布局调整规划，专注于国际科技前沿、国家战略需求与未来产业发展。其主要研究领域涵盖相关领域的基础性、战略性、前瞻性研究，为推动中国现代制造业与高新技术产业的发展做出了积极贡献。通过建设公共技术平台，其为中国现代制造业与高新技术产业发展提供了新的知识与技术支持，充分发挥了国家研究机构的引导作用。据2019年2月中科院苏州纳米所官方网站数据显示，园区占地面积约为66 000 m^2，一期项目建筑面积为48 900 m^2。该园区分为科研办公主楼、净化实验楼和教育综合楼三个功能区，以满足各类科研与教育活动的需求。目前，中科院苏州纳米所拥有研究员71人、项目研究员18人、副研究员39人以及客座研究员2人，还拥有博士生导师67人、硕士生导师46人，为培养优秀的科研人才提供了坚实的基础。

南开大学作为国内知名学府之一，是教育部直属的全国重点大学，是国家"双一流"建设高校，是国家"211工程"和"985工程"建设高校，入选国家"珠峰计划""强基计划""2011计划""111计划"以及卓越法律人才教育培养计划、国家建设高水平大学公派研究生项目、全国深化创新创业教育改革示范高校、中国政府奖学金来华留学生接收院校、学位授权自主审核单位，为国际公立大学论坛成员。南开大学在太阳能电池技术方面也拥有雄厚的研发实力和丰富的经验，其专利申请主要集中在太阳能电池的优化和改进领域，为提高太阳能电池的转换效率和稳定性提供了重要的思路和方法。

电子科技大学位于四川省成都市，是教育部直属高校，由教育部、工业和信息化部、四川省和成都市共建，位列国家"双一流""985工程""211工程"，入选"2011计划""111计划"以及卓越工程师教育培养计划、国家建设高水平大学公派研究生项目、中国政府奖学金来华留学生接收院校、全国深化创新创业教育改革示范高校，为"两电一邮"成员。电子科技大学是一所完整覆盖整个电子类学科，以电子信息科学技术为核心，以工为主，理工渗透，理、工、管、文、医协调发展的多科性研究型全国重点大学。作为国内信息技术领域的顶尖学府之一，电子科技大学在太阳能电池技术方面也有一定的研发实力和经验，其专利申请主要集中在太阳能电池的制造和封装技术方面，为推动我国太阳能产业的发展做出了积极的贡献。

北京铂阳顶荣光伏科技有限公司作为国内光伏行业的知名企业之一，在太阳能电池技术的研发和应用方面也拥有丰富的经验和技术储备。其专利申请主要集中在高效光伏组件、逆变器系统等领域，为提高光伏发电系统的效率和稳定性提供了重要的支持。

从图4-67可以看出，我国第二代薄膜太阳能电池的专利申请人以企业为主，占大多数，其次是大专院校。这一现象表明在第二代薄膜太阳能电池领域，企业的研发实力和技术创新能力占据主导地位。企业作为申请人，具有明显的优势和特点。首先，企业在技术研发和产业化方面有充足的资金和资源，能够投入大量的人力、物力进行技术研发和创新，不断提高产品的性能和质量。其次，企业具有市场敏感性和创新性，能够快速响应市场需求，把握市场变化，不断推出新的产品和技术。此外，企业还具有管理和运营经验丰富、市场推广能力强等优势，能够将技术研发成果转化为实际生产力，推动产业的发展和进步。相比之下，大专院校作为专利申请人，也有其独特的优势。大专院校拥有丰富的科研资源和人才优势，能够为技术研发和创新提供强有力的支持。同时，大专院校还承担着培养人才和推动科技进步的社会责任，在基础研究和应用研究方面有较高的水平。但是，相比于企业，大专院校在市场推广和产业化方面存在一定的短板，难以将技术研发成果快速转化为实际生产力。在第二代薄膜太阳能电池领域，企业的研发实力和技术创新能力占据主导地位。这一现象是由企业的资金和资源优势、市场敏感性和创新性、管理和运营经验丰富以及市场推广能力强等特点所决定的。然而，大专院校作为技术研发和创新的重要力量，也需要充分发挥其科研和人才优势，为产业的发展和进步做出积极贡献。

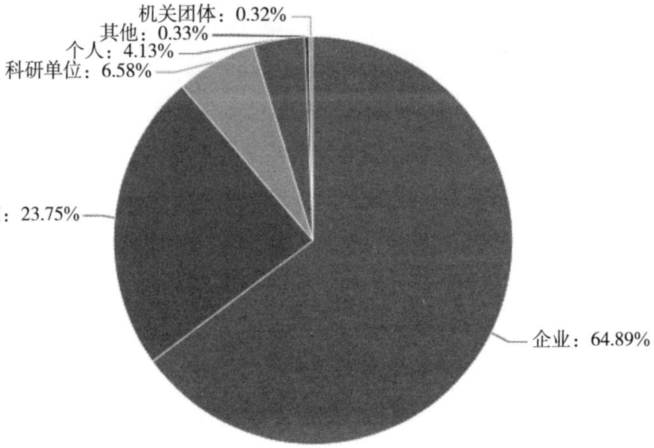

图 4-67　我国第二代薄膜太阳能电池专利类型占比

综上所述，在第二代薄膜太阳能电池领域，企业的专利申请占据了主导地位。这些企业各自聚焦于不同的技术领域，主要包括风能、电机、材料成型和特殊制品等领域。这些领域对专业知识和技术要求极高，需要申请人具备丰富的人才和技术积累，才能实现技术上的突破和创新发展。这也反映了该领域的高度专业化和技术密集性，只有具备一定实力的企业才能在该领域获得竞争优势，并取得专利布局的成功。各个申请人尽管关注的技术领域各有不同，但都致力于推动第二代薄膜太阳能电池领域的技术进步和产业发展。这些申请人通过不断研发和创新，为该领域提供了许多有价值的专利技术，为推动全球太阳能产业的发展做出了重要贡献。同时，这些专利技术的不断涌现，也进一步促进了第二代薄膜太阳能电池领域的繁荣和进步。

（2）化合物薄膜太阳能电池

从图 4-68 可以看出，化合物薄膜太阳能电池领域的专利申请在 2007 年之前并不活跃，专利申请量相对较少；然而，2007—2013 年该领域的专利申请量呈现出持续增长的趋势，表明这个阶段的创新活动不断增强，这个趋势可能是由技术的进步、科研投入的增加或者市场需求的推动等多种因素导致的；在 2014 年之后，该领域的专利申请量开始下降，显示出该领域的创新活动有所减缓，这个下降趋势可能受到多种因素的影响，如行业发展的成熟度、技术瓶颈的限制、市场竞争的激烈等。但需要指出的是，该领域专利申请量并不直接等同于实际的技术进步或创新水平，它只是一个相对的指标，受到多种因素的影响。

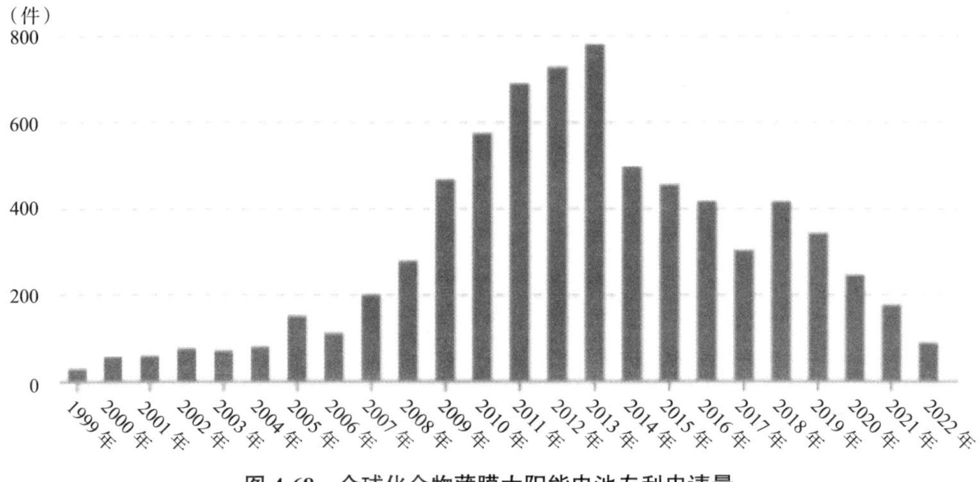

图 4-68　全球化合物薄膜太阳能电池专利申请量

从图 4-69 可以看出，2009 年之前，全球化合物薄膜太阳能电池专利数量增长缓慢、平稳，从 2009 年开始，全球化合物薄膜太阳能电池专利申请量进入快速增长期。在这个阶段，中国该领域的专利申请量也呈现出快速增长的态势。在 2013 年，全球该领域的专利申请量达到了第一个高潮，但随后开始持续衰落。在 2017 年，全球该领域的专利申请量再次短暂上升后又开始回落。然而，自 2013 年开始，中国该领域的专利申请量开始超过国外，并占据主导地位，并且中国近年逐渐成为化合物薄膜太阳能电池的主要研发国，贡献了大量的专利申请和技术的创新发展。

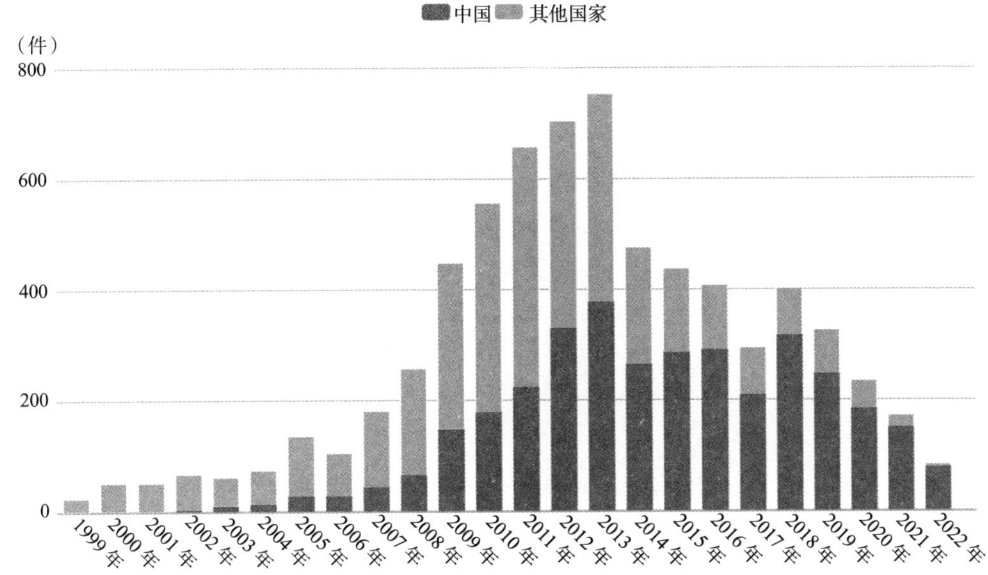

图 4-69　全球化合物薄膜太阳能电池专利数量

图 4-70 展示了化合物薄膜太阳能电池在各个国家、组织和地区的专利数量分布情况。通过这个分析，我们可以深入了解该领域在不同国家、组织和地区的技术创新活跃程度，从而寻找到主要的技术创新来源和重要的目标市场。在这个分析中，中国专利申请量在该领域占比优势非常显著，远远领先于其他国家、组织和地区。在 2007 年之前，专利申请量排名前列的国家、组织和地区主要包括欧洲专利局、德国及美国等，这显示出其在专利布局方面具有较早的领先优势。然而，在 2007 年之前，中国的专利申请量占比并不是很高，其优势并不明显。但是，自 2007 年开始，中国的专利申请量排名迅速跃升至第一，并开始快速增长。在 2013 年，中国的专利申请量达到顶峰，之后虽有一些波动，但仍然远远领先于其他国家、组织和地区。这一现象表明，中国在化合物薄膜太阳能电池的研发和创新方面，已经成为全球的主要推动者和引领者。此外，该分析也能帮助我们更好地理解中国在技术创新方面的崛起，以及如何通过专利布局来保护和推动其技术创新的发展。

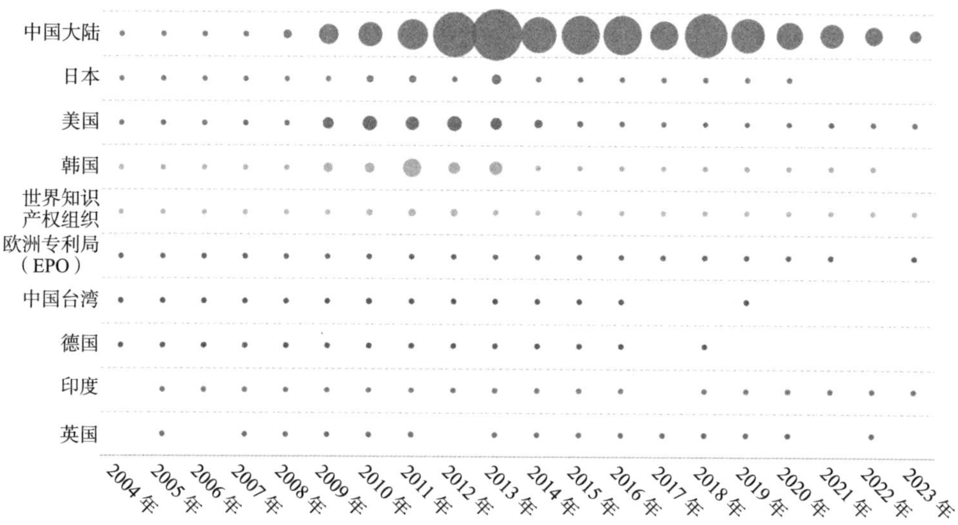

图 4-70　主要国家、组织和地区化合物薄膜太阳能电池技术专利申请态势

如图 4-71 所示，在中国专利申请人国别中，中国申请人申请量具备绝对优势，国外申请人较难在这一领域与中国申请人竞争，其中以美国、日本等为代表的国家仅在中国布局了少量专利。这一现象表明中国在化合物薄膜太阳能电池技术创新和专利申请方面已经取得重要的进展和成就，同时也意味着国外申请人在中国市场的专利布局相对较少，难以与中国申请人在该领域展开有效的竞争。

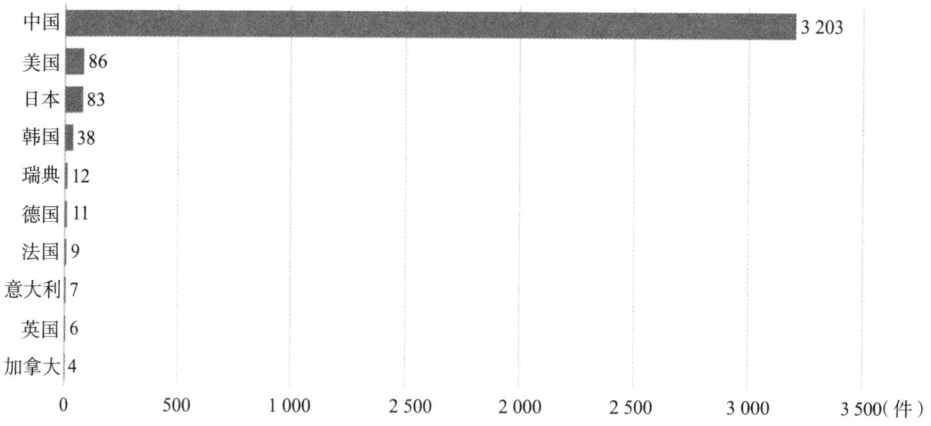

图 4-71　化合物薄膜太阳能电池中国专利申请人国别

如图 4-72 所示，在中国专利各省市专利申请量的排名中，江苏、广东、北京、天津和上海这五个地区位列前五。这个排名揭示了部分省市的科研活动活跃度和对新能源技术的重视程度,而京津冀、长三角及珠三角地区更是凸显了这些地区的科技研发核心地位。其中,天津作为全国排名第四的省市,在化合物薄膜太阳能电池领域展现出了强大的技术研发实力。这一结果显示了天津在可再生能源科技领域的独特地位和影响力,充分证明了天津在国内的研发基础实力不容小觑。这也进一步说明了天津在新能源科技领域的投入和发展,为我国的能源科技进步做出了重要贡献。

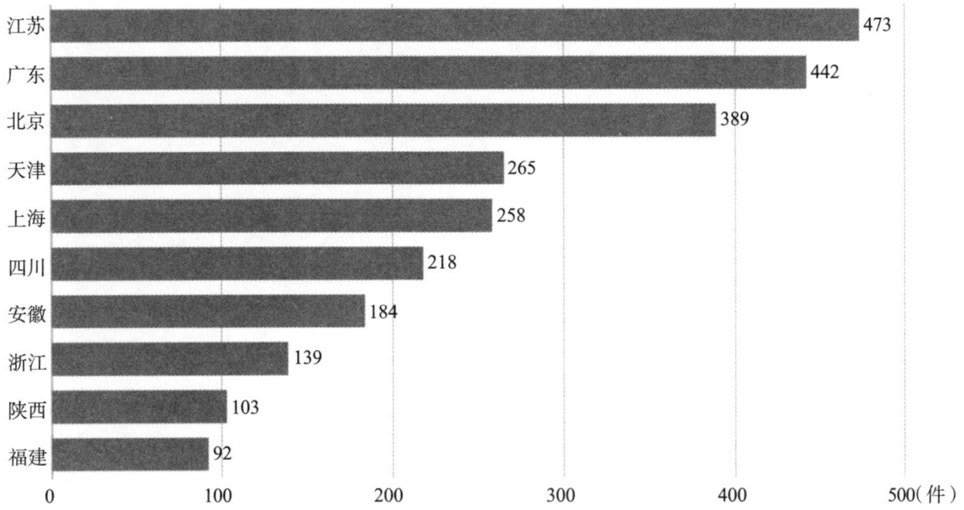

图 4-72　化合物薄膜太阳能电池中国各省份专利申请量

(3)晶硅薄膜太阳能电池

1)多晶硅薄膜太阳能电池

从图 4-73 可以看出,全球多晶硅薄膜太阳能电池的专利申请量在 2011 年之前呈现出明显的上升趋势。在此期间,该领域的技术进步和创新能力不断推动着行业向前发展,吸引了大批科研人员和企业投入该项技术的研发。然而, 2011 年之后,多晶硅薄膜太阳能电池的专利申请量开始持续下滑,这种趋势主要受到两方面因素的影响。一是行业垄断现象日益严重,导致市场竞争逐渐减弱。在多晶硅薄膜太阳能电池的发展初期,各种创新技术和专利不断涌现,推动了行业的繁荣发展。然而,随着技术逐渐成熟,行业内的主要企业开始通过兼并、收购等方式扩大规模,形成垄断地位,这使得新进入该领域的小型企业难以与之竞争。同时,由于技术更新换代速度较慢,行业内竞争逐渐减弱,导致专利申请量下滑。二是新技术的不断涌现对多晶硅薄膜太阳能电池造成了冲击。随着科技的不断发展,太阳能电池领域的新技术层出不穷,如单晶硅、多晶硅、薄膜太阳能电池等。这些新技术在效率、成本、性能等方面具有各自的优势,这使得传统多晶硅薄膜太阳能电池在市场上的竞争力逐渐减弱。

因此，新技术的冲击也是导致多晶硅薄膜太阳能电池专利申请量下滑的重要原因之一。因此，多晶硅薄膜太阳能电池的专利申请量在2011年之前呈现上升趋势，之后开始下滑，这一趋势主要受到行业垄断和新技术冲击的影响。未来，随着科技的不断发展，预计多晶硅薄膜太阳能电池的专利申请量仍会持续减少。

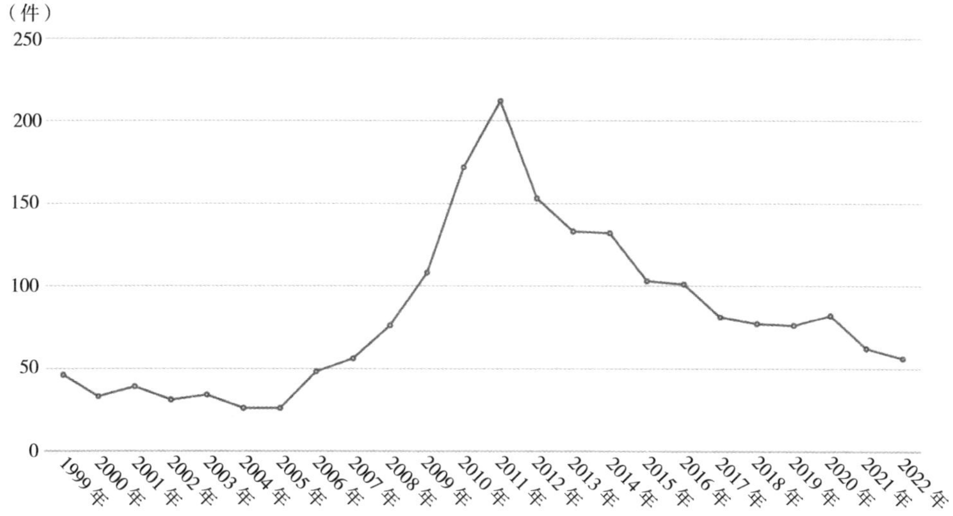

图4-73　全球多晶硅薄膜太阳能电池相关专利申请趋势

图4-74展示了各个国家、组织和地区在多晶硅薄膜太阳能电池领域的专利申请量分布情况。通过仔细观察和分析，我们可以深入了解不同国家、组织和地区在这个领域的创新实力和技术活跃程度。从图4-75可以看出，中国的多晶硅薄膜太阳能电池专利申请量从2006年开始就一直处于全球领先水平。这表明中国在该领域的创新活动非常活跃，并且在该领域具有相当的研发实力。然而，从2011年开始，全球该领域的专利申请量持续下降。这一趋势可能表明该领域的技术发展已经进入成熟阶段，或者新的技术方向已经开始逐渐取代该技术。尽管全球范围内的专利申请量在下降，但中国的专利申请量仍然保持着世界领先的水平。这进一步证明了中国在该领域的领先地位，并且表明中国在该领域的创新活动仍然非常活跃。

总体来说，通过分析全球和中国在多晶硅薄膜太阳能电池领域的专利申请情况，我们可以得出以下结论：中国在该领域具有显著的领先优势，并且其技术创新活动一直保持高度活跃。尽管全球范围内该领域的专利申请量有所下降，但这并不影响中国在该领域的领先地位。

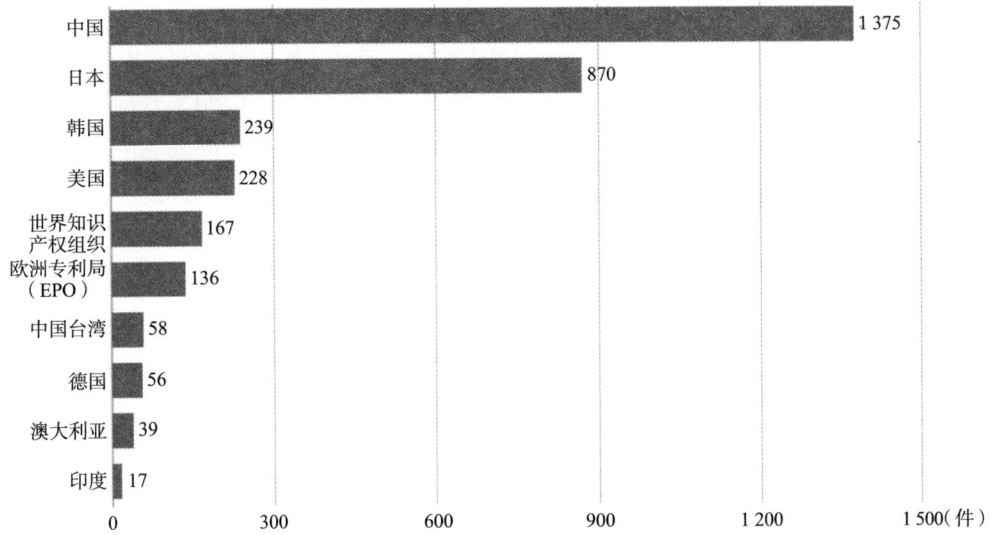

图 4-74　全球多晶硅薄膜太阳能电池专利申请量排名

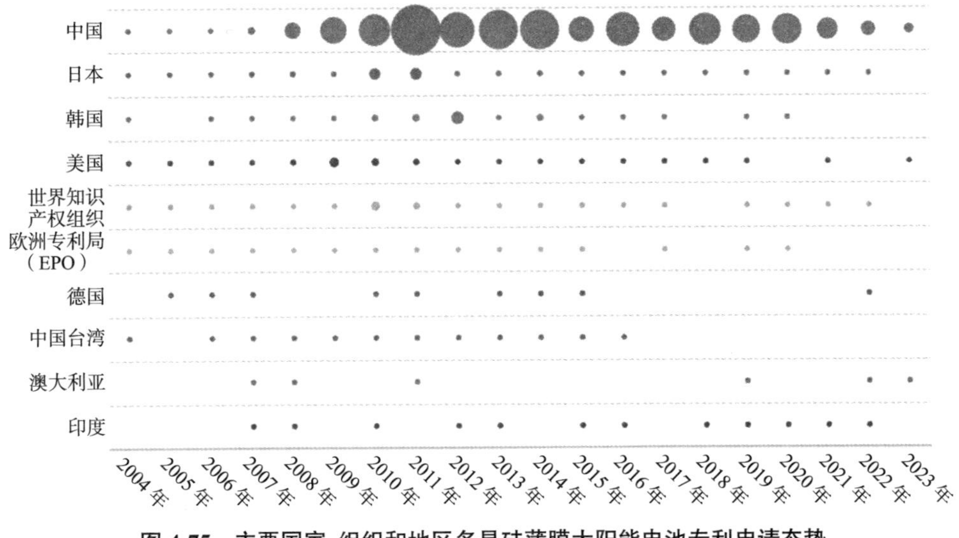

图 4-75　主要国家、组织和地区多晶硅薄膜太阳能电池专利申请态势

2）非晶硅薄膜太阳能电池

从图 4-76 可以看出，全球非晶硅薄膜太阳能电池的专利申请量在 2012 年之前呈现出持续的上升趋势；在 2012 年，该领域的专利申请量达到顶峰，表明该领域的研究和发展在这一时期内非常活跃；然而，自 2012 年之后，非晶硅薄膜太阳能电池的专利申请量开始持续下滑，表现出明显的下降趋势，出现这个现象的原因主要归结于该行业的垄断状况以及新技术的冲击。非晶硅薄膜太阳能电池在发展初期,由于其相对较高的效率和稳定性,受到了各方的广泛关注和研究。然而,随着时间的推移,该行业逐渐被少数公司垄断,这些公司通过控制市场和核心技术,限制了其他公司对该领域的研发和创新。这种垄断状况无疑对非晶硅薄膜太阳能电池的专利申请产生了一定的抑制作用。此外,新技术的不断涌现也对非晶硅薄膜太阳能电池产生了冲击。随着其他新型太阳能技术的研发和商业化,如单晶硅、薄膜太阳能电池以及聚光太阳能电池等,这些技术逐渐取代了非晶硅薄膜太阳能电池在市场中的地位。新技术的研发和应用不仅带来了更高效、更稳定的太阳能发电解决方案,也进一步降低了成本,使得非晶硅薄膜太阳能电池的竞争力逐渐减弱。我们可以预计非晶硅薄膜太阳能电池的专利申请量仍会持续减少。虽然该技术已经经过长时间的研究和发展,但在行业垄断和新技术的冲击下,非晶硅薄膜太阳能电池的创新空间已经变得非常有限。随着科技的不断发展,我们有理由相信,未来会有更多、更优秀的太阳能技术出现,而非晶硅薄膜太阳能电池可能会逐渐被淘汰。

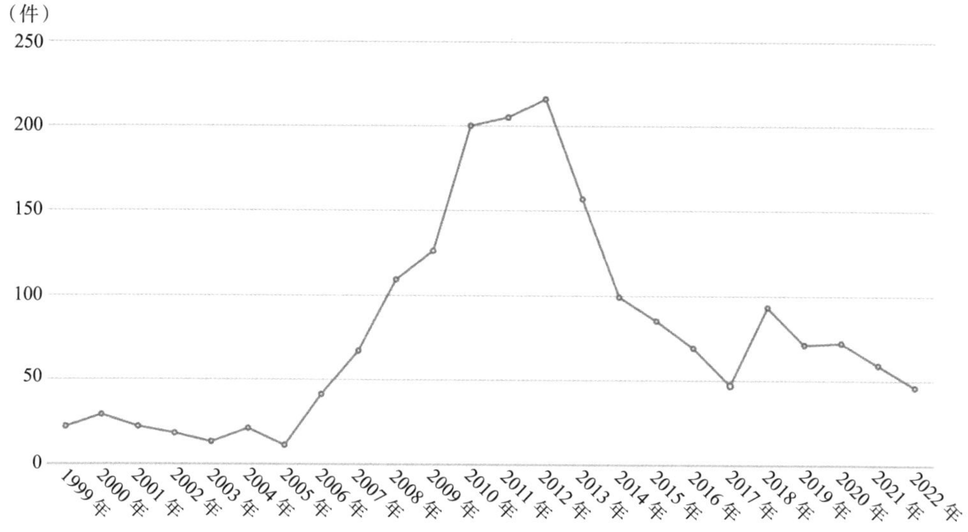

图 4-76　全球非晶硅薄膜太阳能电池相关专利申请趋势

图 4-77 和图 4-78 展示了非晶硅薄膜太阳能电池在主要国家和组织的专利申请量分布情况。从整体来看,中国的微晶硅薄膜太阳能电池专利申请量从 2005 年开始在全球处于领先水平,这显然表明我国在该领域的强大实力和前瞻性。在 2013 年,全球该领域的专利申请量开始持续下降,但值得注意的是,中国的专利申请量仍然保持在世界领先水平,这再次验证了中国在太阳能发电领域的领先地位。

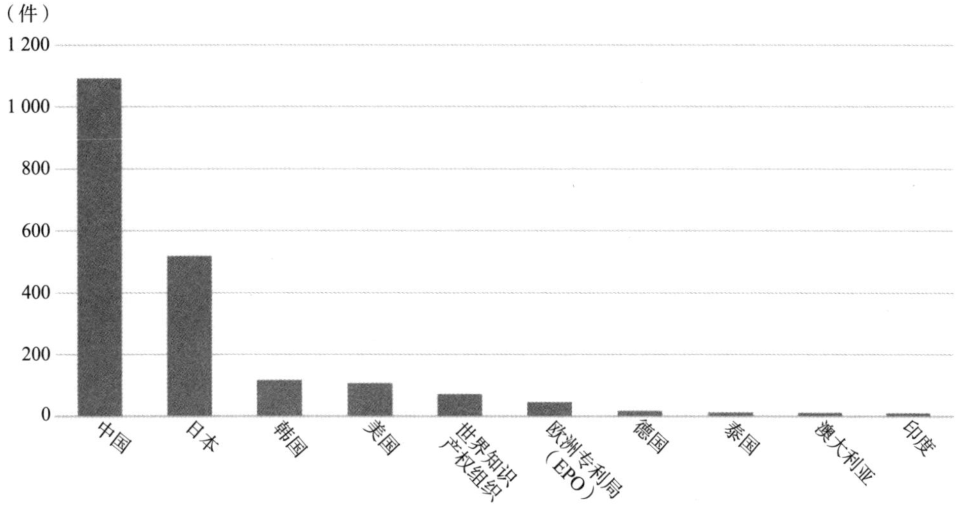

图 4-77　主要国家和组织非晶硅薄膜太阳能电池专利申请量排名

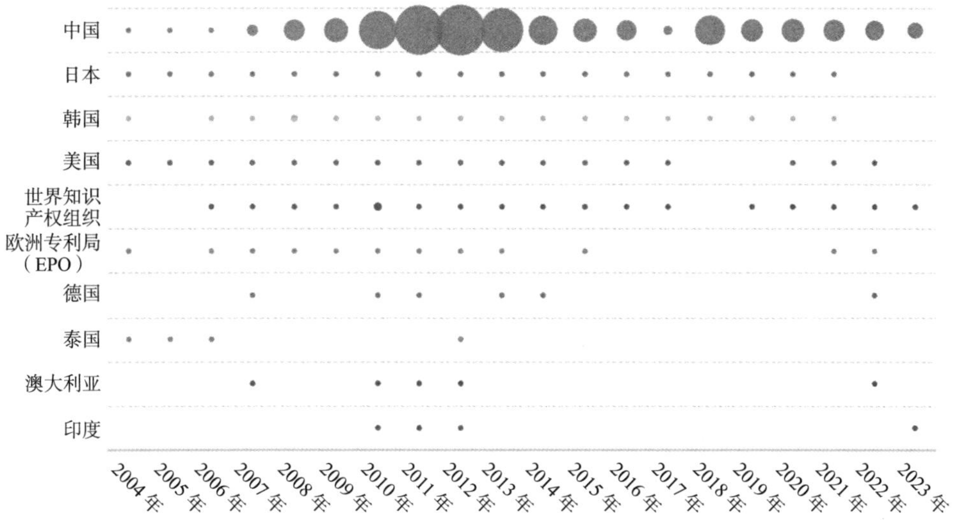

图 4-78　主要国家和组织非晶硅薄膜太阳能电池专利申请量态势

4.4.3　专利布局揭示技术热点方向

根据图 4-79，我们可以清晰地看到微晶硅薄膜太阳能电池的专利申请量在 2010 年之前总体呈现持续上升的趋势；2004—2010 年该领域的专利申请量逐年攀升，表明该领域的研究和开发活动日益活跃；在 2010 年，该领域的专利申请量达到顶峰，表明该项技术在当时已经成为研究的热点和前沿；然而，在 2010 年之后，该领域专利申请量开始持续下滑，这一趋势一直持续到 2018 年左右。在这个阶段，该领域的专利申请量逐渐趋于平稳，表明该领域的研究和发展活动可能已经进入一个相对稳定的阶段。

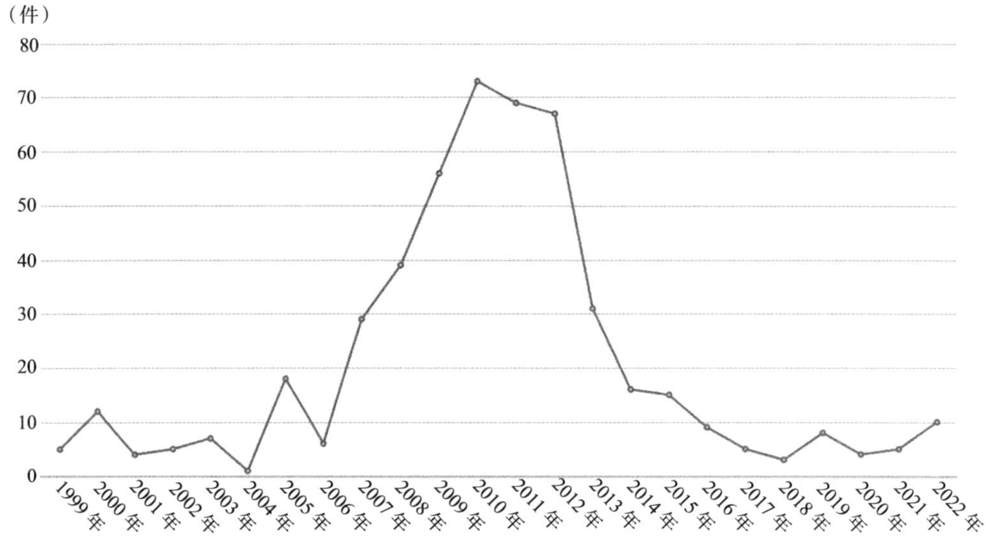

图 4-79　微晶硅薄膜太阳能电池相关专利申请趋势

产生这一趋势的原因可能有很多，例如随着时间的推移，该领域的研究和发展活动可能已经逐渐成熟，新的研究方向和突破口尚未出现；此外，该技术的商业化进程可能也受到了市场环境和其他因素的影响，导致其进展缓慢或者停滞不前；另外，其他新兴技术的崛起可能吸引了更多的科研人员和企业投入。

总之，微晶硅薄膜太阳能电池的专利申请量在 2010 年之前总体呈现持续上升趋势，在 2010 年达到顶峰后开始下滑，并在 2017 年左右趋于平稳。这一趋势反映了该领域的研究和发展活动的历史和现状，也为未来研究方向和趋势的预测提供了参考。

如图 4-80 和图 4-81 所示，从总体来看，中国的微晶硅薄膜太阳能电池专利申请量自 2006 年开始就一直在全球处于领先地位。从 2011 年开始，全球范围内的该领域专利申请量持续下降，然而中国的专利申请量却仍然保持在世界领先水平。在过去的几年里，中国在微晶硅薄膜太阳能电池的研发和创新方面取得了巨大的进步，使得该技术在全球范围内受到广泛的关注。这一领先地位反映了中国在可再生能源领域的重视和积极投入，也表明了中国在技术创新和专利申请方面的实力。

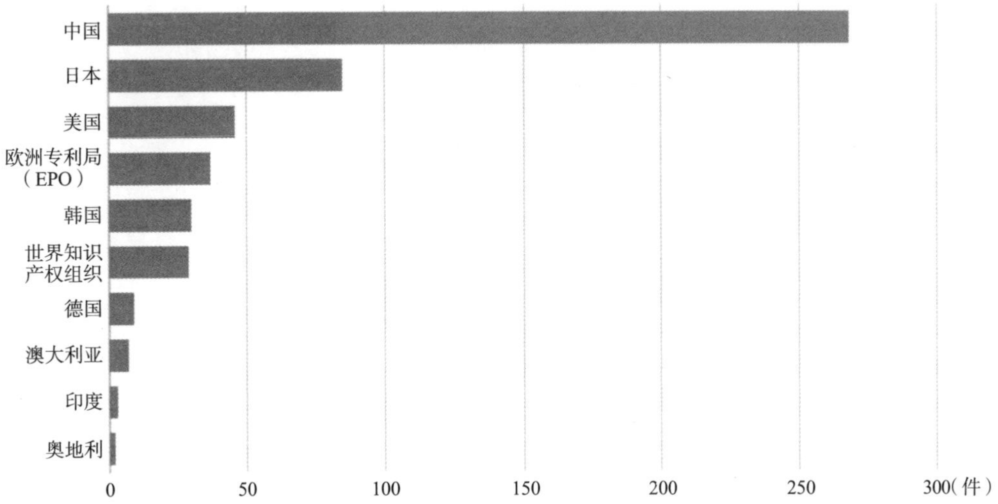

图 4-80　主要国家和组织微晶硅薄膜太阳能电池专利申请量排名

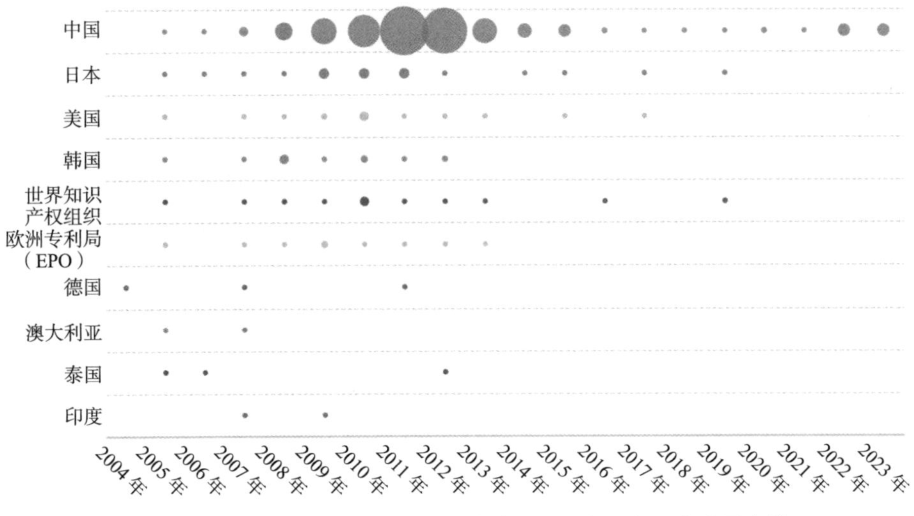

图 4-81　主要国家和组织微晶硅薄膜太阳能电池专利申请量态势

（1）技术发展脉络

伴随第二代薄膜太阳能电池发电技术的快速发展，图 4-82 展示了其在各分支的专利分布。

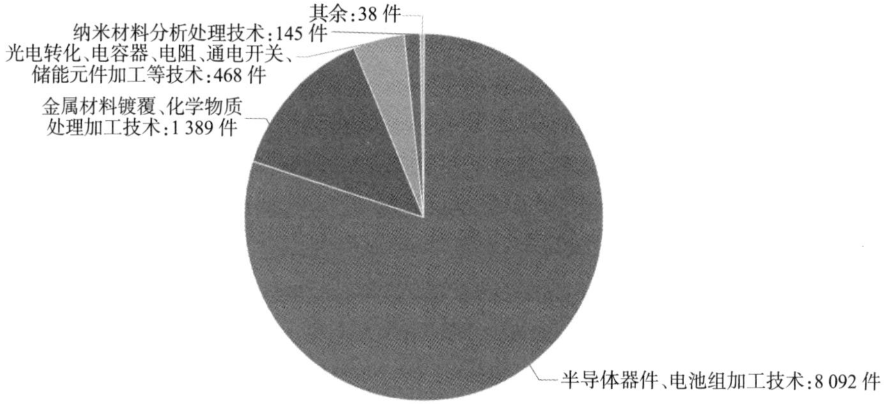

图 4-82　第二代薄膜太阳能电池发电技术全球专利分布

从图 4-83 我们可以清晰地看到,从全球范围来看,第二代薄膜太阳能电池发电技术的各分支中,专利申请量主要集中在半导体器件、电池组件加工技术上,这两个领域的专利申请量占比之大,不禁让人惊叹。而这种集中趋势,归功于这些技术分支在提高生产效率、降低生产成本方面的显著效果。通过应用这些技术,全球的太阳能电池制造业无疑取得了巨大的进步,从而推动了整个行业的发展。

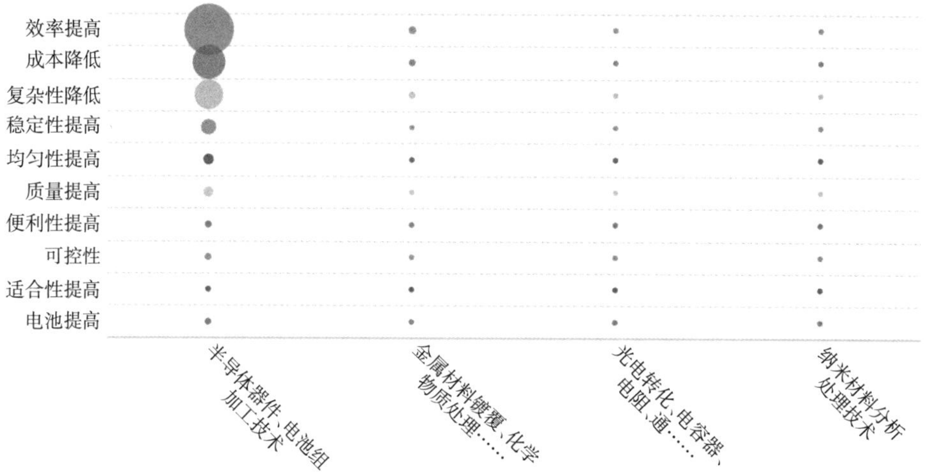

图 4-83　第二代薄膜太阳能电池发电技术的技术功效

(2)重要申请人分析

申请人的专利拥有量可以有效反映其基础实力和技术创新能力,专利拥有量越多,说明该申请人在相关领域的研究和开发方面投入了更多的精力和资源,并且在技术上占据了一定的领先地位。通过观察和分析申请人的专利拥有量,我们可以对其在某一特定领域的实力和技术地位有一定的了解。同时，申请人的申请活跃度也能够反映各申请人近年来对该领域的发展重视程度及进展情况。如果一个申请人近期频繁地提出专利申请，说明该申请人对这个领域的发展非常重视，并且在这个领域取得了一定的进展。通过观察和分析申请人的申请活跃度，我们可以了解该申请人在相关领域的发展趋势和技术动态。

图 4-84 展示了按照所属申请人（专利权人）的专利数量统计的申请人排名情况。可以看出，不同申请人在专利数量上的差异，并据此对申请人进行排名。通过观察和分析，我们可以快速地发现创新成果积累较多的专利申请人。通过对申请人专利数量和申请活跃度的分析，我们可以进一步评估其专利竞争实力。专利竞争实力是指申请人在相关领域内的技术创新能力和市场竞争力。通过观察和分析申请人的专利竞争实力，我们可以了解该申请人在相关领域的地位和发展潜力，为进一步的技术研发和市场策略制定提供参考。

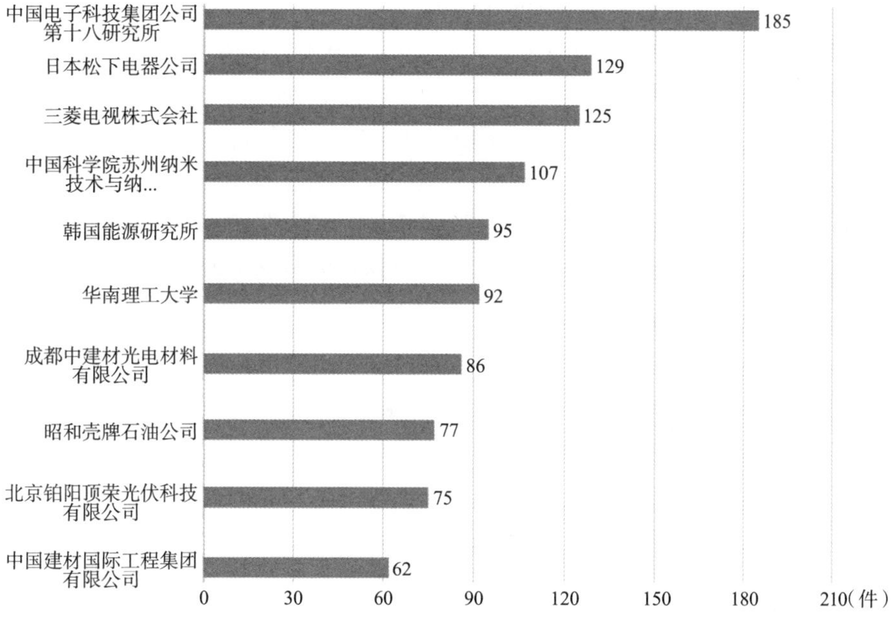

图 4-84　第二代薄膜太阳能电池发电技术申请人排名

在第二代薄膜太阳能电池发电技术的重要申请人中，中国电子科技集团公司第十八研究所、日本松下电器公司以及日本三菱电视株式会社以其显著的专利申请量排在全球前三。这三大申请人在全球范围内的专利申请量相当可观，显示了它们在这个领域的深厚实力和前瞻性。其中，中国电子科技集团公司第十八研究所作为天津市的重要申请人，其申请的第二代薄膜太阳能电池发电技术专利对天津市乃至全国的太阳能电池技术发展起到了重要的推动作用。对这些专利进行分析，可以为天津市在太阳能电池技术的发展方面提供有价值的参考和启示，从而促进天津市在第二代薄膜太阳能电池发电技术领域的进一步发展。

1)中国电子科技集团公司第十八研究所

中国电子科技集团公司第十八研究所位于渤海之滨的天津市，是我国化学与物理电源行业中历史最悠久、规模最大、研发能力最强、技术实力最雄厚、产品类别最丰富的综合性研究所。该所于1958年成立，一直致力于化学与物理电源技术的研发和生产，拥有国内领先的研发团队和先进的生产设备，可为客户提供高品质、高性能的电源产品及解决方案。该所在业界享有广泛声誉，曾荣获“探月工程嫦娥二号任务突出贡献单位”等荣誉称号。该所不仅具备强大的研发实力，还承担着化学与物理电源行业协会、化学与物理电源技术国家重点实验室、信息产业部化学与物理电源产品质量监督检验中心等多个专业学术机构的挂靠任务，为推动我国化学与物理电源行业的发展做出了积极贡献。此外，该所与国内外电池界有着广泛的联系与合作，不断拓展业务领域，提升技术水平和服务质量，为客户提供更优质的产品和服务。

从图4-85可以看出，中国电子科技集团公司第十八研究所的第二代薄膜太阳能电池发电技术专利申请始于2005年，之后其专利申请量呈现出波动性较大的特点。在2015年，该所的专利申请量达到顶峰。在全球专利布局方面，该所只在中国进行了专利布局，并未在国外或世界知识产权组织进行相应的布局。就专利类型来看，该所主要以发明申请为主，其次是发明授权和实用新型，如图4-86所示。这些数据表明，该所在薄膜太阳能电池发电技术领域拥有较强的研发实力和创新能力，并且其专利布局主要集中在本土市场。

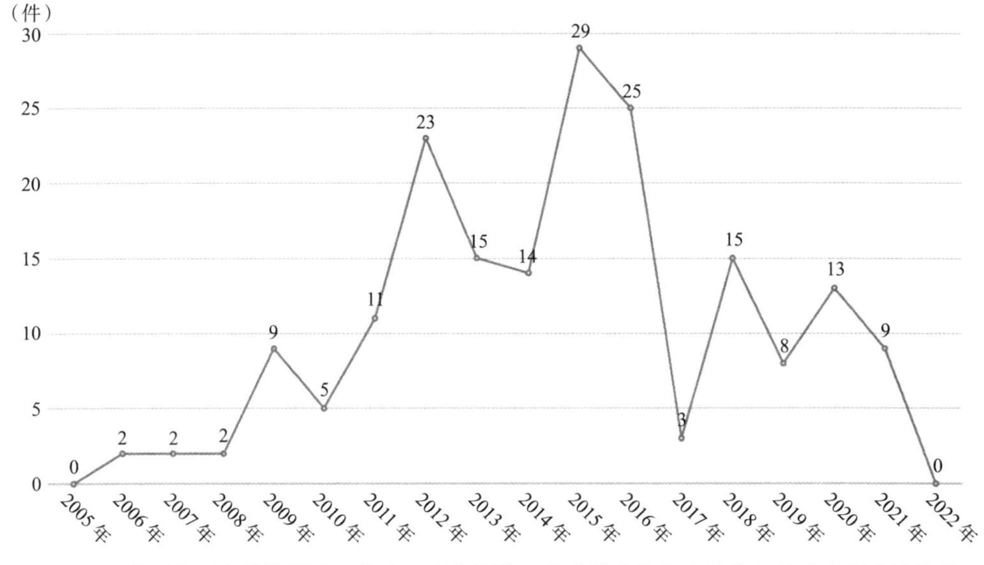

图4-85 中国电子科技集团公司第十八研究所第二代薄膜太阳能电池发电技术专利申请数量

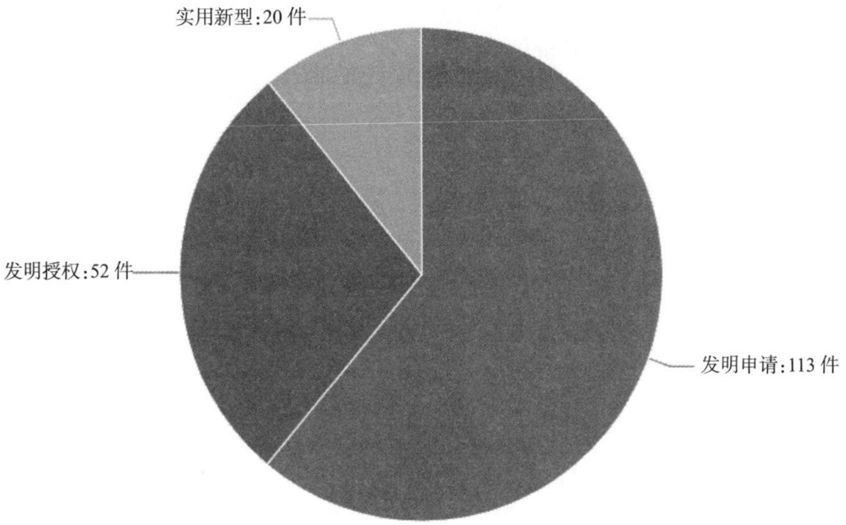

图 4-86　中国电子科技集团公司第十八研究所第二代薄膜太阳能电池发电技术专利类型

2）日本松下电器公司

日本松下电器产业株式会社（松下电器）创建于 1918 年，创始人是被誉为“经营之神”的松下幸之助。其在创立之初是由 3 人组成的小作坊，其中之一是后来三洋电机的创始人井植岁男。经过几代人的努力，其如今已经成为世界著名的国际综合性电子技术企业集团，并在世界各国开展事业活动。松下电器跨越地区和社会，在 40 多个国家开展企业活动。其企业活动的范围不局限于生产，还开展包括服务和信息系统等解决方案在内的多种业务，并且在全球范围内开展及时对应市场需求的产品制造和以客户为本的商业活动。更为突出的是，为了满足各个国家客户的需求，其将过去设在日本的地区统一管理机构分别迁到北京、新加坡、新泽西、伦敦等地，在当地直接开展市场营销活动。松下电器作为真正的国际企业，始终开展立足于客户的全球性活动，为社会做出贡献。松下电器将全球的品牌统一为 Panasonic，并以“A Better Life, A Better World”为品牌口号，以实现“星罗棋布的网络社会”和“与地球环境共存”为理想，继续为提高世界人民的文化生活水平做出贡献。

从图 4-87 可以看出，日本松下电器在 2004 年开始申请第二代薄膜太阳能电池发电技术的专利，之后申请量波动较大；在 2019 年左右，该领域的专利申请量达到顶峰。这些专利不仅在日本进行了布局，还在中国、美国、欧洲等全球各地进行了布局。具体来说，日本松下电器在中国的专利布局主要集中在东部沿海地区，而在美国和欧洲的专利布局则相对均衡。此外，还可以发现日本松下电器的专利类型以发明专利为主，这表明该公司在第二代薄膜太阳能电池发电技术的研发方面投入了大量精力和资源，并致力于通过创新来推动该领域的技术进步。同时，这也意味着日本松下电器进行了布局在该领域的专利价值较高，对于其他公司和企业来说，具有较高的参考和借鉴价值。

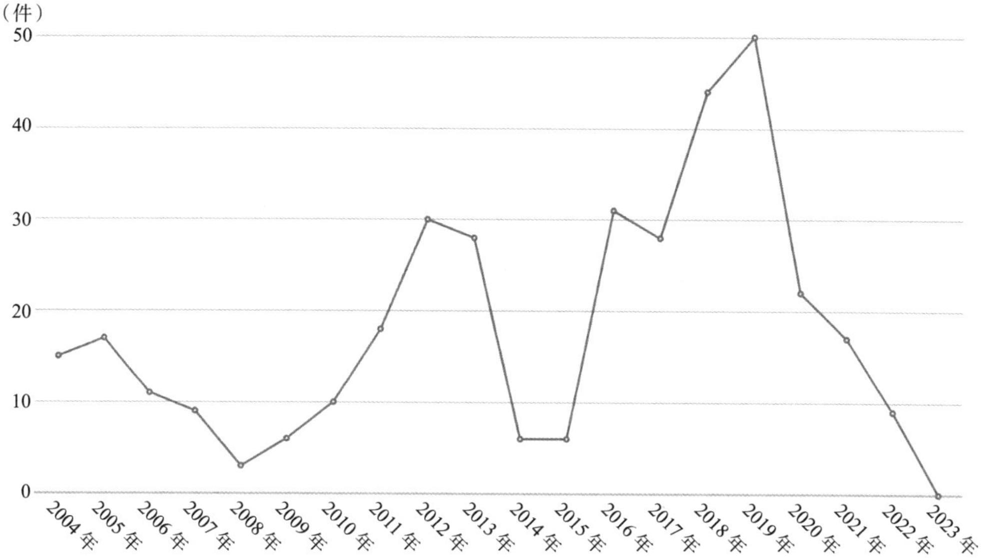

图 4-87　日本松下电器第二代薄膜太阳能电池专利申请量

3）日本三菱电机有限公司

日本三菱电机株式会社是创立于 1921 年 1 月 15 日的日本制造业企业。其业务范围涵盖重电系统部、工业机电事业部、信息与通信系统部、电子设备事业部、家电部和其他部门。三菱电机自动化（中国）有限公司（简称“三菱电机有限公司”）作为三菱电机株式会社在中国的全资子公司，总管在中国的业务。三菱电机有限公司致力于为中国用户创造更多价值，不仅提供先进的产品和技术，同时不断创新，快速、准确地把握市场动态，提供适合客户需求的综合解决方案。三菱电机有限公司作为机电产品综合供应商，其业务范围覆盖工业自动化（FA）产品和机电一体化（Mechatronics）产品。FA 产品包括可编程控制器（PLC）、变频调速器（INV）、人机界面（HMI）、运动控制及交流伺服系统（Motion Controller & Servo）、电动机（Motor）及减速机（Gear Motor）等。机电一体化产品包括数控系统（CNC）、放电加工机（EDM）、激光加工机（LP）等。

4.5　第三代新型太阳能电池关键技术分析

4.5.1　技术简介

（1）历史发展

晶体硅太阳能电池是第一代太阳能电池，其转换效率在 15%~25%之间。相比之下，薄膜太阳能电池被归为第二代太阳能电池，虽然其制作成本较低，但转换效率只有 6%~10%。第三代太阳能电池的目标是实现更高的转换效率、更低的制作成本和更方便的应用。为了达到这个目标，可以采用“多结半导体”手段来实现成本低和效率高的目的。通过在半导体材料上制造出不同“结节”的结构，可以有效地吸收太阳光并将其转化为电能，从而提高太阳能电池的转换效率。

接触层是连接电池与电极的关键材料层，通常采用掺杂的半导体来提高输运载流子的导电性能，同时也能使其与窗口层之间的接触势垒较小。接触层的结构与性能对于整个电池的能量转换效率以及光生载流子的收集效率具有决定性的影响。窗口层是一个具有更宽光谱效应范围的层，它能够增强光生载流子的收集效率，并形成较高的光电势垒。窗口层的材料和结构选择对于减少能量损失和提高光生载流子的收集效率至关重要。窗口层的主要功能是引导发射层产生较高的光电效率，从而使整个太阳能电池具有较高的能量转换效率。在多结太阳能电池中，接触面之间的损耗是一个需要关注的问题。为了尽可能减少这种损耗，科研人员需要精心设计接触层和窗口层的结构和材料，以优化光生载流子的输运和收集。

目前，硅类、多结太阳能电池的转换效率已经能够达到 30.2%~31.3%，这一成果刷新了世界纪录。无论是非晶硅还是单晶硅，单结工作电压都是 0.5 V 左右。为了满足实际应用的需求，可以将若干个单体串联或并联以达到所需的工作电压和工作电流。这种串联或并联的方式可以在不增加电池面积的情况下提高整个电池模块的工作电压和电流，从而实现更高的能量转换效率。

（2）技术原理

1）染料敏化太阳能电池（DSSCs）

染料敏化太阳能电池是一种通过模仿光合作用原理将太阳能转化为电能的装置。其主要工作机制是采用染料分子吸收太阳光中的能量，并利用这些能量激发电子从染料分子转移到半导体的导带上，一旦电子被激发到导带上，它们就会被吸引到连接导带和电极的导电基底上，从而形成电路，如图 4-88 所示。这种电池具有许多优点，如高效率、低成本和方便制备等，因此在太阳能电池领域一直受到广泛关注。

染料敏化太阳能电池的研发工作主要集中在寻找更高效的染料分子，提高电子从染料分子转移到导带的效率，以及优化导电基底的制备等方面。这些方面的改进将会进一步提升染料敏化太阳能电池的性能和商业化应用的潜力。此外，随着技术的不断发展，染料敏化太阳能电池的应用领域也将越来越广泛，例如在分布式能源供应、移动能源、环境监测等方面都具有潜在的应用前景。因此，染料敏化太阳能电池的研究和发展对于推动太阳能电池技术的进步以及实现可持续发展都具有重要的意义。

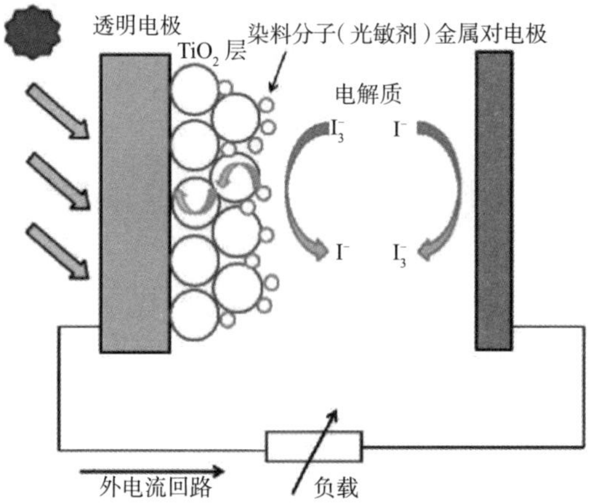

图 4-88　染料敏化太阳能电池原理图

染料敏化太阳能电池正负极间填充的电解质通常采用含有氧化还原电对的 KCl（氯化钾）。染料敏化太阳能电池主要以低成本的纳米二氧化钛和光敏染料为原料，通过模拟植物光合作用将太阳能转化为电能。DSSCs 的结构包括透明导电基片、光阳极、光敏化剂、电解质和对电极等 5 部分，其中光阳极通常由介孔氧化层（如二氧化钛）沉积在透明导电玻璃基板上，用于电子传导；光敏化剂的作用是受到光照时激发产生电子并注入半导体导带，一般包括有机、无机染料敏化剂和纯天然染料等；电解质中包含氧化还原电对（通常为有机碘离子 I^-/I_3^-），用于传输电子和染料再生；对电极一般是金属电极（如铂）或碳材料电极。

2）量子点敏化太阳能电池（QDSCs）

QDSCs 的结构主要包括光阳极、敏化剂、电解液和对电极等四部分，与 DSSCs 的结构相似，且两者工作原理也十分相似，不同之处就在于 QDSCs 是以量子点敏化层作为吸光材料，如图 4-89、图 4-90 所示。量子点作为光敏剂的优势主要体现在以下几个方面。

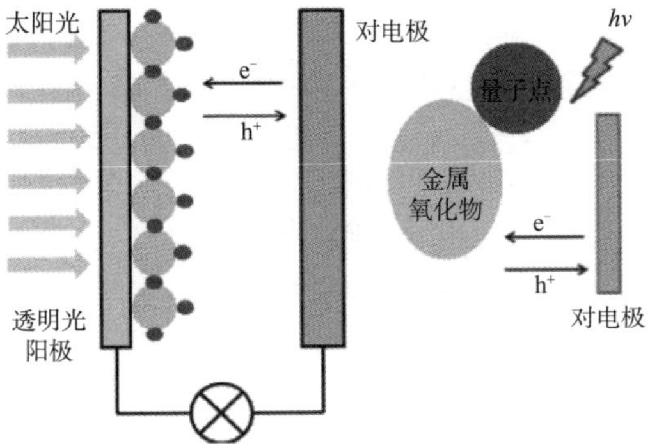

图 4-89　量子点敏化太阳能电池原理图

①量子点具有量子尺寸效应，这意味着它们可以通过表面改性和量子点的尺寸调控来改善偶极矩、消光系数和带隙宽度等光学特性。这种特性使得量子点敏化剂具有较高的光吸收效率和宽广的光吸收范围，进而提高了光电转换效率。

②量子点敏化剂作为吸光材料还具有优异的光学稳定性，即使在连续光照条件下长时间使用，也不会出现明显的性能衰减。这种特性使得 QDSCs 的使用寿命比 DSSCs 长，从而具有极好的发展前景。

③生长量子点的工艺并不复杂，因此适合大规模生产。这使得 QDSCs 在降低制造成本方面具有潜在的优势。值得一提的是，量子点还具有多激子效应，这意味着其理论光电转换效率极高。相比 DSSCs 的有机染料，量子点性能稳定，受周围环境影响较小，使得 QDSCs 在某些应用场景下更具优势。

尽管 QDSCs 具有许多优点，但仍存在一些挑战和限制。目前，QDSCs 的实验室光电转换效率尚未达到其他新型太阳能电池的水平，且其造价高于 DSSCs，与已商业化发展的新型太阳能电池相比缺乏竞争力。此外，量子点在宽禁带半导体氧化物薄膜表面的附着量较低，这会影响其对太阳光的吸收率，进而降低能量转换效率。而且，量子点还容易被一些液态电解质腐蚀，导致其电化学性能衰减。另外，需要注意的是，一部分量子点敏化剂（如 PbS 等）具有毒性，对环境有一定的污染。因此，在提升 QDSCs 的光电转换效率及稳定性的同时，还需要进一步解决电池环保的问题。

DSSCs 和 QDSCs 的主要区别在于它们各自的敏化剂和电解质材料不同。DSSCs 是基于采用染料作为敏化剂和空穴传输材料作为电解质的太阳能电池，而 QDSCs 则采用量子点作为敏化剂。尽管这两种太阳能电池在物质构成上有敏化剂的差异，但它们的工作原理和电荷转移过程却大不相同。DSSCs 利用染料敏化剂吸收太阳光，并产生电子-空穴对，这些电子和空穴随后被电解质分离和收集，从而产生电流。DSSCs 的电解质通常是一种液体电解质，可以提供离子传输的介质，并在电池内部进行电荷转移。相比之下，QDSCs 使用量子点作为敏化剂，这些量子点能够吸收太阳光并产生激子（电子-空穴对），然而 QDSCs 的电解质并不仅限于液体电解质。事实上，它们可以使用各种类型的电解质，包括固态电解质和液体电解质。在 QDSCs 中，激子通过量子点间的相互作用被分离和收集，从而产生电流。因此，尽管 DSSCs 和 QDSCs 在物质构成上有敏化剂的差异，但它们在电荷转移和工作原理上却存在显著的差异。这种差异使得 DSSCs 和 QDSCs 具有各自独特的优点和缺点，从而在太阳能电池的应用领域中具有不同的应用前景。

3）钙钛矿太阳能电池（PSCs）

钙钛矿太阳能电池无疑是当今光伏研究领域最为热门且备受关注的话题之一。自 2009 年这一具有革命性的概念被提出以来，PSCs 的发展取得了令人瞩目的成就。在短短的几年内，PSCs 的实验室规模的光电转换效率已达 23.3%，这一成果无疑展示了其在太阳能电池领域的巨大潜力。此外，其开路电压最高可达 1.78 V，这一令人印象深刻的数值充分证明了其优异的能源转换性能。值得注意的是，尽管 PSCs 的商业化进程尚处于起步阶段，但其性能已经能够与商业化的多晶硅太阳能电池相媲美。然而，PSCs 的成本却远低于传统的硅基太阳能电池，这使得其具有极其广阔的发展前景。这一显著优势不仅有望推动全球太阳能电池市场的进一步发展，也将对可再生能源产业产生深远影响。通常，PSCs 的主要组成部分包括氟化物掺杂的氧化锡（FTO）导电玻璃基底、电子传输层、光敏层、空穴传输层以及金属或碳对电极。这些组成部分各自扮演着重要的角色，共同实现 PSCs 的光电转换过程。其中，由钙钛矿材料构成的光敏层无疑是 PSCs 的核心部分，其主要作用是吸收太阳光，并将吸收的光能转化为电能。这一过程主要得益于钙钛矿材料的独特能带结构特点。通过特定的原子替换方式，带隙可以被调节，使得钙钛矿材料的能级与电子、空穴传输层更加匹配。这种匹配的能级结构有利于载流子的有效传输，从而提高光电转换效率。PSCs 由于出色的性能和巨大的商业化潜力，已成为光伏研究领域的前沿热点。随着科研技术的不断进步和成本的不断降低，我们有理由相信，PSCs 将在未来的太阳能电池市场中占据主导地位，为全球的可再生能源事业带来新的突破和巨大的推动力。这使得 PSCs 的光电转换效率提升空间巨大，使其成为当前的研究热点。

钙钛矿材料被公认为下一代光电子器件的优选材料之一，其独特的 ABX_3 结构使得它具有优异的光电性能和可调谐的带隙能量。其中，A 为有机阳离子，B 为金属离子，X 为卤素基团。钙钛矿材料的光吸收系数高达 10^5/cm 以上，吸光范围覆盖了整个可见光区域，同时具有较高的载流子迁移率和扩散长度，这些优点使得钙钛矿材料成为光电转换器件的理想材料之一。在钙钛矿太阳能电池中，光吸收层是最关键的部分之一，目前研究最为广泛的光吸收层材料是有机-无机杂化钙钛矿材料（CH_3N-

H_3PbX_3)，其中 X 为 Cl、Br 或 I。这种材料不仅具有较高的光吸收系数，而且具有良好的化学稳定性和可重复性，被广泛应用于大面积和柔性太阳能电池的生产。除光吸收层材料外，空穴传输层和电子传输层材料的选择也是钙钛矿太阳能电池制备过程中的关键因素。常用的空穴传输层材料包括 spiro-OMeTAD、PEDOT：PSS 和 P_3HT 等，这些材料具有较高的空穴迁移率和良好的成膜性，能够有效地传输空穴并防止材料失效。而电子传输层材料则常用无机金属氧化物半导体 TiO_2 或 ZnO，这些材料具有较高的电子迁移率和良好的透光性，能够有效地传输电子并防止电子损失。在电极材料方面，目前常用价格较为低廉的碳材料来代替昂贵的金属电极材料。碳材料具有优异的电导率和化学稳定性，能够有效地收集和传输电子，同时避免金属电极材料的昂贵成本和潜在环境问题。因此，钙钛矿材料作为一种具有特殊结构的光敏层材料，在太阳能电池领域具有广泛的应用前景。其优秀的光捕获能力、载流子迁移率和扩散长度等优点能够提高太阳能电池的转换效率，同时采用有机空穴传输层材料和碳电极材料等降低成本和环境影响。随着钙钛矿太阳能电池技术的不断发展，其应用前景将越来越广阔。

值得一提的是，目前中国企业在钙钛矿太阳能电池量产方面处于领先地位，显示出强大的研发实力和产业布局。与主流的硅光伏电池板相比，钙钛矿太阳能电池具有许多独特优势。首先，它的质量只有硅光伏电池的十分之一，这为运输和安装带来了极大的便利。其次，这种电池还具有极高的柔韧性，可以轻松弯折，为光伏产品的设计提供了更多的自由度。然而，钙钛矿太阳能电池也存在一些不足之处，其中最明显的就是对水的敏感性。然而，日本积水化学工业株式会社发挥自己在化学领域的专长，运用新的技术手段，提高了钙钛矿太阳能电池的耐久性，从而改善了这一缺陷。在实现钙钛矿光伏电池量产方面，中国企业已经走在前面。然而，日本积水化学工业株式会社却不甘示弱，计划在 2030 年之前实现新一代“钙钛矿型”光伏电池的量产，并积极拓展其室外用途。日本积水化学工业株式会社利用液晶封装材料等技术精心设计，以避免液体和气体进入电池内部，从而确保产品的耐久性。为了实现这一目标，日本积水化学工业株式会社计划投资超过 100 亿日元新建制造设备，以提升钙钛矿光伏电池的产量。预计在 2030 年之前，其可以实现年产数 10 万 m^2 的钙钛矿光伏电池，总发电量将达到数十万亿瓦。这种生产方式采用将结晶膜涂布到薄膜上再卷成筒状进行连续生产的方式，目前已经在 30 cm 宽的薄膜上实现了 15%的能量转换效率。尽管这一效率暂时不及硅型电池 20%以上的效率，但随着技术的不断发展，其转换效率未来有望进一步提高。此外，为了提高生产效率并降低成本，日本积水化学工业株式会社还正准备按照效率更佳的 1 m 宽度进行生产。这一改进不仅可以提高生产效率，还有助于提升产品的成本竞争力。事实上，日本政府也意识到了钙钛矿光伏电池的重要性和潜力。为了支持这一领域的发展，日本政府于 2023 年 4 月开始对钙钛矿光伏电池的普及提供支持。通过积极在公共设施布设等措施，日本政府不断创造需求，并为量产技术开发及完善生产体制提供支持。日本政府对钙钛矿型电池的技术扶持也有稳定能源供应的背景。作为主要原料的碘，日本拥有排名全球第二的市场份额，很容易从国内采购，即便是供应链中断也可应对。因此，日本积水化学工业株式会社有可能因政府的扶持政策而增加产量。此外，日本拥有大量山区，适合传统光伏电池布设的地点较少。相比之下，钙钛矿光伏电池具有更宽广的市场前景。因此，日本政府认为该领域具有巨大的发展潜力。

据日本富士经济株式会社预测，全球钙钛矿光伏电池的市场规模到 2035 年将达到 1 万亿日元。这一预测表明钙钛矿光伏电池的市场前景非常乐观，未来将会有更多的企业加入这一领域。这种钙钛矿光伏电池，因其薄膜材料的特性和可弯曲性，被广泛应用于建筑物的墙壁及纯电动汽车的车顶等物体上。从事数据解析服务的日本 FRONTEO 公司分析了 2010—2022 年 3 月发表的超过 3.8 万篇钙钛矿光伏电池相关国际论文。结果发现，尽管日本是这一新兴技术领域的开创者，但中国在基础研究方面已领先于其他国家。其在分析作者所属机构很可能没有变更的论文后，发现 2019 年以后中国的论文数量超过 5 500 篇，这一数字占前十位国家论文数量的 30%，第二名美国的论文数量约为 3 400 篇，第三名韩国的论文数量约为 1 460 篇，而日本的论文数量约为 820 篇。日本 FRONTEO 公司的董事山本麻理指出，日本的基础研究能力相对下滑的问题令人担忧，由于传统的光伏电池面板基本由中国制造，日本政府正从脱碳和能源安全保障出发，力争通过新一代光伏电池的国产化摆脱对中国的依赖。然而，从论文数量来看，中国自 2014 年起就已经超越了美国，之后差距逐年扩大。这表明中国在钙钛矿光伏电池领域的存在感正日益增强。

（3）技术分类

新型太阳能电池的发展时间虽然较短，但其理论转换效率较高，并且成本较低，这一特性使其在可再生能源领域备受关注。目前，新型太阳能电池主要包括染料敏化太阳能电池、量子点敏化太阳能电池、钙钛矿太阳能电池以及其他一些新型太阳能电池。这些不同类型的太阳能电池各自具有其特点和应用领域，为我们的生活和生态环境带来了更多的可能性。

染料敏化太阳能电池是第三代太阳能电池中的一种，目前其技术已经逐渐成熟。这种电池使用染料吸收太阳光，然后通过电荷转移和电子传递过程产生电流。虽然这种技术在某些方面已经得到广泛应用，但仍然存在一些缺陷，例如染料的光稳定性和电池的耐久性等问题。而量子点敏化太阳能电池和钙钛矿太阳能电池等第三代太阳能电池则具有更大的发展潜力。这些新型太阳能电池在实验室理论阶段就已经展现出非常高的光电转换效率和低成本的优势。其中，量子点敏化太阳能电池用纳米晶体作光敏剂，而钙钛矿太阳能电池则用具有钙钛矿结构的有色金属卤化物为光敏剂。这些新型太阳能电池在可再生能源领域备受关注，被认为是未来太阳能产业的重要发展方向之一。

总体来说，新型太阳能电池的发展时间虽然相对较短，但其具有巨大的发展潜力。随着科学技术的不断进步和创新，相信未来太阳能电池的应用领域将会更加广泛，成本也会更加低廉，成为人类可持续发展的重要支撑力量之一。

（4）制作工艺

目前，新型太阳能电池仍然处于实验室研发阶段，制作工艺尚未完全成熟，只有少部分新型太阳能电池能够达到产品阶段，这些产品通常需要经过一系列严格的测试和认证，以确保其性能和质量符合标准。尽管新型太阳能电池仍存在一些挑战和限制，但是随着技术的不断进步和成本的逐渐降低，未来新型太阳能电池有望成为一种更加普及和实用的新能源。

（5）技术优劣

1）染料敏化太阳能电池

DSSCs 具有诸多优点，例如对弱光反应灵敏、受环境温度和光照强度及角度的影响小、制造成本低以及制造工艺相对简单等。然而，在光阳极材料的选择上，目前常用的 TiO_2 纳米晶薄膜中存在大量的表面态和缺陷，这严重限制了 TiO_2 染料敏化太阳能电池的光电转换效率的提高。为了突破这一瓶颈，我们需要寻找和开发新型的光阳极材料，以期获得更高的光电转换效率和更长的使用寿命。

在染料敏化剂方面，尽管有机染料具有较好的光敏性，但其稳定性较差，这限制了其在 DSSCs 中的长期应用。因此，我们需要研发更多稳定性较好的无机染料作为吸光材料，以提高能量吸收的最大化，并保证其在具有较高光电转换效率的同时也拥有较长的使用寿命。此外，在电解质方面，有机碘离子电解质在 DSSCs 中的稳定性较差，这限制了其长期使用的可能性。因此，我们需要开发和利用稳定的固体电解质来替代液态电解质，以解决目前液态电解质 DSSCs 的稳定性问题。就对电极而言，目前高效率的 DSSCs 通常用铂电极作对电极，然而铂电极的高成本限制了其在商业化道路上的广泛应用。因此，我们需要开发低成本的对电极材料，如碳电极或金属聚合物电极等，以降低电池的成本，提高其在商业化道路上的竞争力。制作染料敏化剂的原料可以从各种自然资源中提取，其原料成本低且对环境无污染。这一特点使得 DSSCs 成为当前环境友好型器件的理想选择。在性能方面，目前 DSSCs 的最高效率已超过 13%，这为其在各类清洁能源领域的应用提供了可能。此外，DSSCs 能有效地利用漫反射，这一特性使得 DSSCs 在黎明和黄昏或阴天也能保证较高的工作效率，从而使其成为室内应用的理想选择。

2）量子点敏化太阳能电池

QDSCs 是目前备受关注的一类新型太阳能电池，它采用量子点敏化剂作为吸光材料，具有许多独特的优点。首先，它的吸光效率非常高，可以更有效地将太阳能转化为电能。这一特点使得 QDSCs 在太阳能电池领域具有巨大的潜力，有望为人类提供更加清洁、可持续的能源解决方案。其次，QDSCs 的吸光范围非常广，可以吸收整个可见光区域的太阳光，从而实现更高的光电转换效率。这一优点使得 QDSCs 能够在不同的光照条件下发挥出更好的性能，具有更广阔的应用场景。此外，QDSCs 的带隙可调，可以通过调整敏化剂的组成和结构来改变带隙，从而优化太阳能电池的性能。这种灵活的特性使得 QDSCs 具有更大的开发空间和更广泛的应用范围，可以在不同的领域中发挥出更大的作用。最后，QDSCs 的生产成本低，可以降低太阳能电池的价格，从而更容易推广和应用。这一优点使得 QDSCs 成为一种极具竞争力的太阳能电池，有望在未来的能源市场上占据更大的份额。

经过短短几年的发展，QDSCs 的光电转换效率已经超过 11%，这是非常高的一个数值。这一数值的突破表明了 QDSCs 在太阳能电池领域的巨大潜力，也预示着 QDSCs 在未来可能具有更高的应用价值。QDSCs 的理论光电转换效率更是高达 44%，这是目前最具研究潜力的太阳能电池之一。这个数值是其他太阳能电池无法比拟的，也说明了 QDSCs 具有巨大的潜力和广阔的发展前景。这一优势使得 QDSCs 成为未来太阳能电池研究的重点和热点之一，有望为人类能源事业带来更多的创新和突破。

3）钙钛矿太阳能电池

目前，有机-无机杂化钙钛矿太阳能电池的光电转换效率已经超过 23%，这已经达到商业化应用的需求。然而，尽管有机-无机杂化钙钛矿太阳能电池的效率较高，但是用于高效 PSCs 的有机空穴传输材料价格较为昂贵，合成工艺复杂且对纯度要求极高，这些因素都使得高效 PSCs 的成本较高，这在一定程度上阻碍了其向民用化的发展。有机-无机杂化钙钛矿材料中的甲胺基团对水蒸气和氧气十分敏感，容易受潮和氧化，这会导致电池的稳定性下降，从而影响有机-无机杂化钙钛矿太阳能电池的使用寿命。目前，PSCs 仍处于实验室研究阶段，其有效使用面积较小，难以投入商业化应用。为了进一步降低 PSCs 的成本，研究稳定的低成本无机材料来取代有机材料对于 PSCs 的商业化应用来说具有非常重要的意义。事实上，钙钛矿太阳能电池的无机空穴传输层材料可以使用 CuI、CuSCN、NiO、石墨烯和碳纳米管等多种材料。这些无机空穴传输层材料不仅可以用来取代有机空穴传输材料，同时也可以和有机材料混合或层叠。由于无机空穴传输层材料的稳定性一般而言比有机材料更好，不易发生氧化还原反应，因此使用无机空穴传输层材料还能提高钙钛矿太阳能电池的稳定性。

4.5.2　专利布局揭示产业发展方向

下面基于专利数据的支持，全面展示新型太阳能电池技术领域的整体发展趋势和未来发展方向。这些数据揭示了该领域的多个关键技术分支，包括薄膜太阳能电池、染料敏化太阳能电池、量子点敏化太阳能电池以及钙钛矿太阳能电池。这些技术分支在产业结构调整中扮演着重要角色，并为我们指明了该领域未来发展的重点技术及方向。

对于总体专利申请态势的分析，数据显示新型太阳能电池技术的专利申请量在过去几年中呈现出稳步增长的趋势。这种增长主要归因于全球对可再生能源的日益重视，以及太阳能电池技术的持续创新和发展。在全球产业结构分布情况方面，薄膜太阳能电池占据市场主导地位，其市场份额超过 50%。然而，随着技术的不断发展，钙钛矿太阳能电池逐步崭露头角，其市场份额正在逐年上升。主要国家或地区的产业结构分布情况表明，美国和中国是新型太阳能电池技术领域的两大主要研发和生产中心。这两个国家在该领域的专利申请量占据了全球的绝大多数。最后，对重点企业的产业分布进行分析，可以发现各大企业在选择技术路线时，主要考虑的是产品的性能、成本以及市场需求等因素。例如，薄膜太阳能电池制造商在选择技术路线时，更注重产品的稳定性和效率；而钙钛矿太阳能电池制造商则更注重产品的制造成本和大规模生产的可能性。

总体来说，基于专利数据对新型太阳能电池技术领域的整体趋势和未来发展方向进行全面的分析，不仅有助于我们理解该领域的现状和发展趋势，同时也为相关企业和政策制定者提供有价值的参考信息。

如图 4-90 所示，新型太阳能电池技术的发展历程可划分为四个显著的阶段，分别是技术萌芽期、缓慢发展期、成熟期和衰退期。从 2003 年开始，该领域逐渐崭露头角，引发了广泛的市场关注和研发投入。这一时期可以称为技术萌芽期，这个阶段的特点是技术的探索和初期的实验研究以及一些初步的应用尝试。2003—2012 年，新型太阳能电池技术进入缓慢发展期。在这个阶段，技术的进步较前一阶段有所减缓，出现了一些初步的技术瓶颈。然而，还是有一些有潜力的新技术出现，例如染料敏化太阳能电池和钙钛矿太阳能电池。这些技术的出现为新型太阳能电池技术的发展注入了新的活力，但整体上发展速度较为缓慢。2013—2018 年，新型太阳能电池技术进入成熟期。在这个阶段，染料敏化太阳能电池仍然是主要的代表技术，但钙钛矿太阳能电池和量子点敏化太阳能电池也崭露头角。这些新技术的出现为新型太阳能电池技术的发展带来了新的机遇和挑战。在这个阶段，技术的成熟度不断提高，应用范围也得到了进一步的拓展。然而，自 2018 年起，新型太阳能电池技术进入衰退期。这个阶段的特点是技术的进步明显放缓，市场需求也开始下滑。尽管钙钛矿太阳能电池和量子点敏化太阳能电池的出现为市场带来了一些新的活力,但整体上新型太阳能电池技术的发展势头已经不如从前。总体来说,新型太阳能电池技术的发展历程经历了四个阶段,每个阶段都有其特点和发展重点。从最初的探索和实验研究,到成熟期的广泛应用和技术瓶颈的出现,再到衰退期的市场需求下滑和技术进步的放缓,新型太阳能电池技术的发展历程展示了技术发展的复杂性和不确定性。

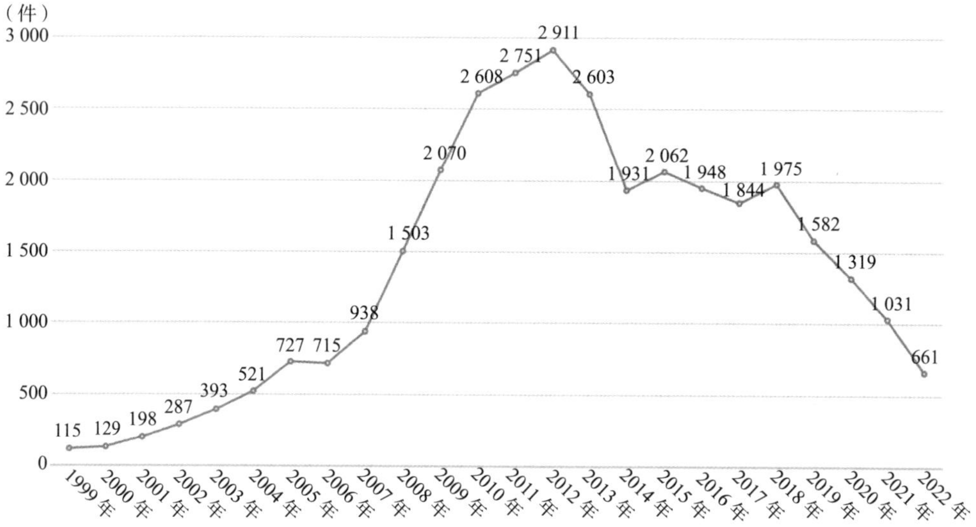

图 4-90　第三代新型太阳能电池专利申请量趋势

如图 4-91 所示,中国新型太阳能电池技术专利申请量在全球总量中所占的比例自 2001 年起快速攀升,这一趋势受到国际形势和中国政府对新能源政策进行调整的影响,虽然占比略有浮动,但总体上呈现出稳步增长的态势。尤其在 2017 年以后,中国在新型太阳能电池技术专利申请量方面开始全面领先,这一成就得益于国内科研实力的不断提升以及政府在新能源领域的积极投入和推动。此外,中国政府还积极倡导绿色发展理念,加大对新能源产业的扶持力度,这也为中国新型太阳能电池技术的发展提供了坚强的后盾。这一趋势的背后是中国政府对新能源产业的高度重视和积极推动。中国政府通过出台一系列政策和规划,加大对新能源产业的扶持力度,鼓励科研机构和企业加大在新型太阳能电池技术方面的研发投入,推动中国在太阳能电池技术领域的创新和突破。同时,中国科研实力的不断提升也是这一成就的重要推动因素。随着中国政府对科技创新投入的不断增加,中国的科研机构和企业逐渐在新型太阳能电池技术领域取得了重要进展。这些进展不仅表现在专利申请量的增加上,还体现在专利质量的提升上。中国的科研机构和企业不断探索新的技术路线,研发出更具创新性和实用性的新型太阳能电池技术,并积极推动这些技术的产业化和商业化。另外,中国政府积极倡导绿色发展理念也为新型太阳能电池技术的发展提供了重要支持。中国政府将新能源产业作为国家战略性新兴产业的重要组成部分,积极推动绿色低碳发展。在这一背景下,中国的科研机构和企业更加注重环保和可持续发展,积极探索和应用新型太阳能电池技术,为中国的绿色发展和可持续发展做出了重要贡献。

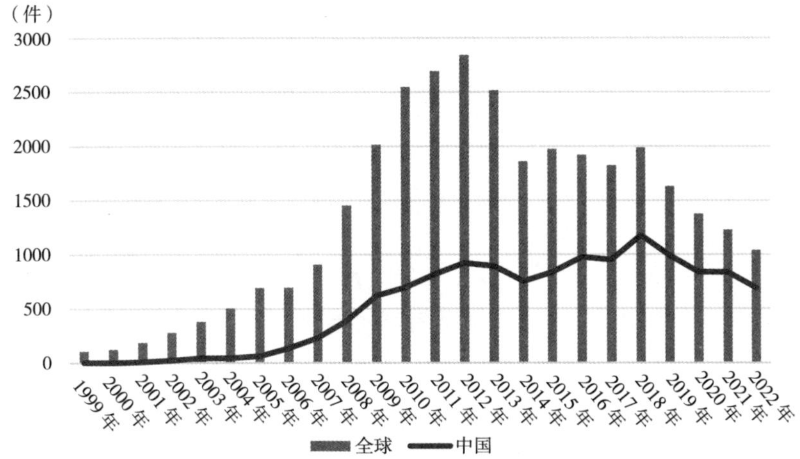

图4-91 第三代新型太阳能电池中国专利申请量占全球比例变化趋势

如图4-92所示,中国在第三代新型太阳能电池发电技术领域的专利申请量远超其他国家、组织和地区,优势非常明显。在2007年之前,日本、韩国及美国等的专利申请量排名较为靠前,显示这些地区在专利布局方面起步较早。然而,中国在2008年之前的专利申请量相对较少,优势并不突出。但是,自2009年开始,中国的专利申请量迅速跃升至第一,并开始持续快速增长。这一趋势一直延续至今,中国已成为全球第三代新型太阳能电池发电技术领域的领军者,引领着全球技术的发展方向。

如图4-93所示,在新型太阳能电池专利申请人中,中国申请人的申请量占据绝对主导地位。在该领域,国外申请人面临相对较大的挑战,难以与中国申请人竞争。在国外申请人中,以日本、韩国、美国等为代表的一些国家仅在中国布局了较少量的专利。这种局势可以反映出中国在相关技术领域的创新实力和专利保护意识较强,而其他国家在中国该领域的专利布局相对较少,进一步凸显了中国申请人在该领域的竞争优势。

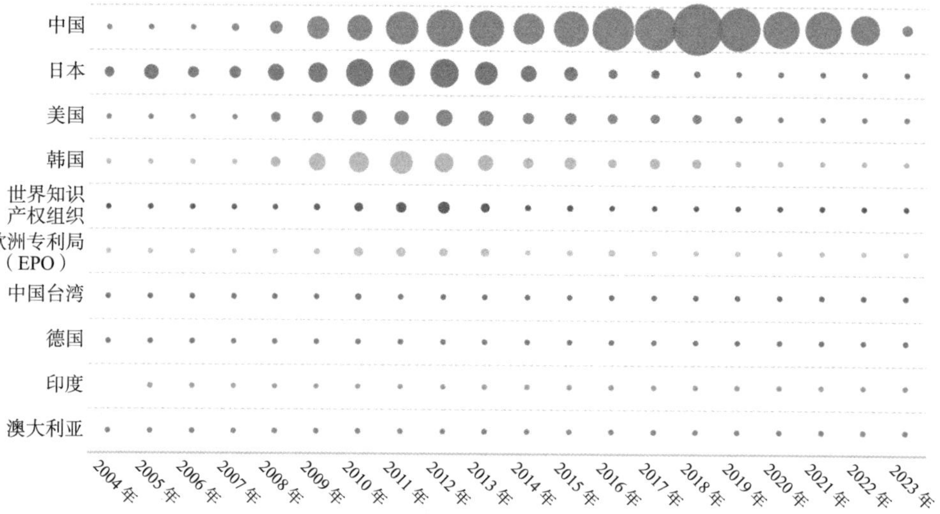

图 4-92　第三代新型太阳能电池专利申请量发展态势

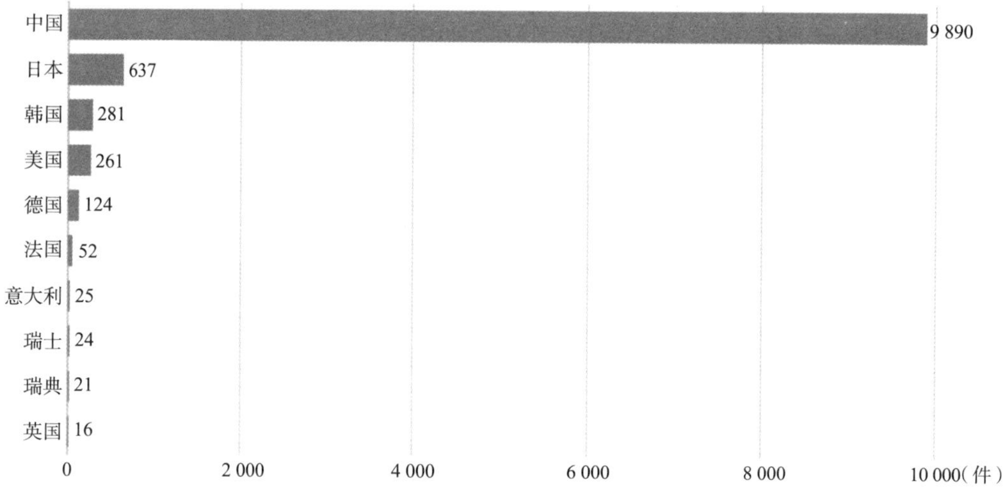

图 4-93　第三代新型太阳电池专利申请人各国专利申请量对比

从图 4-94 可以看出，在新型太阳能电池领域我国主要省市专利申请量排名中，江苏以显著的优势排在首位，广东紧随其后，而北京、浙江和上海则分别位列第三、第四和第五。这种排名情况充分表明了这些地区在新型太阳能电池领域的活跃度和领先地位。

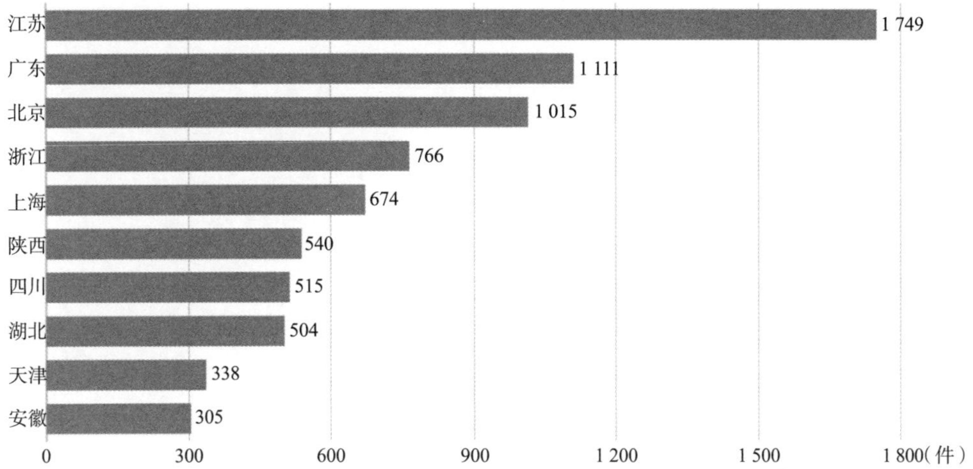

图 4-94　第三代新型太阳电池中国主要省市专利申请量对比

然而,当我们看到天津排在第九的位置时,这似乎表明天津在新型太阳能电池领域的基础相对较弱。尽管天津在某些方面可能表现出色,但与排在前五的省市相比,它仍然存在一些不足和差距。这进一步说明了天津在该领域的努力还有很大的提升空间,也提示我们需要在技术研发、政策扶持等方面加大投入,以便迎头赶上,并实现更高水平的发展。

4.5.3　专利布局揭示技术热点方向

(1)技术发展脉络

随着第三代新型太阳能电池发电技术的快速发展,这项创新技术为全球能源结构的优化和清洁能源的广泛应用提供了强有力的支持。该技术的显著特点是转换效率高、制造成本低、可弯曲和可定制,使得它在太阳能电池市场中具有非常强的竞争力。图 4-96 展示了新型太阳能电池在各技术方向的丰富多样性,以及其在不同技术方向的分布情况。通过仔细观察和分析,我们可以了解新型太阳能电池涵盖的各种不同技术类别以及各技术分支的创新活跃程度。这种分布情况不仅为我们提供了该领域技术发展的全局视图,也为我们提供了比较和对比各技术分支的机会。

通过这种分析方法,我们可以更加精准地了解和掌握该领域的技术发展趋势和创新热点。同时,我们还可以发现那些未被充分发掘的技术方向,以及那些需要更多研究和投资以推动其发展的领域。总体来说,这种分析方法使我们能够全面、准确、深入地了解该领域的技术发展状况。

从图 4-95 可以看出,在全球范围内,第三代新型太阳能电池发电技术的专利申请量主要集中在半导体器件和电池组加工技术这两个领域。这种集中分布的现象有效地提高了生产效率，同时降低了生产成本。

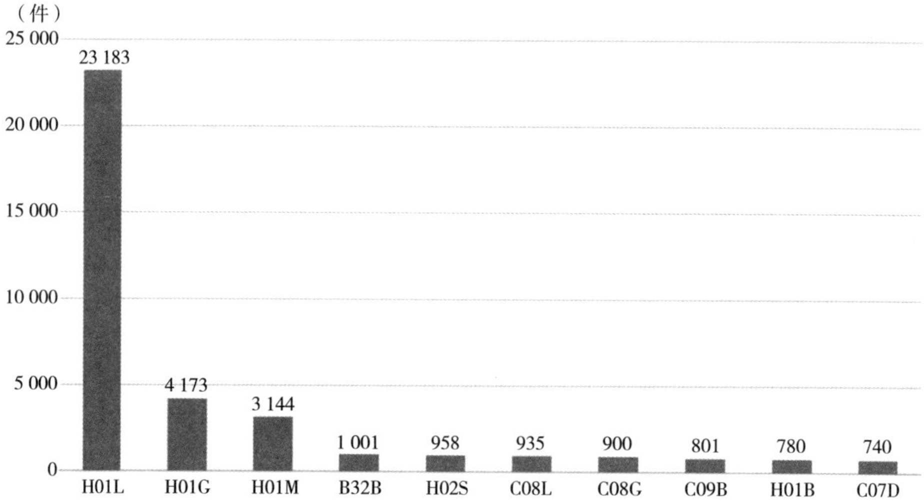

图 4-95　全球第三代新型太阳能电池技术构成

（2）申请人分析

申请人的专利拥有量可以有效反映其基础实力以及在技术创新方面的能力。这是因为专利代表了创新者对于某一特定技术的独占权或者优先使用权，通常也代表着对于该技术领域的深入研究和理解。因此，一个公司或者研究机构的专利拥有量，可以作为衡量其在技术研发方面投入和产出的一个重要指标。同时，专利申请的活跃度也能够反映申请人对该领域发展的重视程度以及该领域的最新进展情况。因此，一个公司或者研究机构如果频繁地申请专利，可以说明其正在密切关注该领域的发展动态，并且在该领域的研究和发展上投入了大量的精力和资源。

图 4-96 展示了第三代新型太阳能电池产业的专利申请人排名情况，非常直观地展示了在该领域哪些公司在专利申请方面表现得最为活跃，哪些公司的研发实力和技术创新能力最强。可以看出，企业是推动产业转型升级的主要力量，它们的技术发展方向往往能够引领一个行业的发展趋势。因此，对于这些龙头企业的技术发展方向进行深入研究，对于我们了解未来产业的发展方向具有重要的指导意义。在新型太阳能电池发电技术的重要申请人中，富士胶片株式会社、大日本印刷株式会社、乐金化学有限公司是全球专利申请量最大的三家公司。它们的技术研究方向和研发成果无疑是该领域最为重要的参考之一。因此，对这些公司的技术发展进行深入的研究和分析，将有助于我们更好地把握未来太阳能电池发电技术的发展趋势。

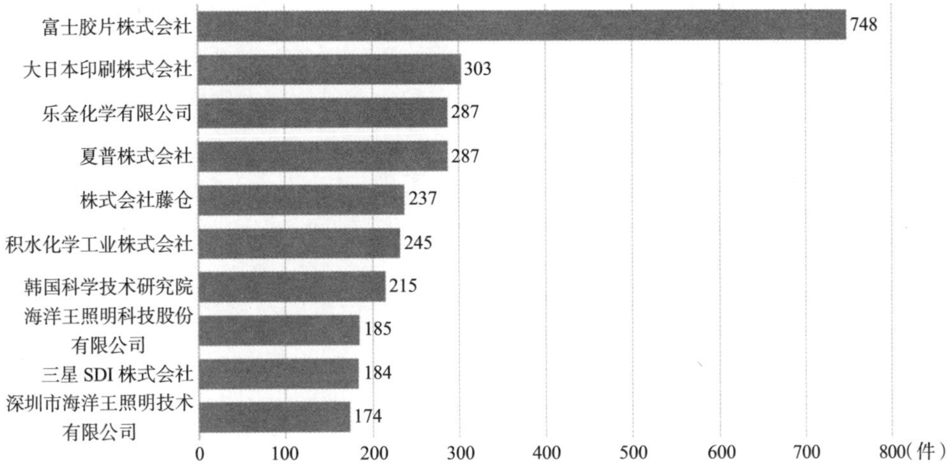

图 4-96　第三代新型太阳能电池产业的专利申请人专利申请量排名情况

1)富士胶片株式会社

富士胶片株式会社,简称富士胶片或 Fujifilm,有时也称富士相机,是著名的日本胶片和相机生产商。富士胶片在亚洲、欧洲和北美洲拥有超过 220 家的研发、生产以及销售机构。同时,它还生产计算机用存储介质,例如 CD-R 和极碟等。以前,富士胶片的主要竞争对手是柯达及柯尼卡。但如今随着数码相机的迅速普及和传统胶片市场的急剧萎缩,富士胶片的业务受到很大的冲击,竞争对手也变成了佳能、尼康等公司。另外自 1982 年以来,富士胶片就一直是世界杯足球赛的主要赞助商之一。2012 年财富世界 500 强排行榜排名第 400 位。2021 年 11 月,富士胶片控股株式会社(即富士胶片集团)发布了 2021 财年上半年度财务报告。数据显示,公司上半年度(2021 年 4 月 1 日~2021 年 9 月 30 日)实现销售收入 12 051 亿日元(同比增长 20.8%),营业利润为 1 079 亿日元(同比增长 91.0%)。

2)大日本印刷株式会社

大日本印刷株式会社是日本最大的印刷及媒介公司,成立于 1876 年,总部位于东京。该公司开创了铅版印刷日文的先河,并在日本率先开始了正式的凹版相片印刷。经过多年的发展,大日本印刷株式会社在多个业务领域都取得了显著的成就,如绿色印刷、包装领域的木纹化妆纸印刷技术等。此外,该公司还涉足商标注册申请,拥有多个商标,包括“迪文普”和“DNP”,这些商标涵盖了建筑修理、家具、医疗器械等多个国际分类。大日本印刷株式会社在印刷及媒介领域拥有悠久的历史和卓越的技术实力,是日本该行业的领军企业。

3）乐金化学有限公司

乐金化学有限公司成立于1947年，总部位于韩国首尔。乐金化学有限公司是LG集团子公司，事业涵盖石油化学、尖端材料和生命科学三大领域，在亚洲、美洲、欧洲等地拥有40余家生产基地及分支机构。2021年，乐金化学有限公司全球销售额约为373亿美元，员工总数约18 800名。为实现“We Connect Science to life for a Better Future”的愿景，乐金化学有限公司将从“化学”向“科学”转型，致力于成为引领可持续发展的全球领先科学企业。一直以来，乐金化学有限公司始终坚持以“为环境和社会提供创新的、可持续的解决方案”为目标，以创新材料和解决方案携手客户共同成长。2021年，英国权威品牌价值咨询公司Brand Finance发布“2021全球最有价值的25大化学品牌”排行榜，乐金化学有限公司位居第四。美国《化学与工程新闻》（C&EN）发布“2021年全球化工企业50强”名单，乐金化学有限公司位列第七。2021年《财富》世界500强排行榜发布，乐金化学有限公司位列第461位。

4.6 光伏产品关键技术分析

4.6.1 技术简介

（1）历史发展

中国的太阳能产业经历了三个阶段，分别是大规模生产太阳能技术、应用太阳能技术和开发降低成本的太阳能技术。中国的光伏技术发展始于1958年，到20世纪80年代实现了工业化，在2000年进入国际太阳能市场时，中国最初几乎只生产用于出口的太阳能组件。自2004年以来，欧洲国家对光伏系统的需求强劲增长，中国的光伏生产也经历了非常强劲的增长。中国的大规模生产以及随后光伏市场的价格下降，导致西方制造商不再具有竞争优势，许多制造商甚至不得不申请破产。自2013年起，中国成为世界最大的光伏市场。

中国太阳能产业在过去几年经历了诸多挑战，包括高成本、产能过剩以及反倾销措施等。为了应对这些问题，我国政府出台了一系列激励措施，以加强内部市场的发展，并增加对制造商的补贴，从而减少对国外市场的依赖。这些努力已经取得了显著的成果。例如，中国国内太阳能装机容量从2010年的800 MW增长到了2016年底的76 500 MW，这个数字甚至超过了德国的太阳能系统装机容量。这一成果得益于中国能源部门于2017年对太阳能领域的865亿美元投资，同比增长了58%，这一数字远高于其余可再生能源的投资。

在此期间，中国安装了总容量为53 GW的太阳能系统，占世界装机容量的50%以上。江西省扶贫工厂是中国最大的太阳能项目，其计划产量为540 MW，投资额约为 6.53 亿美元。然而，由于中国政府对太阳能产业的补贴和安装配额的减少，以及美国对太阳能产品进口关税的提高，使中国太阳能系统制造商的利润率和太阳能组件的价格受到影响。尽管如此，价格的下降会为光伏系统的更大扩散创造条件，推动光伏系统在屋顶或工业园区等不同地点的安装。这些小型项目并不受中国政府对主要太阳能项目的配额限制，因此越来越多没有国家补贴的能源消费者开始利用太阳能来满足他们的能源需求。

目前，中国太阳能光伏发电主要分为两种类型：一种是集中式光伏发电系统，这种系统主要应用于西北开阔地区的大型地面光伏发电系统；另一种是分布式光伏发电系统，以 6 MW 为界，包括民居屋顶光伏发电系统、太阳能路灯以及工商企业楼顶光伏发电系统等。

(2)技术分类

太阳能是一种清洁、可再生的能源，其最佳利用方式是光电转换，即将太阳光射入硅材料等光电转换材料中，利用光伏效应产生电流。这种方式的优点在于不会产生污染物，且能够有效地将太阳能转化为电能，因此被广泛应用于各种领域。

通过光伏效应生产的产品都可以归为光伏产品。这些产品不仅包括产业链中下游的消费级应用领域的产品，还包括光伏生产端应用领域的产品，以及光伏消费端应用领域的产品。

光伏产品种类繁多，其中太阳能光伏组件、太阳能电池片、光伏逆变器、光伏控制器、光伏发电监控系统、光伏接线盒、光伏线缆、太阳能水泵等属于光伏生产端应用领域的产品。这些产品在光伏产业链中扮演着重要的角色，是太阳能发电系统中的核心组成部分。

而光伏建筑系统、光伏照明系统、光伏交通系统、光伏温度系统、光伏汽车等则属于光伏消费端应用领域的产品。这些产品将光伏技术应用于不同的领域，实现了太阳能发电技术在各个领域的广泛应用。例如，光伏建筑系统将太阳能电池板与建筑物相结合，利用太阳能发电，并为建筑物供电；光伏照明系统利用太阳能发电为道路、公园等场所提供照明；光伏交通系统则将太阳能技术应用于交通工具，如为电动汽车、自行车等提供电力；光伏温度系统则通过利用太阳能发电来调节建筑物或设备的温度；而光伏汽车则直接利用太阳能为电动汽车提供动力。光伏产品作为太阳能发电系统的关键组成部分，在生产端和应用端都有广阔的应用前景。随着技术的不断进步和应用的不断深化，相信未来光伏产品将会在人类社会中发挥更加重要的作用。

(3)技术原理

1)太阳能光伏组件

单体太阳能电池由于电压和电流不稳定，不宜直接作为电源使用。因此，我们需要将多个单体电池进行串联和并联连接，使各个电池之间能够相互协作，形成一个稳定的电源系统。这些串联和并联的电池需要通过专业的封装工艺进行封装，以保护其不受环境因素的影响，并确保其稳定性和可靠性。这些串联和并联的电池经过严密的封装后，最终形成的太阳能电池板就是我们通常所说的太阳能电池板。这种太阳能电池板作为太阳能发电系统的核心部件，其主要职责是将太阳能转化为电能。

当太阳能电池板受到阳光照射时，光子的能量被吸收后，电子被激发并跃迁到导带上，留下空穴在价带上。这种电子-空穴对的形成导致 PN 结区域内的正负电荷分离，进而产生了外电场。在连接负载时，电流会从晶体硅片电池的底端流向负载，然后流回电池的顶端。这就是我们所熟知的"光生伏特效应"，该效应使太阳能电池能够产生电流并将太阳能转换为电能。然而，只有能量高于基能的光子才能够生成自由电子，能量低于基能的光子则不能，多余的能量可能会使电池发热，从而降低太阳能电池的效率。因此，为了提高太阳能电池的效率，我们需要选择合适的封装材料和工艺，以确保太阳能电池板的高效性和稳定性。

2）太阳能电池片

太阳能电池片是一种由半导体材料制成的晶片，通常由两层不同的硅材料组成，其中一层是 N 型硅，呈蓝色；另一层是 P 型硅，呈红色。在制造过程中，经过特殊的处理或掺杂工艺，使这两层硅能够形成 PN 结，当阳光照射到电池片上时，这个 PN 结可以产生电子-空穴对，从而形成电流，这个过程称为光生伏特效应。太阳能电池片通常被配置成一个大面积的 PN 结，经过特殊处理以形成电场。在这个电场中，一侧为正极，另一侧为负极。将多个太阳能电池片连接在一起，可形成一个独立的组件，这个组件被称为"太阳能组件"或"PV 组件"。这种方式，可以增加电流的输出。

为了进一步增加电流，可以将多个太阳能组件连接成一个阵列，这个阵列被称为"太阳能大阵列"或"PV 大阵列"。这种阵列可以安装在太阳能电池板或支架上，以多种方式连接在一起，以适应不同的电流和电压需求。太阳能电池片可主要分为晶硅类和非晶硅类。其中，晶硅类电池片又可分为单晶电池片和多晶电池片。单晶硅电池片的效率通常比多晶硅电池片高，因为它的结构更加有序，可以更有效地吸收和利用光能。这些电池片在制造过程中需要经过精细的处理和测试，以确保其性能和质量达到标准。

3）光伏逆变器

逆变器在太阳能光伏发电系统中发挥着至关重要的作用，就如同大脑和心脏在人体中的作用。在光伏发电过程中，光伏阵列产生的电能为直流电能，然而许多负载需要的是交流电能。因此，直流电供电系统存在一定的局限性，例如难以灵活调整电压，并且负载的应用范围相对受限。除特殊的直流电源负载外，几乎所有负载都需要使用逆变器将直流电转换为交流电。光伏逆变器是太阳能光伏发电系统的核心组成部分，其关键功能是将光伏组件产生的直流电能转换为交流电能，从而为本地负载或电网提供电力,同时还具备相关的保护功能。光伏逆变器的主要组件包括功率模块、控制电路板、断路器、滤波器、电抗器、变压器、接触器和机柜等。这些组件通过精密的电子控制技术和先进的半导体器件进行协同工作,以将直流电转换为交流电。逆变器的整个生产过程需要严格的质量控制和精心的细节处理,包括电子组件的预加工、整机装配、测试和包装等环节。逆变器的生产过程高度依赖电力电子技术、半导体器件技术和现代控制技术的发展。这些技术的不断进步对于逆变器的性能提升、能效提高以及成本的降低具有决定性的影响。

逆变器又被称为光伏逆变器或太阳能逆变器,其可以从光伏(PV)太阳能板产生的可变直流电压中获取能量,并将其转换为市电频率交流电(AC)。这一转换过程之后,逆变器可以将电能反馈回商用输电系统或供离网电网使用。逆变器在光伏阵列系统中扮演着重要的角色,被视为系统平衡组件(BOS)。除常规的交流供电设备外,逆变器还可以与许多其他设备协同使用,以使太阳能发电系统更高效、更稳定。太阳能逆变器还具备一些与光伏阵列相适应的特殊功能,例如最大功率点追踪(MPPT)和孤岛效应保护等。其中,最大功率点追踪功能可以帮助逆变器在各种光照和温度条件下追踪光伏阵列的最大功率输出点,从而实现能量的最大化利用;孤岛效应保护功能则是在电网出现故障时,逆变器可以迅速切断与电网的连接,以防止电网故障对太阳能发电系统的正常运行造成影响。这些特殊功能的实现,使得逆变器成为太阳能光伏发电系统中不可或缺的重要组件。

4)光伏控制器

光伏控制器是一种尖端的自动控制设备,广泛应用于太阳能发电系统。其主要职责是调节多个太阳能电池阵列对蓄电池的充电行为,以确保电池组以最佳方式为蓄电池充电。同时,控制器还负责向太阳能逆变器负载供电,确保系统的稳定运行。控制器内部采用高速微处理器和高精度 A/D 转换器,使其能够以极高的速度和精度采集太阳能系统的运行状态数据。这些数据包括电流、电压、功率等关键参数,以及蓄电池的状态和电量等信息。通过实时监控这些数据,控制器能够迅速发现系统中的异常情况,并及时采取相应的措施来维护系统的稳定性和可靠性。除数据采集和监控功能外,控制器还具备串行通信数据传输功能。通过串行通信接口,控制器可以与计算机或其他智能设备进行数据交换。这使得管理员可以远程监控太阳能系统的运行状态,对多个太阳能系统子站进行集中管理和控制。这种远程控制功能对于大规模太阳能发电站的管理尤为重要,可以大大提高管理效率,并降低运营成本。光伏控制器作为太阳能发电系统中的核心控制设备,具有高性能、高精度、高可靠性等特点。它能够实时监控系统的运行状态,确保太阳能电池阵列和蓄电池正常工作,同时提供高效的远程管理功能,为太阳能发电站的稳定运行提供有力保障。

5)光伏发电监控系统

光伏发电监控系统和发电监管设备是现代太阳能光伏电站的必备工具,它们能够实时监控太阳能光伏电站的各个关键设备,包括电池阵列、汇流箱、逆变器、直流/交流配电柜以及太阳能跟踪控制系统等,从而有效掌握电站的运行状况。这些系统界面设计友好,用户可以轻松上手操作。同时,它们还配备了强大的分析功能,能够准确分析太阳能光伏发电系统的各项数据,从而让用户更加全面地了解电站的运行状况。此外,这些系统还拥有完善的故障报警功能,一旦出现异常情况,能够及时发出警报,以便用户尽快采取措施解决问题,确保太阳能光伏发电系统的稳定运行。

随着煤炭、石油等化石能源资源的日益枯竭以及环境污染问题越来越严重,太阳能作为一种最具发展潜力的可再生能源备受瞩目。太阳能不仅储量无限,而且分布广泛、清洁低碳、经济实用,因此日益受到人们的青睐。各国政府高度重视光伏产业和太阳能的开发利用,已将其视为可持续发展战略的关键组成部分。光伏产业也称太阳能电池产业,是利用太阳能级半导体电子器件吸收太阳光辐射能,将其转换为电能的产业。随着技术的不断进步和成本的持续降低,太阳能光伏发电系统已成为一种具有经济竞争力的可再生能源。未来随着太阳能光伏技术的进一步发展以及相关政策的不断完善,相信太阳能光伏发电将在全球能源供应中占据更加重要的地位。

6)光伏建筑系统

光伏建筑是指在进行建筑设计时,直接使用太阳能模板作为主要建筑材料,以实现电能的生产和利用。这一概念的实现,使得建筑物本身成为一个能源生产中心,同时也可降低对传统能源的依赖。在土地价值高昂的区域,光伏建筑一体化被认为是一种理想的解决方案,其能够解决土地成本过高和能源输送优化等问题。通过采用光伏建筑一体化,建筑物能够减轻太阳能电池支撑结构的负担,同时替代屋顶、墙面和窗户等传统建筑材料。这不仅能够降低太阳能电池的安装成本,还能有效利用建筑物的可用表面积,并降低建筑物外表面的温度。德国通过实施“百万屋顶计划”,已经促使建筑业开始广泛采用薄膜太阳能电池。我国财政部、住房和城乡建设部联合发布的“太阳能屋顶计划”也为中国应用薄膜太阳能电池铺平了道路。这一计划的推出无疑将推动光伏建筑一体化在中国市场的广泛应用。随着薄膜太阳能电池技术的不断发展,这种既能产生电能,又能降低二氧化碳排放的绿色能源解决方案将具有巨大的发展潜力。未来,光伏建筑一体化将成为建筑行业发展的新趋势,为推动绿色能源的发展和环保事业做出积极贡献。

7)光伏照明系统

在对太阳能资源的高效开发中,太阳能光伏照明系统成为近年来发展最迅速、最具发展潜力的研究领域之一。这个领域专注于研究和开发将太阳能通过特定的系统转化为电能,再供给照明工具使用。这种转换和存储过程需要精密的设备来实现,而光伏照明系统的出现正是基于这种原理实现了高效利用太阳能的目标。光伏照明系统是一种以太阳能为能源的照明工具，与传统的照明工具相比，它具有许多优势。首先，它无须外部电源，完全依赖太阳能作为能源。这种特性使它能在一些偏远地区或没有电力供应的地方发挥巨大的作用。其次，它的安全性很高，由于没有电线等复杂结构，避免了线路故障或人为因素引发的安全隐患。此外，它具有环保节能的特性，无须消耗电力，从而减少了能源的消耗和碳排放。除此之外，光伏照明系统的充电和开关灯操作都无须人工操作，完全实现了自动化控制。这种自动化控制的优点在于，它可以根据预先设定的模式自动运行，使照明系统的使用更加便捷。例如，在白天太阳能充足的时候，系统会自动充电并进行能量储存，到了夜晚则自动开启照明模式。这种自动化的控制方式不仅提高了效率，也大大减少了人工操作的失误。

在控制模式方面，光伏照明系统一般可分为光控方式和计时控制方式。光控方式是通过监测环境的光线强度来控制照明系统的开启和关闭，当环境光线较弱时自动开启照明系统，而当环境光线较强时则自动关闭照明系统。计时控制方式则是根据预先设定的时间来控制照明系统的开启和关闭。在实际应用中，为了满足不同的需求，往往会采用光控与计时控制组合的工作方式。因此，光伏照明系统是一种理想的现代化照明工具，它不仅解决了电力供应问题，提高了能源的使用效率，而且具有安全可靠、节能环保、自动化控制等优点。这些优点使光伏能照明系统在未来的发展中具有广阔的应用前景和潜力。

8）光伏交通系统

光伏技术是一种提升交通系统弹性，以及构建清洁、绿色和高弹性交通能源体系的关键工具。对于交通能源系统，我们可以通过整合一定地理区域内的分布式光伏发电、风力发电、储能设备、可控负荷和稳定的主电源，形成一个既可与大型电网连接，又可独立运行的微型电力网络。通过对多个可控资源进行分类调控，可实现高效利用以光伏为代表的分布式可再生能源，提高区域交通的低碳化、清洁化、弹性化和高效化水平。光伏交通包括光伏高速、光伏地铁、光伏停车场等，它是未来光伏技术的主要应用方向之一。随着科技的进步，“光伏+”应用场景越来越丰富，我们可以在高铁、普铁、高速服务区、车棚、停车场等处看到“光伏+”的应用。例如，亚洲最大的火车站雄安高铁站使用兆瓦级光伏建材产品，成为一座能发电的火车站，每年能提供约 580 万 kW·h 的绿色电力，可满足该高铁站 20%的绿色电力需求；北京大兴国际机场北一跑道南侧区域及其货运区屋顶的分布式光伏发电项目，预计每年可向电网提供约 610 万 kW · h 的绿色电力，相当于每年节约 1 900 t 标准煤，减排 966 t 二氧化碳和 14.5 t 二氧化硫，并同步减少各类大气污染物的排放。

9）光伏农业

光伏农业产品作为当前最成熟的应用之一，已经成为光伏一体化并网发电项目中不可或缺的重要参与者。通过将太阳能发电、现代农业种植和养殖以及高效设施农业等三者无缝整合,实现了利用农地直接进行发电的目标。光伏农业系统的显著特点在于,它能够以最低的成本实现这一目标,为农业生产提供了极大的便利。在薄膜太阳能电池的帮助下,光伏农业产品不仅能够为动植物生长提供所需的关键光源,而且还能让红外光穿透,从而储存热能,提高大棚温度。这一特点在冬季尤为显著,它对动植物的生长具有极大的益处,同时也可有效节约能源。光伏农业的具体应用丰富多样,包括光伏绿色植保、光伏农业大棚、光伏养殖场等。这些应用不仅体现了光伏农业的独特优势,更为农业生产带来了新的可能性,推动了绿色、高效、可持续的农业发展。

10)光伏取暖

光伏取暖系统已成功地将光伏发电、纳米电锅炉与智慧物联管理平台融为一体,形成了一套全面而高效的适配方案。这个创新的系统充分利用了太阳能资源,将光伏电站的电能有效地转化为热能,再通过纳米电锅炉进行高效供暖。在非供暖季,光伏电站的电能不仅可以满足纳米电锅炉的加热需求,还可以销售给国家电网,从而为项目带来额外的经济收益。这种清洁、高效的能源利用方式,既实现了清洁取暖的目标,又为投资者带来了可观的回报。光伏取暖系统具有两大主要功能,即在冬季进行供暖,而在其他季节则生产绿色电力。这一特性使得“光伏+电采暖”系统在运行费用上更加经济实惠,甚至能够实现供暖零成本,具有极高的经济效益和社会效益。纳米电锅炉的热效率高达99%,远高于普通电采暖与燃气采暖。这种高效能源利用方式使得光伏取暖系统的运行成本大大降低,同时也减小了对环境的影响。

光伏取暖系统最大的优点在于无须巨额投资进行基础设施建设,多余的电能可以上网销售,从而实现能源的自给自足。这一特性有效地减轻了电网的运行压力,也为能源的可持续发展提供了新的可能。相较于传统的取暖方式,如煤改气、煤改电等,“光伏+电采暖”具有清洁无污染、高效利用能源、施工难度小、使用成本低等显著优势。这种新型供暖模式的推广价值极高,具有建设可行性、持续性、可复制性,效果十分理想。

11)光伏电站

光伏电站是一种利用太阳能作为动力来源,通过集成各种电子元器件(如晶硅板和逆变器等),形成的完整发电体系。在输电网络中,电力被高效地传输到公共电网,以供应日常的电力需求。光伏电站在光伏太阳能发电技术的发展过程中起到了关键的推动作用,使其能够进入大规模商业化发电阶段,并成为电力产业的重要组成部分。在当前的光伏太阳能发电技术领域,光伏电站已成为主导的发展趋势,引领着行业的前进。近年来,光伏电站正在向大型太阳能发电站的方向迅速扩展。由于大型太阳能发电站具有更高的发电效率和更低的成本,使得光伏太阳能发电技术在全球范围内得到了更广泛的推广和应用。随着技术的不断进步和成本的持续降低，光伏太阳能发电将在未来的能源结构中占据越来越重要的地位，为全球的可持续发展做出更大的贡献。

12）太阳能汽车

太阳能汽车的主要部件是太阳能电池板，这些电池板通常以精致的蜂窝状形态安装在汽车的车顶上。当太阳能电池板受到太阳光的照射时，它们能够将光能高效地转化为电能，并将电能存储在蓄电池中，作为驱动电动机的能源。这种太阳能汽车在行驶过程中，不仅没有内燃机的轰鸣声，而且还无须燃烧化石燃料，从而极大地降低了对环境的影响。太阳能汽车的应用技术主要分为两个方面：一是作为汽车的驱动力；二是作为汽车辅助设备的能源。完全以太阳能为驱动力的太阳能汽车由高效能的电池板、储电器和电机组成。这些部件的完美组合，使得太阳能汽车能够在阳光充足的条件下，以较高的速度稳定可靠地行驶。然而，由于太阳能辐射强度相对较弱、太阳能电池板造价高、蓄电池容量有限以及天气因素的不确定性等原因，完全依赖太阳能的汽车在实用性上仍然受到很大的限制。因此，太阳能汽车往往与其他能源形式相结合，形成复合能源汽车。这类太阳能汽车在外观上与传统汽车相似，但在车体表面加装了太阳能吸收装置，如车顶电池板，用于为蓄电池充电或直接作为动力源。这种太阳能汽车同时使用汽油发动机和电动机，在低速行驶时，电动机作为主要动力来源；当车速提升到一定程度时，汽油发动机启动，电动机脱离驱动轴，汽车便像普通汽车一样行驶。这种混合动力的太阳能汽车，既能充分利用太阳能，又能满足实际行驶需求，具有较高的实用性和推广价值。

（4）制作工艺

1）太阳能光伏组件

由于电池片制作条件的随机性，导致生产出来的电池性能不尽相同，所以为了有效地将性能一致或相近的电池组合在一起，应根据其性能参数进行分类。电池测试即通过测试电池的输出参数（电流和电压）对其进行分类，以提高电池的利用率，筛选质量合格的电池组件。

高压测试是指在组件边框和电极引线间施加一定的电压，测试组件的耐压性和绝缘强度，以保证组件在恶劣的自然条件（如雷击等）下不被损坏。高压测试的目的是对电池的输出功率进行标定，测试其输出特性，确定组件的质量等级，主要就是模拟太阳光的测试，一般一块电池板所需的测试时间为 7~8 s。

2）太阳能电池片

太阳能电池片的生产工艺流程可分为硅片检测—表面制绒及酸洗—扩散制结—去磷硅玻璃—等离子刻蚀及酸洗—镀减反射膜—丝网印刷—快速烧结等，具体介绍如下。

Ⅰ. 硅片检测

硅片是太阳能电池片的制造基础，其质量直接影响太阳能电池片的转换效率，因此对来料硅片进行严格的检测是十分必要的。这一过程主要通过一系列高级的检测设备来实现，它们可以有效地测量硅片的各种技术参数，包括硅片表面不平整度、少子寿命、电阻率、P 或 N 型以及微裂纹等。这组设备主要由自动上下料装置、硅片传输装置、系统整合部分和四个具体的检测模块组成。四个检测模块中，光伏硅片检测仪是核心设备，主要负责硅片表面不平整度的检测，同时对硅片的尺寸和对角线等外观参数进行测量；微裂纹检测模块则专注于发现硅片的内部微裂纹，这些微小的裂纹可能会影响硅片的稳定性和耐用性；在线测试模组主要负责测试硅片的电阻率和硅片类型；还有一个模块则用于检测硅片的少子寿命。在进行少子寿命和电阻率检测之前，设备会先对硅片的对角线和微裂纹进行精确的检测，自动剔除已经破损的硅片，以避免它们对后续的测量结果产生影响。硅片检测设备的设计考虑了自动化操作的需求，能够自动完成装片和卸片，从而提高检测效率。同时，设备还具备将不合格的硅片自动移至固定位置的功能，这不仅能确保不合格品不会混淆在合格品中，而且还能避免因人工处理而产生的误差，从而进一步提高检测的精准度和效率。

Ⅱ. 表面制绒

单晶硅绒面的制备是利用硅的各向异性腐蚀特性，在每平方厘米硅表面形成几百万个四面方锥体，也就是金字塔结构的过程。这个制备过程能有效增加光的吸收率，提高电池的短路电流和转换效率。这种制备方法的原理在于入射光在硅表面的多次反射和折射使光的吸收率得以增加。为了实现这一目标，需要使用特定浓度的碱性溶液，例如氢氧化钠、氢氧化钾、氢氧化锂和乙二胺等，这些溶液在加热后可以形成硅的各向异性腐蚀液。在大多数情况下，为了降低成本，人们会使用浓度约为 1% 的氢氧化钠稀溶液来制备绒面硅。这个过程的温度通常控制在 70~85 ℃，以保证腐蚀效果。为了获得均匀的绒面效果，还需要在腐蚀液中适量添加醇类物质作为溶合剂，如乙醇和异丙醇等，以加快硅的腐蚀速度，并确保均匀性。在制备绒面前，需要对硅片进行初步的表面腐蚀处理，一般使用碱性或酸性腐蚀液腐蚀去约 20~25 μm 的硅层。这一步骤完成后，再进行一般的化学清洗，以清除表面残留的腐蚀液和污染物。经过表面准备的硅片不宜在水中久存，以防沾污，应尽快进行扩散制结等后续步骤。

Ⅲ. 扩散制结

太阳能电池需要一个大面积的 PN 结以实现光能到电能的转换，而扩散炉即为制造太阳能电池 PN 结的专用设备。管式扩散炉主要由石英舟的上下载部分、废气室、炉体部分和气柜部分等四大部分组成。扩散一般使用三氯氧磷液态源作为扩散源，把 P 型硅片放在管式扩散炉的石英容器内，在 850~900 ℃高温下使用氮气将三氯氧磷带入石英容器，通过三氯氧磷和硅片进行反应，得到磷原子。经过一定时间，磷原子从四周进入硅片的表面层，并且通过硅原子之间的空隙向硅片内部渗透扩散，形成 N 型半导体和 P 型半导体的交界面，也就是 PN 结。这种方法制出的 PN 结均匀性好，方块电阻的不均匀性小于 10%，少子寿命可大于 10 ms。制造 PN 结是太阳能电池生产最基本也是最关键的工序，因为正是 PN 结的形成，才使电子和空穴在流动后不再回到原处，从而形成电流，再用导线将电流引出，就是直流电。

Ⅳ. 去磷硅玻璃

该工艺在太阳能电池片生产制造过程中起着至关重要的作用。通过化学腐蚀法，即把硅片浸泡在氢氟酸溶液中，使其产生化学反应，生成可溶性的络合物六氟硅酸。这个过程是为了去除扩散制结后在硅片表面形成的一层磷硅玻璃。在扩散制结过程中，$POCl_3$ 与 O_2 反应生成 P_2O_5，后者沉积在硅片表面，然后 P_2O_5 与 Si 反应生成 SiO_2 和磷原子，这样就在硅片表面形成一层含有磷元素的 SiO_2，被称为磷硅玻璃。去磷硅玻璃的设备结构复杂且精密，主要由本体、清洗槽、伺服驱动系统、机械臂、电气控制系统和自动配酸系统等组成。该设备运行依赖于多种动力源，包括氢氟酸、氮气、压缩空气、纯水和废水等。氢氟酸之所以能够溶解二氧化硅，是因为它与二氧化硅反应生成易挥发的四氟化硅气体。若氢氟酸过量，反应生成的四氟化硅会进一步与氢氟酸反应生成可溶性的络合物六氟硅酸。

Ⅴ. 等离子刻蚀

由于在扩散制结过程中，即使采用背靠背扩散，硅片的所有表面包括边缘都会不可避免地扩散上磷，而 PN 结的正面所收集到的光生电子会沿着边缘扩散有磷的区域流到 PN 结的背面，从而造成短路。因此，必须对太阳能电池周边的掺杂硅进行刻蚀，以去除电池边缘的 PN 结，通常采用等离子刻蚀技术完成这一操作。等离子刻蚀是在低压状态下，反应气体 CF_4 的母体分子在射频功率的激发下，产生电离并形成等离子体。等离子体是由电子和离子组成，反应腔体中的气体在电子的撞击下，除转变成离子外，还能吸收能量并形成大量的活性基团。活性基团由于扩散或者在电场作用下到达 SiO_2 表面，并与被刻蚀材料表面发生化学反应，形成挥发性的反应生成物脱离被刻蚀物质表面，最后被真空系统抽出腔体。

Ⅵ. 镀减反射膜

抛光硅表面的反射率高达 35%，为了有效减少硅表面反射并提高电池的转换效率，在硅表面沉积一层氮化硅减反射膜是必要的。在工业生产中，常采用 PECVD 设备制备这种减反射膜。所谓的 PECVD，即等离子增强型化学气相沉积，是一种在低气压下利用辉光放电的能量源进行制备的技术。在 PECVD 设备中，样品被置于辉光放电的阴极上，通过辉光放电将样品升温至预定温度后，然后通入适量的反应气体 SiH_4 和 NH_3，这些气体在经过一系列化学反应和等离子体反应后，最终在样品表面形成一层固态薄膜，这就是氮化硅薄膜。一般情况下，使用这种等离子增强型化学气相沉积的方法所制备的薄膜厚度在70 nm左右,这种厚度的薄膜具有显著的光学功能性。当光照射到氮化硅薄膜上时,由于薄膜干涉原理的作用,光的反射率会大大减少。这就使得电池的短路电流和输出有显著增加,效率也有相当大的提高。因此,采用PECVD设备沉积氮化硅减反射膜,不仅有效降低了硅表面的反射率,还显著提高了电池的转换效率,为工业生产带来了实质性的效益。

Ⅶ. 丝网印刷

太阳能电池在经历了制绒、扩散制结和PECVD等一系列复杂工序后,已经成功地制备出了PN结,具备了在光照下产生电流的能力。然而,为了能够将产生的电流导出,我们需要在电池的表面制作正、负两个电极。在众多的制造电极的方法中,丝网印刷被广泛认为是一种高效且实用的生产工艺。丝网印刷是一种采用压印的方式,将预定的图形印刷在基板上的技术。其工作原理主要依赖于丝网图形部分网孔的透过性,以及用刮刀在丝网浆料部位施加的压力和移动。具体来说,油墨在移动中被刮刀从图形部分的网孔中挤压到基片上,由于浆料的黏性作用,使得印迹能够固着在一定范围内。在印刷过程中,刮刀始终与丝网印板和基片呈线性接触,这种接触会随着刮刀的移动而移动,从而完成整个印刷行程。丝网印刷设备通常由电池背面银铝浆印刷、电池背面铝浆印刷和电池正面银浆印刷这三个独立的系统组成,每个系统都具备丝网印刷的核心技术。这种工艺不仅适用于太阳能电池的制作,还在半导体、电子和光学等领域得到广泛的应用,它能够以高精度、高速度和高效率的方式制作出各种复杂的图形和线路,为各类电子设备的制造提供了极大的便利。

Ⅷ. 快速烧结

经过丝网印刷的硅片不能直接使用,还需要经过烧结炉的快速烧结处理。在烧结过程中,将有机树脂黏合剂会燃烧掉,只留下几乎纯粹的银电极由于玻璃质作用而密合在硅片上。这些银电极与晶体硅在达到共晶温度时,晶体硅原子会以一定的比例融入熔融的银电极,从而形成上下电极的欧姆接触。这种欧姆接触可以提高电池片的开路电压和填充因子两个关键参数,使其具有电阻特性,从而提高电池片的转换效率。烧结过程可分为三个阶段:预烧结、烧结和降温冷却。预烧结阶段的目的是使浆料中的高分子黏合剂分解、燃烧掉。该阶段温度慢慢上升,有机物逐渐燃烧掉。在烧结阶段,烧结体内完成各种物理化学反应,形成电阻膜结构,使其真正具有电阻特性。该阶段温度达到峰值,电阻膜结构逐渐形成并硬化。在降温冷却阶段,玻璃逐渐冷却并硬化,使电阻膜结构牢固地粘附于基片上。该阶段使烧结好的硅片可以投入实际生产。

Ⅸ. 外围设备

在太阳能电池片生产过程中,需要众多外围设施来确保生产正常进行。这些外围设施包括供电系统、动力设备、给水系统、排水设施、暖通系统、真空设备以及特殊气体供应设备等。在这些外围设施中，消防和环保设备的作用不可忽视，它们是保证生产安全和持续发展的关键因素。对于一条年产 50 MW 能力的太阳能电池片生产线，其对工艺和动力设备用电功率的需求相当高，大约为 1 800 kW；工业纯水的用量也相当大，每小时用水量约 15 t，并且水质需达到《电子级水》(GB/T 11446.1—2013)中 EW-Ⅰ级技术标准，这是极高的水质标准，以确保生产过程中的高效率和产品质量。工业冷却水用量同样很大，每小时约 15 t，对水质的要求也相当高，微粒粒径不宜大于 10 μm，供水温度宜在 15~20 ℃。这样的水质要求是为了确保冷却效果和产品质量，防止水中的微粒影响生产过程中的精细操作。真空排气量需求为每小时 300 m^3，这一要求是为了维持生产过程中的真空环境，确保产品的质量和生产效率。此外，还需要 20 m^3 氮气储罐和 10 m^3 氧气储罐等气体供应设备。考虑到特殊气体(如硅烷)的安全因素，还需要单独设置一个特种气体间，以确保生产安全。硅烷燃烧塔、污水处理站等也是太阳能电池片生产的必备设施，这些设施的作用不可忽视，它们能够确保生产过程中的环保和安全问题得到有效解决。综上所述，太阳能电池片生产过程中需要众多外围设备来确保生产正常进行，这些设备的作用是保证生产安全、环保和高效。

3)光伏逆变器

逆变器是光伏系统中的核心部件之一，通常需要与其他部件进行集成后，才能提供给最终的电站投资业主使用。在光伏系统供给终端业主使用之前，需要进行系统的设计和优化，确保系统能够高效、稳定地运行。在这个过程中，需要对系统部件进行集成和安装，包括逆变器、太阳能电池板、变压器等关键设备。虽然最终使用者通常是光伏地面电站投资业主、工商业投资业主或户用投资业主等，但这些设备也可以由中间环节的某一类客户采购，例如 EPC 承包商、光伏系统集成商或光伏系统安装商等。这些客户在光伏系统中扮演着重要的角色，它们负责采购和集成各种设备，并进行系统的安装和调试，确保整个系统能够正常运行。在采购过程中，中间客户需要对设备的性能和质量进行严格的把关，以确保所采购的设备符合项目的要求和业主的期望。同时，中间客户也需要对设备的价格和售后服务进行充分的考虑，以降低项目的成本和提高系统的可靠性。总之，逆变器作为光伏系统的核心部件之一，其性能和质量直接关系到整个光伏系统的稳定性和可靠性，因此无论是最终使用者还是中间客户，都应对逆变器的采购和使用给予足够的重视。

目前，逆变器产品主要可分为四类，即集中式逆变器(主要用于大型地面电站，功率范围为 250 kW~10 MW)、集散式逆变器(主要用于复杂的大型地面电站，功率范围为 1~10 MW)、组串式逆变器(主要用于户用、小型工商业分布式发电和地面电站等，功率范围为 1.5~250 kW)和微型逆变器(主要用于户用等小型电站，功率范围为 200~1 500 W)。

其中，大型集中式光伏逆变器是一种将光伏组件产生的直流电汇总成较大直流功率后，再通过电力电子技术将其转变为交流电的装置。由于其功率相对较大，一般采用 500 kW 以上的集中式逆变器。随着电力电子技术的快速发展，近年来大型集中式光伏逆变器的功率不断提升，从最初的 500 kW 逐步发展到 630 kW、1.25 MW、2.5 MW、3.125 MW 等更高的功率等级。这些逆变器通常适用于大型地面光伏电站、农光互补光伏电站、水面光伏电站等大规模光伏发电项目。大型集中式光伏逆变器具有许多优点，如输出功率大、运维简单、技术成熟、电能质量高以及成本低等。由于其单体输出功率大、电压等级高，随着技术的不断进步，近年来开始与下游的变压器集成，进而形成了“逆变升压”一体化的解决方案，以及与储能技术结合的光储一体化解决方案。这些创新的技术进步为光伏发电的进一步发展提供了强有力的支持。

组串式光伏逆变器则是将较小单元光伏组件产生的直流电直接转换为交流电的电力电子装置，其功率相对较小，一般功率在 50 kW 以下。然而，近年来，随着技术的进步和降本增效的考虑，组串式光伏逆变器的功率开始逐步增加，出现了 60 kW、70 kW、100 kW、136 kW、175 kW 以上等大功率的组串式光伏逆变器。组串式光伏逆变器由于单台功率小，在同等发电规模情况下增加了逆变器的数量，因此单台逆变器与光伏组件最佳工作点的匹配性较好，能够在特殊环境下增加发电量，主要应用于规模较小的电站，如户用分布式发电和中小型工商业屋顶电站等。但是，近年来，其也开始应用于一些大型地面电站。

这些不同类型的逆变器各有其特点和应用领域，它们为光伏发电的广泛应用和持续发展提供了多样化的选择。

4）光伏控制器

光伏控制器可以根据其拓扑结构分为两类：DC/DC 型和直通型。DC/DC 型控制器又可分为谐振型和 MPPT 型等多个细分类型。然而，由于 DC/DC 型控制器在处理大电流时，其体积、热量和质量都会迅速增加，这些缺点使得其在大功率领域的实际应用受到了一定的限制。相比之下，直通型控制器在大功率领域则具有更多的优势，即使光伏电流达到几百安培，它的体积、热量和质量相对来说都不会太大。因此，在移动通信基站等大功率领域，直通型控制器得到了广泛应用。与蓄电池过充电时需要断开充电回路类似，当蓄电池的端电压下降到一定程度，控制器应该能够自动切断蓄电池的放电回路，以避免造成蓄电池过放电，此时的电压被称为欠压断开点。当蓄电池再次充电后端电压上升到过放恢复点时，控制器应该能够自动或手动接通放电回路以恢复向负载供电。这种控制策略对于保护蓄电池的寿命和稳定性至关重要。

5）光伏发电监控系统

利用互联网大数据等技术手段，我们成功地搭建了一个先进的光伏检测数据平台。在这个平台上，我们采用了高稳定性的太阳总辐射传感器，并配备了全自动太阳跟踪系统，以确保各项辐射数据的准确性和稳定性。这些传感器和跟踪系统的使用，不仅提高了光伏电站的性能，而且有效地保障了其正常运行。为了保证光伏电站的正常运行以及数据的精准分析，我们通常需要配备并网光伏发电环境监测系统。这种系统可以监控周边环境温度、风速、风向、气压、日照时数、太阳总辐射、太阳直接辐射、太阳散射辐射、光伏组件温度等指标。光伏发电监控系统不仅性能稳定，而且检测精度高，完全无须人工干预，实现了真正的无人值守。此外，并网光伏发电系统可以连接到监控系统上，由监控系统对环境监测系统的数据进行显示、记录及分析。这种智能化的监控系统不仅可以实时监测数据，而且还能对历史数据进行记录和分析，帮助我们更好地了解光伏电站的运行情况，及时发现并解决问题。除连接监控系统外，这些传感器数据还可以连接逆变器控制系统。逆变器控制系统可以对传感器数据进行自动分析，并根据分析结果调整光伏电站的运行状态，以保证其高效运行。同时，逆变器控制系统还可以对传感器进行自动校准和维护，确保数据的准确性和稳定性。

6）光伏消费端应用领域产品

光伏消费端应用领域产品的制造工艺是一项复杂而精细的工作，需要根据不同应用方向的需求进行相应的调整和完善。这些应用领域涵盖诸如电力、交通、通信、军事等，每个领域对于光伏产品的性能、尺寸、质量、安全等方面都有独特的要求。为了满足这些多样化的需求，制造光伏产品的工艺必须结合具体产品的特性进行精心设计。这些工艺包括但不限于电池片制造、组件封装、系统集成等多个环节，每个环节都需要严格的质量控制和技术标准，以确保产品的稳定性和可靠性。除基本的制造工艺外，针对不同应用方向的光伏产品还需进行特定的研发和设计。例如，在交通领域，需要光伏产品具备较高的抗震性能和耐候性能，以应对复杂的路况和天气条件；而在军事领域，则需要光伏产品具备抗干扰、防窃电等特殊功能，以确保安全性和保密性。总之，光伏消费端应用领域产品的制造工艺需要结合具体产品的特性和应用方向的需求，进行精细化研发和设计，以确保产品的性能和质量能够满足不同领域的需求。

4.6.2　专利布局揭示产业发展方向

下面基于专利数据支撑，以全局模式展示光伏产品关键技术发展的整体趋势和方向走势，从总体专利申请态势、全球产业结构分布情况、主要国家或地区产业结构分布、重点企业产业分布等方面进行分析，了解新型太阳能电池领域的重点技术及未来发展方向。

如图 4-97 所示，光伏产品关键技术应用领域的专利申请数量逐年攀升，直至

2017 年达到峰值。然而,随后受到外部政策调整的影响,专利申请量整体呈现下滑趋势。尽管如此,光伏产业在全球能源领域的重要地位并未动摇,相关技术的研发与应用工作仍在稳步推进。

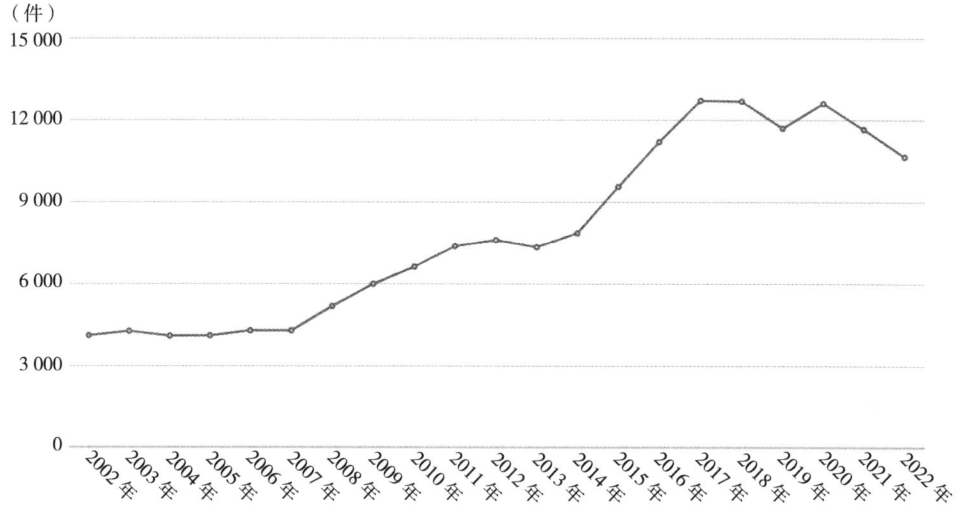

图 4-97　光伏产品关键技术应用方面全球专利申请数量趋势

如图 4-98 所示,中国专利申请人的专利申请量具备绝对优势,境外申请人相对较难在该领域与中国申请人竞争,境外申请人中以日本、美国、韩国等为代表的国家仅在中国布局了一定数量的专利。中国专利申请人的国别分布情况明晰地展示出中国申请人的数量和专利申请量的主导地位。在该领域,中国申请人的表现尤为突出,其专利申请量远远超过其他国家、组织和地区的申请人。这种优势不仅体现在数量上,更表现在质量上,这充分说明了中国申请人在相关领域的专业能力和技术实力。而相对于中国申请人来说,境外申请人在该领域的竞争显得相对困难。尽管他们努力在中国市场上进行专利布局,但结果并不尽如人意。以日本、韩国、美国等为代表的一些国家,尽管在技术实力和经济实力上都不逊于中国,但它们在中国的专利布局数量却相对较少,这一点尤其明显。值得注意的是,尽管境外申请人在中国的专利布局数量相对较少,但这并不意味着它们在该领域的竞争就完全失去了优势。在一些特定的技术领域和商业环境中,境外申请人仍然有独特的优势和竞争力。然而,从整体上来看,中国申请人在该领域的专利申请量有绝对优势。

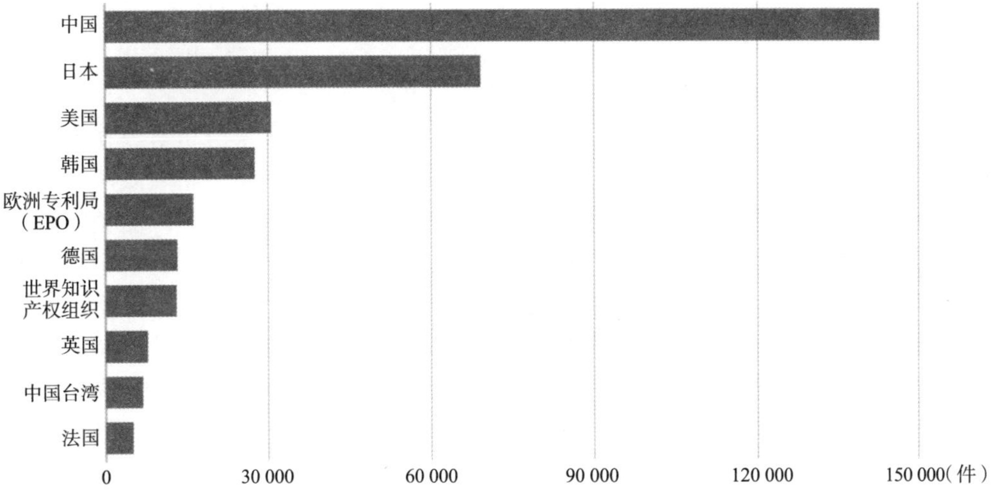

图 4-98　光伏产品关键技术应用方面中国专利申请人申请量对比

从图 4-99 可以看出，在光伏产品关键技术应明方面中国主要省份专利申请量的排名中，江苏以压倒性的优势位列全国第一，表明江苏在专利申请量上的突出表现及其在全国的重要地位。此外，排名前五的省市还包括广东、浙江、北京和山东，它们各自具有独特的优势和特点，但与江苏相比仍存在一定的差距。

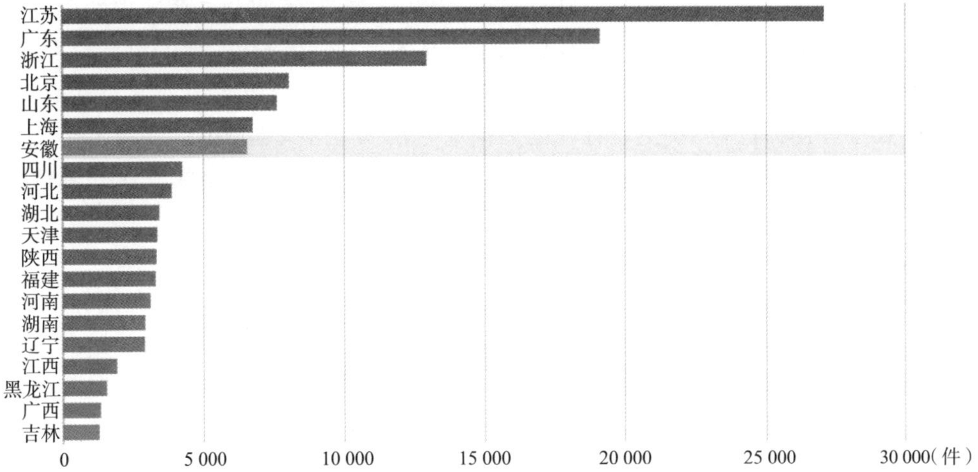

图 4-99　光伏产品关键技术应用方面中国主要省份专利申请量对比

4.6.3 专利布局揭示技术热点方向

（1）技术发展脉络

随着光伏产品关键技术的不断发展与应用，图 4-100 展示了分析对象在不同技术方向的专利申请数量分布情况。通过这个分析，我们可以了解分析对象所涵盖的技术类型以及各技术分支的创新程度。从图 4-100 可以看出，从光伏产品关键技术各分支全球布局的角度来看，专利申请量主要集中在热发生装置（F24H）和电热技术（H05B）等领域。这种趋势表明了这些技术在光伏产业中的重要地位，也反映了这些领域中的创新活动日益活跃。具体来说，半导体器件领域涉及的光伏产品关键技术主要包括太阳能电池和组件的制造与设计。这个领域的技术发展对于提高光伏产品的效率和降低成本具有至关重要的作用。全球布局的专利申请量集中在该领域，反映了全球范围内的科研机构和企业都在竞相研发更先进的半导体器件，以适应光伏市场不断增长的需求。在热发生装置领域，涉及的光伏产品关键技术主要是太阳能集热器的设计与制造。这个领域的技术发展对于提高光伏产品的性能和降低能耗具有关键作用。全球布局的专利申请量集中在该领域，说明了全球范围内的科研机构和企业都在致力于研发更高效、更节能的太阳能集热器，以满足全球范围内的能源需求。在电热技术领域，涉及的光伏产品关键技术主要包括太阳能热电转换和热化学转换技术。这个领域的技术发展对于提高光伏产品的能源转换效率和降低环境污染具有重要意义。全球布局的专利申请量集中在该领域，表明全球范围内的科研机构和企业都在努力研发更高效、更环保的电热技术，以推动光伏产业的可持续发展。综上所述，光伏产品关键技术的发展应用导致了全球范围内的创新活动日益活跃，主要集中在半导体器件、热发生装置和电热技术等领域。这些领域的创新技术对于提高光伏产品的性能和降低成本具有至关重要的作用，也推动了光伏产业的可持续发展。

（2）申请人分析

申请人拥有的专利数量能够直观地反映其基础实力和技术创新能力，因此专利的申请和持有量是衡量一个企业或机构技术创新能力和技术积累的重要标准。同时，申请活跃度也是反映各申请者近年来对该领域发展重视程度及进展情况的重要指标。如图 4-101 所示，在光伏产品关键技术应用领域，排名前三的专利申请人都是国外企业，其中松下集团、能率株式会社和三菱电机株式会社均为日本企业，这可能与光伏目前应用领域最广的专利技术主要集中在热水器等领域有关。需要注意的是，由于专利数据具有一定的滞后性，因此这些信息只能代表过去的情况。建议读者在参考这些数据时，结合当前的市场和技术发展情况进行全面分析。

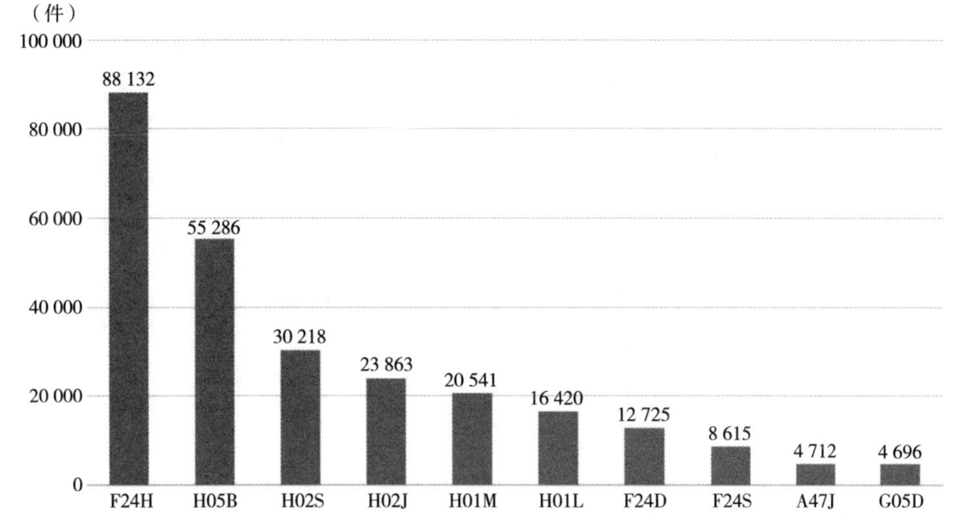

图 4-100　光伏产品关键技术的技术构成

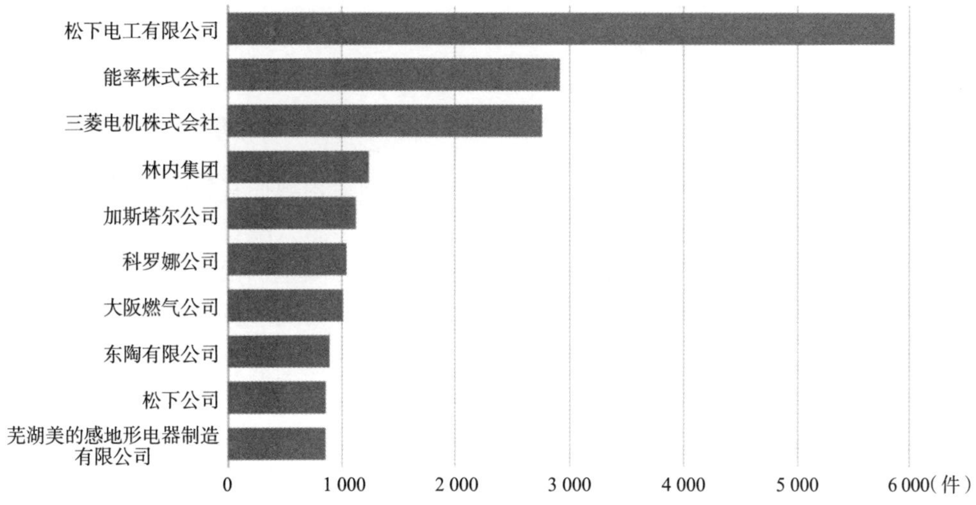

图 4-101　光伏产品关键技术应用方面各国专利申请人构成

中国作为全球制造业的重要大国，光伏发电这一绿色环保的新能源领域，正符合碳达峰、碳中和的产业发展方向，同时也与国家能源改革以质量效益为主的发展方向相契合。因此，在国家的大力支持和倡导下，太阳能应用的各个领域涌现出了众多有实力的企业。这些企业不仅在技术创新、产品质量和市场份额方面表现出色，更积极承担社会责任，为推动绿色低碳发展贡献力量。

如图 4-102 所示。从该领域的专利申请量上看，我国最主要的申请人分别是芜湖美的厨卫电器制造有限公司、青岛经济技术开发区海尔热水器有限公司和海尔智家股份有限公司。这三大企业作为国内知名品牌，不仅在太阳能应用领域拥有雄厚的研发实力和技术储备，更积极推动技术创新和产业升级，不断推出更加高效、可靠、智能的太阳能产品和服务，为推动中国太阳能产业的快速发展做出了突出贡献。

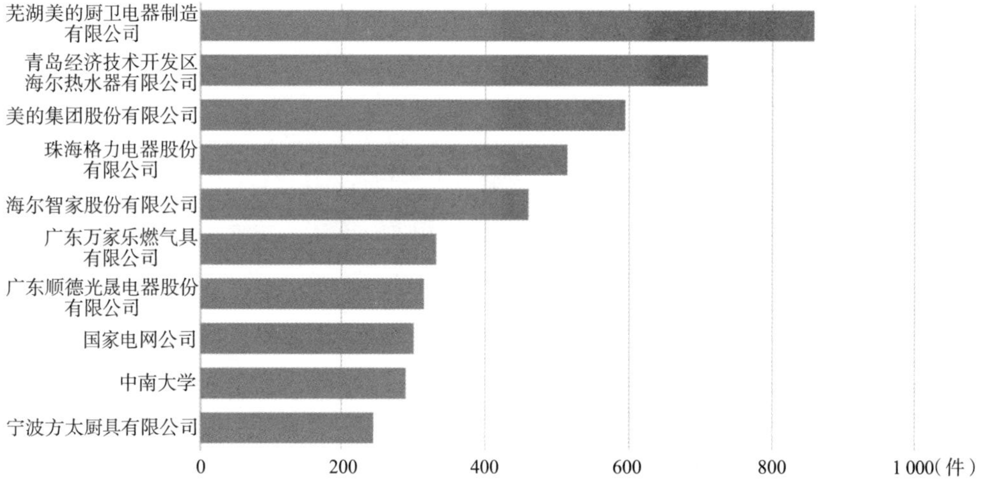

图 4-102　光伏产品关键技术应用方面国内专利申请人构成

芜湖美的厨卫电器制造有限公司，在厨卫电器制造领域拥有深厚的积累和强大的研发实力，这使得该公司在太阳能应用领域也取得了令人瞩目的成绩。凭借其丰富的经验和专业知识，该公司不断地加大研发投入和技术创新，成功地研发出一系列高效可靠的太阳能产品，这些产品以出色的性能和优良的质量赢得了消费者的广泛认可和好评。

位于青岛经济技术开发区的海尔热水器有限公司，是一家在热水器和热能解决方案领域具有深厚技术积累和创新能力的企业。在积极拓展其业务范围和市场影响力的过程中，公司不仅在传统的电热水器和燃气热水器制造方面取得了显著成就，而且在新能源技术的开发与应用上，同样展现出了卓越的竞争力。公司的太阳能产品线，涵盖了家用和商用两大领域，能够满足不同消费者群体的需求。公司依托强大的研发实力，不断推出技术含量高、使用便捷、外观设计时尚的太阳能热水器产品，既展现了企业对绿色环保理念的坚持，也体现了对市场趋势的敏锐把握和对消费者需求的深刻理解。通过这些创新成果的转化和应用，海尔热水器有限公司不仅推动了自身的可持续发展，也为促进整个社会的能源结构优化和环境保护做出了积极贡献。

海尔智家股份有限公司的母公司海尔集团，作为全球智能家电的领军企业，不仅在传统的白色家电领域拥有举足轻重的地位,更是在智能家居这一前沿科技领域投入巨资进行研发和创新。依托其深厚的技术积累和强大的品牌号召力,海尔智能家电在太阳能技术的应用与发展上同样取得了令人瞩目的成就。公司不仅研发出了一系列集智能化与高效性于一身的太阳能热水器,还成功地将创新技术应用于空调和空气能产品之中,这些产品在节能环保的同时,极大地提升了用户的使用体验。公司不断探索太阳能技术与现代信息技术,如互联网、物联网等的深度融合。这一跨领域的技术融合,不仅推动了海尔智能家电产品性能的进一步提升,更为消费者带来了前所未有的智能能源解决方案。通过将太阳能技术与互联网相结合,海尔智能家电能够实现远程监控和智能调节,让用户即便不在家也能实时了解和控制家电的运行状态,极大地增强了用能的便捷性与智慧性。

Chapter 5

第 5 章 滨海新区太阳能产业发展定位分析

5.1 滨海新区太阳能光伏电池材料产业发展定位分析

本节以近景模式聚焦天津市滨海新区太阳能光伏电池材料在全球和我国产业链的基本定位，立足天津市滨海新区太阳能光伏电池材料现状，以专利信息对比分析为基础，将天津市滨海新区太阳能光伏电池材料的技术、人才、企业等要素资源在全球和我国产业链中进行定位，明确天津市滨海新区太阳能光伏电池材料的发展定位。

5.1.1 产业结构定位分析

太阳能光伏电池材料发展与专利发展密切相关，其技术发展伴随着密集的专利保护，专利申请与技术创新相辅相成，因此太阳能光伏电池材料在一个地区的专利布局结构在一定程度上可以反映该地区产业结构。下面主要从两个方面对天津市滨海新区太阳能光伏电池材料结构进行定位：一是将天津市滨海新区太阳能光伏电池材料专利布局结构与全球、中国、天津市进行对比；二是分析滨海新区太阳能光伏电池材料专利数量在全球、中国、天津市的占比情况。

通过将滨海新区太阳能光伏电池材料结构与全球、中国、天津市进行对比，可以得出以下结论。

①滨海新区在硅系、附属材料、多元化合物、聚合物、纳米晶等 5 个分支技术领域均有专利布局，但布局结构与全球及中国的整体情况均不相同。全球的专利布局主要集中在光伏电池材料附属材料技术，同时传感器的专利申请量也在增长。由于中国进入光伏电池材料产业的时间较晚，因此主要技术布局集中在光伏电池材料领域。而滨海新区在光伏领域的专利布局集中在光伏电池材料附属材料和光伏电池材料多元化合物技术领域，且两者比例相当。总体来讲，滨海新区在五个分支技术领域的专利申请量较少，布局力度有待加强。因此，滨海新区在光伏电池材料产业的整体结构上可以引进具有广泛国际背景的产业，提高上下游产业链整合能力。

②滨海新区在光伏电池材料的分支技术领域均有专利布局，布局结构与天津的整体情况类似，即以硅系、附属材料、多元化合物为主要布局，且布局比例较高，而全球的专利布局主要布局在硅系、附属材料领域。总体来说，滨海新区在硅系、附属材料方面拥有技术和专利方面的优势，在其余两个分支技术领域的专利申请量仍然不

多，布局力度有待加强。

滨海新区太阳能产业技术主体的聚焦程度如图 5-1 所示。

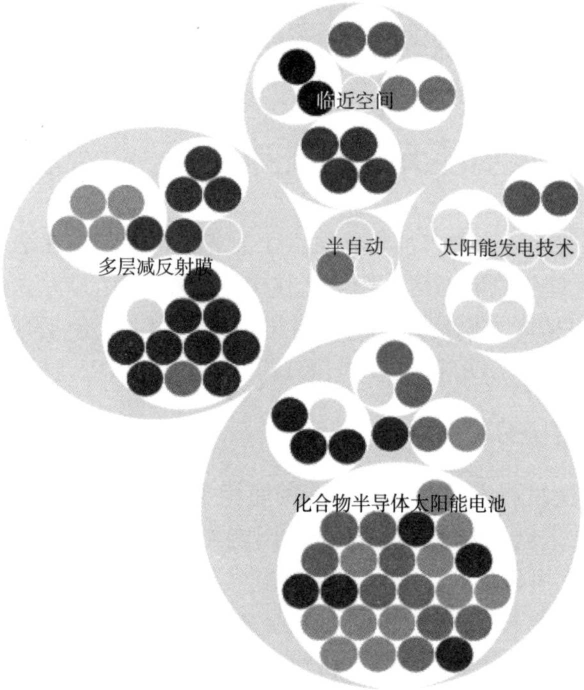

图 5-1　滨海新区太阳能产业技术主体的聚焦程度

5.1.2　企业创新实力定位分析

企业创新能力主要从两个方面进行分析：一是天津市滨海新区太阳能光伏电池材料专利申请人在全球、中国、天津市专利申请量排名情况；二是天津市滨海新区太阳能光伏电池材料专利申请人与全球、中国主要技术拥有者在太阳能光伏电池材料产业技术领域专利申请量的对比。

（1）光伏电池材料硅系

截至 2021 年 6 月 30 日，滨海新区光伏电池材料硅系产业有 9 位申请人进行了专利申请，且大部分为企业。其中包括天津市润彤磬科技发展有限公司、天津市环智新能源技术有限公司、天津通软信息技术有限公司、南开大学、天津中环半导体股份有限公司、天津科顺达科技有限公司、家有金山（天津）电子商务有限公司、火马科技（天津）有限公司、蔡月丽。虽然滨海新区的企业在光伏电池材料硅系产业有一定的专利申请量，且主要申请人排名在天津市比较靠前，但与全球、中国主要申请人相比仍有较大差距，与天津市主要申请人相比也有一定差距。

（2）光伏电池材料多元化合物

截至 2021 年 6 月 30 日，滨海新区光伏电池材料多元化合物产业有 1 位申请人进行了专利申请，申请人是天津三安光电有限公司，共申请 1 件专利。该专利详情如下。

名称：一种四结四元化合物太阳能电池及其制备方法。

申请号：CN201210026736.7。

申请日：2012-02-08。

公开（公告）号：CN102569475 A。

公开（公告）日：2012-07-11。

授权公告日：2014-05-14。

申请人（原始）：天津三安光电有限公司。

申请人（翻译）：Tianjin Sanan Optoelectronics Co., Ltd.。

标准申请人：三安光电-C。

申请人地址：300384，天津市滨海新区华苑产业区海泰南道 20 号。

当前权利人：天津三安光电有限公司。

（3）光伏电池材料附属材料

截至 2021 年 6 月 30 日，滨海新区光伏电池材料附属材料产业有 5 位申请人进行了专利申请，5 位申请人分别是中国电子科技集团公司第十八研究所、南开大学、天津三安光电有限公司、天津君和顺泰科技有限公司、天津榛发科技有限责任公司，共申请 6 件专利[①]，详情见表 5-1。

表 5-1　滨海新区光伏电池材料附属材料领域专利详情

序号	标题	摘要	申请人	申请号	申请日
1	PI 柔性衬底太阳电池用 P 型微晶硅碳薄膜材料及制备	PI 柔性衬底太阳电池用 P 型微晶硅碳薄膜材料及制备，本发明涉及新能源中薄膜太阳电池领域，所述的 P 型微晶硅碳薄膜材料层厚 15~30 nm，电导 0.15~10S/cm，带隙在 2.0 eV 以上，晶化率为 30%~50%。本发明通过改变碳掺杂比例的优化研究，控制材料的光电性能和结构特性，利用碳原子引入可增大硅薄膜带隙的效应来得到高电导、宽带隙的 P 型微晶硅碳。本发明的效益是将这种宽带隙的 P 型微晶硅碳材料用于 PI 不透明柔性衬底非晶硅薄膜太阳电池中并结合优化的 p/i 缓冲层，可显著增强薄膜电池的内建电场，提高电池的开路电压，从而得到高光电转换效率的非晶硅薄膜太阳电池	南开大学	CN201010569066.4	2010-12-01

① 本章所有专利详情列表中的“摘要”部分均来自国家知识产权局公布的专利摘要，为保持与官方网站一致性未做任何修改。

续表

序号	标题	摘要	申请人	申请号	申请日
2	三结太阳能电池及其制备方法	本发明公开一种三结太阳能电池及其制备方法，其特征在于三结电池中的顶电池和中电池的背电场均采用 $Al_xGa1\text{-}xAs/AlAs$ 异质结结构。本发明可提高顶电池外延生长材料的禁带宽度（E_g），提高三结电池的开路电压（V_{oc}），同时可增加顶电池和中电子基区光生载流子的收集，提高三结电池的短路电流（I_{sc}），从而进一步提高三结电池的光电转化效率	天津三安光电有限公司	CN201210064787.9	2012-03-13
3	一种石墨烯染料敏化太阳能电池	一种石墨烯染料敏化太阳能电池，主要包括：光电极基板，光电极膜，与光电极对置的对电极基板、对电极膜，保持在光电极基板与对电极基板之间的电解质层、密封材料和电解质注入孔；光电极基板与对电极基板之间用密封材料固定，电解质注入孔设置在对电极基板上，通过电解质注入孔将电解质注入到光电极基板和对电极基板之间；其光电极膜采用石墨烯和二氧化钛，银、石墨烯和二氧化钛，硫化镉、石墨烯和二氧化钛的其中一种复合膜	天津榛发科技有限责任公司	CN201510912846.7	2015-12-11
4	一种新型制药用纯水设备	本实用新型公开了一种新型制药用纯水设备，包括箱体、蓄电池、水泵、保安过滤器、太阳能电池板、活性炭过滤器、臭氧杀菌器、可制动滚轮、电加热陶瓷和底座。所述底座的顶部固定安装有箱体；所述箱体的顶部设有太阳能电池板；所述箱体的一侧安装有蓄电池；所述太阳能电池板与蓄电池电性相连；所述底座的底部设有二号支架；所述二号支架的一侧固定安装有水泵；所述水泵与水管的一端相连。本实用新型制药用纯水设备通过设置一号加压泵、二号加压泵和三号加压泵可以给水流增压，使水流更快地通过各纯水装置，提高了设备的工作效率，通过设置石英过滤器、活性炭过滤器和保安过滤器可以吸附水流中的杂质，起到净化水流的作用，实现纯水的效果	天津君和顺泰科技有限公司	CN201721043704.2	2017-08-21
5	一种三端双面叠层太阳电池及其制备工艺	本发明公开了一种三端双面叠层太阳电池及其制备工艺，属于太阳电池技术领域，所述三端双面叠层太阳电池至少包括：金属电极；位于金属电极上表面的正向太阳电池；位于金属电极下表面的反向太阳电池；位于正向太阳电池上表面和反向太阳电池下表面的金属栅电极，所述金属栅电极为金或银或铜或锗和金、钛和钯和银、镍和铜和镍、镍和铝复合金属中的一种。通过采用上述技术方案，本发明能够同时解决太阳光和地球反射光能量获取的问题，包含正反两个太阳电池共正极或共负极，同时将来自器件正反两面的光能转换成电能为负载供电	中国电子科技集团公司第十八研究所	CN202011001120.5	2020-09-22

续表

序号	标题	摘要	申请人	申请号	申请日
6	一种光伏与储能电池复合结构及其制备方法	一种光伏与储能电池复合结构及其制备方法,所述光伏与储能电池复合结构包括从上至下依次设置的窗口层、第一粘贴层、光伏电池层、第二粘贴层、柔性衬底层、第三粘贴层、储能电池层、第四粘贴层和保护层。本申请提供的一种光伏与储能电池复合结构及其制备方法的有益效果是:轻薄、可靠性高;可利用太阳能发电;可根据负载需求灵活组串;可根据需求灵活赋形;可用于需求太阳能光伏电池材料的设备、汽车、无人机;赋形在不规则表面,提供可再生能源	中国电子科技集团公司第十八研究所	CN202110473003.7	2021-04-29

(4)光伏电池材料聚合物

截至2021年6月30日,滨海新区光伏电池材料聚合物产业有1位申请人进行了专利申请,申请人是中国电子科技集团公司第十八研究所,共申请2件专利。2件专利详情如下。

①一种适用于临近空间超长航时飞行器的柔性太阳电池阵。

申请号:CN201611226357.7。

申请日:2016-12-27。

公开(公告)号:CN106816479 A。

公开(公告)日:2017-06-09。

申请人(原始):中国电子科技集团公司第十八研究所。

申请人(翻译):CN ELECT TECH NO 18 RES INST。

标准申请人:中国电科-T。

申请人地址:300384,天津市滨海新区滨海高新技术产业开发区华科七路6号。

当前权利人:中国电子科技集团公司第十八研究所。

②一种临近空间飞行器用柔性薄膜太阳电池组件及制备方法。

申请号:CN202010979021.8。

申请日:2020-09-17

公开(公告)号:CN112216753 A。

公开(公告)日:2021-01-12。

申请人(原始):中国电子科技集团公司第十八研究所。

申请人(翻译):CN ELECT TECH NO 18 RES INST。

标准申请人:中国电科-T。

申请人地址:300384,天津市滨海新区滨海高新技术产业开发区华科七路6号。

当前权利人:中国电子科技集团公司第十八研究所。

（5）小结

从提升专利质量来看，滨海新区太阳能企业实施专利许可和专利转让战略的难度较大，但可以与拥有较多专利技术的企业合作进行专利购买或获得专利许可；科研院所可以通过专利许可与转让实现技术向社会应用的转化。

从长远考虑，围绕光伏电池材料硅系、光伏电池材料多元化合物、光伏电池材料附属材料、光伏电池材料聚合物领域，滨海新区重点企业应该考虑引进国际上普遍流行的技术，当然在引进技术时还应评估专利本身的价值，且企业在引进专利技术后，只有对其不断地进行研究、消化、吸收和创新，才能缩小与发达国家的差距。有一定研发实力的企业，在技术差异消除后，还可实施专利回输战略，将创新的技术向国外授权。

5.1.3 创新人才储备定位分析

专利发明人是技术创新人员的直观体现。下面主要从专利发明人数量等方面，对天津市滨海新区光伏电池材料产业技术创新人才储备情况进行定位。

从图 5-2 可以看出，在光伏电池材料方面，丁杰、刘建庆、林桂江、宋明辉、高鹏、孙强、张无迪、林志东、毕京锋、王宇等发明人的专利较多，涉及的企业包括中国电子科技集团公司第十八研究所和天津三安光电有限公司。可见，滨海新区专业化人才比较匮乏，从而阻碍了技术创新和产业扩张。因此，建议在政策上健全人才培训体系，促进精细化研发分工协作，为新技术的研发提供智力基础；重点培育中国电子科技集团公司第十八研究所和天津三安光电有限公司，建立企业外部技术支持系统，引导大学和研发机构开展产学研合作，强化企业的应用基础研究；鼓励企业建立产业联盟、产学研合作网络、企业论坛等加强知识交换的渠道，加强知识共享，以促进人们灵感激发，带动突破性技术创新，以及促进改进技术的渐进性创新，解决行业面临的共性技术难题。

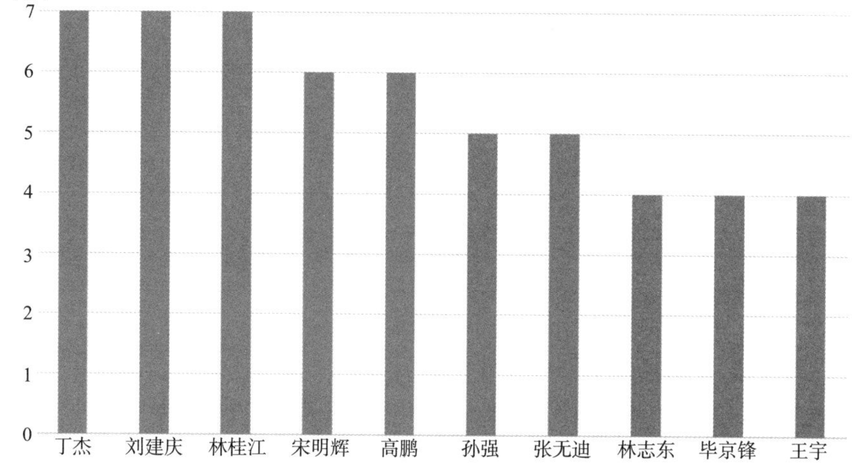

图 5-2 滨海新区光伏电池材料主要专利发明人情况

5.1.4 重点专利分析

滨海新区光伏电池材料产业重点专利情况见表 5-2。

表 5-2　滨海新区光伏电池材料产业重点专利情况

序号	标题	摘要	申请人	申请号
1	PI 柔性衬底太阳电池用 P 型微晶硅碳薄膜材料及制备	PI 柔性衬底太阳电池用 P 型微晶硅碳薄膜材料及制备，本发明涉及新能源中薄膜太阳电池领域。所述的 P 型微晶硅碳薄膜材料层厚 15~30 nm，电导 0.15S/cm~10S/cm，带隙在 2.0 eV 以上，晶化率为 30%~50%。本发明通过改变碳掺杂比例的优化研究，控制材料的光电性能和结构特性，利用碳原子引入可增大硅薄膜带隙的效应来得到高电导、宽带隙的 P 型微晶硅碳。本发明的效益是：将这种宽带隙的 P 型微晶硅碳材料用于 PI 不透明柔性衬底非晶硅薄膜太阳电池中并结合优化的 p/i 缓冲层，可显著增强薄膜电池的内建电场，提高电池的开路电压，从而得到高光电转换效率的非晶硅薄膜太阳电池	南开大学	CN201010569066.4
2	一种背电极太阳能电池结构及其制造方法	本发明公开了一种背电极太阳能电池结构及其制造方法。该背电极太阳能电池采用单晶衬底硅片，在硅片背面一侧通过掺杂形成与衬底硅片具有相同导电类型的第一半导体区域；与衬底硅片具有相反导电类型的第二半导体区域和与衬底硅片具有相同导电类型的第三半导体区域，交替形成在第一半导体区域内，第二半导体区域与第一半导体区域间形成 PN 结；金属电极分别从第二、第三半导体区域的电极引出区引出并与引出区形成欧姆接触；在硅片的表面一侧加工出绒面，通过掺杂形成与衬底硅片具有相同导电类型的第四半导体区域，绒面上覆盖减反射膜。该结构及其制造方法可以减少衬底硅片体内载流子的复合，提高电池的转换效率，制造过程简单，易于实现	天津中环半导体股份有限公司	CN201110400796.6
3	一种四结四元化合物太阳能电池及其制备方法	本发明公开了一种四结四元化合物太阳能电池及其制备方法。在 InP 生长衬底上形成具有第一带隙、晶格常数与衬底晶格匹配的第一子电池，在所述第一子电池上形成具有比第一带隙大的第二带隙、晶格常数与衬底晶格匹配的第二子电池，在所述第二子电池上形成具有比第二带隙大的第三带隙的渐变缓冲层，在所述渐变缓冲层上形成其具有比第三带隙大的第四带隙、晶格常数小于衬底晶格常数的第三子电池，在所述第三子电池上形成具有比所述第四带隙大的第五带隙、晶格常数与第三子电池匹配的第四子电池，然后通过生长衬底剥离、支撑衬底键合、电极制备、减反膜蒸镀等后期工艺实现所需的高效四结太阳能电池	天津三安光电有限公司	CN201210026736.7
4	三结太阳能电池及其制备方法	本发明公开一种三结太阳能电池及其制备方法，其特征在于三结电池中的顶电池和中电池的背电场均采用 $Al_xGa1\text{-}xAs/AlAs$ 异质结结构。本发明可提高顶电池外延生长材料的禁带宽度（E_g），提高三结电池的开路电压（V_{oc}），同时可增加顶电池和中电子基区光生载流子的收集，提高三结电池的短路电流（I_{sc}），从而进一步提高三结电池的光电转化效率	天津三安光电有限公司	CN201210064787.9

续表

序号	标题	摘要	申请人	申请号
5	一种多功能太阳能装置	本发明提供一种多功能太阳能装置,包括圆锥台型的底座、U型旋转装置、光能转化装置、太阳能跟踪器和若干角轮,所述旋转装置安装于所述底座上,可以绕所述底座轴线旋转,所述光能转化装置通过转动轴安装于所述旋转装置的U型口上,所述光能转化装置可以绕所述转动轴转动,所述太阳能跟踪器安装于所述光能转化装置一侧,控制所述旋转装置的旋转和所述光能转化装置的转动,所述角轮安装于所述底座下方。本发明的有益效果是:本发明在提高和改进现有的太阳能装置不足的基础上,最大限度地提高单晶硅电池转换电能的效率,满足生产和生活的实际需要,也为偏远地区提供了单位能量大的多功能的太阳能装置	天津市润彤磬科技发展有限公司	CN201210372426.0
6	一种化合物半导体太阳能电池	本发明公开了一种化合物半导体太阳能电池,其特征在于:在电池欧姆接触叠层内插入一隧穿结,从而改变欧姆接触层表面的导电类型。对于本发明所公开的外延结构,其欧姆接触层内插入的隧穿结厚度较薄,将不会导致电池外延成本的有效增加;另一方面电池欧姆接触层表面导电类型的改变,将使得可以选用较为廉价的金属用于制作电池芯片电极,即在保证电池性能的前提下,有效降低了太阳能电池的生产成本	天津三安光电有限公司	CN201210384264.2
7	三结太阳能电池及其制备方法	本发明提供了一种具有InGaAs应力调制层结构的量子点太阳能电池结构和制备方法,其有效控制多层量子点结构中每层量子点的尺寸均匀性,使每层量子点的带隙基本相同,减少光生载流子在不同尺寸量子点之间的转换损失,从而提高量子点结构的光谱响应,减少量子点间的跃迁损耗,提升三结电池短路电流,从而进一步提高多结太阳能电池光电转换效率	天津三安光电有限公司	CN201210406609.X
8	光热一体化太阳能电池模组	本实用新型公开了一种高倍聚光光伏光热一体化太阳能电池模组,其包括:高效多结半导体化合物太阳能电池;背面带有热交换装置的接收器;聚光光学系统;液体循环系统。本实用新型可以在聚光多结太阳能电池发电同时,将高倍聚光产生的热能通过水循环系统进行散热收集,既保证了光伏芯片的稳定性、延长了芯片寿命,又能将热能充分利用,提高了太阳能的利用率	天津三安光电有限公司	CN201320308417.5
9	减薄柔性三结砷化镓太阳能电池	本实用新型涉及一种减薄柔性三结砷化镓太阳能电池,包括GaInP/GaAs/Ge三结砷化镓外延片,外延片背光面上的下电极、外延片受光面上的上电极和上电极上的减反射膜,其特点是:所述外延片的厚度去薄至0.14 mm以下;所述上电极上制有梳状密栅形栅线。本实用新型由于减薄型的衬底,使外延片厚度为0.14 mm以下,由于减小了电池的厚度,有效降低了电池的重量,大大提高太阳电池的功率/重量,并且提高了电池的柔韧性,延长了电池的使用寿命;由于上电极采用了梳状密栅形栅线结构,有效减小了遮光功率损失与串联电阻功率损失之和,提高了电池的光电转换效率	天津恒电空间电源有限公司;中国电子科技集团公司第十八研究所	CN201320474536.8

续表

序号	标题	摘要	申请人	申请号
10	一种低能耗的太阳能充电设备	本实用新型针对太阳能充电能耗高、太阳能能源利用率低的问题,提供了一种低能耗的太阳能充电设备。包括电池电量采集模块、控制模块、充电模块。其特征在于:所述充电模块包括多晶硅太阳能板、可休眠充电电路、蓄电池。所述控制模块采用 CN3802 电池管理芯片。所述控制模块根据电池电量采集模块采集到的电池电量数据,指令充电模块工作状态。当 CN3802 最大充电电流达到 600 mA,所需的外围器件少时,能够自动进行充电和停止充电,当输入电压低于电池电压的 40 mV 时,CN3802 芯片自动进入睡眠状态,睡眠状态的工作电流为 0.3 μA。从而降低太阳能充电设备的充电能耗,保护充电设备,以及与充电设备连接的外围器件	火马科技(天津)有限公司	CN201420535778.8
11	一种简易多晶硅太阳能控制器	本实用新型涉及一种简易多晶硅太阳能控制器,属太阳能控制器领域。所述多晶硅太阳能控制器:包括多晶硅太阳能板、充放电控制电路和蓄电池;所述多晶硅太阳能板是由若干多晶硅太阳能电池片组合排列成的列阵;所述充放电控制电路设置多晶硅太阳能板受光面的背部;所述蓄电池与所述充放电控制电路连接,控制蓄电池向外部负载提供电能。本实用新型将多晶硅太阳能板、充放电控制电路、蓄电池组合成一个整体,及时储存转化太阳能,并向外部负载供电。结构简单,携带方便,工作时发热量低,抗干扰能力强,光电转化率高	天津科顺达科技有限公司	CN201420553422.7
12	一种石墨烯染料敏化太阳能电池	一种石墨烯染料敏化太阳能电池,主要包括:包括光电极基板,光电极膜,与光电极对置的对电极基板、对电极膜,保持在光电极基板与对电极基板之间的电解质层、密封材料和电解质注入孔;光电极基板与对电极基板之间用密封材料固定,电解质注入孔设置在对电极基板上,通过电解质注入孔将电解质注入到光电极基板和对电极基板之间;其光电极膜采用石墨烯和二氧化钛;银、石墨烯和二氧化钛;硫化镉、石墨烯和二氧化钛的其中一种复合膜	天津榛发科技有限责任公司	CN201510912846.7
13	一种智能太阳能式充电手机套	本实用新型公开了一种智能太阳能式充电手机套,包括壳体,所述壳体的上端通过转轴安装有顶盖,所述顶盖的上端安装有指示灯,所述壳体的底部安装有数据线接头安装槽,且数据线接头安装槽内安装有数据线接头,所述壳体的背部安装有多晶硅太阳能电池板,所述壳体的内部设有主控制模块,且主控制模块通过电导体连接有电量识别模块、电能储存模块和逆变模块,所述逆变模块通过电导体连接有光伏控制模块。本实用新型结构简单,设计巧妙,使用方便,可以将太阳能转换成电能,可以识别手机的电能,在电能过低时自动充电,并且实现了无线充电,使用更加方便,解决了出门就携带充电宝的麻烦	家有金山(天津)电子商务有限公司	CN201620581383.0

续表

序号	标题	摘要	申请人	申请号
14	一种适用于临近空间超长航时飞行器的柔性太阳电池阵	本发明涉及一种适用于临近空间超长航时飞行器的柔性太阳电池阵。本发明属于物理电源技术领域。适用于临近空间超长航时飞行器的柔性太阳电池阵,从上到下依次是透明含氟聚合物薄膜、聚烯烃胶膜、电池串、聚烯烃胶膜、透明或白色聚合物膜的顺序叠层,电池串采用柔性多结砷化镓电池作为发电单元,采用电池交叠接触方式,实现电池之间的串并联,汇流条采用镀银铜芯编织扁软线,组件上表面采用含氟聚合物薄膜,下表面采用透明或白色聚合物薄膜封装,黏合剂采用热熔聚烯烃胶膜,在电池串正反两面分别与含氟透明聚合物薄膜和/或白色聚合物薄膜进行热熔黏合,柔性太阳电池阵一次高温层压成型。本发明牢固可靠、可弯曲扭转、质量面密度小,能源利用率高	中国电子科技集团公司第十八研究所	CN201611226357.7
15	钙钛矿和砷化镓异质集成的太阳能电池制造方法及电池	本发明公开了一种钙钛矿和砷化镓异质集成的太阳能电池制造方法及电池,其特征在于,包括如下步骤:步骤1,分别制备多结砷化镓电池和钙钛矿电池;步骤2,在多结砷化镓电池和钙钛矿电池表面通过光刻和镀膜工艺制备金属栅线;步骤3,通过金属键合工艺将多结砷化镓电池和钙钛矿电池键合集成在一起。本发明采用高禁带宽度的钙钛矿太阳能电池作为子电池代替多结砷化镓太阳能电池的顶电池,解决三结以上多结砷化镓太阳能电池高禁带宽度的顶电池制备困难的问题。显著提高了三结以上多结砷化镓太阳能电池的光电转换效率。采用金属键合的方式,将钙钛矿太阳能电池和多结砷化镓太阳能电池通过金属栅线级连起来,方便地实现了异质集成,工艺成熟重复性好	中国电子科技集团公司第十八研究所	CN201611256820.2
16	一种感光太阳能电池板	本发明提供一种感光太阳能电池板包括太阳能电池本体、氧化铟锡透明导电膜、正电极、N型非晶硅层、i型层、传感器、控制报警装置、散热装置、调节螺栓、支撑杆、伸缩杆、背电极和P型硅衬底,所述的P型硅衬底安装在太阳能电池本体的内部,所述的氧化铟锡透明导电膜设置在N型非晶硅层的上部,所述的正电极设置在氧化铟锡透明导电膜的上部,所述的N型非晶硅层设置在i型层的上部,所述的i型层设置在P型硅衬底的上部,所述的传感器安装在太阳能电池本体的右下部,所述的控制报警装置安装在太阳能电池本体表面的右侧。本发明通过散热装置的设置,有利于提高安全效果和散热效果	天津通软信息技术有限公司	CN201710225908.6
17	一种新型制药用纯水设备	本实用新型公开了一种新型制药用纯水设备,包括箱体、蓄电池、水泵、保安过滤器、太阳能电池板、活性炭过滤器、臭氧杀菌器、可制动滚轮、电加热陶瓷和底座,所述底座的顶部固定安装有箱体,所述箱体的顶部设有太阳能电池板,所述箱体的一侧安装有蓄电池,所述太阳能电池板与蓄电池电性相连,所述底座的底部设有二号支架,所述二号支架的一侧固定安装有水泵,所述水泵与水管的一端相连。本实用新型制药用纯水设备通过设置一号加压泵、二号加压泵和三号加压泵可以给水流增压,使水流更快地通过各纯水装置,提高了设备的工作效率,通过设置石英过滤器、活性炭过滤器和保安过滤器可以吸附水流中的杂质,起到净化水流的作用,实现纯水的效果	天津君和顺泰科技有限公司	CN201721043704.2

续表

序号	标题	摘要	申请人	申请号
18	一种 GaInAs 激光电池外延层及其制备方法	本发明公开了一种 GaInAs 激光电池外延层及其制备方法，属于太阳能电池外延技术领域，所述 GaInAs 激光电池外延层包括：自下而上依次设置的 GaAs 衬底、$Ga_{1-x}In_xAs$ 缓冲层、$Ga_{1-x}In_xAs$ 过充层、背场层、基区层、发射区和窗口层；$Ga_{1-x}In_xAs$ 缓冲层的厚度范围为 100~4 000 nm；$Ga_{1-x}In_xAs$ 过充层的厚度范围为 100~500 nm；背场层的厚度范围为 50~500 nm；基区层的厚度范围为 50~5 000 nm；发射区层的厚度范围为 50~1 000 nm；窗口层的厚度范围为 50~1 000 nm	中国电子科技集团公司第十八研究所	CN201811602503.0
19	一种便携式柔性砷化镓太阳电池充电包	本实用新型提供一种便携式柔性砷化镓太阳电池充电包，属于新能源应用技术领域，其特征在于：包括由柔性材料制成的包体；在上述包体上镶嵌有：由若干个砷化镓太阳电池组成的发电模块；所述发电模块不少于两个；由若干个储能电池组成的储能模块；所述储能模块不少于两个；每个发电模块的信号输出端子与一个储能模块的信号输入端子电连接，进而组成发电储能单元；控制每个发电模块和每个储能模块工作状态的控制单元；所述控制单元的 I/O 端口分别与每个发电模块和每个储能模块电连接；与所述控制单元 I/O 端口电连接的输出单元	中国电子科技集团公司第十八研究所	CN201822212962.X
20	一种五结太阳电池及其制备方法	本发明提供一种$(Al_xGa_{1-x})_yIn_{1-y}P/Al_zGa_{1-z}As/GaAs/Ga_mIn_{1-m}As/Ga_nIn_{1-n}As$ 五结太阳电池及其制备方法，五结太阳电池包括双面抛光的 GaAs 衬底，GaAs 衬底的上表面上由上至下依次设置$(Al_xGa_{1-x})_yIn_{1-y}P$ 子电池和 $Al_zGa_{1-z}As$ 子电池，GaAs 衬底的下表面上由上至下依次设置 $Ga_mIn_{1-m}As$ 子电池和 $Ga_nIn_{1-n}As$ 子电池。该五结太阳电池及制备方法通过在 GaAs 衬底上下表面双面生长的方法，获得由$(Al_xGa_{1-x})_yIn_{1-y}P$ 子电池、$Al_zGa_{1-z}As$ 子电池、GaAs 子电池、$Ga_mIn_{1-m}As$(1.0 eV)和 $Ga_nIn_{1-n}As$(0.7 eV)子电池组成的五结叠层太阳电池，电池的带隙结构达到与太阳光谱的最佳匹配，且可避免生长稀氮化合物等制备较为困难的材料和键合技术等复杂技术工艺	中国电子科技集团公司第十八研究所	CN201811607470.9
21	一种具有高抗辐照能力的四结太阳电池结构及其制备方法	本发明涉及一种具有高抗辐照能力的四结太阳电池结构及其制备方法，结构包括依次设置的金属薄膜衬底、高反射率金属层、介质层、薄型四结外延层；方法包括采用金属有机化学气相沉积技术制备薄型四结外延层；在外延片表面制备全方位反射器，采用等离子体增强化学气相沉积技术生长介质层，在介质层上腐蚀出周期性的微孔，在外延片表面蒸镀上高反射率的金属材料；采用电镀技术在全方位反射器表面制备金属薄膜衬底；通过化学腐蚀分别去掉砷化镓衬底和 GaInP 腐蚀停止层。本发明的有益效果：四个子电池的厚度大幅度减薄，大幅度降低了带电粒子辐射对四结电池的损失，减少了缺陷密度，提高了四结电池的抗辐照能力，从而促进四结电池在航天领域的应用	中国电子科技集团公司第十八研究所	CN201811628885.4

续表

序号	标题	摘要	申请人	申请号
22	一种制备高效五结太阳电池的低温半导体键合方法	本发明涉及一种制备高效五结太阳电池的低温半导体键合方法，首先分别在 GaAs 和 InP 衬底上生长不同带隙但晶格匹配的外延层，然后通过低温半导体键合方法，将两组外延层串联起来构成 5 结太阳电池。在键合工艺中首先采用化学机械抛光工艺对键合的外延层进行全局平坦化处理，然后用氨水对键合表面高掺杂薄膜进行清洗，再用低能量等离子体对键合表面化学键进行活化处理，在 30~150 min 内实现外延层的键合。本发明的有益效果：解决了晶格失配对高质量外延层生长的限制问题，有利于提升多结电池的成品率；其次采用低温键合，工艺时间短，键合过程不会影响外延层的光电性能，降低了工艺复杂度和成本，易于实现商业化生产	中国电子科技集团公司第十八研究所	CN201811632901.7
23	不锈钢衬底铜铟镓硒太阳电池用高附着力阻挡层制备方法	本发明公开了一种不锈钢衬底铜铟镓硒太阳电池用高附着力阻挡层制备方法，属于铜铟镓硒太阳电池技术领域，包括：①将不锈钢衬底依次进行丙酮、酒精、纯水超声清洗，每次清洗时间为 15 min，将不锈钢衬底用氮气吹干待用；②将不锈钢衬底进行高能等离子体刻蚀处理，刻蚀机工作压强为 4×10^2 Pa，功率为 0.4~0.8 kW，刻蚀时间 20 min；③将不锈钢衬底放入紫外辐照箱中，紫外光谱的波长范围为：185~254 nm，功率为 150 W，时间 40 min；④采用磁控溅射法制备 0.5~1.5 μm 氮化铝或者氮化钛阻挡层，工作气压为 0.3 Pa，功率 0.6~1.0 kW，溅射时间 3 545 min	中国电子科技集团公司第十八研究所	CN202010356125.3
24	单晶硅片、单晶硅棒及制备方法、太阳能电池及组件	本发明提供一种单晶硅片，包括硅片本体，硅片本体包括多个直壁部和多个倒角部，直壁部与倒角部依次交替首尾连接，倒角部为直线型，倒角部的任一端的端点与硅片本体的中心点连接构造成的直线与硅片本体的晶向之间的夹角的角度不小于 0.35° 且不大于 3.2° 。本发明的有益效果是单晶硅片具有倒角部，且倒角部的形状为直线型，避免了单晶硅片在下游电池电极印刷及电池组件组装时定位效果差，避免单晶硅片拼接时出现的错位现象；同时，在进行单晶硅棒制备过程中，采用单晶硅棒不转动而打磨砂轮转动的打磨方式，使得单晶硅棒的棱角打磨弧度的一致性好	天津市环智新能源技术有限公司	CN202010413955.5
25	一种节能环保型多功能蓄电装置	本发明公开了一种节能环保型多功能蓄电装置，包括用于将太阳能转化成电能的发电组件，以及连接于所述发电组件用于将其产生的电能进行储存的蓄电组件；所述发电组件包括固定杆、卷轴，所述卷轴的上下端均安装有端盖，所述固定杆的两端穿过 2 个所述端盖且伸入所述卷轴的内部。本发明将发电组件贴附于玻璃窗上，通过非晶硅薄膜太阳能板可以将照射到其上的太阳能转化成电能，储存于蓄电组件中，利用遮阳布还可以起到遮挡阳光辐射的作用，蓄电组件中设置有蓄电池，可以充当移动的电源给用电器供电，在紧急状态下也可以做备用电源使用，照明灯可以在紧急情况下提供照明，装置结构新颖，使用方便，节能环保，具有较高的推广使用价值	蔡月丽	CN202010978336.0

续表

序号	标题	摘要	申请人	申请号
26	一种临近空间飞行器用柔性薄膜太阳电池组件及制备方法	本发明公开了一种临近空间飞行器用柔性薄膜太阳电池组件及制备方法，属于物理电源技术领域，所述临近空间飞行器用柔性薄膜太阳电池组件包括太阳电池；其特征在于，所述柔性薄膜太阳电池组件包括由上到下依次层叠设置的高透光率含氟聚合物薄膜、聚烯烃胶膜、太阳电池电路、聚烯烃胶膜和轻质聚合物薄膜。通过采用上述技术方案，采用这种能源转换效率高、面密度低、耐弯曲扭转度高、耐候性强的太阳电池组件作为临近空间超长航时飞行器的发电模块，可有效降低能源系统重量，提升此类飞行器的实用性	中国电子科技集团公司第十八研究所	CN202010979021.8
27	一种柔性薄膜太阳电池背电极及其制备方法	本发明公开了一种柔性薄膜太阳电池背电极及其制备方法，属于太阳能电池技术领域，其特征在于，至少包括如下步骤：①选取不大于 100 μm 的不锈钢衬底，并进行清洁；②采用卷对卷连续镀膜工艺，在不锈钢衬底上采用射频磁控溅射的方法镀 100~150 nm 的氮化铝薄膜；③采用直流磁控溅射的方法镀 100~150 nm 的氮化钛薄膜；④采用直流磁控溅射的方法镀 100 nm 的金属钛薄膜；⑤采用直流磁控溅射的方法镀 50 nm 的钼薄膜。通过该结构背电极的使用，为制备高效铜铟镓硒和铜锌锡硫薄膜太阳电池提供良好基础，在降低生产成本的基础上，最终实现电池光电转换效率的提升	中国电子科技集团公司第十八研究所	CN202011001110.1
28	一种三端双面叠层太阳电池及其制备工艺	本发明公开了一种三端双面叠层太阳电池及其制备工艺，属于太阳电池技术领域，所述三端双面叠层太阳电池至少包括：金属电极；位于金属电极上表面的正向太阳电池；位于金属电极下表面的反向太阳电池；位于正向太阳电池上表面和反向太阳电池下表面的金属栅电极，所述金属栅电极为金或银或铜或锗和金、钛和钯和银、镍和铜和镍、镍和铝复合金属中的一种。通过采用上述技术方案，本发明能够同时解决太阳光和地球反射光能量获取的问题，包含正反两个太阳电池共正极或共负极，同时将来自器件正反两面的光能转换成电能为负载供电	中国电子科技集团公司第十八研究所	CN202011001120.5
29	一种基于砷化镓材料的激光电池制备方法及电池	本发明公开了一种基于砷化镓材料的激光电池制备方法及电池，属于太阳能电池技术领域，至少包括：①采用金属有机化学气相沉积技术在砷化镓衬底上面沉积 $Ga_{1-x}In_xAs$ 缓冲层；②在 $Ga_{1-x}In_xAs$ 缓冲层上沉积第一子电池；③在第一子电池上沉积第一隧穿结；④在第一隧穿结上沉积第二子电池；⑤在第二子电池上沉积第二隧穿结；⑥在第二隧穿结上沉积第三子电池；⑦在第三子电池上沉积 cap 层；⑧器件工序，依次包括：光刻、蒸镀电极、电极加固、蒸镀减反射膜、二次套刻、腐蚀划片。本发明得到的晶体质量好，光电转换效率高，稳定性强，易于制作，并可在作为完整的电池直接使用	中国电子科技集团公司第十八研究所	CN202011481448.1

续表

序号	标题	摘要	申请人	申请号
30	一种光伏与储能电池复合结构及其制备方法	一种光伏与储能电池复合结构及其制备方法，所述光伏与储能电池复合结构包括：从上至下依次设置的窗口层、第一粘贴层、光伏电池层、第二粘贴层、柔性衬底层、第三粘贴层、储能电池层、第四粘贴层和保护层。本申请提供的一种光伏与储能电池复合结构及其制备方法的有益效果是：轻薄、可靠性高；可利用太阳能发电；可根据负载需求灵活组串、可根据需求灵活赋形；可用于需求光伏电池材料的设备、汽车、无人机，赋形在不规则表面，提供可再生能源	中国电子科技集团公司第十八研究所	CN202110473003.7

5.1.5 专利运营实力定位分析

专利运营主要包括专利许可、转让、质押等方面，下面我们对滨海新区的专利运营情况进行分析，并与全国其他省市的专利运营情况进行对比，进而对滨海新区的专利运营实力进行定位。

通过专利运营分析可以看到，滨海新区太阳能光伏电池材料产业专利申请没有转让、许可、质押等专利运营活动，明显低于中国、天津市总体水平，专利运营不够活跃。从中国整体情况来看，专利转让最为活跃，其次是质押和许可。天津市太阳能光伏电池材料产业专利运营活跃度明显低于全国总体水平；滨海新区太阳能光伏电池材料领域专利申请共有 2 件专利权的转让，没有专利质押、许可的情况，天津市在太阳能光伏电池材料领域共有 12 件专利权的转让，没有专利质押、许可的情况，这说明由于天津市和滨海新区的专利申请量还是低于其他省市，因此专利运营情况也低于全国整体水平，在全国的专利运营中，专利转让最为活跃，其次分别为质押和许可。

5.2 滨海新区晶体硅太阳能电池产业发展定位分析

本节以近景模式聚焦天津市滨海新区晶体硅太阳能电池领域在全球和中国产业链的基本定位，立足天津市滨海新区晶体硅太阳能电池领域现状，以专利信息对比分析为基础，对天津市滨海新区晶体硅太阳能电池领域的技术、人才、企业等要素资源在全球和我国产业链中进行定位，明确天津市滨海新区晶体硅太阳能电池领域发展定位。

5.2.1 产业结构定位分析

由前述分析可知，晶体硅太阳能电池领域的发展与专利技术发展关联度较高，其技术发展在政策推动下具有相对密集的专利保护，因此晶体硅太阳能电池领域在一个地区的专利布局结构能够在一定程度上反映该地区的产业结构。下面主要从专利数量及各技术分支专利占比情况对天津市滨海新区晶体硅太阳能电池领域产业结构进行定位。

表5-3显示了全球、中国、天津、滨海新区晶体硅太阳能电池领域产业结构对比情况。通过对比可以发现,滨海新区在晶体硅电池、晶体硅光伏组件、电池制造工艺及装备3个分支技术领域均有专利布局,且布局结构与全球、中国及天津的整体情况有所不同。全球及中国的专利布局侧重于晶体硅光伏组件和晶体硅电池领域,随着地域范围的缩小,在晶体硅光伏组件领域的专利布局比例逐渐加大,数据从全球的57.35%变化到滨海新区的84%;在晶体硅电池领域,滨海新区的专利布局比例相比全球、全国都有所差距。总体来讲,滨海新区晶体硅光伏组件分支在技术和专利方面存在优势,但由于滨海新区在三个分支领域的专利申请量较少,布局力度有待加强。因此,滨海新区在晶体硅太阳能电池领域的整体结构上可以引进具有广泛国际背景的产业,提高上下游产业链整合能力。

表5-3　晶体硅太阳能电池领域产业结构对比

范围	专利申请量(件)				专利申请量占比		
	总量	晶体硅电池	晶体硅光伏组件	电池制造工艺及装备	晶体硅电池	晶体硅光伏组件	电池制造工艺及装备
全球	43 435	12 055	24 909	6 471	27.75%	57.35%	14.90%
中国	23 565	7 276	13 926	2 363	30.88%	59.10%	10.03%
天津市	340	81	236	23	23.82%	69.41%	6.76%
滨海新区	125	13	105	7	10.40%	84.00%	5.60%

5.2.2　企业创新实力定位分析

技术拥有者多用专利保护其技术创新成果,以实现技术创新的最终目的,因此专利制度与技术创新的关系最为直接、也最为密切,对技术创新成果的占有和有效运用已成为推动技术创新的主要动力和激励机制。对于企业创新实力主要从两个方面进行分析:一是天津市滨海新区晶体硅太阳能电池领域申请人在全球、中国、天津专利申请量排名情况;二是天津市滨海新区晶体硅太阳能电池领域申请人与全球、中国主要技术拥有者在晶体硅太阳能电池领域专利申请数量的对比。

截至2021年6月30日,天津市滨海新区在晶体硅太阳能电池领域的专利申请人共有33位,见表5-4。可以看出,天津市滨海新区在该领域的主要申请人是天津英利新能源有限公司和中国电子科技集团公司第十八研究所,其专利申请量分别为40

件、29件，其余31位申请人在该领域的专利申请量均未超过10件，专利申请量在5件及以上的申请人还有天津恒电空间电源有限公司（8件）、天津环欧国际新能源科技有限公司（7件）、中晟阳光（天津）科技有限责任公司（5件）、天津市昕源泰能光电科技有限公司（5件）、天津必利优科技发展有限公司（5件）。

表5-4 天津市滨海新区在晶体硅太阳能电池领域的专利申请人及专利申请量分布

序号	申请人	专利申请量（件）
1	天津英利新能源有限公司	40
2	中国电子科技集团公司第十八研究所	29
3	天津恒电空间电源有限公司	8
4	天津环欧国际新能源科技有限公司	7
5	中晟阳光（天津）科技有限责任公司	5
6	天津市昕源泰能光电科技有限公司	5
7	天津必利优科技发展有限公司	5
8	天津市环智新能源技术有限公司	3
9	天津力神特种电源科技股份公司	2
10	天津大学	2
11	天津奇庶广告有限公司	2
12	天津市双翔科技发展有限公司	2
13	天津市朋得利化工有限公司	2
14	天津市林帆新能源科技有限公司	2
15	天津康帝德科技有限公司	2
16	天津通软信息技术有限公司	2
17	南开大学	1
18	天津三安光电有限公司	1
19	天津天大求实电力新技术股份有限公司	1
20	天津市蓝梦源新能源科技有限公司	1
21	天津延强科技有限公司	1
22	天津智诚鸿宇科技有限公司	1
23	天津曼科科技有限公司	1
24	天津泰新源自动化设备有限公司	1
25	天津津亚电子有限公司	1
26	天津滨海新区鑫赛电子科技有限公司	1

续表

序号	申请人	专利申请量（件）
27	天津环美能源科技有限公司	1
28	天津福恩新能源科技有限责任公司	1
29	天津英利光伏电站技术开发有限公司	1
30	家有金山（天津）电子商务有限公司	1
31	灵翼飞航（天津）科技有限公司	1
32	薛克	1
33	郦湘玲	1

表 5-5 显示了全球、中国、天津市、滨海新区晶体硅太阳能电池领域主要技术拥有者专利申请量情况。

表 5-5　晶体硅太阳能电池领域国内外主要技术拥有者专利申请量　　单位：件

全球前十申请人	专利申请量（件）	国家地区	中国前二十申请人	专利申请量（件）	省份
乐金电子有限公司	615	韩国	苏州阿特斯阳光电力科技有限公司	569	江苏
苏州阿特斯阳光电力科技有限公司	569	中国	常熟阿特斯阳光电力科技有限公司	473	江苏
常熟阿特斯阳光电力科技有限公司	473	中国	浙江晶科能源有限公司	402	浙江
浙江晶科能源有限公司	402	中国	晶科能源有限公司	385	江西
晶科能源有限公司	385	中国	常州天合光能有限公司	366	江苏
常州天合光能有限公司	366	中国	阿特斯阳光电力集团有限公司	359	江苏
阿特斯阳光电力集团有限公司	359	中国	泰州隆基乐叶光伏科技有限公司	267	江苏
夏普株式会社	284	日本	英利能源（中国）有限公司	255	河北
泰州隆基乐叶光伏科技有限公司	267	中国	比亚迪股份有限公司	212	广东
英利能源（中国）有限公司	255	中国	阿特斯（中国）投资有限公司	152	江苏
天津市主要申请人	专利申请量（件）	地区	常州亿晶光电科技有限公司	151	江苏
天津英利新能源有限公司	53	宁河区	无锡尚德太阳能电力有限公司	144	江苏
中国电子科技集团公司第十八研究所	50	滨海新区	晶澳（扬州）太阳能科技有限公司	132	江苏
南开大学	27	南开区	天合光能股份有限公司	124	江苏
河北工业大学	26	北辰区	北京汉能光伏投资有限公司	123	北京
天津爱旭太阳能科技有限公司	21	北辰区	苏州腾晖光伏技术有限公司	117	江苏

续表

<table>
<tr><th>天津市主要申请人</th><th>专利申请量(件)</th><th>国家地区</th><th>中国前二十申请人</th><th>专利申请量(件)</th><th>省份</th></tr>
<tr><td>天津大学</td><td>14</td><td>南开区</td><td>广东爱康太阳能科技有限公司</td><td>116</td><td>广东</td></tr>
<tr><td>天津恒电空间电源有限公司</td><td>11</td><td>滨海新区</td><td>浙江爱旭太阳能科技有限公司</td><td>113</td><td>浙江</td></tr>
<tr><td colspan="3" rowspan="2">注:①数据截至 2021 年 6 月 30 日;②申请人未进行分、子公司合并,未进行标准化处理;③天津英利新能源有限公司于 2021 年由滨海新区迁至宁河区。</td><td>山东力诺太阳能电力股份有限公司</td><td>110</td><td>山东</td></tr>
<tr><td>韩华新能源(启东)有限公司</td><td>98</td><td>江苏</td></tr>
</table>

综合表 5-4 和 5-5 可以看出,天津市滨海新区在晶体硅太阳能电池领域专利申请人较少,专利申请量较小,与全球、中国主要申请人相比,差距明显。全球晶体硅太阳能电池领域排名前十位的申请人中,中国企业占据 8 席,优势突出。中国该领域排名前 20 的申请人中无天津企业,江苏企业独占 12 席,占据绝对优势地位,浙江、广东各有 2 家企业入围,北京、河北、江西、山东各有 1 家企业入围,可以看出长三角区域在该领域的技术优势十分突出,京津冀区域仅有 2 家企业入围,分别是北京汉能光伏投资有限公司、英利能源(中国)有限公司。值得注意的是,位于河北省保定市的英利能源(中国)有限公司以 255 件专利申请量排在全国第 8 位,其子公司天津英利新能源有限公司在天津为排名第一的申请人,专利申请量为 53 件,与总公司的申请量有较大差距,可以看出英利公司在天津进行晶体硅太阳能电池领域专利布局的力度仍有待加强。在天津区域,排名前 7 位申请人中,有 3 家企业、1 家科研机构、3 所高校,说明天津晶体硅太阳能电池领域产学研有所脱节,科研成果转化力度有待提高。其中,前 7 位申请人中有 2 位是滨海新区入驻企业或科研机构,检索发现,其并未全部在滨海新区申请专利,在天津市北辰区、南开区等天津市其他区域也进行了相应的专利申请。

从提升专利质量来看,天津市滨海新区晶体硅太阳能电池企业实施专利许可和专利转让战略的难度较大,但可以与拥有较多专利技术的企业合作进行专利购买或许可;科研院所可以选择通过专利许可与转让实现技术向社会应用转化。从长远考虑,围绕单晶硅太阳能电池、多晶硅太阳能电池、晶体硅光伏组件、晶体硅电池制造工艺及装备等领域,滨海新区重点企业应该考虑引进国际上普遍流行的技术,当然在引进技术时还应评估专利本身的价值。企业在引进专利技术后,只有对其不断地进行研究、消化、吸收和创新,才能缩小与发达国家的差距。有一定研发实力的企业,在技术差异消除后还可实施专利回输战略,加强创新技术海外专利布局。

5.2.3　创新人才储备定位分析

专利发明人是技术创新人员的直观体现。下面主要从专利发明人数量等方面，对滨海新区晶体硅太阳能电池领域技术创新人才储备情况进行定位。

经检索，天津市滨海新区在晶体硅太阳能电池领域的发明人共有 195 位，表 5-6 显示了排名前十五位的发明人情况。其中，专利申请量在 10 件以上的发明人有 3 位，分别是王丙宽（22 件）、王辉（14 件）、魏文秀（13 件），均来自天津英利新能源有限公司；专利申请量在 7 件以上的发明人还有李健（9 件）、宋广（8 件）、李黎明（8 件）、贾皓元（8 件）、呼文韬（7 件）、张丹红（7 件），涉及的企业有天津英利新能源有限公司、天津环欧国际新能源科技有限公司和中国电子科技集团公司第十八研究所。

表 5-6　天津市滨海新区晶体硅太阳能电池主要专利发明人情况

发明（设计）人	专利申请量（件）	所属单位
王丙宽	22	天津英利新能源有限公司
王辉	14	天津英利新能源有限公司
魏文秀	13	天津英利新能源有限公司
李健	9	天津英利新能源有限公司
宋广	8	天津环欧国际新能源科技有限公司
李黎明	8	天津环欧国际新能源科技有限公司
贾皓元	8	天津英利新能源有限公司
呼文韬	7	中国电子科技集团公司第十八研究所
张丹红	7	中国电子科技集团公司第十八研究所
李钏	6	中国电子科技集团公司第十八研究所
杜永超	6	中国电子科技集团公司第十八研究所
王秀香	6	天津英利新能源有限公司
王鑫	6	中国电子科技集团公司第十八研究所
铁剑锐	6	中国电子科技集团公司第十八研究所
姜磊	5	天津英利新能源有限公司

表 5-7 显示了在晶体硅太阳能电池领域滨海新区与全国、我国主要城市、天津市主要发明人的专利数量对比。可以看出，滨海新区乃至天津市主要发明人的专利数量与苏州、上海、北京等主要城市相比有所差距，说明滨海新区在晶体硅太阳能电池

领域专业化人才比较匮乏，从而阻碍了技术创新和产业扩张。因此，建议在政策上健全人才培训体系，促进精细化研发分工协作，为新技术的研发提供智力基础；重点培育中国电子科技集团公司第十八研究所、天津环欧国际新能源科技有限公司等企业建立外部技术支持系统，引导大学和研发机构开展产学研合作，强化企业的应用基础研究；鼓励企业建立产业联盟、产学研合作网络、企业论坛等加强知识交换的渠道，加强知识共享，激发带动突破性技术创新，促进改进技术的渐进性创新，解决行业面临的共性技术难题。

表 5-7　晶体硅太阳能电池领域发明人专利数量对比

中国前十发明人	专利申请量（件）	天津前十发明人	专利申请量（件）	滨海新区前十发明人	专利申请量（件）
金浩	267	王丙宽	23	王丙宽	22
邢国强	240	赵颖	22	王辉	14
许涛	218	张晓丹	16	魏文秀	13
陈刚	211	胡洁	16	李健	9
林建伟	184	樊雷雷	15	宋广	8
王栩生	184	王玉	15	李黎明	8
倪志春	177	王辉	14	贾皓元	8
李华	174	崔海根	13	呼文韬	7
董经兵	169	陈海永	13	张丹红	7
方结彬	161	魏文秀	13	李钏	6
苏州前十发明人	**专利申请量（件）**	**上海前十发明人**	**专利申请量（件）**	**北京前十发明人**	**专利申请量（件）**
邢国强	222	刘吉人	45	徐希翔	34
许涛	217	李民	44	李沅民	29
王栩生	179	李钊明	31	郁操	29
董经兵	166	刘幼海	28	程晓龙	24
倪志春	158	陈道远	27	逯平	24
魏青竹	145	袁晓	25	张群芳	23
夏正月	131	刘正训	23	丁建	20
章灵军	118	张一熙	22	刘国强	20
林建伟	91	刘玲玲	21	张庆钊	19
连维飞	80	吴正同	20	张雨	19

5.2.4　重点专利分析

综合考虑简单同族、家族被引证数量等因素，筛选出滨海新区晶体硅太阳能电池领域重点专利 22 项，涉及的申请人主要有天津英利新能源有限公司、天津力神电池股份有限公司、中国电子科技集团公司第十八研究所、天津三安光电有限公司、天津市环智新能源技术有限公司、天津市津能电池科技有限公司、天津市昕源泰能光电科技有限公司等，具体见表 5-8。

表 5-8　滨海新区在晶体硅太阳能电池领域重点专利情况

序号	标题	摘要	申请人	公开(公告)号	IPC 主分类
1	一种应用于临近空间飞行器的太阳电池组件制备方法	一种应用于临近空间飞行器的太阳电池组件制备方法，所述方法包括步骤：准备第一叠层和第二叠层；在所述第一叠层上整齐排列太阳电池；在每一所述太阳电池旁对应放置一个二极管；在每一所述太阳电池的正极主栅上焊接焊带；将所述焊带的第一端与对应所述二极管的负极连接；将所述焊带的第二端与对应所述二极管正极及相邻下一个所述太阳电池的负极连接；将所述第二叠层放置于所有所述太阳电池上并得到太阳电池组件；对所述太阳电池组件进行层压；对所述太阳电池组件进行裁剪。本申请采用电池串串联缝隙处添加二极管，解决了传统单晶硅系列太阳电池无法在每一个单体电池上增加二极管的技术难题	中国电子科技集团公司第十八研究所	CN112420874A	H01L31/18
2	一种光伏晶硅电池扩散方阻测量装置	一种光伏晶硅电池扩散方阻测量装置，包括控制区和测试区，所述测试区包括设置在底部的样品台以及设置在所述样品台上部的升降工作台，所述升降工作台下方安装有多个四探针探头，所述多个四探针探头均匀分布在与所述样品台垂直的正上方	天津英利新能源有限公司	CN207009403U	H01L21/66
3	光伏组件及其太阳能电池、制作太阳能电池的方法和设备	本发明实施例公开了一种太阳能电池光伏组件及其太阳能电池、一种太阳能电池的制作方法及其制作设备。所述太阳能电池包括：L 型第一掺杂层，第一掺杂层包括相互平行的第一阶面和第二阶面，第一阶面高于第二阶面；L 型第二掺杂层，第二掺杂层包括相互平行的第三阶面和第四阶面，第三阶面高于第四阶面，且第二掺杂层的第四阶面与第一掺杂层的第二阶面相贴合；设置于第二掺杂层背离第一掺杂层一侧的主栅线；设置于第一掺杂层背离第二掺杂层一侧的背电极；其中，所述第一掺杂层与第二掺杂层的掺杂类型不同，从而减少了所述太阳能电池受光面栅线所占面积，提高了太阳能电池受光面的受光面积，进而提高了所述太阳能电池的光电转换效率	天津英利新能源有限公司	CN103400876A	H01L31/042

续表

序号	标题	摘要	申请人	公开(公告)号	IPC 主分类
4	检验光伏组件串间距的装置及方法	本发明提供了一种检验光伏组件串间距的装置及方法,包括:设置在基板第一侧的多个第一发射仪,所述基板为可放置待敷设太阳能电池串的光伏组件的基板;与所述第一发射仪对应设置的第二发射仪,所述第二发射仪位于所述基板的第三侧,所述第三侧与所述第一侧对称;位于所述基板第二侧和/或第四侧的第三发射仪,所述第三发射仪分别位于所述基板第二侧和/或第四侧的两端,从而可根据第一发射仪、第二发射仪和第三发射仪发射的光线敷设太阳能电池串,只需检验敷设的太阳能电池串与所述光线是否重合,就能判断电池串之间的间距是否符合要求,从而提高了检验精度高,避免了由于敷设的电池串的串间距不均等而影响光伏组件质量的问题	天津英利新能源有限公司	CN103795343A	H02S50/15
5	光伏组件及其生产工艺和生产设备	本发明属于光伏电池生产技术领域,公开了一种光伏组件及其生产工艺和生产设备,公开的生产工艺包括以下步骤:①电池片背面敷设焊带,该焊带的长度大于或等于电池片长度的两倍;②焊带上印刷铝浆后烘干,并在电池片正面印刷银浆;③将电池片之外的焊带与电池片分区烧结。由于电池片背面带有焊带,只需要将焊带中带焊料的部分摆放在另一片电池的正面主栅线上,进行加热焊接就可以,不需要对背面进行焊接和操作,大大减少了电池片背面焊接出现虚焊、漏焊等质量问题,降低了电池串的生产难度。同时,由于电池片的背面不需要进行任何操作,减少了现有技术中背面焊接时造成碎片的可能,降低了碎片率,减少浪费,进一步节约了成本	天津英利新能源有限公司	CN102983223A	H01L31/18
6	一种多晶光伏组件及其焊接方法	本发明公开了一种多晶光伏组件的焊接方法,将焊带的一端与电池片负极主栅线接触,并使接触长度等于负极主栅线的长度,焊接焊带的该端与电池片负极的主栅线;将焊带的另一端与另一电池片正极主栅线接触,并使接触长度小于正极主栅线的长度,焊接焊带的另一端与另一电池片正极的主栅线。栅线的主要作用是收集电池片的电流,电流汇聚后经焊带导出,焊带的电阻值与焊带的长度有关,与电池片正极连接的焊带的长度小于其主栅线的长度,能够减少电流通过焊带时的功率损失,提高光伏组件的输出功率,同时,相应地减少了焊带的用量,降低了光伏组件的生产成本。本发明还公开了一种由上述焊接方法加工的多晶光伏组件,该多晶光伏组件具有较小的功率损失	天津英利新能源有限公司	CN102785037A	B23K31/02

续表

序号	标题	摘要	申请人	公开(公告)号	IPC 主分类
7	光伏组件边框及其组装方法	本发明公开了一种光伏组件边框及其组装方法,公开的光伏组件边框包括相互配合的第一框体和第二框体,所述第一框体和所述第二框体分别自光伏电池组的正面和背面夹持所述光伏电池组,且两者与所述光伏电池组之间均设有弹性密封圈。组装光伏组件时,弹性密封圈会发生形变,将光伏电池组的玻璃与边框之间的缝隙填满,光伏电池组的正面和背面均设有弹性密封圈,可以有效限定光伏电池组在边框中的位置,光伏电池组在边框内的活动量保持不变,有效防止组件晃动,减少硅胶开裂的可能,从而保护光伏电池组,有效降低光伏电池组报废的可能,延长光伏组件的使用寿命	天津英利新能源有限公司	CN102881753A	H01L31/048
8	一种感光太阳能电池板	本发明提供一种感光太阳能电池板包括太阳能电池本体、氧化铟锡透明导电膜、正电极、N 型非晶硅层、i 型层、传感器、控制报警装置、散热装置、调节螺栓、支撑杆、伸缩杆、背电极和 P 型硅衬底,所述的 P 型硅衬底安装在太阳能电池本体的内部,所述的氧化铟锡透明导电膜设置在 N 型非晶硅层的上部,所述的正电极设置在氧化铟锡透明导电膜的上部,所述的 N 型非晶硅层设置在 i 型层的上部,所述的 i 型层设置在 P 型硅衬底的上部,所述的传感器安装在太阳能电池本体的右下部,所述的控制报警装置安装在太阳能电池本体表面的右侧。本发明通过散热装置的设置,有利于提高安全效果和散热效果	天津通软信息技术有限公司	CN108696247A	H02S40/42
9	一种基于 GPS 快速寻光的可移动太阳能电池组	本实用新型提供了一种基于 GPS 快速寻光的可移动太阳能电池组,包括支架、支架下方的底座、底座内的蓄电池、第一步进电机、第二步进电机和两个太阳能电池板,支架下端伸出第二转动轴,第二转动轴通过轴承与底座连接,底座内设置有带动第二转动轴转动的第二步进电机;支架的上部设置有第一转动轴,第一转动轴上设置有大齿轮,与大齿轮通过链条连接的小齿轮固定在第一步进电机的输出端上,第一步进电机固定在支架上;太阳能电池板分别固定在第一转动轴两端的 T 型结构上,太阳能电池板与蓄电池连接;底座内部设置有控制器,控制器分别与第一步进电机和第二步进电机电连接。本实用新型不仅可用于移动设备,功率较大,而且能够自动寻光,不受地理位置限制	天津天大求实电力新技术股份有限公司	CN205945625U	H02S20/32

续表

序号	标题	摘要	申请人	公开(公告)号	IPC 主分类
10	一种软线束连接的太阳能电池组件集	本实用新型提供了一种软线束连接的太阳能电池组件集,涉及光伏组件技术领域,包括:太阳能电池单体和导线束。其中,所述导线束为金属丝编织而成的管状金属网,整体呈柔性;所述太阳能电池单体为矩形片材,多个太阳能电池单体组成阵列,各个单体之间通过外部贴膜或者黏胶连接;所述电池单体的电极接头设置在阵列边缘,导线束压扁后与所述电极接头焊接。该太阳电池组件集中各个单体之间的连接可折叠弯曲且不易折断	天津市昕源泰能光电科技有限公司	CN208433939U	H02S40/36
11	一种弧形高效太阳能电池组件	本实用新型提供了一种弧形高效太阳能电池组件,涉及太阳电池组件技术领域,包括:外部的覆膜层以及包覆在覆膜层下的多片晶硅电池单体;其中覆膜层为透光且具有延展性的膜状结构,各个晶硅电池边缘通过柔性材料粘连相接;覆膜层表面具有凹陷阵列。该弧形高效太阳能电池组件可方便地部署在弯曲表面上,相较于常规应用于弯曲表面的柔性太阳电池组件具有更高的发电效率	天津市昕源泰能光电科技有限公司	CN209119113U	H01L31/0216
12	一种具有减反射膜的大面积硅基薄膜太阳电池及其制备方法	本发明提出了一种具有减反射膜的大面积硅基薄膜太阳电池及其制备方法,电池结构为减反射膜/玻璃/TCO/p/i/n/TCO/Al,通过在光伏玻璃上采用溶胶凝胶的方法制备一层减反射膜,与电池的前电极 TCO 薄膜相结合获得双层减反的效果,使得太阳电池对入射光的吸收增强,有利于提高太阳电池的光电转换效率;另外,本发明采用的方法简单易行,可在大面积上获得性质均匀的减反射膜,有利于在产业化的硅基薄膜太阳电池的生产中获得应用	天津市津能电池科技有限公司	CN102104085A	H01L31/075
13	安装在玻璃幕墙上的太阳电池组件结构	本实用新型涉及一种安装在玻璃幕墙上的太阳电池组件结构,包括非晶硅太阳电池组件和接线盒,其中在非晶硅太阳电池组件一侧边固装接线盒,非晶硅太阳电池组件的引线沿其侧边引接到该接线盒中,该接线盒为长条形状,接线盒一端连接负极接线器,接线盒另一端连接正极接线器。本组件结构将接线盒固装在太阳电池组件的侧边,既方便了非晶硅太阳电池组件在玻璃幕墙上的接线安装,又不影响太阳电池组件的电性能及安全性,采用长条形状接线盒,美化了装有太阳电池组件的幕墙	天津市津能电池科技有限公司	CN201430151Y	H01L31/048

续表

序号	标题	摘要	申请人	公开(公告)号	IPC 主分类
14	单晶硅片、单晶硅棒及制备方法、太阳能电池及组件	本发明提供一种单晶硅片,包括硅片本体,硅片本体包括多个直壁部和多个倒角部,直壁部与倒角部依次交替首尾连接,倒角部为直线型,倒角部的任一端的端点与硅片本体的中心点连接构造成的直线与硅片本体的〈110〉晶向之间的夹角的角度不小于 0.35° 且不大于 3.2°。本发明的有益效果是单晶硅片具有倒角部,且倒角部的形状为直线型,避免了单晶硅片在下游电池电极印刷及电池组件组装时定位效果差,避免单晶硅片拼接时出现的错位现象;同时,在进行单晶硅棒制备过程中,采用单晶硅棒不转动而打磨砂轮转动的打磨方式,使得单晶硅棒的棱角打磨弧度的一致性好	天津市环智新能源技术有限公司	CN111477540A	H01L21/02
15	高效率锗基柔性多结太阳能电池及其制备方法	本发明提供一种高效率锗基柔性多结太阳能电池及其制备方法,其中结构至少包括:一柔性支撑衬底;在柔性支撑衬底上的一键合层;在键合层上的一接触金属层;在接触金属层上的一多晶硅层;在多晶硅层上的一锗第一子电池;在锗第一子电池上的其余多结子电池	天津三安光电有限公司	CN108682713B	H01L31/072
16	集成旁路二极管的太阳电池及其制备方法	本发明公开了一种集成旁路二极管的太阳电池及其制备方法,其特征在于:所述衬底的掺杂类型为 P 型,衬底上形成有光电转换部。所述衬底形成有至少一个贯穿衬底的过孔,在过孔侧壁及衬底背面的过孔周围形成 N 型扩散层,在过孔中填充金属,从而在过孔侧壁形成肖特基旁路二极管。光电转换部上的正面电极通过过孔中的填充金属连接至衬底背面。本发明在制备全背电极芯片的过程中集成了旁路二极管,芯片制备封装简单,有利于太阳电池的规模化应用	天津三安光电有限公司	CN103441155A	H01L31/0224
17	一种晶硅电池的半柔性光伏组件	本实用新型公开了一种晶硅电池的半柔性光伏组件,所述的半柔性光伏组件为层状结构,包括自下而上的布、利用柔软导电材料连通的多块单元模块和在与单元模块对应处开设有透光窗口的窗口布,在所述的布与单元模块间和单元模块与窗口布间分别设置有将相邻两层固定连接的封装材料,所述的单元模块为层状结构,包括刚性背板,利用封装材料固定在刚性背板上的光电发电单元,利用封装材料固定连接在光电发电单元之上的透明前板材料,所述的光电发电单元为单个电池片或者按照设定的电路设计连接在一起的多个电池片。本实用新型的产品具备可靠性高、密封性好、外观美观的特点,使产品的性能、可靠性与寿命等得到大幅提高	天津力神电池股份有限公司	CN202549866U	H01L31/045

续表

序号	标题	摘要	申请人	公开（公告）号	IPC主分类
18	一种晶硅光伏组件	本发明公开了一种晶硅光伏组件，包括有多个电池串（10），所述多个电池串（10）相互串联或者并联，并且任意相邻的两个所述电池串（10）之间按照预设的电池串间隔距离进行排列设置；每个所述电池串（10）包括有多个串联在一起的太阳能电池片（20），并且任意相邻的两个所述太阳能电池片（20）之间按照预设的电池片间隔距离进行排列设置。本发明公开的一种晶硅光伏组件，其可以增强每个太阳能电池片的输出功率，使得晶硅光伏组件输出功率的封装损失大大减小，甚至带来输出功率增益，从而增大晶硅光伏组件的整体输出功率，实现改善晶硅光伏组件在室外自然光照射下的发电效率、提升弱光发电的效果	天津力神电池股份有限公司	CN102496644A	H01L31/05
19	晶硅电池的半柔性封装方法及采用该方法所制备的光伏组件	本发明公开了一种晶硅电池的半柔性封装方法，包括以下步骤：①单元模块的制备；②裁剪两块布，将其中一块以一定间隔裁切若干个窗口；③将封装材料铺设在带窗口的布上并裁掉窗口处的封装材料，再将单元模块对准窗口位置放置，然后将单元模块采用柔软的导电材料按预定电路进行电连接；④在彼此电连接的单元模块之上再依次层叠封装材料和布，穿出电极引线，在封装材料的最佳层压温度下层压得到可折叠的光伏组件。同时还公开了使用上述方法所制备的光伏组件。本发明利用刚性的晶硅电池片产品具备可靠性高、密封性好、外观美观的特点，使产品的性能、可靠性与寿命等得到大幅提高	天津力神电池股份有限公司	CN102593254A	H01L31/18
20	一种切割太阳能电池片的IV和EL检测方法	本发明公开了一种切割太阳能电池片的IV和EL检测方法，属于太阳能电池片检测方法领域，包括如下步骤：①对太阳能电池片进行激光或物理刻化；②对刻化后但未裂开的电池片进行IV和EL检测；③对完成IV和EL检测的太阳能电池片进行裂片。本发明的切割太阳能电池片的IV和EL检测方法为太阳能电池片的检测提供了新思路，摒弃了太阳能电池片一定要经过裂片后再进行测试的传统方法，且检测方法可靠，此方法极大地提高了检测效率，操控简单，节省了人工、工序和成本，适于推广应用	天津康帝德科技有限公司	CN108428641A	H01L21/66
21	一种光伏组件	本实用新型提供了一种光伏组件，包括一种玻璃，所述玻璃上表面涂有减反射膜，所述减反射膜表面形成有若干连续的凸起结构，所述凸起结构为金字塔结构或三棱锥结构中的至少一种，所述凸起结构为微米级或纳米级结构，所述减反射膜的厚度为1~10 000 nm。本实用新型所述的一种光伏组件，封装玻璃的上表面涂有减反射膜，减反射膜表面形成具有纳米级或微米级的凸起结构，与现有的平面涂层结构相比，具有金字塔结构和其他凸起结构的减反射膜可以增加光的传播路径，增加组件对光的吸收，提升组件功率	天津环美能源科技有限公司	CN206602119U	H01L31/0216

续表

序号	标题	摘要	申请人	公开(公告)号	IPC 主分类
22	一种集成旁路二极管的硅太阳电池及其制备方法	本发明涉及一种集成旁路二极管的硅太阳电池及其制备方法。本发明属于物理电源技术领域。一种集成旁路二极管的硅太阳电池,其结构为太阳电池组件的正负极间并联旁路二极管,在电池主体和旁路二极管间设有硼扩隔离环,在硼扩隔离环上设有氧化环进行保护,在氧化保护层上实现电极互联。一种集成旁路二极管的硅太阳电池的制备方法,工艺步骤:①硅片氧化;②隔离槽光刻;③硼扩散;④划槽;⑤硅片氧化;⑥二极管发射区光刻;⑦深磷扩散;⑧电池发射区光刻;⑨浅磷扩散;⑩硅片氧化;⑪电极开口光刻;⑫上电极蒸镀;⑬下电极蒸镀;⑭划片。本发明具有电池主区和旁路二极管进行物理隔离,效果明显,工艺难度低,产品空间运用稳定性和可靠性高等优点	天津恒电空间电源有限公司;中国电子科技集团公司第十八研究所	CN105762213A	H01L31/0443

通过技术聚类分析,天津市滨海新区在晶体硅太阳能电池领域的重点专利申请主要涉及多结太阳能电池、单晶硅棒、光伏组件串等,如图 5-3 所示。

图 5-3　天津市滨海新区晶体硅太阳能电池领域重点专利技术聚类词云图

5.2.5　专利运营实力定位分析

专利运营主要包括专利许可、转让、质押等,下面对天津市滨海新区的专利运营情况进行分析,并与天津乃至全国的专利运营情况进行对比,进而对滨海新区的专利运营实力进行定位。

图 5-4 显示了晶体硅太阳能电池领域中国、天津市以及滨海新区专利运营情况对比数据。通过专利运营分析可以看到,滨海新区晶体硅太阳能电池领域相关专利

没有许可、质押等专利运营活动，仅有 2 件专利发生了转让，明显低于全国总体水平，在天津也不占优势，专利运营不够活跃。天津市晶体硅太阳能电池领域发生转让、许可、质押的专利数量分别有 15 件、5 件、1 件，专利运营活跃度明显低于全国平均水平，天津市和滨海新区专利运营能力与其他省份相比还具有相当大的差距。从全国整体情况来看，在各种专利运营活动中，专利转让最为活跃，其次是许可和质押。

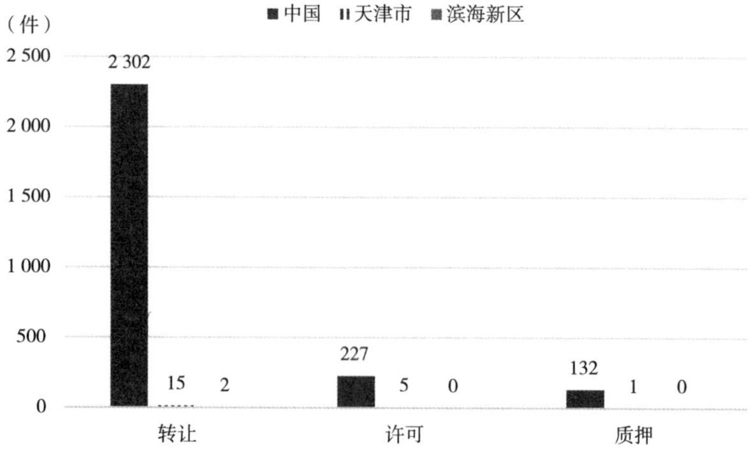

图 5-4 晶体硅太阳能电池领域专利运营情况对比

5.3 滨海新区光伏发电技术及设备产业发展定位分析

本节以近景模式聚焦天津市滨海新区太阳能光伏产业在全球和我国产业链的基本定位，立足天津市滨海新区太阳能光伏产业现状，以专利信息对比分析为基础，对天津市滨海新区太阳能光伏产业的技术、人才、企业等要素资源在全球和我国产业链中进行定位，明确天津市滨海新区太阳能光伏产业发展定位，并从宏观和微观两个层面揭示天津市滨海新区太阳能光伏产业在结构布局、企业培育、技术发展、人才储备等方面存在的问题。

5.3.1 产业结构定位分析

太阳能光伏产业发展与专利发展密切相关，其技术发展伴随着密集的专利保护，专利申请与技术创新相辅相成，因此太阳能光伏产业在一个地区的专利布局结构在一定程度上可以反映该地区的产业结构。下面主要从两方面对天津市滨海新区太阳能光伏产业结构进行定位：一是对天津市滨海新区太阳能光伏产业专利布局结构与全球、中国、天津市进行对比；二是分析太阳能光伏产业滨海新区专利数量在全球、中国、天津市的占比情况。

通过对滨海新区太阳能光伏产业结构与全球、中国、天津市进行对比，可以得出以下结论。

①滨海新区在光伏蓄电池、光伏控制器、光伏逆变器 3 个分支技术领域均有专利布局，但布局结构与全球及中国的整体情况均不相同。全球的专利布局主要集中在光伏蓄电池技术领域，同时控制器的专利申请量也在增长。中国开启光伏电池材料产业的时间较晚，因此其主要技术布局集中在光伏控制器领域。而滨海新区在光伏领域的专利布局集中在光伏蓄电池和光伏逆变器技术领域，且两者比例相当。总体来讲，滨海新区在三个分支领域的专利申请量较少，布局力度有待加强。因此，建议滨海新区光伏电池材料产业的整体结构上可以引进具有广泛国际背景的产业，提高上下游产业链整合能力。

②滨海新区在光伏蓄电池中的分支技术领域均有专利布局，其布局结构与天津的整体情况类似，以蓄电池为主，且布局比例较高。全球主要布局在光伏蓄电池领域，而国内主要布局在光伏逆变器领域。总体来说，滨海新区在光伏发电技术和专利方面存在优势，在光伏蓄电池、光伏控制器两个分支技术领域的专利申请量仍然不多，建议加强光伏蓄电池、光伏控制器专利布局力度。

5.3.2　企业创新实力定位分析

对于企业创新能力主要从两个方面进行分析：一是天津市滨海新区光伏发电申请人在全球、中国、天津专利申请量排名情况；二是天津市滨海新区光伏发电申请人与全球、中国主要技术拥有者在光伏发电产业技术领域专利申请量的对比。

（1）光伏发电及其配套领域企业

截至 2021 年 6 月 30 日，滨海新区光伏电池材料产业有近 70 位申请人进行了专利申请，且大部分为企业，虽然滨海新区的企业在光伏发电及其配套产业有一定的专利申请量，且主要申请人排名在天津市比较靠前，但与全球、中国主要申请人相比仍有较大差距，与天津市主要申请人相比也有一定差距。

因此，建议滨海新区有针对性地加大政策支持力度，具体包括天津大学、河北工业大学、天津理工大学、天津城建大学、天津杰能恒通科技有限公司、天津蓝天太阳科技有限公司、天津中德应用技术大学、天津职业技术师范大学、中国电子科技集团公司第十八研究所、天津津能滨海新能源有限公司、国家电网有限公司、天津商业大学、天津科技大学、南开大学、国网天津市电力公司、天津市万众科技发展有限公司、天津源尚新能源科技有限公司、天津中汇能科技有限公司、天津创盛新能源科技有限公司、天津工业大学、天津永明新能源科技有限公司、天津滨新太阳能发电有限公司、晟维新能源科技发展（天津）有限公司、中科日晟（天津）光伏发电设备有限公司、天津万事成新能源科技有限公司、天津中星互联科技有限公司、天津安捷公共设施服务有限公司、天津市三源电力设备制造有限公司、天津市庞盛新能源科技有限公司、天津汇源通科技股份有限公司、天津瀛德科技有限公司、天津环宇阳光新能源科技有限公司、天津瑞能电气有限公司、天津英利新能源有限公司、天津莱锐特新能源科技有限公司、中国铁路设计集团有限公司、中石能（天津）科技有限公司、天津圣明科技有限公司、天津大月科技有限公司、天津天与光能新能源科技发展有限公司、天津天元海科技开发有限公司、天津天大求实电力新技术股份有限公司、天津奥华能源技术咨询服务有限公司、天津宇昊建设工程集团有限公司、天津市津天温度仪表科技有限公司、天津开合电力科技有限公司、天津新能众联科技有限公司、天津欢腾科技发展有限公司、天津海腾太阳能科技有限公司、天津珑羽达冷弯型钢有限公司、天津福恩新能源科技有限责任公司、天津科林电气有限公司、天津红鹰能源工程有限公司、天津耀皮工程玻璃有限公司、中国机房设施工程有限公司、中环天仪股份有限公司、久业科技（天津）有限公司、元拓工业设计咨询（天津）有限公司、天津路克自行车有限公司。

（2）太阳能光伏产品领域企业

截至2021年6月30日，滨海新区光伏电池材料产业有近70位申请人进行了专利申请，且大部分为企业，具体包括天津中星互联科技有限公司、天津通达汇金科技有限公司、天津圣明科技有限公司、天津环宇阳光新能源科技有限公司、元拓工业设计咨询（天津）有限公司、勒德节能科技（天津）有限公司、国家电网有限公司、国网（天津）综合能源服务有限公司、国网天津市电力公司、天津大学、天津工大海宇半导体照明有限公司、天津市昕源泰能光电科技有限公司、天津红鹰能源工程有限公司、中国电子科技集团公司第十八研究所、交通运输部北海航海保障中心天津航标处、和通顺科技（天津）有限公司、天津伏科思新能源科技有限公司、天津保晟隆科技发展有限公司、天津光之源太阳能科技有限公司、天津光电捷联通信技术有限公司、天津创盛新能源科技有限公司、天津吉诺达科技开发有限公司、天津基石科技服务有限公司、天津天星电子有限公司、天津天瑞达自动化设备有限公司、天津市天友建筑设计股份有限公司、天津市汇丰硕科技有限公司、天津市泓森机械有限公司、天津市润泓达管件制造有限公司、天津得利供应链管理有限公司、天津德瑞安海洋工程有限公司、天津恩光科技有限公司、天津津源绿城科技有限公司、天津滨海管理科学研究院、天津福恩新能源科技有限责任公司、天津科林电气有限公司、天津腾迈科技有限公司、天津金汇科技有限公司、天津雨霖新能源科技有限公司、家有金山（天津）电子商务有限公司、富莱克斯（天津）科技有限公司、金博远（北京）钢结构工程有限公司。

（3）滨海新区政府要重点加强企业的自主创新主体地位

针对自主创新的高投入、高风险等特点，建议政府构建扶持太阳能企业自主创新的各种优惠和激励制度，加强对知识产权的保护力度，刺激企业实施更具实质意义的创新行为。

5.3.3　创新人才储备定位分析

专利发明人是技术创新人员的直观体现,下面主要从专利发明人数量等方面,对天津市滨海新区光伏发电产业与江苏、上海、北京进行对比,进而对天津市滨海新区光伏电池材料业技术创新人才储备情况进行定位。

(1)光伏发电及其配套方面

光伏发电及其配套方面专利发明人情况如图 5-5 所示,其主要发明人企业分和见表 5-9。

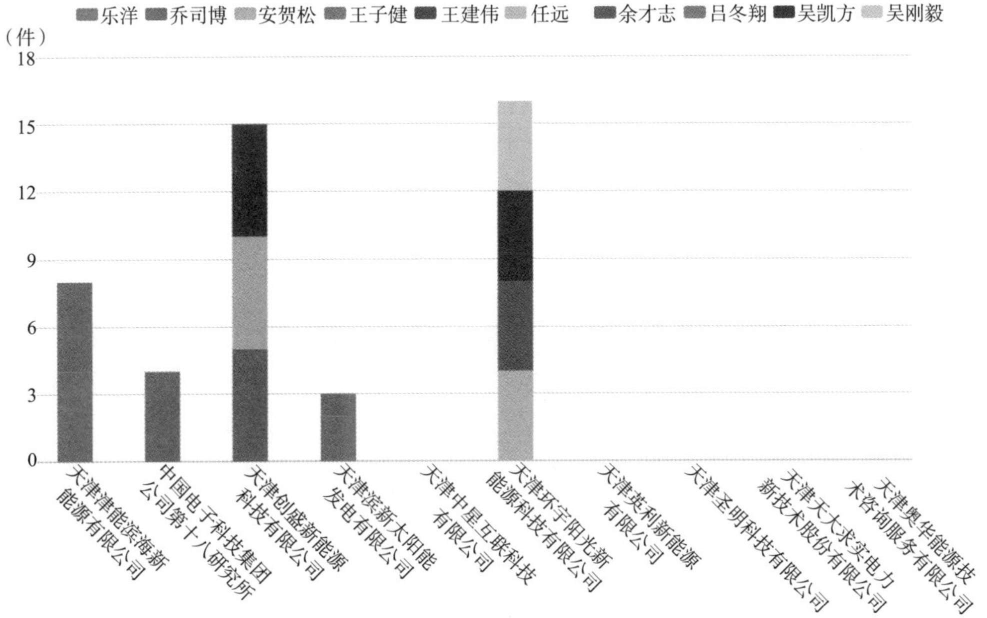

图 5-5　光伏发电及其配套方面专利发明人情况

表 5-9　光伏发电及其与套方面专利主要发明人企业分布

发明人	专利申请量(件)									
	天津津能滨海新能源有限公司	中国电子科技集团公司第十八研究所	天津创盛新能源科技有限公司	天津滨新太阳能发电有限公司	天津中星互联科技有限公司	天津环宇阳光新能源科技有限公司	天津英利新能源有限公司	天津圣明科技有限公司	天津天大求实电力新技术股份有限公司	天津奥华能源技术咨询服务有限公司
乐洋	4	0	0	2	0	0	0	0	0	0
乔司博	0	0	5	0	0	0	0	0	0	0

续表

发明人	专利申请量(件)									
	天津津能滨海新能源有限公司	中国电子科技集团公司第十八研究所	天津创盛新能源科技有限公司	天津滨新太阳能发电有限公司	天津中星互联科技有限公司	天津环宇阳光新能源科技有限公司	天津英利新能源有限公司	天津圣明科技有限公司	天津天大求实电力新技术股份有限公司	天津奥华能源技术咨询服务有限公司
安贺松	0	0	5	0	0	0	0	0	0	0
王子健	4	0	0	1	0	0	0	0	0	0
王建伟	0	0	5	0	0	0	0	0	0	0
任远	0	0	0	0	0	4	0	0	0	0
余才志	0	0	0	0	0	4	0	0	0	0
吕冬翔	0	4	0	0	0	0	0	0	0	0
吴凯方	0	0	0	0	0	4	0	0	0	0
吴刚毅	0	0	0	0	0	4	0	0	0	0

上述主要发明人大致可分为天津津能滨海新能源有限公司以乐洋为首的团队、天津创盛新能源科技有限公司以乔司博为首的团队等。以乔司博教授团队为例,其主要研究领域涉及光伏太阳能发电瓦、多组排列式太阳能发电装置。

(2)太阳能光伏产品方面

太阳能光伏产品方面专利发明人情况如图 5-6 所示,其主要发明人企业分布见表 5-10。

表 5-10 太阳能光伏产品方面主要发明人专利数量企业分布 单位:件

发明人	张伟	王蔓	任远	余才志	吴凯方	吴刚毅	姚彦卫	安艳清	李嘉琦
天津中星互联科技有限公司	4	0	0	0	0	0	0	0	0
天津通达汇金科技有限公司	0	4	0	0	0	0	0	0	0
天津圣明科技有限公司	0	0	0	0	0	0	3	0	0
天津环宇阳光新能源科技有限公司	0	0	3	3	3	3	0	3	3
元拓工业设计咨询(天津)有限公司	0	0	0	0	0	0	0	0	0

续表

专利数量	张伟	王蔓	任远	余才志	吴凯方	吴刚毅	姚彦卫	安艳清	李嘉琦
勒德节能科技（天津）有限公司	0	0	0	0	0	0	0	0	0
国家电网有限公司	0	0	0	0	0	0	0	0	0
国网（天津）综合能源服务有限公司	0	0	0	0	0	0	0	0	0
国网天津市电力公司	0	0	0	0	0	0	0	0	0
国网天津市电力公司电力科学研究院	0	0	0	0	0	0	0	0	0

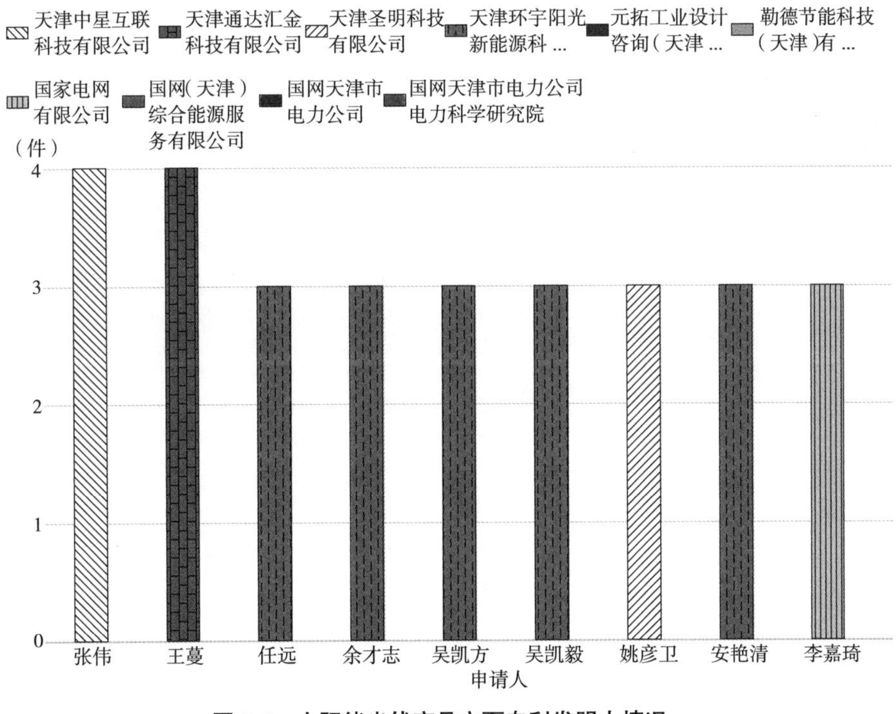

图 5-6　太阳能光伏产品方面专利发明人情况

上述主要发明人大致可分为天津中星互联科技有限公司以张伟为首的团队、天津通达汇金科技有限公司以王蔓为首的团队等。以张伟教授团队为例，其主要研究领域涉及光伏汽车、光伏电动自行车。

(3)人才发展对策分析

针对滨海新区光伏发电技术及设备产业竞争力差、缺乏核心技术的现状,建议滨海新区要设立相关专业学科、科研院所,培养相关专业人才,建立研发机制,鼓励技术创新;要加强对外交流合作,学习国外先进技术和经验,弥补自身的缺陷,做到取长补短,为我所用,重点加强与美的集团股份有限公司、芜湖美的厨卫电器制造有限公司、青岛经济技术开发区海尔热水器有限公司的合作,培养专业的高素质人才,形成内在的发展动力,掌握核心技术。

5.3.4 重点专利分析

(1)光伏发电及其配套

滨海新区在光伏发电及其配套产业的专利申请主要涉及由红外线辐射、可见光或紫外光转换产生电能,如使用光伏(PV)模块、供电或配电的电路装置或系统以及电能存储系统等领域的应用。天津市在光伏发电及其配套产业的重要专利申请主要集中在天津大学。滨海新区光伏发电及其配套相关重点专利见表 5-11。

表 5-11 滨海新区光伏发电及其配套相关重点专利情况

序号	标题	申请人	申请号	摘要
1	一种房、风、光三位一体能输出电力的低碳宜居建筑新技术	天津三春科技有限公司	CN201210033584.3	本发明其特征是由:建筑主体是抢阳性,没有三面墙都朝外房间的现场浇注梁、柱、楼板的保温轻质墙体低碳建筑;兼有风能、光伏发电功能的玻璃温室型房顶;能充分利用西照太阳能的盒式玻璃幕墙组成,做到房、风、光三位一体,不仅能满足居住功能而且能输出电能成为综合经济效益最佳的建筑。节能效果显著而且整体性抗震能力强,使居住环境冬暖夏凉节能而且全明户型更使应用本发明技术方案建成的住宅绿色、环保、低碳、节能、宜居效果最佳
2	一种太阳能光伏发电景观灯	天津市润泓达管件制造有限公司	CN201220714870.1	本实用新型涉及一种太阳能光伏发电景观灯,包括光伏板、照明灯、蓄电池及控制电路,其特征在于:还包括主支架、异型照明灯安装框架及水平支撑座,在主支架的顶部固装异型照明灯安装框架,该异型照明灯安装框架的内部固装一水平支撑座,在异型照明灯安装框架上布置有一组光伏板,在异型照明等框架上间隔布置有照明灯,在水平支撑座上固装蓄电池及控制电路。本实用新型的太阳能光伏发电景观灯结构设计科学合理,白天可吸收太阳能,储存与蓄电池,晚上通过控制电路供照明灯开启,在夜晚释放出优美的灯光,克服了传统太阳能照明灯结构单一,不美观的缺点,具有强烈的视觉冲击性,是一种具有较强新颖性的太阳能光伏发电景观灯

续表

序号	标题	申请人	申请号	摘要
3	一种适于屋顶背阳坡的太阳能电池板安装结构	中兴能源光能技术有限公司	CN201320284298.4	本实用新型涉及一种适于屋顶背阳坡的太阳能电池板安装结构，包括若干块太阳能电池板，所述太阳能电池板呈矩形阵列排布，每排太阳能电池板固定在两个横向平行放置的支架上，每排太阳能电池板靠近屋顶向阳坡与背阳坡交界线的一端底面安装的支架为第一支架，远离屋顶向阳坡与背阳坡交界线的一端底面安装的支架为第二支架，所述第二支架的高度高于第一支架的高度，所述第一支架和第二支架通过夹具固定于屋顶的瓦楞上；所述沿屋顶斜坡方向的各排太阳能电池板间连接有挡风板；通过调整太阳能电池板与屋顶背阳坡之间的相对角度，增大太阳能电池板接收阳光的面积，进而增大太阳能电池板的发电效率，挡风板的设计，增加整个屋顶光伏电站的抗风能力
4	光热一体化太阳能电池模组	天津三安光电有限公司	CN201320308417.5	本实用新型公开了一种高倍聚光光伏光热一体化太阳能电池模组，其包括：高效多结半导体化合物太阳能电池；背面带有热交换装置的接收器；聚光光学系统；液体循环系统。本实用新型可以在聚光多结太阳能电池发电同时，将高倍聚光产生的热能通过水循环系统进行散热收集，既保证了光伏芯片的稳定性、延长了芯片寿命，又能将热能充分利用，提高了太阳能的利用率
5	一种风光一体机	鸥瑞智诺能源科技（天津）有限公司	CN201520094494.4	本实用新型公开了一种风光一体机，包括：螺旋式风光采集装置、显示屏、输出插座、风力发电机、主控制器、蓄电池组、DC/AC转换器和梯形圆柱光伏基座箱；主控制器分别与螺旋式风光采集装置、显示屏、梯形圆柱光伏基座箱和蓄电池组相连；蓄电池组与输出插座和 DC/AC 转换器相连；风力发电机与螺旋式风光采集装置相连；DC/AC 转换器与输出插座相连。本实用新型采用螺旋式风光采集装置带动风力发电机转动，螺旋式风光采集装置降低了风力发电对风力的要求，且无风向要求；螺旋式风光采集装置的太阳能光伏板都可以均匀地采集太阳光能量实现光能转化为电能，该技术设计上不仅美观，而且在发电上更加稳定、安全和有效
6	双电源供电模式的 48 V 直流 PoE 照明供电系统	互联智控科技（天津）有限公司	CN201520770960.6	本实用新型公开了一种双电源供电模式的 48 V 直流 PoE 照明供电系统，包括：用于将太阳能转换为电能的太阳能电池组件；蓄电池组；市电互补控制器；市电互补控制器包括：一个与太阳能电池组件输出端子电连接的太阳能电源输入端子、一个与 AC 转 DC 开关电源电连接的市电电源输入端子、一个与 DC-DC 升压模块电连接的输出端子、一个与蓄电池组电连接的输电端子；DC-DC 升压模块；DC-DC 升压模块的输出电压为 48 V 直流；DC-DC 升压模块与 POE 控制器电连接；AC 转 DC 开关电源；AC 转 DC 开关电源的输入端与市电连接。本实用新型将市电与光伏进行结合，输出一个稳定的 48 V 直流电源，进而给 PoE 照明系统提供稳定的直流电源

续表

序号	标题	申请人	申请号	摘要
7	一种太阳能光伏组件监测报警系统	天津天传新能源电气有限公司；天津电气科学研究院有限公司	CN201520839252.3	本实用新型涉及一种太阳能光伏组件监测报警系统，包括光伏组件、组件监控单元、信号接收电路以及主站点，每个光伏组件内均集成有一组件监控单元，组件监控单元为信号的采集发射电路；多个光伏组件依次串联，并通过直流电力线连接有信号接收电路；信号接收电路通过通讯线缆连接主站点。系统的使用可以在组件温度电压异常时自动发出报警，电站维护人员通过监控后台即可及时地准确定位汇流箱报警支路，再排查该支路的异常组件，节约时间，提升工作效率
8	一种能高效利用太阳能的太阳能跟踪系统	天津滨海光热跟踪技术有限公司	CN201520989741.7	本实用新型公开了一种能高效利用太阳能的太阳能跟踪系统，包括主承接箱、蓄电池、水平驱动箱、垂直驱动箱、光伏传感器和太阳能电池板，所述主承接箱的顶部安装有水平驱动箱，所述水平驱动箱的顶部还安装有垂直驱动箱，本实用新型能高效利用太阳能的太阳能跟踪系统，为双向驱动式跟踪系统，通过安装的水平驱动箱和垂直驱动箱，能够有效的对太阳能电池板进行全方位的转向调节，使太阳能跟踪更加精确，同时根据安装的光伏传感器能够持续的对太阳光线进行监测，并通过电源控制器和驱动电路对其相应的驱动电机进行控制，并实现持续性太阳方位跟踪，使得太阳能电池板能够与太阳光线一直处于垂直状态，极大地提高了太阳能的利用率
9	一种主动式太阳能方位追踪装置	天津滨海光热跟踪技术有限公司	CN201520997536.5	本实用新型公开了一种主动式太阳能方位追踪装置，包括承接箱、蓄电池、驱动控制器、太阳能支撑柱、承接卡盘和太阳能电池板，所述承接箱的内腔分别安装有蓄电池和驱动控制器，本实用新型主动式太阳能方位追踪装置，该设备由于挡光条与太阳能电池板之间为垂直安装结构，当光线与太阳能电池板之间出现偏差时，使得每一块区域的太阳能电池板的光伏效率出现差异，光电传感器有效地捕捉其太阳能电池板之间的光伏差异，并将之通过数据连线传送到数据分析处理器中，通过安装的驱动控制器，有效地对驱动杆进行控制，使得太阳能电池板持续地对太阳方位进行追踪，使其对太阳能的利用率达到最高
10	民用无人机智能充电杆	天津天瑞达自动化设备有限公司	CN201521138677.8	本实用新型提供了一种民用无人机智能充电杆，包括支撑杆，所述支撑杆顶部设有无线自适应充电板，所述无线自适应充电板连接有无线充电装置，所述无线自适应充电板下方的所述支撑杆上设有太阳能光伏板，所述太阳能光伏板下方的所述支撑杆内设有蓄电池，所述蓄电池为所述无线充电装置供电，所述太阳能光伏板为所述蓄电池供电，所述支撑杆上设有无线网络装置和 GPS 定位装置，所述无线网络装置和所述 GPS 定位装置均与无人机的中央控制室通信。无人机通过多个智能充电杆的无线网络装置和 GPS 定位装置组成的自主巡航网络系统，进行自主巡航，自主充电，传输数据；解决了无人机远距离工作中的充电问题，进而提高续航能力

续表

序号	标题	申请人	申请号	摘要
11	一种根据电网电压调整光伏并网逆变器输入功率的控制方法	天津科林电气有限公司	CN201610496060.6	本发明提供了一种根据电网电压调整光伏并网逆变器输入功率的控制方法，包括第一控制状态和第二控制状态：第一控制状态是 MPPT 状态控制，太阳能电池板组件的最大功率点对应的电压 U_{max} 附近，输出功率在最大输出功率点 P_{max} 附近，实时的把 MPPT 控制器部分获得的能量逆变推送到电网中去；第二控制状态是限功率状态控制，使逆变器工作点偏离最大输出功率点 P_{max}，逆变器输出电流在线路阻抗上的压降就会减小。有益效果是解决配电网比较弱的情况下分布式光伏发电接入的电压超限问题，减少因电网电压过高造成的停机弃光，保证用户收益，同时能够预估线路阻抗，根据线路阻抗，逆变器可以在当地或者通过远程监控，控制用户负载从而基本实现不弃光
12	风光互补离网电源系统及采用该电源系统的渔业增氧系统	天津红鹰能源工程有限公司	CN201621460597.9	本实用新型提供了一种风光互补离网电源系统和一种采用该电源系统的渔业增氧系统，电源系统包括光伏方阵、蓄电单元、风力发电机和中央控制单元，光伏系统和风电系统的输出均至少分为两路，一路分别通过光伏充电控制电路和风电充电控制电路连接蓄电池组，增氧系统采用本实用新型的风光互补离网电源系统作为其增氧设备的电源系统。本实用新型可以将风力发电和太阳能发电结合起来，形成风能和光能互补的能源系统，以弥补风电和光电单独发电电量不足的缺陷
13	一种可调节太阳能停车棚	天津环宇阳光新能源科技有限公司	CN201621471832.2	本实用新型提供了一种可调节太阳能停车棚，包括棚体结构和太阳能电池板、调节设备，所述太阳能电池板和调节设备都安装在棚体结构上方，所述调节设备包括电机和控制器、拉伸杆、驱动杆，所述电机连接控制器，所述拉伸杆安装在电机的驱动装置上，拉伸杆通过电机的驱动装置进行拉伸，所述拉伸杆与驱动杆之间采用轴连接，所述驱动杆上安装驱动臂，所述扭矩杆穿接在短桩上，一根扭矩杆需要穿过多根短桩，所述太阳能电池板固定安装在扭矩杆上方。本实用新型所述的可调节太阳能停车棚可以调节太阳能电池板的角度，更加有效地利用太阳能资源，使得该车棚在实现停车的同时，还可进行光伏发电，体现节能减排的新能源理念
14	一种智能风光互补路灯	天津工大海宇半导体照明有限公司	CN201720062412.7	本实用新型公开一种智能风光互补路灯，包括垂直轴风机、曲面光伏组件装置、直流 LED 路灯、控制箱、二次光伏能量反射装置、蓄电池组。曲面太阳能组件中心的面垂线正对最佳方位角方向，倾角可以按照灯杆设定的光伏支架角度，达到最佳倾角。光伏组件为柔性 CIGS 组件，水平方向曲面结构，曲率为太阳日间方位角变化的对称凹面优化固定曲率。光伏组件斜上方设置一个可以被控制的可调节方向的凸面光反射板。二次光伏能量反射装置通过可控云台装置远程或程序进行反光板方向角度的调整。风光互补充放电控制器提供风机及光伏充电控制功能，直流电力提供功能，以及光伏电学数据读取功能。该高效光伏结构的智能风光互补路灯的应用可以显著提高太阳能利用率，实现灯具及光伏效率调整的远程控制

续表

序号	标题	申请人	申请号	摘要
15	一种自动追踪光照角度的太阳能光伏支架	天津创盛新能源科技有限公司	CN201711375961.0	本发明公开了一种自动追踪光照角度的太阳能光伏支架，包括安装架、固定杆、第一光敏感应器、固定部、液压缸、转板、电动机、第一伸缩杆、气泵、第二光敏感应器、支撑杆、固定块、第二伸缩杆、气缸、环形导轨和底座，利用液压缸控制安装架的倾斜角度，利用第一光敏感应器和第二光敏感应器检测光照角度，从而控制电动机转动，从而控制太阳能光伏面板时刻朝着光照方向，利用第一伸缩杆、第二伸缩杆和环形导轨使安装架移动稳定，本发明能追踪光照自动调节安装架位置，降低工作强度，提高太阳能光伏面板的利用率，提高其工作效果，且移动稳定，在冬天能自动清除太阳能光伏电板上的积雪，保证太阳能光伏电板正常使用
16	一种可同时利用太阳能和风能的光伏支架	天津创盛新能源科技有限公司	CN201721781395.9	本实用新型公开了一种可同时利用风能和太阳能的光伏支架，包括支架底座、立柱、转轴、轴承、光伏发电板安装框、风力发电机、发电机转动轴、风动叶片、第一伞齿轮、第二伞齿轮、传动轴、电动机、输电线和叶片安装座，所述支架底座的两侧均设有立柱，在两侧的立柱上安装有转轴，在转轴上安装有光伏发电板安装框，且在转轴与立柱的连接处设有轴承，在立柱的顶端均安装有风力发电机，在风力发电机上安装有发电机转动轴，在发电机转动轴上固定有风动叶片。本实用新型在光伏支架的基础上加装有风力发电机，在光伏发电板利用太阳能发电的同时，光伏支架上加装的风力发电机还能利用风力发电
17	一种改进型防水防腐蚀开关柜	天津市云来机电设备发展有限公司	CN201820730459.0	本实用新型公开了一种改进型防水防腐蚀开关柜，包括壳体、内壳、防腐蚀层和底座，所述壳体的顶部安装有遮雨板，遮雨板的顶部安装有太阳能电池板，遮雨板顶部中间位置处安装蓄电池，太阳能电池板通过光伏控制器与蓄电池电连接，所述壳体下方设有底座，底座的顶部设有第一凹槽，第一凹槽内部的四个角位置处皆安装电动伸缩杆，电动伸缩杆通过导线与蓄电池电连接，四个电动电动伸缩杆的输出端与壳体底部固定连接。本实用新型通过在壳体一侧设置第二凹槽，第二凹槽内部的一侧铰接门体，门体一侧的两端皆铰接第一弧形防水罩，门体一侧的另外两端皆铰接与第一弧形防水罩相互匹配的第二防水罩，防止雨水从门缝中进入开关柜内部
18	可调节角度的斜单轴光伏支架	天津东景元坤船舶工程有限公司	CN201821688865.1	本实用新型公开了可调节角度的斜单轴光伏支架，包括支撑板、支撑杆和底板，所述底板顶部的中间位置处焊接固定有立柱，立柱的顶部通过旋转轴承座活动支撑有活动罩，且立柱外侧的中间位置处环形设有开槽，开槽的内部均匀安装有齿条，所述活动罩顶部通过螺栓安装有立板，立板与电池箱之间的活动罩顶部通过螺栓安装有驱动电机，所述立板靠近驱动电机一侧的顶部通过螺栓固定有第一连接件，第一连接件上通过销轴铰接有支撑板，且支撑板远离第一连接件一端的中间位置处通过螺栓安装有调节电机。本实用新型通过调节电机带动丝杆转动，使得活动块在丝杆上运动，从而实现支撑板的角度调节，随着阳光角度的变化而变化，提高了发电量

续表

序号	标题	申请人	申请号	摘要
19	一种水上光伏发电用支撑结构	成峰科技(天津)有限公司	CN201921326801.1	本实用新型公开了一种水上光伏发电用支撑结构,包括限位组件、伸缩组件和主浮筒,所述主浮筒的两侧皆固定安装有漂浮组件,所述主浮筒的顶部活动设置有壳体,所述壳体的内部固定安装有太阳能蓄电池,所述壳体的顶部固定安装有支撑板,所述支撑板顶部的两侧皆固定安装有伸缩组件,所述伸缩组件的顶部活动安装有限位组件。本实用新型通过设置有一系列的结构使本装置在使用的过程中利用固定槽对伸缩组件进行支撑,接着旋转螺纹杆,利用螺纹杆在内螺纹套的内部进行移动,从而带动限位槽对光伏发电设备进行限位,接着旋拧调节栓,调节伸缩杆的高度,接着拧紧调节栓进行固定,方便工作人员对不同尺寸的光伏发电设备进行安装

(2)太阳能光伏产品

滨海新区在太阳能光伏产品的专利申请主要涉及照明灯、光伏支架等领域的应用,相关重点专利见表 5-12。

表 5-12　滨海新区太阳能光伏产品重点专利情况

序号	标题	摘要	申请人	申请号
1	一种太阳能光伏发电景观灯	本实用新型涉及一种太阳能光伏发电景观灯,包括光伏板、照明灯、蓄电池及控制电路,其特征在于:还包括主支架、异型照明灯安装框架及水平支撑座,在主支架的顶部固装异型照明灯安装框架,该异型照明灯安装框架的内部固装一水平支撑座,在异型照明灯安装框架上布置有一组光伏板,在异型照明等框架上间隔布置有照明灯,在水平支撑座上固装蓄电池及控制电路。本实用新型的太阳能光伏发电景观灯结构设计科学合理,白天可吸收太阳能,储存于蓄电池,晚上通过控制电路供照明灯开启,在夜晚释放出优美的灯光,克服了传统太阳能照明灯结构单一,不美观的缺点,具有强烈的视觉冲击性,是一种具有较强新颖性的太阳能光伏发电景观灯	天津市润泓达管件制造有限公司	CN201220714870.1
2	钢制冰区长效灯浮标	本实用新型涉及一种钢制冰区长效灯浮标,包括标体主体,所述标体主体为一体制成,标体主体上下两端呈圆滑锥面的双锥体结构,标体主体的内部间隔平行安装有四个水密隔板,将标体分为上下五个水密隔舱,沿标体垂直方向布置,在锥体中部同轴密封固装一中空圆柱形电池舱,电池舱向上密封贯穿五个水密隔舱,电池舱上端部与顶部水密隔舱连通。本申请提供的钢制冰区长效灯浮标采用光伏电池作为主能源,供电系统由太阳能电池、大容量锂离子电池和应急保护电池组成,主能源位于标体内水线以下位置,避免低温导致锂电池容量下降问题,并降低其受损几率	交通运输部北海航海保障中心天津航标处	CN201620166922.4

续表

序号	标题	摘要	申请人	申请号
3	一种弧形钢结构光伏车棚	本实用新型提供了一种弧形钢结构光伏车棚,包括镜像设置的两组第一钢结构支架和置于两组所述第一钢结构支架之间的第二钢结构支架,所述第一钢结构支架包括第一弧形柱桩和第二弧形柱桩,所述第一弧形柱桩和所述第二弧形柱桩通过主钢梁转动连接,所述第二钢结构支架包括第三弧形柱桩,所述第三弧形柱桩上铰接所述主钢梁,所述主钢梁通过第一钢系杆固定连接,多个所述主钢梁上设有多条均匀分布的檩条,所述檩条形成的上平面固定有光伏板。本实用新型所述的一种弧形钢结构光伏车棚,通过弧形钢结构的设计,能够快速方便地进行倾角的调节,不仅外形美观而且能够较充分地利用太阳光,最大限度地进行光电转化,提高利用率	天津环宇阳光新能源科技有限公司	CN201621471866.1
4	一种可调节太阳能停车棚	本实用新型提供了一种可调节太阳能停车棚,包括棚体结构和太阳能电池板、调节设备,所述太阳能电池板和调节设备都安装在棚体结构上方,所述调节设备包括电机和控制器、拉伸杆、驱动杆,所述电机连接控制器,所述拉伸杆安装在电机的驱动装置上,拉伸杆通过电机的驱动装置进行拉伸,所述拉伸杆与驱动杆之间采用轴连接,所述驱动杆上安装驱动臂,所述扭矩杆穿接在短桩上,一根扭矩杆需要穿过多根短桩,所述太阳能电池板固定安装在扭矩杆上方。本实用新型所述的可调节太阳能停车棚可以调节太阳能电池板的角度,更加有效的利用太阳能资源,使得该车棚在实现停车的同时,还可进行光伏发电,体现节能减排的新能源理念	天津环宇阳光新能源科技有限公司	CN201621471832.2
5	一种智能风光互补路灯	本实用新型公开一种智能风光互补路灯,包括垂直轴风机,曲面光伏组件装置,直流 LED 路灯,控制箱,二次光伏能量反射装置,蓄电池组。曲面太阳能组件中心的面垂线正对最佳方位角方向,倾角可以按照灯杆设定的光伏支架角度,达到最佳倾角。光伏组件为柔性 CIGS 组件,水平方向曲面结构,曲率为太阳日间方位角变化的对称凹面优化固定曲率。光伏组件斜上方设置一个可以被控制的可调节方向的凸面光反射板。二次光伏能量反射装置通过可控云台装置远程或程序进行反光板方向角度的调整。风光互补充放电控制器提供风机及光伏充电控制功能,直流电力提供功能,以及光伏电学数据读取功能。该高效光伏结构的智能风光互补路灯的应用可以显著提高太阳能利用率,实现灯具及光伏效率调整的远程控制	天津工大海宇半导体照明有限公司	CN201720062412.7

续表

序号	标题	摘要	申请人	申请号
6	一种海洋工程用环境监测浮标	本实用新型公开了一种海洋工程用环境监测浮标，包括浮体，所述浮体的顶部和底部分别配合固定设置有上固定板和下固定板，浮体的侧面设置有网状护板，上固定板的顶部中间竖直设有灯杆，灯杆的上部设有导航定位装置，灯杆的上端设有航标灯，灯杆的外侧还设有太阳能光伏板，太阳能光伏板的内侧于上固定板顶部还分别设有无线传输模块和数据存储箱，下固定板底部外圈设有多个支撑管，支撑管的另一端连接固定于吊环上，下固定板的底部中间还设有数据采集部件。本实用新型稳定性高，抗冲击性能好，节能环保，可对海水水质进行连续跟踪监测，监测的效率和及时效性更高	天津德瑞安海洋工程有限公司	CN201720294427.6
7	一种太阳能蓄能转换器	本实用新型公开了一种太阳能蓄能转换器，包括其顶部设有开口的安装箱，安装箱靠近开口的内壁焊接有轨道，轨道的内部沿其轴线方向开设有滑槽，滑槽的内部滑动安装有两组滑块，两组滑块伸出滑槽的一端焊接有支撑板，支撑板的顶部安装有两组推杆电机，推杆电机的输出轴连接有热水器主体，热水器主体远离推杆电机的一侧安装有与支撑板连接的两组支撑块，两组支撑块的内部套接有转轴，且转轴与热水器主体连接，支撑板的顶部表面安装有两组光伏板，且两组光伏板位于热水器主体的两侧。本实用新型结构简单，功能完备，可以使装置随着太阳的移动而转动，从而保证装置始终正对太阳光照，提高装置的工作效率，适合进行市场推广	天津光之源太阳能科技有限公司	CN201721099332.5
8	一种分布式燃气互补太阳能利用的冷热电联供系统	本发明涉及一种分布式燃气互补太阳能利用的冷热电联供系统，包含分布式燃气系统、太阳能光伏光热系统、户用太阳能热水系统、溴化锂吸收式制冷系统，所述太阳能光伏光热系统及户用太阳能热水系统连接蓄热水箱的进水，蓄热水箱连接换热器的冷水进口，换热器的热水出口连接溴化锂制冷机，换热器的热气进口连接所述的分布式燃气系统中余热锅炉的烟气排出管路。太阳能光伏光热系统中的光热系统和户用太阳能热水系统产生的热水流入储存于蓄热水箱中，热水流入换热器经分布式燃气余热锅炉的排烟烟气的加热，达到溴化锂制冷机的热源温度，实现制冷。该系统充分利用了系统产生的热量，系统产生的电量可以自用也可以并网，真正实现清洁能源高效梯级利用，具有很强的利用前景	国网（天津）综合能源服务有限公司；国网天津市电力公司；国网天津市电力公司电力科学研究院；天津大学；国网宁夏电力有限公司；国家电网有限公司	CN202011044784.X

5.3.5　专利运营实力定位分析

专利运营主要包括专利许可、转让、质押等方面，下面我们对滨海新区的专利运营情况进行分析，并与全国其他省份的专利运营情况进行对比，进而对滨海新区的专利运营实力进行定位。

通过专利运营分析可以看到,滨海新区光伏发电产业专利申请没有转让、许可、质押等专利运营活动,明显低于中国、天津市总体水平,专利运营不够活跃。从中国整体情况来看,专利转让最为活跃,其次是质押和许可。天津市光伏发电产业专利运营活跃度明显低于全国总体水平;滨海新区光伏发电领域专利申请共有 23 件专利的转让, 7 件专利质押,没有专利许可的情况,天津市在光伏发电领域共有 32 件专利的转让, 18 件专利质押,同样没有专利许可的情况,这说明天津市的专利运营主要依托于滨海新区。同时,由于天津市和滨海新区的专利申请量低于其他省份,因此专利运营情况也低于全国的整体水平,在全国的专利运营中,专利转让最为活跃,其次分别为质押和许可。

因此,建议政府充分发挥推动和引导作用,建立有利于科研成果产业化的转化体系,如建立产学研自主创新战略联盟,支持企业与高校、科研院所共同建设企业技术中心,健全科技成果的共享制度等。三者不断加强互动合作、整合优势资源,共同构建起中国产、学、研相结合的创新体系,初步形成滨海新区创新合作网络的基本形态。

5.4 滨海新区第二代薄膜太阳能电池产业发展定位分析

5.4.1 产业结构定位分析

薄膜太阳能电池指以碲化镉、砷化镓、铜铟镓硒等为原材料制成的太阳能电池。薄膜太阳能电池具有光电转换效率高、光子循环快、生产成本低等优势。太阳能作为可再生能源,对环境危害极小,且资源分布广泛,被应用于发电行业。中国薄膜太阳能电池产业在近年来快速发展,成为全球最大的薄膜太阳能电池生产国。在生产规模方面,中国薄膜太阳能电池生产企业数量众多,生产规模不断扩大。据统计,中国薄膜太阳能电池产能占全球 60%以上,其中大部分为硅薄膜太阳能电池,包括单晶硅、多晶硅和非晶硅等。在技术水平方面,中国薄膜太阳能电池企业的技术水平不断提高,已经具备较强的研发实力和生产能力,目前部分企业已经实现石墨烯、钙钛矿等新材料在薄膜太阳能电池中的应用。在市场份额方面,中国薄膜太阳能电池产业已经在国际市场占据一定的份额,同时在国内市场也有广泛的应用,尤其在一些规模较小的光伏项目中,薄膜太阳能电池的市场份额不断提高。在发展趋势方面,随着全球对可再生能源的需求不断增长,薄膜太阳能电池产业将会继续保持快速发展。未来，随着技术的不断创新和成本的不断降低，薄膜太阳能电池将会在光伏产业中扮演越来越重要的角色。

2021 年，我国太阳能电池产量达 23 405.4 万 kW，同比增长 48.8%。在太阳能电池行业快速发展的带动下，我国薄膜太阳能电池获得了广阔的市场空间。按照原材料不同，薄膜太阳能电池可分为碲化镉（CdTe）薄膜电池、硅基薄膜电池、砷化镓（GaAs）薄膜电池、染料敏化薄膜电池以及铜铟镓硒（CIGS）薄膜电池五类。目前，碲化镉薄膜电池以及铜铟镓硒薄膜电池为薄膜太阳能电池市场主流产品，其中碲化镉薄膜电池占据全球市场近 96.0%的份额。作为最早被广泛应用的薄膜太阳能电池之一，碲化镉薄膜电池具有生产成本低、制造工艺简单、对环境污染小等优势，主要应用于光伏发电站。目前，全球较知名的薄膜太阳能电池企业主要集中于美国、日本和德国，包括美国 First Solar 和陶氏化学、日本夏普公司以及德国 Antect Solar Energy 等。美国 First Solar 为全球最大薄膜太阳能电池制造企业，在其产量拉动下，2021 年全球薄膜太阳能电池产能获得快速增长。据中国光伏行业协会统计数据显示，2021 年全球薄膜太阳能电池产能达 1 070.0 万 kW，同比增长 27.7%。

5.4.2　企业创新实力定位分析

对于企业创新能力主要从两个方面进行分析：一是天津市滨海新区第二代薄膜太阳能电池领域申请人在全球、中国、天津市专利申请量排名情况；二是天津市滨海新区申请人与全球、中国主要技术拥有者在第二代薄膜太阳能电池领域专利申请量的对比。截至 2022 年 12 月，滨海新区在第二代薄膜太阳能电池领域的专利申请人情况相当出色，共有 19 位专利申请人，见表 5-13。这些申请人涵盖不同的机构和企业，但其中最为突出的无疑是中国电子科技集团公司第十八研究所。该机构在第二代薄膜太阳能电池领域的专利申请量达到了惊人的 80 件，可以说在该领域中独领风骚，领先于其他所有企业。此外，还有两家企业的专利申请量超过了 10 件，分别是天津恒电空间电源有限公司和天津爱旭太阳能科技有限公司。这两家企业虽然与第一名有一定的差距，但也表现出了不俗的实力和稳定的研发能力。这些数据不仅展示了滨海新区在第二代薄膜太阳能电池领域的活跃度和创新能力，也凸显了中国在该领域的研发实力和发展势头。

表 5-13　第二代薄膜太阳能电池领域滨海新区主要申请人

排名	申请人	专利申请量（件）
1	中国电子科技集团公司第十八研究所	80
2	天津恒电空间电源有限公司	24

续表

排名	申请人	专利申请量(件)
3	天津爱旭太阳能科技有限公司	15
4	天津三安光电有限公司	9
5	天津英利新能源有限公司	7
6	中电科能源有限公司	3
7	中电科蓝天科技股份有限公司	3
8	天津奇庶广告有限公司	2
9	天津市林帆新能源科技有限公司	2
10	天津榛发科技有限责任公司	2
11	天津凌威光伏科技有限公司	1
12	天津力神特种电源科技股份公司	1
13	天津力神电池股份有限公司	1
14	天津包钢稀土研究院有限责任公司	1
15	天津宝兴威科技股份有限公司	1
16	天津环欧国际新能源科技有限公司	1
17	天津瑞能电气有限公司	1
18	天津绿扬科技有限公司	1
19	天津蓝天太阳科技有限公司	1

表 5-14 和图 5-7 展示了全球、中国、天津市以及滨海新区在第二代薄膜太阳能电池领域的主要技术拥有者的专利申请量情况。通过观察此表,我们可以清晰地看出,每个地区的专利申请趋势和主要技术拥有者的实力。从全球范围来看,第二代薄膜太阳能电池领域的专利申请量稳步上升,表明该领域的技术竞争日趋激烈。然而,滨海新区在该领域的专利申请量相较于全球和全国水平均显得略有不足。具体来说,滨海新区的专利申请人数量较少,且专利申请量也相对较少,这显示出该地区在第二代薄膜太阳能电池领域的研发实力还有待提升。然而,尽管滨海新区在第二代薄膜太阳能电池领域的总体表现并不突出,但在中国排名前 10 的申请人和天津排名前 10 的申请人中,我们发现了一些来自滨海新区的企业,如中国电子科技集团公司第十八研究所等,这些企业在全市甚至全国范围内都处于技术领先地位。这表明滨海新区的一些企业在该领域有着不俗的实力和独特的技术见解。综上所述,滨海新区在第二代薄膜太阳能电池领域的专利申请量总体上相较于全球和全国主要申请人有所欠缺,但其中一些企业如中国电子科技集团公司第十八研究所在该领域具有突

出的技术实力，在全市甚至全国都处于领先地位。

表 5-14　第二代薄膜太阳能电池领域国内外主要技术拥有者专利申请量

全球		中国	
申请人	专利申请量（件）	申请人	专利申请量（件）
夏普株式会社	636	中国电子科技集团公司第十八研究所	213
富士胶片株式会社	776	中国科学院苏州纳米技术与纳米仿生研究所	157
乐金电子公司	483	南开大学	154
富士电机有限公司	364	电子科技大学	150
积水化学工业株式会社	354	北京铂阳顶荣光伏科技有限公司	147
三菱电机株式会社	350	常州天合光能有限公司	138
大日本印刷株式会社	348	吉富新能源科技（上海）有限公司	125
松下电器公司	314	华中科技大学	120
乐金化学有限公司	300	华南理工大学	119
钟化公司	260	浙江大学	103
天津		滨海新区	
申请人	专利申请量（件）	申请人	专利申请量（件）
中国电子科技集团公司第十八研究所	204	中国电子科技集团公司第十八研究所	80
南开大学	152	天津恒电空间电源有限公司	24
天津理工大学	56	天津爱旭太阳能科技有限公司	15
天津恒电空间电源有限公司	35	天津三安光电有限公司	9
河北工业大学	29	天津英利新能源有限公司	7
天津蓝天太阳科技有限公司	25	中电科能源有限公司	3
天津三安光电有限公司	20	中电科蓝天科技股份有限公司	3
天津大学	16	天津奇庶广告有限公司	2
天津爱旭太阳能科技有限公司	15	天津市林帆新能源科技有限公司	2
天津师范大学	14	天津榛发科技有限责任公司	2

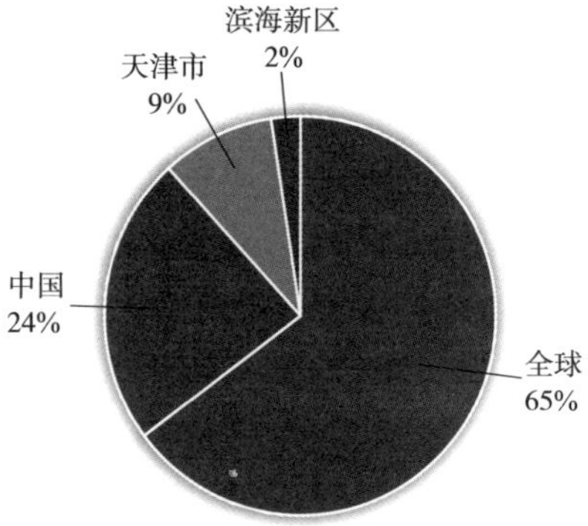

图 5-7 第二代薄膜太阳能电池领域主要技术拥有者专利申请量占比情况

5.4.3 创新人才储备定位分析

专利发明人是技术创新人员的直观体现，通常是推动一个领域发展的核心力量。在滨海新区第二代薄膜太阳能电池领域，专利发明人数量是衡量该地区技术创新人才储备的重要指标之一。通过检索，我们发现该领域共有 119 位发明人，这一数字反映了该地区在第二代薄膜太阳能电池领域的研发实力和人才储备。表 5-15 展示了滨海新区该领域排名前十五的发明人的情况，其中专利申请量在 20 件及以上的发明人有两位，分别是肖志斌（20 件）和铁剑锐（20 件），这两人无疑是该领域的顶尖技术创新人才。另外，杜永超（18 件）也是一位重要的发明人，他的专利申请量仅次于前两位。除此之外，还有四位发明人的专利申请量为 15 件，他们分别是孙强、张恒、李晓东和高鹏。这些发明人在该领域也具有较高的技术实力和创新能力，是滨海新区第二代薄膜太阳能电池领域技术创新人才储备的重要组成部分。

表 5-15 滨海新区薄膜太阳能电池领域主要发明人

发明（设计）人	专利申请量（件）
肖志斌	20
铁剑锐	20
杜永超	18
孙强	15
张恒	15
李晓东	15
高鹏	15
刘如彬	14

续表

发明(设计)人	专利申请量(件)
张启明	14
梁存宝	14
王鑫	14
孙希鹏	13
许军	12
张超	11
薛超	11

表 5-16 和图 5-8 展示了滨海新区与天津、全国、上海、苏州、北京在薄膜太阳能电池领域的专利数量对比情况。通过观察,我们可以发现滨海新区在主要发明人的专利数量上与苏州、上海、北京等国内主要城市存在一定差距。然而,值得注意的是,天津市在薄膜太阳能电池领域的表现较为突出,这一结论可由以下论据支持:滨海新区的薄膜太阳能电池领域发展迅速,虽然与国内主要城市在专利数量上存在差距,但这一地区的创新实力不容小觑;天津市在薄膜太阳能电池领域的研发实力较强,这与其在政策扶持、人才培养、资金投入等方面的努力密不可分。此外,天津市的薄膜太阳能电池技术在国内处于较为领先的地位,这一点可以从专利数量和质量上得到印证。通过对比分析,我们可以得出结论:虽然滨海新区在主要发明人的专利数量上与苏州、上海、北京等主要城市存在差距,但天津市在薄膜太阳能电池领域处于较为领先的地位。这一结论对于薄膜太阳能电池领域的研发机构、政策制定者和企业具有重要参考意义,有助于推动该领域的技术创新和产业升级。

表 5-18　薄膜太阳能电池领域发明人专利数量对比

滨海新区		天津		全国	
发明(设计)人	专利申请量(件)	发明(设计)人	专利申请量(件)	发明(设计)人	专利申请量(件)
肖志斌	20	赵颖	96	彭寿	200
铁剑锐	20	张晓丹	71	杨辉	128
杜永超	18	乔在祥	69	马立云	128
孙强	15	孙强	52	李毅	124
张恒	15	赵彦民	52	刘吉人	122
李晓东	15	刘如彬	49	赵颖	96
高鹏	15	高鹏	48	刘幼海	95

续表

滨海新区		天津		全国	
发明(设计)人	专利申请量(件)	发明(设计)人	专利申请量(件)	发明(设计)人	专利申请量(件)
刘如彬	14	耿新华	46	董建荣	94
张启明	14	张启明	41	潘锦功	89
梁存宝	14	侯国付	39	殷新建	86
上海		北京		苏州	
发明(设计)人	专利申请量(件)	发明(设计)人	专利申请量(件)	发明(设计)人	专利申请量(件)
刘吉人	122	赵志国	61	杨辉	128
刘幼海	95	秦校军	55	董建荣	94
彭寿	64	孟庆波	50	赵勇明	79
褚君浩	62	赵东明	50	李奎龙	75
张一熙	34	李冬梅	49	于淑珍	74
殷新建	34	罗艳红	48	孙玉润	74
陈瑛	32	肖平	41	赵春雨	63
刘正新	31	杨立红	38	曾徐路	51
刘雪莲	31	刘家梁	32	邢国强	45
孟凡英	27	张庆钊	32	王栩生	44

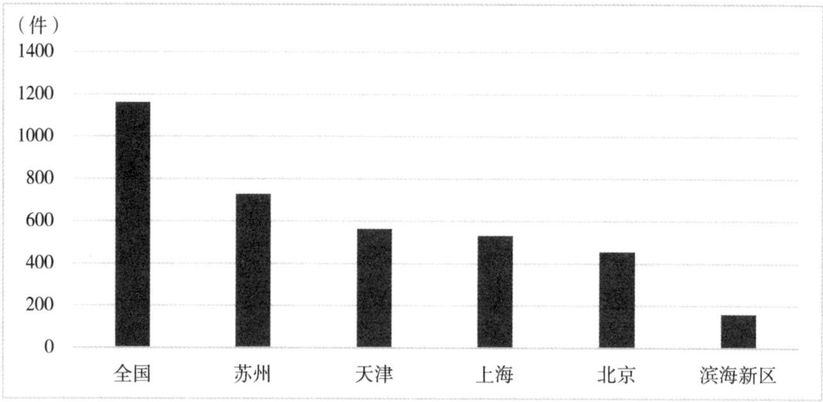

图 5-8 薄膜太阳能电池领域各地区排名前十发明人专利总量对比

5.4.4　重点专利分析

通过表 5-17 和图 5-9,我们可以清楚地了解滨海新区在第二代薄膜太阳能电池领域的专利申请主要聚焦在半导体器件、电池组加工技术、金属材料加工处理、光电转化以及纳米材料分析等诸多关键领域。这些专利申请不仅展示了该区域在相关领域的深入研究和创新实力,也揭示了其全面而精准的研发方向。经过进一步筛选和整理,我们得到表 5-18 列出的 30 项与滨海新区该领域相关的重点专利。这些专利涵盖了从基础研究到应用开发的各个层面,代表了该区域在该领域的领先技术和创新成果。特别值得一提的是,在这 30 项重点专利中,申请人的分布相对集中,主要集中在中国电子科技集团第十八研究所。这表明该研究所在这些关键技术上的研发投入和产出都很大,同时也意味着该机构在推动和引领该领域的发展上起着至关重要的作用。这些重点专利的取得,不仅为我们提供了对滨海新区在第二代薄膜太阳能电池领域的深入了解,也揭示了该领域未来的可能发展方向。

表 5-17　滨海新区第二代薄膜太阳能电池技术分类表

IPC 分类号(小类)	专利申请量(件)
H01L(半导体器件;其他类目中不包括的电固体器件(使用半导体器件的测量入 G01;一般电阻器入 H01C;磁体、电感器、变压器入 H01F;一般电容器入 H01G;电解型器件入 H01G9/00;电池组、蓄电池入 H01M;波导管、谐振器或波导型线路入 H01P;线路连接器、汇流器入 H01R;受激发射器件入 H01S;机电谐振器入 H03H;扬声器、送话器、留声机拾音器或类似的声机电传感器入 H04R;一般电光源入 H05B;印刷电路、混合电路、电设备的外壳或结构零部件、电气元件的组件的制造入 H05K;在具有特殊应用的电路中使用的半导体器件见应用相关的小类))	47 428
B32B(层状产品,即由扁平的或非扁平的薄层,例如泡沫状的、蜂窝状的薄层,构成的产品)	2 614
C23C(对金属材料的镀覆;用金属材料对材料的镀覆;表面扩散法,化学转化或置换法的金属材料表面处理;真空蒸发法、溅射法、离子注入法或化学气相沉积法的一般镀覆(挤压法制造包覆金属的产品入 B21C23/22;通过将预先存在的薄层连接到制品上的方法用金属进行镀覆处理的见各有关位置,例如 B21D39/00, B23K;玻璃的金属化入 C03C;砂浆、混凝土、人造石、陶瓷或天然石的金属化入 C04B41/00;金属的搪瓷或向金属镀覆玻璃体层入 C23D;用电解法或电泳法处理金属表面或镀覆金属入 C25D;单晶膜生长入 C30B;纺织品的金属化入 D06M11/83;用局部金属化法装饰纺织品入 D06Q1/04))	2 412
H01G(电容器;电解型的电容器、整流器、检波器、开关器件、光敏器件或热敏器件(电介质专用材料的选择入 H01B3/00;电位跃迁或表面阻挡层的电容器入 H01L29/00))	2 308
H01M(用于直接转变化学能为电能的方法或装置,例如电池组)	1 964
H02S(由红外线辐射、可见光或紫外光转换产生电能,如使用光伏(PV)模块(从放射性源获取电能入 G21H1/12;无机光敏半导体器件入 H01L31/00;热电器件入 H01L35/00, H01L37/00;有机光敏半导体器件入 H01L51/42))	1 950

续表

IPC 分类号(小类)	专利申请量(件)
C08L(高分子化合物的组合物(基于可聚合单体的组成成分入 C08F、C08G;人造丝或纤维入 D01F;织物处理的配方入 D06))	1 438
C08J(加工;配料的一般工艺过程;不包括在 C08B,C08C,C08F,C08G 或 C08H 小类中的后处理(塑料的加工,如成型入 B29))	1 066
C08K(使用无机物或非高分子有机物作为配料(涂料、油墨、清漆、染料、抛光剂、黏合剂入 C09))	1 060
H01B(电缆;导体;绝缘体;导电、绝缘或介电材料的选择(磁性材料的选择入 H01F1/00;波导管入 H01P)	1 027

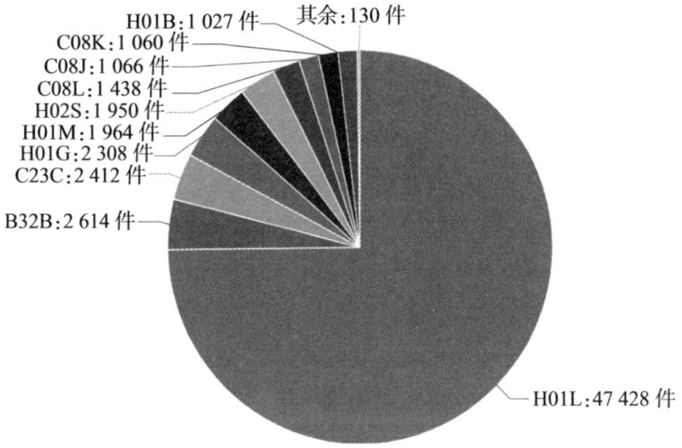

图 5-9　滨海新区第二代薄膜太阳能电池技术构成

表 5-18　滨海新区在第二代薄膜太阳能电池领域重点专利情况

序号	标题	摘要	申请人	公开(公告)号	IPC 主分类
1	一种曲面型太阳电池阵基板结构及其研制方法	本发明公开了一种曲面型太阳电池阵基板结构及其研制方法,属于航天器结构研制技术领域,其特征在于:包括有孔铝蜂窝;在所述有孔铝蜂窝的上表面和下表面设置有曲面构型的蒙皮;所述有孔铝蜂窝和蒙皮之间通过热破胶膜连接;所述有孔铝蜂窝的侧壁设置有粘接预埋件的发泡胶;在上侧蒙皮的上表面设置有聚酰亚胺薄膜。通过采用上述技术方案,本发明能够实现基板曲面成型、尺寸误差小、结构质量轻、力学性能好、材料成本低、耐高温等技术效果	中电科蓝天科技股份有限公司	CN116176049A	B32B1/00

续表

序号	标题	摘要	申请人	公开（公告）号	IPC 主分类
2	一种掩膜法蒸镀柔性砷化镓太阳电池减反射膜的方法	本发明公开了一种掩膜法蒸镀柔性砷化镓太阳电池减反射膜的方法，属于半导体制造技术领域，其特征在于包括：采用器件工艺，使得太阳电池达到待蒸镀减反射膜的状态；将掩膜材料与焊点连接；进行真空环境下的减反射膜蒸镀；从真空室内取出太阳电池；通过有机溶剂溶解或热解或光解解除掩膜材料与焊点的连接；若采用热解或者光解法解除掩膜材料与焊点的连接，掩膜材料继续用机器吸盘移除；获得焊点处无减反射膜的电池晶圆。通过采用上述技术方案，本发明能够缩减柔性砷化镓太阳电池工艺中的光刻次数，提高生产效率	中电科蓝天科技股份有限公司；天津恒电空间电源有限公司	CN116154036A	H01L31/18
3	砷化镓太阳电池多层外延结构测试样品制备方法	本发明公开了一种砷化镓太阳电池多层外延结构测试样品制备方法，通过两次保护和腐蚀，可以得到四个测试界面，不仅可以提高制备效率，还可将样品破损概率减小了 30%以上，一举多得，可以同时获得多个待测样品界面，满足各种测试需要。不仅可以目测四个外延层的生长质量，还可以测量除外延层的组分、离子掺杂浓度外，各相关层厚度及禁带宽度等技术参数	天津蓝天太阳科技有限公司	CN116130547A	H01L31/18
4	一种空间太阳电池用柔性封装薄膜及其制备方法	本发明公开了一种空间太阳电池用柔性封装薄膜及其制备方法，属于太阳电池技术领域，其特征是包括 ETFE 薄膜，在所述 ETFE 薄膜的上表面依次交替沉积如下结构的 SiO_2 膜层和 TiO_x 膜层：|0.12S，0.03T，0.14S，0.10T，0.08S，0.14T，0.09S，0.08T，0.27S|；其中 S 代表参考波长下 1/4 光学厚度的 SiO_2 膜层，S 前的系数代表在膜层厚度基础上的系数调整；T 代表参考波长下 1/4 光学厚度的 TiO_x 膜层，x 范围为 1.5~2，T 前的系数代表在膜层厚度基础上的系数调整。本发明在确保柔性砷化镓太阳电池的在轨效率的前提下，提升了柔性太阳电池阵的在轨工作寿命	中电科蓝天科技股份有限公司；天津恒电空间电源有限公司	CN116093183A	H01L31/048
5	一种空间三结砷化镓太阳电池用三层减反射膜及其制备方法	一种空间三结砷化镓太阳电池用三层减反射膜及其制备方法，所述三层减反射膜包括：钛的氧化物薄膜、二氧化铪薄膜和三氧化二铝薄膜，其中，所述钛的氧化物薄膜、二氧化铪薄膜和三氧化二铝薄膜从下至上依次堆叠设置于所述空间三结砷化镓太阳电池上。本发明提供的三层减反射膜与盖片胶的折射率相匹配，能够减少太阳电池组合成 CIC 组件后的反射损失；经过对样品进行实际测量，在 320~400 nm 波段内三层减反射膜太阳电池 CIC 组件的平均反射率可比双层减反射膜太阳电池 CIC 组件降低 3.80%，从而有效增加 CIC 组件的转换效率；Al_2O_3、HfO_2 和 Ti_2O_3 均为空间环境中常用的膜层材料，具有良好的空间环境耐受性	中国电子科技集团公司第十八研究所；天津恒电空间电源有限公司	CN112490297B	H01L31/0216

续表

序号	标题	摘要	申请人	公开（公告）号	IPC 主分类
6	一种空间太阳电池用激光防护玻璃盖片及其制备方法	一种空间太阳电池用激光防护玻璃盖片及其制备方法，所述激光防护玻璃盖片的膜层结构为G|0.52M，0.92H（MH）*n，0.88M，0.84H 0.48 L|A，其中，G 表示抗辐照玻璃盖片，M 表示 Al_2O_3 膜层，H 表示 HfO_2 膜层，L 表示 MgF_2 膜层，A 表示空气，n 为正整数。本申请提供的激光防护玻璃盖片在400~900 nm 范围内具有较高的透射率，能够满足三结砷化镓太阳电池顶结子电池和中间结子电池的电流输出；按照设计要求选择不同周期的膜层结构，可以实现对 1 064 nm 激光不同的反射效果；由于反射峰的半高宽小于 200 nm，使得三结砷化镓太阳电池的底结子电池电流衰减较小，不会明显降低电池的输出效率	中国电子科技集团公司第十八研究所；天津恒电空间电源有限公司	CN112408810B	C03C17/34
7	一种薄膜砷化镓太阳电池上电极及其制备方法	一种薄膜砷化镓太阳电池上电极及其制备方法，所述薄膜砷化镓太阳电池上电极包括底层金属栅极、介质层和顶层金属栅极，所述底层金属栅极、介质层和顶层金属栅极由内向外依次设置于外延片的外表面上，所述底层金属栅极和顶层金属栅极连接。本发明具有如下优点和积极效果：使用局部绝缘型上电极结构，可以有效避免电池局部受压时造成的短路现象，保证电池输出效率；使用氧化物介质层作为绝缘结构，具有耐高温、结合力好、绝缘性强等特点；采用光刻技术和真空蒸发技术制备上电极，具有工艺简单、技术成熟等特点	中国电子科技集团公司第十八研究所	CN112750915B	H01L31/0224
8	一种柔性太阳电池阵用基板结构及制备方法	本发明属于卫星用太阳电池阵技术领域，涉及一种柔性太阳电池阵用基板结构及制备方法，所述柔性太阳电池阵用基板结构包括聚酰亚胺薄膜和聚酰亚胺编织纤维，所述聚酰亚胺薄膜和聚酰亚胺编织纤维粘接在一起。本发明提供一种针对卷轴式柔性太阳翼，可以实现弯曲半径小于 80 mm 的柔性太阳电池阵用基板结构及制备方法	中电科能源有限公司	CN115091827A	B32B27/28
9	不锈钢衬底铜铟镓硒太阳电池用高附着力阻挡层制备方法	本发明公开了一种不锈钢衬底铜铟镓硒太阳电池用高附着力阻挡层制备方法，属于铜铟镓硒太阳电池技术领域，包括：将不锈钢衬底依次进行丙酮、酒精、纯水超声清洗，每次清洗时间为 15 分钟，将不锈钢衬底用氮气吹干待用；将不锈钢衬底进行高能等离子体刻蚀处理，刻蚀机工作压强为 400 Pa，功率为 0.4~0.8 kW，刻蚀时间为 20 分钟；将不锈钢衬底放入紫外辐照箱中，紫外光谱的波长范围为185~254 nm，功率为 150 W，时间为 40 分钟；采用磁控溅射法制备 0.5~1.5 μm 氮化铝或者氮化钛阻挡层，工作气压为 0.3 Pa，功率 0.6~1.0 kW，溅射时间 35~45 min	中国电子科技集团公司第十八研究所	CN111430485B	H01L31/032

续表

序号	标题	摘要	申请人	公开(公告)号	IPC 主分类
10	一种四结砷化镓太阳电池的标准子电池制备方法	本发明公开了一种四结砷化镓太阳电池的标准子电池制备方法,属于太阳电池技术领域,其特征在于包括:采用金属有机化学气相沉积技术正向生长四结砷化镓太阳电池,在锗衬底上依次生长 0.67 eV 的 Ge 电池、1.1 eV 的 InGaAs 电池、1.5 eV 的 AlGaAs 电池、1.95eV 的 AlGaInP 电池;以四结砷化镓太阳电池整体为基础,制备 0.67 eV 的 Ge 标准子电池;以四结砷化镓太阳电池整体为基础,制备 1.1eV 的 InGaAs 标准子电池;以四结砷化镓太阳电池整体为基础,制备 1.5 eV 的 AlGaAs 标准子电池;以四结砷化镓太阳电池整体为基础,制备 1.95eV 的 AlGaInP 标准子电池	中国电子科技集团公司第十八研究所	CN111430482B	H01L31/0304
11	一种临近空间飞行器用柔性薄膜太阳电池组件及制备方法	本发明公开了一种临近空间飞行器用柔性薄膜太阳电池组件及制备方法,属于物理电源技术领域,所述临近空间飞行器用柔性薄膜太阳电池组件包括太阳电池;其特征在于所述柔性薄膜太阳电池组件包括由上到下依次层叠设置的高透光率含氟聚合物薄膜、聚烯烃胶膜、太阳电池电路、聚烯烃胶膜和轻质聚合物薄膜。通过采用上述技术方案,采用这种能源转换效率高、面密度低、耐弯曲扭转度高、耐候性强的太阳电池组件作为临近空间超长航时飞行器的发电模块,可有效降低能源系统质量,提升此类飞行器的实用性	中国电子科技集团公司第十八研究所;中电科能源有限公司	CN112216753B	H01L31/048
12	一种空间用柔性砷化镓太阳电池制备方法	本发明提供了一种空间用柔性砷化镓太阳电池制备方法,包括:在外延片背面蒸镀下电极,在受光面光刻出开槽区域,在绝缘区域上制备绝缘层,光刻出上下电极焊点,蒸镀上电极;再蒸镀减反射膜,光刻出焊点区域,去除焊点区域的减反射膜,最终划片得到空间用柔性砷化镓太阳电池。本发明的有益效果是有效解决了柔性砷化镓太阳电池在焊接时会出现的短路问题,若焊接工艺采用地面常用的导电胶粘接工艺,电池焊接的可靠性又远低于阻熔焊的问题	中国电子科技集团公司第十八研究所;天津恒电空间电源有限公司	CN112531077B	H01L31/18
13	一种柔性薄膜太阳电池组件用旁路二极管模块	一种柔性薄膜太阳电池组件用旁路二极管模块,包括:柔性导电胶带、柔性旁路二极管、透明绝缘胶带、软焊带、第一连接胶和第二连接胶,所述第一连接胶的第一面连接所述柔性旁路二极管的下表面,而第二面连接所述柔性导电胶带的上表面,所述第二连接胶的第一面连接所述软焊带的第一端下表面,而第二面连接所述柔性旁路二极管的上表面,所述软焊带的第二端上表面连接所述柔性导电胶带的下表面,所述透明绝缘胶带第一端设置于所述软焊带的第一端下表面和所述柔性旁路二极管的上表面之间,而第二端设置于所述柔性导电胶带的下表面和所述软焊带的第二端上表面之间。本发明具有质量轻、柔性度高的特点,在不影响太阳电池布片率的前提下,可大幅提升组件的可靠性	中国电子科技集团公司第十八研究所;中电科能源有限公司	CN112289877B	H01L31/044

续表

序号	标题	摘要	申请人	公开(公告)号	IPC 主分类
14	一种柔性薄膜太阳电池弯曲试验测试用装置	本发明公开了一种柔性薄膜太阳电池弯曲试验测试用装置,属于柔性太阳电池技术领域,包括:两条平行的直线导轨;固定于两条直线导轨上的固定支杆;置于两条直线导轨上的滑动支杆;带动滑动支杆沿着两条直线导轨运动的动力机构;承载柔性薄膜太阳电池的柔性薄膜承载平台;柔性薄膜承载平台分别与滑动支杆、固定支杆固定连接;柔性薄膜承载平台上表面设置有临时粘接剂。本发明通过导轨和柔性薄膜承载平台固定柔性薄膜太阳电池,通过步进电机推动柔性薄膜承载平台往返精确运动,实现柔性薄膜太阳电池的弯曲测试。本发明的制备工艺简单、成本较低,开展弯曲测试时与柔性薄膜太阳电池的实际工况更匹配,能更准确地考核柔性薄膜太阳电池的弯曲特性	中国电子科技集团公司第十八研究所	CN114334695A	H01L21/66
15	一种空间用柔性砷化镓太阳电池及制备方法	本发明公开了一种空间用柔性砷化镓太阳电池及制备方法,属于太阳电池技术领域,其特征在于至少包括:制备下电极种子层金属;在 MOCVD 中生长外延层得到外延片,在外延片背表面蒸镀金属电极;制备支撑金属电极;粘接临时衬底;去除衬底;蒸镀上电极;腐蚀隔离槽;、蒸镀减反射膜;腐蚀焊点处减反射膜;划片;将所述外延片放入自动划片机中或者激光划片机上,受光面朝上,对准划片标记,开始划片,将外延片划成所需的电池,去除临时衬底。本发明适用于一次湿法腐蚀到底的隔离槽腐蚀工艺,空间用柔性砷化镓电池的背电极设计,多个上电极和下电极焊点在同一面,有利于后续组合焊接	中国电子科技集团公司第十八研究所;天津恒电空间电源有限公司	CN114335241A	H01L31/18
16	一种砷化镓太阳电池镍锗银电极的制备方法	本发明公开了一种砷化镓太阳电池镍锗银电极的制备方法,通过电镀法或化学镀法制备镍层,通过蒸镀法或磁控溅射法制备锗层和部分银层,再通过电镀法进行银层加厚。制备镍锗银电极,其中镍层和锗层分别采用不同的制备方法,将电镀工艺和蒸镀工艺结合,最大限度降低了生产成本,同时保证了镍层的品质,避免真空蒸镀法中镍和坩埚套共熔的现象,还可以避免磁控溅射法中金属镍对其他腔体的污染问题。另外,本发明通过电镀工艺或化学镀工艺制备镍层,最大限度地利用了金属材料,减少了金属材料的浪费;电镀工艺设备简单,维护成本低,规模化生产成本低,化学品的排放量很少;电镀可以批量同步生产,工时更短	中国电子科技集团公司第十八研究所;天津恒电空间电源有限公司	CN114300548A	H01L31/0224

续表

序号	标题	摘要	申请人	公开（公告）号	IPC 主分类
17	一种锗基砷化镓太阳电池及制备方法	本发明公开了一种锗基砷化镓太阳电池及制备方法，属于太阳电池技术领域，其从下至上依次包括锗衬底、GaInP 成核层、GaInAs 缓冲层、第一隧穿结、$Ga_{1-a}In_aAs$ 晶格渐变缓冲层、$(AlGa)_{1-b}In_bAs/Ga_{1-b}In_bAs$ 第一周期结构过冲层、$Ga_{1-c}In_cAs$ 子电池、第二隧穿结、$(AlGa)_{1-d}In_dAs/Ga_{1-d}In_dAs$ 周期结构晶格渐变层、$(AlGa)_{1-e}In_eAs/Ga_{1-e}In_eAs$ 第二周期结构过冲层、$Ga_{1-f}In_fAs_{1-g}P_g$ 子电池、第三隧穿结、$(AlGa)_{1-h}In_hP$ 子电池和 $Ga_{1-j}In_jAs$ 帽层，能够提高锗基砷化镓太阳电池的光电转换效率和抗辐照性能	中国电子科技集团公司第十八研究所	CN114141901A	H01L31/076
18	一种柔性砷化镓太阳电池支撑衬底及粘接工艺	本发明公开了一种柔性砷化镓太阳电池支撑衬底及粘接工艺，属于太阳电池技术领域，其特征在于，至少包括：双面胶带和刚性支撑衬底；所述双面胶带位于柔性电池晶圆和刚性支撑衬底之间。所述双面胶带包括：胶带基体层；具有 UV 失黏或者热失黏特性的第一胶层，所述第一胶层位于柔性电池晶圆和胶带基体层之间；不具有 UV 失黏或者热失黏特性的第二胶层，所述第二胶层位于胶带基体层和刚性支撑衬底之间。通过采用上述技术方案，本发明无须键合工艺，采用双面胶带粘接刚性支撑衬底的方法，可以实现批量化粘接刚性支撑衬底	中国电子科技集团公司第十八研究所；天津恒电空间电源有限公司	CN114050194A	H01L31/0392
19	一种硅基砷化镓太阳电池及其制备方法	本发明公开了一种硅基-砷化镓太阳电池及其制备方法，属于太阳电池技术领域，包括：制备硅太阳电池；制备砷化镓太阳电池；在硅太阳电池与砷化镓太阳电池上蒸镀半透明金属电极；利用金属键合技术将硅太阳电池与砷化镓太阳电池键合；采用化学腐蚀的方法将砷化镓太阳电池中的牺牲层腐蚀，砷化镓衬底被剥离得到硅基-砷化镓叠层太阳电池；利用 PVD 的方法分别在上层砷化镓太阳电池的表面制作硅基-砷化镓叠层太阳电池的上电极，在硅太阳电池的背面制作硅基-砷化镓叠层太阳电池的下电极；利用 PVD 的方法在硅基-砷化镓叠层太阳电池的上表面制备电池减反射膜；切割，得到所需尺寸的硅基-砷化镓叠层太阳电池	中国电子科技集团公司第十八研究所	CN113921655A	H01L31/18
20	一种空间用砷化镓太阳电池下电极	本发明公开了一种空间用砷化镓太阳电池下电极，属于太阳电池技术领域，其特征在于至少包括：位于电池背光面的镍层，所述镍层的厚度范围是 20~150 nm；位于镍层外表面的锗层，所述锗层的厚度范围是 20~120 nm；位于锗层外表面的银层，所述银层的厚度范围是 2 000~8 000 nm	中国电子科技集团公司第十八研究所；天津恒电空间电源有限公司	CN113889541A	H01L31/0224

续表

序号	标题	摘要	申请人	公开(公告)号	IPC 主分类
21	一种GaInP/GaIn-As/Ge太阳电池一次湿法台阶刻蚀工艺	本发明公开了一种GaInP/GaInAs/Ge太阳电池一次湿法台阶刻蚀工艺，属于太阳电池技术领域，包括：对晶圆进行预烘；在晶圆表面涂覆用于图形转移的光刻胶；对晶圆进行前烘处理；对晶圆进行曝光，将掩膜版上的台阶图形转移至光刻胶胶膜上；将胶膜上潜在的图形通过显影技术制备出来；将所述晶圆在高温下坚膜；将所述晶圆在一次湿法刻蚀液中进行Ⅲ-Ⅴ族有源层刻蚀，形成台阶结构；所述晶圆通过去胶清洗工艺完成一次湿法台阶刻蚀工艺全过程。本发明辅以光刻、显影、刻蚀和清洗工艺的简单、高效、低成本制备台阶工艺技术	中国电子科技集团公司第十八研究所；天津恒电空间电源有限公司	CN113889553A	H01L31/18
22	一种可加载预紧力的绷膜式太阳电池阵结构	本发明属于空间用电池阵制造技术领域，具体提供了一种可加载预紧力的绷膜式太阳电池阵结构，包括碳纤维框架、绷膜基板和预紧力加载机构；所述碳纤维框架是绷膜式太阳电池阵的支撑基础；碳纤维框架与带有预紧力加载机构的绷膜基板连接在一起，绷膜基板的正反面均加载有太阳电池片。碳纤维框架为口字四边框，每条边框的截面结构为“日”字形结构；“日”字形结构的边框采用在碳片两侧缠绕两层碳布，构成一定厚度的薄壁三明治结构。本发明体现了基板框架轻量化的设计理念，使得绷膜式太阳电池板在相同力学与电学技术要求下，具有轻量化、小体积和易装配的特点；同时具有很高的通用性，可完成各种尺寸绷膜基板载荷的加载	中国电子科技集团公司第十八研究所	CN113452316A	H02S30/10
23	一种临近空间飞行器用高输出电压柔性薄膜太阳电池组件	一种临近空间飞行器用高输出电压柔性薄膜太阳电池组件，包括太阳电池串、隔离二极管模块、固定透明绝缘胶带、柔性互连横条和引出焊带，其中，若干所述太阳电池串设置于所述固定透明绝缘胶带上，所述隔离二极管模块粘贴于所述太阳电池串末端的引出银箔上，相邻所述太阳电池串通过所述柔性互连横条串联并通过所述引出焊带并联输出。本发明具有如下有益效果：在小肋间距的铺设区域内，单个太阳电池组件输出电压可达100 V以上，扩大了应用优势；无须通过多组件串联形成高电压输出，降低了高输出电压、曲面铺设的太阳电池阵的设计难度；相邻太阳电池串间的最大电压差为80 V以内，满足静电防护要求，提升了太阳电池阵的安全可靠性	中国电子科技集团公司第十八研究所	CN113327993A	H01L31/0445

续表

序号	标题	摘要	申请人	公开（公告）号	IPC 主分类
24	一种基于 Si 衬底的五结太阳电池的制备方法	本发明涉及一种基于 Si 衬底的五结太阳电池的制备方法，属于太阳电池技术领域。基于 Si 衬底的五结太阳电池的制备方法，AlGaInP/AlGaAs/GaAs/GaInAsP/GaInAs 五结太阳电池采用 MOCVD 技术，在表面有 GaAs 层的硅衬底上用 MOCVD 外延反向生长和 GaAs 晶格匹配的太阳电池材料，包括 AlGaInP 子电池、AlGaAs 子电池、GaAs 子电池；在表面有 InP 层的硅衬底上用 MOCVD 外延正向生长和 InP 晶格匹配的太阳电池材料，包括 GaInAsP 子电池、GaInAs 子电池；然后通过低温键合工艺把 GaAs 子电池和 GaInAsP 子电池接在一起，最后通过化学刻蚀完成 Si/GaAs 衬底的剥离，得到五结太阳电池。本发明具有理论转换效率达到 56%，剥离的 InP 和 GaAs 衬底通过 CMP 等过程可以重复使用，显著降低五结太阳电池制备成本等优点	中国电子科技集团公司第十八研究所	CN110534613B	H01L31/18
25	一种大面积薄型高效空间砷化镓太阳电池的焊接方法	本发明提供一种大面积薄型高效空间砷化镓太阳电池的焊接方法，包括将太阳电池片与互连片摆放在垫块上，采用平行间隙电阻对太阳电池片和互连片进行焊接，焊接速率为焊头下降速率为 1.5~2.5 次/s，垫块的横截面面积的长和宽大于太阳电池片的长和宽。该焊接方法适用于大面积薄型太阳电池，对于大面积薄型太阳电池的焊接，焊接可靠性高、裂片率低、成品率高	中国电子科技集团公司第十八研究所	CN109768119B	H01L31/18
26	一种正向失配六结太阳电池	一种正向失配六结太阳电池，其从下至上依次包括 Ge 衬底、$Ga_{0.5}In_{0.5}P$ 成核层、$Ga_{0.99}In_{0.01}As$ 缓冲层、第一隧道结、$(A_{1-c}Ga_{1-c})_{1-b}In_bAs/(A_{1-d}Ga_{1-d})_{1-b}In_bAs$ DBR、$Ga_{1-x}In_xAs$ 电池、第二隧道结、$(A_{1-c}Ga_{1-c})_{1-x}In_xAs/(A_{1-d}Ga_{1-d})_{1-x}In_xAs$ DBR、$(A_{1-e}Ga_{1-e})_{1-x}In_xAs/Ga_{1-x}In_xAsP$ 电池、第三隧道结、$(A_{1-c}Ga_{1-c})_{1-x}In_xAs/(A_{1-d}Ga_{1-d})_{1-x}In_{1-x}As$ DBR、$(A_{1-h}Ga_{1-h})_{1-x}In_xAs/Ga_{1-x}In_xAsP$ 电池、第四隧道结、$(A_{1-f}Ga_{1-f})_{1-y}In_xP$ 电池、第五隧道结、$Al_{1-y}In_yP$ 电池和帽层。本发明提供的一种正向失配六结太阳电池具有的优点和积极效果：本发明采用一种正向失配六结太阳电池，易于制作；本结构的理论转换效率可达到 39%以上，并可作为完整的太阳电池直接应用；由于各个子电池基区厚度的减小，抗辐照性能优于传统结构的太阳电池；由于带隙匹配和电流降低，电池工作中热耗散降低，降温成本下降	中国电子科技集团公司第十八研究所	CN112802920A	H01L31/0687

续表

序号	标题	摘要	申请人	公开（公告）号	IPC 主分类
27	一种薄膜砷化镓太阳电池上电极及其制备方法	一种薄膜砷化镓太阳电池上电极及其制备方法，所述薄膜砷化镓太阳电池上电极包括底层金属栅极、介质层和顶层金属栅极，其中，所述底层金属栅极、介质层和顶层金属栅极由内向外依次设置于外延片的外表面上，所述底层金属栅极和顶层金属栅极连接。本发明具有如下优点和积极效果：使用局部绝缘型上电极结构，可以有效避免电池局部受压时造成的短路现象，保证电池输出效率；使用氧化物介质层作为绝缘结构，具有耐高温、结合力好、绝缘性强等特点；采用光刻技术和真空蒸发技术制备上电极，具有工艺简单、技术成熟等特点	中国电子科技集团公司第十八研究所	CN112750915A	H01L31/0224
28	一种薄膜柔性太阳电池串测试匹配系统及其测试匹配方法	一种薄膜柔性太阳电池串测试匹配系统及其测试匹配方法，所述系统包括太阳电池串待测平台、红外相机、多自由度机械手、工控机、数据采集器和太阳电池串储存盒。本发明具有如下有益效果：全程无须人工接触太阳电池串，减少了人工操作带来的多余物，增加了产品可靠性；全程为自动化生产，大幅提升产品的生产效率；通过数据采集系统自动分选，降低人工分选的性能匹配误差	中国电子科技集团公司第十八研究所	CN112701063A	H01L21/67
29	一种具有高抗辐照能力的四结太阳电池结构及其制备方法	本发明涉及一种具有高抗辐照能力的四结太阳电池结构及其制备方法，结构包括依次设置的金属薄膜衬底、高反射率金属层、介质层、薄型四结外延层；方法包括采用金属有机化学气相沉积技术制备薄型四结外延层；在外延片表面制备全方位反射器，采用等离子体增强化学气相沉积技术生长介质层，在介质层上腐蚀出周期性的微孔，在外延片表面蒸镀上高反射率的金属材料；采用电镀技术在全方位反射器表面制备金属薄膜衬底；通过化学腐蚀分别去掉砷化镓衬底和 GaInP 腐蚀停止层。本发明的有益效果：四个子电池的厚度大幅度减薄，大幅度降低了带电粒子辐射对四结电池的损失，减少了缺陷密度，提高了四结电池的抗辐照能力，从而促进四结电池在航天领域的应用	中国电子科技集团公司第十八研究所	CN109920874B	H01L31/0687
30	用于薄膜砷化镓太阳电池复合结构材料衬底的制备方法	本发明公开了一种用于薄膜砷化镓太阳电池复合结构材料衬底的制备方法，属于半导体技术领域，其特征在于包括如下步骤：光刻图形；电沉积；真空封装，具体制造步骤如下，将电沉积图形化衬底、封装胶以及聚酰亚胺薄膜依次叠层放入层压机中，设定层压机程序进行真空封装工艺，真空度不大于 1 Pa，压力范围为 20 Pa~1 kPa，温度范围为 80~200 ℃，时间范围为 20~200 min，待程序结束，将产品取出冷却。通过采用上述技术方案，本发明能够使薄膜砷化镓太阳电池实现减轻重量、柔性可弯折的产品特点，使其具有更广泛的应用范围	中国电子科技集团公司第十八研究所	CN110634992B	H01L31/18

5.4.5　专利运营实力定位分析

专利运营主要包括专利许可、转让等方面，下面对滨海新区 1999—2022 年的专利运营情况进行分析。我们将通过与天津市乃至全国范围内的专利运营情况进行对比，以便更准确地评估滨海新区的专利运营实力，见表 5-19。

表 5-19　薄膜太阳能电池领域专利运营情况

地区	转让数量（件）	许可数量（件）
滨海新区	11	0
天津	83	7
全国	2 962	283

图 5-10 展示了薄膜太阳能电池领域在全国、天津以及滨海新区的专利运营情况对比数据。这些数据通过专利运营分析得出，有利于更深入地了解该领域的创新活动和知识产权运用情况。在对比了全国、天津和滨海新区的专利运营情况后，我们可以明显看出滨海新区在专利运营方面存在一些不足。滨海新区在薄膜太阳能电池领域的专利运营活动明显不活跃。具体来说，该区域没有发生任何专利许可和质押等运营活动，这表明该区域的创新成果可能主要以自主研发为主，而未能充分利用知识产权进行商业化运作。滨海新区仅有 11 件专利发生了转让，这一数字明显低于全国总体水平。这说明该区域的创新成果可能相对较少，或者这些创新成果的质量和价值不足以引起其他机构的关注并使其产生交易的意愿。最后，滨海新区的专利运营情况在天津也不占优势。这进一步印证了该区域在薄膜太阳能电池领域的创新实力和知识产权运用能力相对较弱。综上所述，通过对比和分析全国、天津以及滨海新区的专利运营情况，我们可以清晰地看到滨海新区在薄膜太阳能电池领域的专利运营不够活跃，创新成果相对较少，且在天津和全国范围内均不占优势。

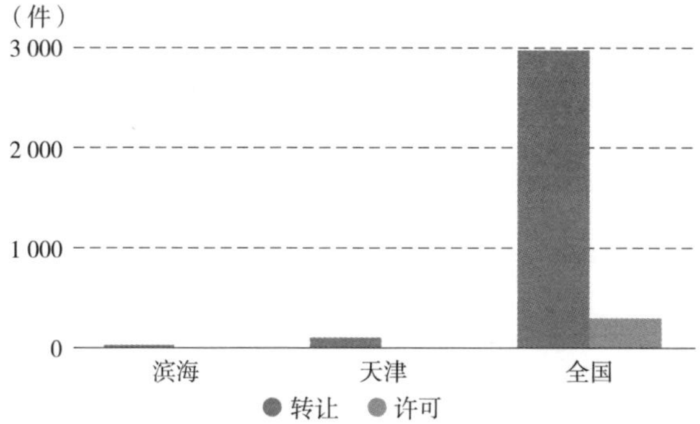

图 5-10　第二代薄膜太阳能电池领域专利运营情况对比

5.5 滨海新区第三代新型太阳能电池产业发展定位分析

5.5.1 产业结构定位分析

目前，太阳能电池市场仍然主要被以新型太阳能电池为代表的传统太阳能电池所占据，即传统太阳能电池在市场上占据主导地位，虽然新型太阳能电池仍处于实验室研发阶段，但是随着技术的逐渐成熟，新型太阳能电池的市场占有率将逐渐扩大，而且随着技术的不断进步和市场需求的不断变化，新型太阳能电池的应用前景也将越来越广阔。

5.5.2 企业创新实力定位分析

在分析企业创新能力时，我们主要关注两个方面。首先，我们需要详细了解天津市滨海新区第三代新型太阳能电池领域申请人在全球、中国以及天津地区的专利申请量和排名情况。这些数据可以提供该领域创新活动的总体概况，并揭示申请人的地域分布和活跃程度。通过对比不同地区的专利申请量，我们可以评估天津市滨海新区的相对优势和不足之处。其次，我们需要对天津市滨海新区申请人与全球和中国主要技术拥有者在该领域的专利申请量进行对比分析。这有助于我们了解天津市滨海新区在第三代新型太阳能电池领域的专利布局和影响力，以及与国际领先水平的差距。通过深入挖掘和分析这些数据，我们可以得出更全面的认识，为政策制定者和企业提供有价值的参考，以促进该领域的创新发展，如表 5-20。

表 5-20 滨海新区第三代新型太阳能电池领域主要申请人

排名	申请人	专利申请量(件)
1	中国电子科技集团公司第十八研究所	18
2	天津三安光电有限公司	9
3	包头稀土研究院	2
4	天津包钢稀土研究院有限责任公司	2
5	天津爱旭太阳能科技有限公司	2
6	中电科能源有限公司	1
7	中电科蓝天科技股份有限公司	1
8	天津恒电空间电源有限公司	1
9	天津榛发科技有限责任公司	1

表 5-21 展示了全球、中国、天津以及滨海新区在第三代新型太阳能电池领域的主要技术拥有者专利申请量情况。从综合数据来看,滨海新区在第三代新型太阳能电池领域的专利申请人的数量总体上较少,申请的专利数量也相对较少。将滨海新区的专利申请状况与全球以及全国的主要申请人进行对比,可以发现其存在明显的差距。这不仅体现了滨海新区在第三代新型太阳能电池领域的研发能力尚显不足,也揭示了该领域在滨海新区的专利布局和知识产权保护意识还有待提升。

表 5-21　第三代新型太阳能电池领域国内外主要技术拥有者专利申请量

滨海新区		天津	
申请人	专利申请量(件)	申请人	专利申请量(件)
中国电子科技集团公司第十八研究所	18	南开大学	104
天津三安光电有限公司	9	中国电子科技集团公司第十八研究所	35
包头稀土研究院	2	河北工业大学	35
天津包钢稀土研究院有限责任公司	2	天津市职业大学	29
天津爱旭太阳能科技有限公司	2	天津三安光电有限公司	28
中电科能源有限公司	1	天津理工大学	27
中电科蓝天科技股份有限公司	1	天津蓝天太阳科技有限公司	27
天津恒电空间电源有限公司	1	天津大学	22
天津榛发科技有限责任公司	1	天津师范大学	11
		天津恒电空间电源有限公司	5
全国		全球	
申请人	专利申请量(件)	申请人	专利申请量(件)
海洋王照明科技股份有限公司	185	富士胶片株式会社	748
深圳市海洋王照明技术有限公司	174	大日本印刷株式会社	303
电子科技大学	167	乐金化学有限公司	287
苏州大学	151	夏普株式会社	287
华南理工大学	139	株式会社藤仓	237
彩虹集团公司	137	积水化学工业株式会社	232
华中科技大学	124	韩国科学技术研究院	215
中国科学院上海硅酸盐研究所	116	海洋王照明科技股份有限公司	185
吉林大学	116	三星 SDI 株式会社	184
深圳市海洋王照明工程有限公司	109	深圳市海洋王照明技术有限公司	174

5.5.3 创新人才储备定位分析

专利发明人数量是技术创新人员的直观体现，通过分析发明人数量，我们可以对滨海新区第三代新型太阳能电池领域技术创新人才储备情况进行定位。通过检索，我们发现滨海新区在第三代新型太阳能电池领域的发明人共有 73 位，这一数字令人瞩目。表 5-22 展示了排名前十五的发明人的具体情况，其中包括在专利申请量方面超过 5 件的发明人。在 8 位专利申请量超过 5 件的发明人中，林桂江以 9 件专利申请量位居榜首，这显示出他在该领域的领先地位；紧随其后的是宋明辉，他的专利申请量为 8 件，名列第二；而刘如彬、孙强、张恒、张无迪、毕京锋以及高鹏的专利申请量均达到了 6 件，这充分说明了他们在第三代新型太阳能电池领域的创新实力。

这些发明人的成果不仅体现了滨海新区在第三代新型太阳能电池领域的创新实力，更突显了该地区对技术创新人才的重视和培养。这些优秀的发明人群体为滨海新区的可持续发展提供了源源不断的创新动力，也为中国在新能源领域的长远发展奠定了坚实基础。

表 5-22 滨海新区第三代新型太阳能电池领域主要发明人

排名	发明（设计）人	专利申请量（件）
1	林桂江	9
2	宋明辉	8
3	刘如彬	6
4	孙强	6
5	张恒	6
6	张无迪	6
7	毕京锋	6
8	高鹏	6
9	丁杰	5
10	刘建庆	5
11	姜明序	5
12	张启明	5
13	林志东	5
14	蔡文必	5
15	刘丽蕊	4

表 5-23 和图 5-11 展示了在第三代新型太阳能电池领域滨海新区与全球、全国以及天津市主要发明人的专利数量对比情况。可以看出，滨海新区的表现相对较弱，主要发明人的专利数量在全市以及全国范围内都处于较低水平。这一现象可能是该地区的研发能力、政策支持、创新资源配置等多种因素的综合作用的结果。

表 5-23　第三代新型太阳能电池领域滨海新区与天津市、全国、全球主要发明人专利数量对比

滨海新区			天津		
排名	发明（设计）人	专利申请量（件）	排名	发明（设计）人	专利申请量（件）
1	林桂江	9	1	赵颖	54
2	宋明辉	8	2	张晓丹	53
3	刘如彬	6	3	李建生	29
4	孙强	6	4	侯国付	26
5	张恒	6	5	张建军	24
6	张无迪	6	6	魏长春	22
7	毕京锋	6	7	仲琳	19
8	高鹏	6	8	丁毅	18
9	丁杰	5	9	于洪旺	18
10	刘建庆	5	10	刘炳光	18
11	姜明序	5	11	夏宏宇	18
12	张启明	5	12	宋明辉	18
13	林志东	5	13	李跃龙	18
14	蔡文必	5	14	田汉民	17
15	刘丽蕊	4	15	杨亚丽	16
全球			全国		
排名	发明（设计）人	专利申请量（件）	排名	发明（设计）人	专利申请量（件）
1	周明杰	185	1	周明杰	185
2	王平	185	2	王平	185
3	Hayakawa Akinobu	140	3	张振华	128
4	张振华	128	4	赵志国	101
5	Bae Ho gi	123	5	黄维	92
6	Kobayashi Katsumi	123	6	王鹏	90

续表

全球			全国		
排名	发明(设计)人	专利申请量(件)	排名	发明(设计)人	专利申请量(件)
7	Fukui Atsushi	118	7	杨松旺	89
8	Uno Tomohito	117	8	秦校军	86
9	Daniel Derkacs	111	9	黄辉	83
10	Saito Kenji	103	10	刘生忠	78
11	Graetzel Michael	102	11	袁宁一	74
12	Arthur Cornfeld	101	12	诸跃进	74
13	赵志国	101	13	丁建宁	73
14	Asano Motohiko	100	14	王永向	73
15	Okada Kenichi	92	15	孟庆波	68

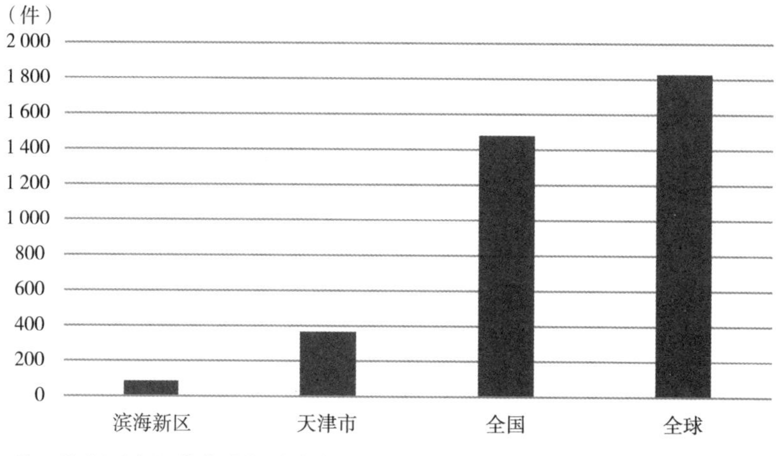

图 5-11　第三代新型太阳能电池领域滨海新区与天津市、全国、全球主要发明人专利数量对比

5.5.4　重点专利分析

根据检索，滨海新区在第三代新型太阳能电池领域的专利申请主要涉及表 5-24 各项内容，各技术占比如图 5-12 所示。

表 5-24　滨海新区第三代新型太阳能电池专利技术分类

IPC 分类号(小类)	专利申请量(件)
H01L(半导体器件;其他类目中不包括的电固体器件(使用半导体器件的测量入 G01;一般电阻器入 H01C;磁体、电感器、变压器入 H01F;一般电容器入 H01G;电解型器件入 H01G9/00;电池组、蓄电池入 H01M;波导管、谐振器或波导型线路入 H01P;线路连接器、汇流器入 H01R;受激发射器件入 H01S;机电谐振器入 H03H;扬声器、送话器、留声机拾音器或类似的声机电传感器入 H04R;一般电光源入 H05B;印刷电路、混合电路、电设备的外壳或结构零部件、电气元件的组件的制造入 H05K;在具有特殊应用的电路中使用的半导体器件见应用相关的小类))	30 764
H01G(电容器;电解型的电容器、整流器、检波器、开关器件、光敏器件或热敏器件(电介质专用材料的选择入 H01B3/00;电位跃迁或表面阻挡层的电容器入 H01L29/00))	5 955
H01M(用于直接转变化学能为电能的方法或装置,例如电池组)	4 805
C08L(高分子化合物的组合物(基于可聚合单体的组成成分入 C08F、C08G;人造丝或纤维入 D01F;织物处理的配方入 D06))	1 320
B32B(层状产品,即由扁平的或非扁平的薄层,例如泡沫状的、蜂窝状的薄层,构成的产品)	1 309
C08G(用碳-碳不饱和键以外的反应得到的高分子化合物(发酵或使用酶的方法合成目标化合物或组合物或从外消旋混合物中分离旋光异构体入 C12P))	1 303
C09B(有机染料或用于制造染料的有关化合物;媒染剂;色淀(发酵或用酶的方法合成的目标化合物入 C12P))	1 195
H02S(由红外线辐射、可见光或紫外光转换产生电能,如使用光伏(PV)模块(从放射性源获取电能入 G21H1/12;无机光敏半导体器件入 H01L31/00;热电器件入 H01L35/00, H01L37/00;有机光敏半导体器件入 H01L51/42))	1 095
C07D(杂环化合物(高分子化合物入 C08))	1 075
H01B(电缆;导体;绝缘体;导电、绝缘或介电材料的选择(磁性材料的选择入 H01F1/00;波导管入 H01P)	1 068

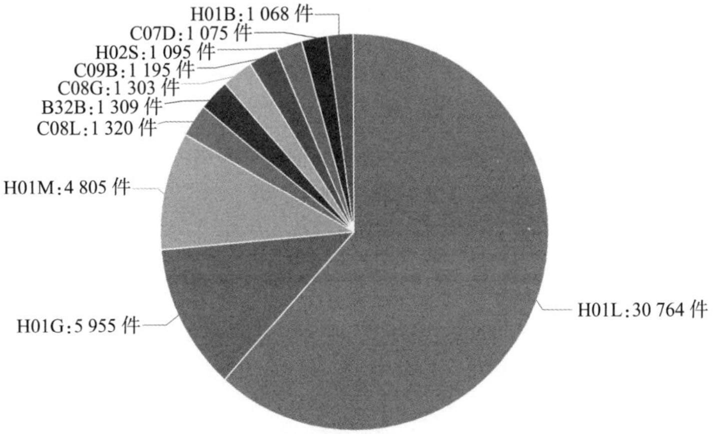

图 5-12　滨海新区第三代新型太阳能电池领域专利技术构成

在滨海新区的半导体器件（H01L）、电容器（H01G）以及用于直接转变化学能为电能的方法或装置（H01M）等领域，经过严密的技术筛选，我们找出了 25 项与该领域密切相关的重点专利。这些专利主要集中在中国电子科技集团公司第十八研究所、中电科蓝天科技股份有限公司、天津恒电空间电源有限公司等知名企业。详细的专利信息列在表 5-25 中，对这些专利的全面理解和进一步研究具有重要的参考价值。

表 5-25　滨海新区第三代新型太阳能电池领域重点专利

序号	标题（中文）	摘要（中文）	申请人	公开（公告）号	IPC 主分类
1	一种掩膜法蒸镀柔性砷化镓太阳电池减反射膜的方法	本发明公开了一种掩膜法蒸镀柔性砷化镓太阳电池减反射膜的方法，属于半导体制造技术领域，其特征在于包括：采用器件工艺，使太阳电池达到待蒸镀减反射膜的状态；将掩膜材料与焊点粘接；进行真空环境下的减反射膜蒸镀；从真空室内取出太阳电池；通过有机溶剂溶解或热解或光解解除掩膜材料与焊点的连接；若采用热解或者光解法解除掩膜材料与焊点的连接，掩膜材料继续用机器吸盘移除；获得焊点处无减反射膜的电池晶圆。通过采用上述技术方案，本发明能够缩减柔性砷化镓太阳电池工艺中的光刻次数，提高生产效率	中电科蓝天科技股份有限公司；天津恒电空间电源有限公司	CN116154036A	H01L31/18
2	一种太阳电池的电极选择性低温退火方法	本发明属于太阳电池的技术领域，具体涉及一种太阳电池的电极选择性低温退火方法，包括在氮气保护下，对金属电极及其与半导体的接触界面进行周期性快速升温、脉冲式退火，其中每个周期内的电控脉冲的占空比为 1∶5，每个周期内的退火温度不超过 200 ℃，每个周期内的加热时间不多于 1 min，每个周期内加热的升温速率不大于 5 ℃/s，之后检测金属电极与半导体的接触电阻。本发明有效地解决了太阳电池的金属电极之间及与半导体材料的欧姆接触的问题，同时控制了热量作用深度和范围，避免了对电池中的有机材料黏结层等不耐高温材料的损害，在提升电池性能的同时，解决了电池成品率问题。该方法可以适用于大多数需要低温退火的器件	中国电子科技集团公司第十八研究所	CN115863474A	H01L31/18

续表

序号	标题（中文）	摘要（中文）	申请人	公开（公告）号	IPC 主分类
3	一种正向失配六结太阳电池	一种正向失配六结太阳电池，从下至上依次包括 Ge 衬底、$Ga_{0.5}In_{0.5}P$ 成核层、$Ga_{0.99}In_{0.01}As$ 缓冲层、第一隧道结、$(A_{1-c}Ga_{1-c})_{1-b}In_bAs/(A_{1-d}Ga_{1-d})_{1-b}$ In_bAs DBR、$Ga_{1-x}In_xAs$ 电池、第二隧道结、$(A_{1-c}Ga_{1-c})_{1-x}$ $In_xAs/(A_{1-d}Ga_{1-d})_{1-x}In_xAs$ DBR、$(A_{1-e}Ga_{1-e})_{1-x}In_xAs/Ga_{1-x}$ In_xAsP 电池、第三隧道结、$(A_{1-c}Ga_{1-c})_{1-x}$ $In_xAs/(A_{1-d}Ga_{1-d})_{1-x}In_{1-x}As$ DBR、$(A_{1-h}Ga_{1-h})_{1-x}$ $In_xAs/Ga_{1-x}In_xAsP$ 电池、第四隧道结、$(A_{1-f}Ga_{1-f})_{1-y}In_xP$ 电池、第五隧道结、$Al_{1-y}In_yP$ 电池和帽层。本发明提供的一种正向失配六结太阳电池具有的优点和积极效果：采用一种正向失配六结太阳电池，易于制作；本结构的理论转换效率可达到 39%以上，并可作为完整的太阳电池直接应用；由于各个子电池基区厚度的减小，抗辐照性能优于传统结构的太阳电池；由于带隙匹配和电流降低，电池工作中热耗散降低，降温成本下降	中国电子科技集团公司第十八研究所	CN112802920B	H01L31/0687
4	一种临近空间飞行器用柔性薄膜太阳电池组件及制备方法	本发明公开了一种临近空间飞行器用柔性薄膜太阳电池组件及制备方法，属于物理电源技术领域，所述临近空间飞行器用柔性薄膜太阳电池组件包括太阳电池；其特征在于所述柔性薄膜太阳电池组件由上到下依次层叠设置高透光率含氟聚合物薄膜、聚烯烃胶膜、太阳电池电路、聚烯烃胶膜和轻质聚合物薄膜。通过采用上述技术方案，采用这种能源转换效率高、面密度低、耐弯曲扭转度高、耐候性强的太阳电池组件作为临近空间超长航时飞行器的发电模块，可有效降低能源系统质量，提升此类飞行器的实用性	中国电子科技集团公司第十八研究所；中电科能源有限公司	CN112216753B	H01L31/048
5	一种具有高抗辐照能力的四结太阳电池结构及其制备方法	本发明涉及一种具有高抗辐照能力的四结太阳电池结构及其制备方法，结构包括依次设置的金属薄膜衬底、高反射率金属层、介质层、薄型四结外延层；方法包括采用金属有机化学气相沉积技术制备薄型四结外延层；在外延片表面制备全方位反射器，采用等离子体增强化学气相沉积技术生长介质层，在介质层上腐蚀出周期性的微孔，在外延片表面蒸镀高反射率的金属材料；采用电镀技术在全方位反射器表面制备金属薄膜衬底；通过化学腐蚀分别去掉砷化镓衬底和 GaInP 腐蚀停止层。本发明的有益效果：四个子电池的厚度大幅度减薄，大幅度降低了带电粒子辐射对四结电池的损失，减少了缺陷密度，提高了四结电池的抗辐照能力，从而促进四结电池在航天领域的应用	中国电子科技集团公司第十八研究所	CN109920874B	H01L31/0687

续表

序号	标题（中文）	摘要（中文）	申请人	公开（公告）号	IPC 主分类
6	一种异质结钙钛矿太阳能叠层电池及其制备方法	本发明公开了一种异质结钙钛矿太阳能叠层电池及其制备方法，包括底电池层和设于其上的顶电池层，顶电池层的顶层是顶导电层，在顶导电层上设有前表面金属电极，底电池层的顶层和底层分别是上导电层和下导电层，在下导电层上设有背面电极，在顶电池层上设有贯穿该层的开槽，上导电层显露于开槽中，在该开槽中的上导电层上设有叠层交界处金属电极。本发明的叠层交界处金属电极可以同时引出顶电池层和底电池层光照所产生的载流子，大大缩短了载流子的传输距离，可实现电池转换效率的大幅提升，而且本发明使用异质结和钙钛矿电池的常规生产设备即可大规模生产，无须额外增加设备，工艺实施简便可行，能够实现规模化量产	天津爱旭太阳能科技有限公司；浙江爱旭太阳能科技有限公司；广东爱旭科技有限公司	CN112466964A	H01L31/0224
7	一种利用掩膜保护的太阳能电池单面抛光工艺	本发明公开了一种利用掩膜保护的太阳能电池单面抛光工艺，包括：对硅片碱制绒，在硅片正面和背面上形成减反射绒面；将硅片置于炉管中进行热扩散，在硅片正面和背面形成氧化层；保护硅片正面的氧化层，并去除背面 PN 结和氧化层；对硅片背面的减反射绒面进行抛光，再去除硅片正面上的氧化层。本发明利用热扩散形成的氧化层作为掩膜，实现太阳能电池单面抛光，仅需用碱制绒槽式设备更改工艺配方就可以满足单面抛光要求，产线兼容度高，省去了掩膜工序，可避免 SiN_x 膜的单独清洗及 SiN_x 清洗引入的污染，降低环境污染，减少厂房动力系统的排氮压力，而且不用增加新设备，同时电池正面结构被保留，降低了太阳能电池的加工成本	天津爱旭太阳能科技有限公司	CN111627804A	H01L21/304
8	一种正向晶格失配三结太阳电池	本发明公开了一种正向晶格失配三结太阳电池，属于太阳电池技术领域，其特征在于自下而上依次包括锗衬底、$Ga_{0.5}In_{0.5}P$ 成核层、$Ga_{0.99}In_{0.01}As$ 缓冲层、第一隧道结、$(AlGa)_{1-x}In_xAs/(AlGa)_{1-x}In_xAs$ DBR 层、$Ga_{1-y}In_yAs$ 电池、$(AlGa)_{1-y}In_yP$ 电池和帽层；在所述 $Ga_{1-x}In_xAs$ 电池和 $(AlGa)_{1-y}In_yP$ 电池之间设置有第二隧道结和张应变晶格渐变缓冲层。通过采用上述技术方案，该正向晶格失配三结太阳电池光电转换效率高，并可作为完整的电池直接应用	中国电子科技集团公司第十八研究所	CN111092127A	H01L31/0216
9	一种正向失配五结太阳电池	本发明公开了一种正向失配五结太阳电池，属于太阳能电池结构技术领域，其特征在于从下至上依次包括：锗衬底、$Ga_{0.5}In_{0.5}P$ 成核层、$Ga_{0.99}In_{0.01}As$ 缓冲层、第一隧道结、$(A1_cGa_{1-c})_{1-b}In_bAs/(Al_dGa_{1-d})_{1-b}In_bAs$ DBR、$Ga_{1-x}In_xAs$ 电池、第二隧道结、$(A1_cGa_{1-c})_{1-x}In_xAs/(Al_dGa_{1-d})_{1-x}In_xAs$ DBR、$(Al_eGa_{1-e})_{1-x}In_xAs$ 电池或 $Ga_{1-x}In_xAsP$ 电池、第三隧道结、$Ga_{1-y}In_yP$ 电池或 $(AlGa)_{1-x}In_xAs$ 电池、第四隧道结、$(AlfGa1f)_{1-y}In_yP$ 电池和帽层	中国电子科技集团公司第十八研究所	CN110634984A	H01L31/0687

续表

序号	标题（中文）	摘要（中文）	申请人	公开（公告）号	IPC 主分类
10	一种制备高效五结太阳电池的低温半导体键合方法	本发明涉及一种制备高效五结太阳电池的低温半导体键合方法，首先分别在 GaAs 和 InP 衬底上生长不同带隙但晶格匹配的外延层，然后通过低温半导体键合方法，将两组外延层串联起来构成五结太阳电池。在键合工艺中首先采用化学机械抛光工艺对键合的外延层进行全局平坦化处理，然后用氨水对键合表面高掺杂薄膜进行清洗，再用低能量等离子体对键合表面化学键进行活化处理，在 30~150 min 内实现外延层的键合。本发明的有益效果：解决了晶格失配对高质量外延层生长的限制问题，有利于提升多结电池的成品率；采用低温键合，工艺时间短，键合过程不会影响外延层的光电性能，降低了工艺复杂度和成本，易于实现商业化生产	中国电子科技集团公司第十八研究所	CN109830566A	H01L31/18
11	一种正向晶格失配三结太阳电池	本发明公开了一种正向晶格失配三结太阳电池，属于太阳能电池技术领域，自下而上依次包括锗衬底、$Ga_{0.5}In_{0.5}P$ 成核层、$Ga_{0.99}In_{0.01}As$ 缓冲层、第一隧道结、晶格渐变缓冲层、$Ga_{1-x}In_xAs$ 电池、第二隧道结、$(AlGa)_{1-y}In_yP$ 电池和帽层；晶格渐变缓冲层为 $(AlGa)_{1-x}In_xAs/(AlGa)_{1-x}In_xAs$ DBR，In 的组分从 0.01 渐变到 x；$Ga_{1-x}In_xAs$ 电池包括 N 型掺杂的 $Ga_{1-y}In_yP$ 发射区和 P 型掺杂的 $Ga_{1-x}In_xAs$ 基区；$(AlGa)_{1-y}In_yP$ 电池包括 N 型掺杂的 $(AlGa)_{1-y}In_yP$ 发射区和 P 型掺杂的 $(AlGa)_{1-y}In_yP$ 基区	中国电子科技集团公司第十八研究所	CN109755340A	H01L31/0687
12	利用离子液体添加剂提高钙钛矿太阳能电池效率的方法	本发明涉及一种利用离子液体添加剂提高钙钛矿太阳能电池效率的方法，属于有机光电技术领域。其工艺过程如下：制备前驱体混合溶液，将醋酸铅与碘甲胺溶解于 N，N-二甲基甲酰胺溶液中，形成混合溶液，加入 1-乙基氯化吡啶离子液体为添加剂配置成前驱体混合溶液；制备钙钛矿薄膜，将前驱体混合溶液旋涂成膜到带有 PEDOT：PSS 的导电玻璃衬底上，热台上退火，得到钙钛矿薄膜；沉积电子传输层，通过热蒸镀或溶液旋涂的方法将电子传输层沉积在钙钛矿薄膜；蒸镀对电极，通过真空镀膜蒸镀金属铝电极。本发明具有条件温和可控、制备简单、成本低，适用于大规模商业化生产等优点	中国电子科技集团公司第十八研究所	CN106816535B	H01L51/48

续表

序号	标题（中文）	摘要（中文）	申请人	公开（公告）号	IPC 主分类
13	一种砷化镓硅多结高效太阳电池的制备方法	本发明公开了一种砷化镓-硅多结高效太阳电池的制备方法，其特征在于至少包括如下步骤：采用扩散或者离子注入的方式制备 Si 太阳电池；制备 GaAs 太阳电池；在 Si 太阳电池与 GaAs 太阳电池上分别制备相同尺寸的金属栅线电极作为接触电极；使用透明环氧树脂将 Si 太阳电池与 GaAs 太阳电池按照接触电极图形对准键合；采用衬底剥离复用技术，使用 HF 酸将 AlAs 牺牲层腐蚀掉，得到 GaInP/InGaAs/Si 三结叠层太阳电池与复用的 GaAs 衬底；制作电池上下电极；制备电池减反射膜	中国电子科技集团公司第十八研究所	CN106653950B	H01L31/18
14	一种利用添加剂提高钙钛矿太阳电池效率的方法	本发明涉及一种利用添加剂提高钙钛矿太阳电池效率的方法，属于有机光电太阳电池技术领域。其特点是，利用添加剂提高钙钛矿太阳电池效率，包括以下工艺过程：将 PbI_2 溶解于 N，N-二甲基甲酰胺形成混合溶液，加入添加剂氨基锂配置成前驱体混合溶液，将前驱体混合溶液在常温下静置，旋涂成膜到带有 PEDOT：PSS 的导电玻璃衬底上，在热台上退火得到 PbI_2 层；将碘甲胺溶液滴在 PbI_2 薄膜上，反应后退火处理形成钙钛矿吸收层，通过热蒸镀或溶液旋涂的方法将电子传输层沉积在钙钛矿吸收层上；蒸镀对电极。本发明具有条件温和可控、制备方法简单、成本低，适用于大规模商业化生产等优点	中国电子科技集团公司第十八研究所	CN108336228A	H01L51/42
15	一种石墨烯染料敏化太阳能电池	一种石墨烯染料敏化太阳能电池，主要包括光电极基板、光电极膜、与光电极对置的对电极基板、对电极膜、保持在光电极基板与对电极基板之间的电解质层、密封材料和电解质注入孔；光电极基板与对电极基板之间用密封材料固定，电解质注入孔设置在对电极基板上，通过电解质注入孔将电解质注入光电极基板和对电极基板之间；其光电极膜采用石墨烯和二氧化钛，银、石墨烯和二氧化钛，硫化镉、石墨烯和二氧化钛中的一种复合膜	天津榛发科技有限责任公司	CN106876143A	H01G9/20
16	光谱转换材料、转光层材料、复合膜与太阳能电池	本发明提供了一种稀土光谱转换材料，本申请还提供了一种转光层材料，其包括：如式（Ⅰ）所示的无机稀土光谱转换材料、如式（Ⅱ）所示的有机稀土光谱转换材料与载体材料。本申请转光层材料中的无机稀土光谱转换材料同时具有上转换和下转换发光特性，能够吸收紫外光和红外光，转换为可见光，且有机稀土光谱转换材料具有量子产率高、光谱与晶硅太阳能电池光谱响应匹配好的优点，因此由转光层材料形成的复合膜应用于太阳能电池上，提高了太阳能电池的光电转换效率。$SrAl_2O_4$：Eu_{2+x}，Dy_{3+y}（Ⅰ）；Eu（TTA）$_3$Phen（Ⅱ）	天津包钢稀土研究院有限责任公司；包头稀土研究院	CN104893717B	C09K11/06

续表

序号	标题（中文）	摘要（中文）	申请人	公开（公告）号	IPC 主分类
17	一种适用于临近空间超长航时飞行器的柔性太阳电池阵	本发明涉及一种适用于临近空间超长航时飞行器的柔性太阳电池阵，属于物理电源技术领域，其从上到下依次是透明含氟聚合物薄膜、聚烯烃胶膜、电池串、聚烯烃胶膜、透明或白色聚合物膜的顺序叠层，电池串采用柔性多结砷化镓电池作为发电单元，采用电池交叠接触方式，实现电池之间的串并联，汇流条采用镀银铜芯编织扁软线，组件上表面采用含氟聚合物薄膜，下表面采用透明或白色聚合物薄膜封装，黏合剂采用热熔聚烯烃胶膜，在电池串正反两面分别与含氟透明聚合物薄膜和/或白色聚合物薄膜进行热熔黏合，柔性太阳电池阵一次高温层压成型。本发明牢固可靠、可弯曲扭转、质量面密度小、能源利用率高	中国电子科技集团公司第十八研究所	CN106816479A	H01L31/02
18	一种钙钛矿太阳电池空穴传输层的制备方法	本发明涉及一种钙钛矿太阳电池空穴传输层的制备方法，属于钙钛矿电池技术领域。工艺过程包括：制备氧化镍纳米片分散液，以氧化镍纳米片为基元，分散在去离子水、甲醇、乙醇、甲酰胺、N, N-二甲基甲酰胺、二甲亚砜、N-甲基吡咯烷酮、乙二醇或乙二胺中的一种或几种，得到浓度为 1 100 mg/mL 的氧化镍纳米片分散液；制备氧化镍纳米片薄膜，将氧化镍纳米片分散液以旋涂法涂覆到导电玻璃上，形成氧化镍纳米片薄膜；热处理得到空穴传输层，在 300~600 ℃空气或氧气气氛中热处理 30~60 min，自然冷却后获得厚度为 10~200 nm 的空穴传输层。本发明具有结晶度高、缺陷少、空穴传输速率高、光电性能良好等优点	中国电子科技集团公司第十八研究所	CN106803535A	H01L51/42
19	多结太阳能电池及其制备方法	本发明提供了一种多结太阳能电池，至少包括一底子电池和一位于所述底电池之上的顶子电池，所述顶子电池仅形成于所述底子电池的部分表面上，以减少顶子电池的受光面积，当光线入射至该多结太阳能电池时，部分光线直接由顶子电池下面的其余子电池吸收，降低所述顶子电池的电流	天津三安光电有限公司	CN104091849B	H01L31/0725
20	太阳电池芯片及其制作方法	本发明公开了一种高倍聚光太阳电池芯片，包括：太阳电池外延叠层；网格状金属纳米电极，覆盖于所述太阳电池外延叠层表面；栅状电极，形成于所述网格状金属纳米电极上；透明导电层，形成于所述网格状金属纳米电极之上，与所述的太阳电池外延叠层形成欧姆接触。本发明采用透明导电层大面积与电池外延片表面形成欧姆接触，大大降低了电极与电池外延片的接触电阻；采用网格状金属纳米电极嵌入透明导电层，大大提高了透明导电层的导电能力，解决了高倍聚光条件下透明导电层导电能力不足的问题；由于提高了透明导电层的电导率，所述的栅状电极可设计更宽的距离，提高了太阳光利用率	天津三安光电有限公司	CN103077977B	H01L31/0224

续表

序号	标题（中文）	摘要（中文）	申请人	公开（公告）号	IPC 主分类
21	光热一体化太阳能电池模组	本实用新型发明公开了一种高倍聚光光伏光热一体化太阳能电池模组，其包括：高效多结半导体化合物太阳能电池；背面带有热交换装置的接收器；聚光光学系统；液体循环系统。本实用新型发明可以在聚光多结太阳能电池发电的同时，将高倍聚光产生的热能通过水循环系统进行散热收集，既保证了光伏芯片的稳定性、延长了芯片寿命，又能充分利用热能，提高了太阳能的利用率	天津三安光电有限公司	CN203300681U	H01L31/052
22	多结太阳能电池及其制备方法	本发明公开了一种多结太阳能电池，特别是一种 $Ga_{0.5}In_{0.5}P/In_{0.01}Ga_{0.99}As/Ge$ 多结太阳能电池，其特征在于多结太阳能电池结构中包含叠层 $In_xGa_{1-x}As$ 量子点应力调制层，以及在应力调制下形成的多层自组装 InAs 量子点分子结构。本发明可以提升多结太阳能电池的电流，提高光电转换效率，同时增强多结太阳能电池的抗辐射性能	天津三安光电有限公司	CN103280482A	H01L31/0687I
23	多结太阳能电池及其制备方法	本发明公开了一种倒装多结太阳电池及其制备方法，其包括：衬底；第一子电池，倒装生长于衬底之上，具有第一带隙；第二子电池，倒装形成于第一子电池之上，具有小于第一带隙的第二带隙；第三子电池，倒装形成于第二子电池之上，具有小于第二带隙的第三带隙；第四子电池，倒装形成于第三子电池之上，具有小于第三带隙的第四带隙，第一、二、三、四子电池与衬底晶格匹配；渐变缓冲层，形成于第四子电池之上，克服第四、五子电池之间的晶格失配，具有小于第四带隙的第五带隙；第五子电池，倒装形成于其同质的渐变缓冲层之上，具有小于第五带隙的第六带隙。经过后期各种工艺，获得所需的太阳能电池。通过本发明可以制备出电流匹配、光谱吸收范围更广的高效多结太阳能电池	天津三安光电有限公司	CN103077983A	H01L31/0352
24	三结太阳能电池及其制备方法	本发明提供了一种具有 InGaAs 应力调制层结构的量子点太阳能电池结构和制备方法，其能有效控制多层量子点结构中每层量子点的尺寸均匀性，使每层量子点的带隙基本相同，减少光生载流子在不同尺寸量子点之间的转换损失，从而提高量子点结构的光谱响应，减少量子点间的跃迁损耗，提升三结电池短路电流，从而进一步提高多结太阳能电池光电转换效率	天津三安光电有限公司	CN102931271A	H01L31/078

续表

序号	标题（中文）	摘要（中文）	申请人	公开（公告）号	IPC 主分类
25	三结太阳能电池及其制备方法	本发明公开了一种三结太阳能电池及其制备方法，其制备工艺如下：提供 P 型 Si 衬底；在其上方扩散形成第一子电池，具有第一带隙；在第一子电池上方外延生长组分渐变的 $GaAs_xP_{1-x}$ 渐变缓冲层，具有大于第一带隙的第二带隙；在渐变缓冲层上方形成 GaAsP 第二子电池，有大于第一带隙的第三带隙；在第二子电池的上方形成 InGaP 第三子电池，具有大于第三带隙的第四带隙，其晶格常数与第二子电池匹配。通过同时调节 $GaAs_xP_{1-x}$ 第二子电池和 $In_yGa_{1-y}P$ 第三子电池中 As 和 P 的组分 x、y，可以实现两结电池在晶格匹配的情况下，带隙组合的多样性，此举大大拓宽了多结太阳能电池的选择空间	天津三安光电有限公司	CN102637775A	H01L31/18

5.5.5　专利运营实力定位分析

专利运营主要包括专利许可、转让等，下面对滨海新区 1999—2022 年的专利运营情况进行分析。我们将滨海新区的专利运营情况与天津市乃至全国范围内的数据进行对比，以便更准确地评估其专利运营实力，见表 5-26。

表 5-26　第三代新型太阳能电池领域专利运营情况

地区	转让数量（件）	许可数量（件）
滨海新区	4	0
天津	25	0
全国	1 275	99

图 5-13 展示了新型太阳能电池领域全国、天津以及滨海新区的专利运营情况对比数据。这些数据通过专利运营分析得出，揭示了滨海新区在新型太阳能电池领域的专利运营状况。值得注意的是，滨海新区在专利运营方面并未显示出活跃的态势。在全国范围内，滨海新区的专利运营情况明显落后于总体水平。具体来说，相比于全国的平均水平，滨海新区的新型太阳能电池领域相关专利并未发生任何许可或质押等专利运营活动。这种表现无疑凸显出滨海新区在专利运营方面的不足。即使在天津地区，滨海新区的专利运营状况也并不具备显著的优势。根据数据，虽然滨海新区发生了一定数量的专利转让，但这一数量明显低于天津的平均水平。这进一步印证了滨海新区在专利运营方面相较于天津地区也并无突出表

现。综上所述，我们可以明确地看到滨海新区在新型太阳能电池领域的专利运营活动并不活跃，既未能在全国范围内脱颖而出，也不具备在天津地区的竞争优势。这一现象无疑对滨海新区在新型太阳能电池领域的创新和发展产生了一定影响。

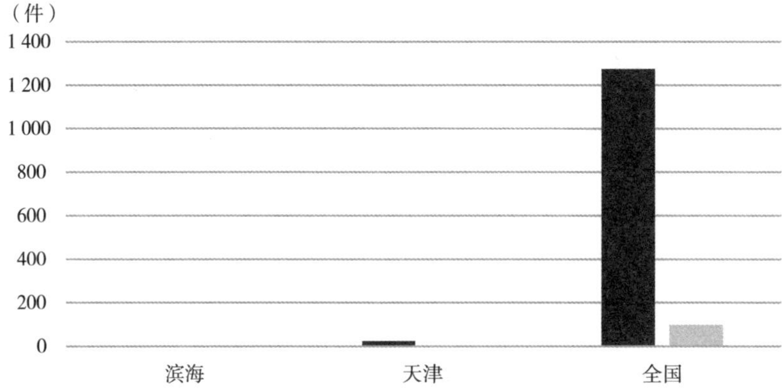

图 5-13　第三代新型太阳能电池领域专利运营情况对比

5.6　光伏产品产业发展定位分析

5.6.1　产业结构定位分析

中国光伏产业是近些年蓬勃发展起来的一个新兴产业，具有广阔的市场前景和发展潜力。中国光伏产业的定位应该以技术创新、市场开拓、品牌建设和质量提升为核心，同时注重提高企业的竞争力和国际化水平。

中国太阳能技术的显著发展和光伏市场的迅速扩大与国家的政策支持密切相关。在“十三五”规划中，中国政府明确提出，到 2020 年通过非化石能源满足约 15% 的全国能源需求。这一目标不仅体现了国家对于可再生能源发展的高度重视，同时也推动了太阳能技术的快速发展。尽管中国的太阳能技术已经取得令人瞩目的成绩，但政府仍在继续激励和推动这一领域的技术进步。

中国半导体设备行业数十年的技术积累以及与一流光伏电池企业的深度合作，为中国光伏设备企业提供了强大的太阳能电池制造设备整线装备能力。这些企业通过连续多年的不懈努力，已经能够基本满足太阳能电池制造设备的整线装备需求。在建线方案中，国产设备与进口设备混搭成为主流。然而，随着中国光伏设备企业技术水平的不断提高，国产设备的数量已经占据多数。这一趋势不仅表明中国光伏设备行业的快速发展，也为中国太阳能技术发展提供了强有力的支持。中国光伏设备企业从硅材料生产、硅片加工到太阳能电池芯片的生产以及相应的纯水制备、环保处理、净化工程的建设，已经初步具备成套供应能力，部分产品如扩散炉、等离子刻蚀机、单晶炉、多晶铸锭炉等开始少量出口，可提供 10 种太阳能电池大生产线设备中的 8 种，其中有 6 种（扩散炉、等离子刻蚀机、清洗/制绒机、石英管清洗机、低温烘干炉）已在国内生产线上占据主导地位，2 种（管式 PECVD、快速烧结炉）与进口设备并存且份额正逐步增大。此外，全自动丝网印刷机、自动分拣机、平板式 PECVD 则完全依赖进口。组件生产用的层压机、太阳能模拟器等在行业获得广泛应用。硅材料加工设备中单晶炉以优良的性价比占据了国内市场的绝对统治地位并批量出口亚洲，多线切割机已取得突破，多晶硅铸锭炉已经开始大量在国内企业中使用。

5.6.2　企业创新实力定位分析

在分析企业创新能力方面，我们主要关注天津市滨海新区光伏产品申请人申请数量排名情况。根据最新数据，截至 2022 年 12 月，滨海新区在光伏产品应用领域的专利申请人数量已达到 233 位，这一数字在光伏产业中具有重要影响力。为了深入了解该领域的主要申请人，我们详细考察了各个申请人的专利申请情况，见表 5-27。

其中，中国电子科技集团公司第十八研究所是滨海新区光伏产业的主要申请人。作为国内领先的电子科技企业，其不仅拥有强大的研发实力，还积极推动技术创新，为光伏产品的研发和应用贡献力量。据统计，该公司在光伏产品应用领域的专利申请量达到了 15 件，这充分体现了其在光伏产业的创新领导地位。天津环宇阳光新能源科技有限公司作为一家致力于新能源技术研发和应用的企业，积极推动太阳能技术的创新和应用，为光伏产品的研发和生产做出了贡献。据统计，该公司在光伏产品应用领域的专利申请量达到了 12 件，这表明其在光伏产业具有一定的创新能力。天津巴莫科技股份有限公司在光伏产品的研发和应用方面也取得了一定的成绩。据统计，该公司在光伏产品应用领域的专利申请量达到了 9 件，这表明其在光伏产业具有一定的技术实力和创新能力。

总体来说，滨海新区在光伏产品应用领域的专利申请虽然较为分散，但主要申请人如中国电子科技集团公司第十八研究所、天津环宇阳光新能源科技有限公司、天津巴莫科技股份有限公司等在光伏产业中具有较高的创新能力和技术实力。这些企业的创新能力不仅推动了滨海新区光伏产业的发展，也为国内光伏产业的创新发展提供了强有力的支持。

表 5-27　滨海新区光伏产品相关专利申请人

排名	申请人	专利申请量(件)
1	中国电子科技集团公司第十八研究所	15
2	天津环宇阳光新能源科技有限公司	12
3	天津巴莫科技股份有限公司	9
4	天津津能滨海新能源有限公司	8
5	天津市贝斯特防爆电器有限公司	7
6	国家电网有限公司	6
7	国网天津市电力公司	6
8	国网天津市电力公司电力科学研究院	6
9	天津英利新能源有限公司	6
10	中国铁路设计集团有限公司	5
11	天津创盛新能源科技有限公司	5
12	天津北杰科技有限公司	5
13	天津巴莫科技有限责任公司	5
14	天津滨新太阳能发电有限公司	5
15	万世谦成(天津)文化科技有限公司	4
16	嘉和宝(天津)节能环保科技有限公司	4
17	天津中星互联科技有限公司	4
18	天津中电新能源研究院有限公司	4
19	天津市坤宇清源科技有限公司	4
20	天津力神电池股份有限公司	3

表 5-28 展示了全球、中国、天津以及滨海新区在光伏产品领域的主要技术拥有者专利申请量情况。从综合数据来看,滨海新区在光伏产品领域的专利申请人总体数量较少,专利申请量也相对较少。与全球和全国的主要申请人相比,滨海新区的专利申请量和申请人数量都存在明显的差距。滨海新区在光伏产品领域的专利申请量并未与其地位相匹配。这可能是因为该地区在相关领域的研发投入相对较少,科技创新的潜力尚未得到充分释放。

表 5-28　光伏产品领域国内外主要技术拥有者专利申请量

滨海新区		天津	
申请人	专利申请量(件)	申请人	专利申请量(件)
中国电子科技集团公司第十八研究所	15	天津大学	160
天津环宇阳光新能源科技有限公司	12	河北工业大学	76
天津巴莫科技股份有限公司	9	南开大学	42
天津津能滨海新能源有限公司	8	天津理工大学	35
天津市贝斯特防爆电器有限公司	7	王锦林	35
国家电网有限公司	6	天津城建大学	31
国网天津市电力公司	6	天津工业大学	30
国网天津市电力公司电力科学研究院	6	天津市双鑫锅炉辅机有限公司	30
天津英利新能源有限公司	6	国网天津市电力公司	28
中国铁路设计集团有限公司	5	中国电子科技集团公司第十八研究所	27
全国		全球	
申请人	专利申请量(件)	申请人	专利申请量(件)
芜湖美的厨卫电器制造有限公司	861	松下电工有限公司	5 870
青岛经济技术开发区海尔热水器有限公司	715	能率株式会社	2 950
美的集团股份有限公司	597	三菱电机株式会社	2 844
珠海格力电器股份有限公司	514	林内集团	1 294
海尔智家股份有限公司	468	加斯塔尔公司	1 161
广东万家乐燃气具有限公司	332	科罗娜公司	1 071
广东顺德光晟电器股份有限公司	315	大阪燃气公司	1 026
国家电网公司	302	东陶有限公司	905
中南大学	290	松下公司	877
广东万和新电气股份有限公司	248	芜湖美的厨卫电器制造有限公司	861

5.6.3　创新人才储备定位分析

专利发明人是技术创新人员的直观体现,通常是推动技术进步和促进创新发展的重要力量。通过对滨海新区光伏产品领域技术创新人才储备情况的分析,我们可以更好地了解该领域的创新实力和人才储备情况。为了了解滨海新区光伏产品领域技术创新人才储备情况,我们主要从专利发明人数量等方面进行检索和调查。经过调查，我们发现滨海新区在光伏产品领域的发明人共有119位，这些发明人为该领域的技术创新做出了重要贡献。表5-29显示了排名前十五发明人的情况，这些发明人在该领域的专利申请量较多，具有较高的技术实力和创新能力。其中，专利申请量在10件及以上的发明人有10人，分别是徐宁（14件）、吴凯方（12件）、吴刚毅（12件）、李嘉琦（12件）、王春勇（12件）、秦永刚（12件）、谭亚平（12件）、陈姗姗（12件）、高清尧（12件）、吴孟涛（10件）。这些发明人在光伏产品领域的创新成果显著，为该领域的技术进步做出了重要贡献。

综上所述，滨海新区在光伏产品领域的发明人数量较多，具有较高的技术实力和创新能力，这些发明人为该领域的技术创新做出了重要贡献，充分体现了滨海新区在光伏产品领域的技术实力和创新能力。

表5-29 滨海新区光伏产品领域主要发明人

排名	发明（设计）人	专利申请量（件）
1	徐宁	14
2	吴凯方	12
3	吴刚毅	12
4	李嘉琦	12
5	王春勇	12
6	秦永刚	12
7	谭亚平	12
8	陈姗姗	12
9	高清尧	12
10	吴孟涛	10
11	吕菲	9
12	刘兴江	7
13	王申贵	7
14	王起运	7
15	乐洋	6

表5-30和图5-14展示了光伏产品领域滨海新区的专利申请量与天津、全国以及全球的专利申请量之间的对比关系。可以看出，滨海新区的核心发明人的专利数量在全市乃至全国范围内的占比仍然相对较低，这表明该区域的科技创新还有很大的提升空间。然而，值得注意的是，中国在该领域的总专利申请量与全球专利申请总

量非常接近，这显示出中国在光伏产品领域具有显著的影响力和竞争力，并已经达到世界领先水平。

表5-30 光伏产品领域滨海新区与全球、全国、天津市主要发明人的专利数量对比

滨海新区		天津	
发明(设计)人	专利申请量(件)	发明(设计)人	专利申请量(件)
徐宁	14	潘月双	37
吴凯方	12	王锦林	35
吴刚毅	12	李伟	19
李嘉琦	12	张文	16
王春勇	12	赵明	16
秦永刚	12	姚万祥	15
谭亚平	12	徐宁	15
陈姗姗	12	杨程丽	15
高清尧	12	陈军	15
吴孟涛	10	陈勇	15
全国		全球	
发明(设计)人	专利申请量(件)	发明(设计)人	专利申请量(件)
刘运柳	388	刘运柳	388
王明	298	Ohama Masahiro	316
王永向	288	Watanabe Takeji	299
刘成	251	王明	298
潘叶江	236	王永向	288
仇明贵	228	刘成	251
曲绍鹤	226	潘叶江	236
梁国荣	217	Kubota Hideji	232
孙强	212	仇明贵	228
刘洋	190	曲绍鹤	226

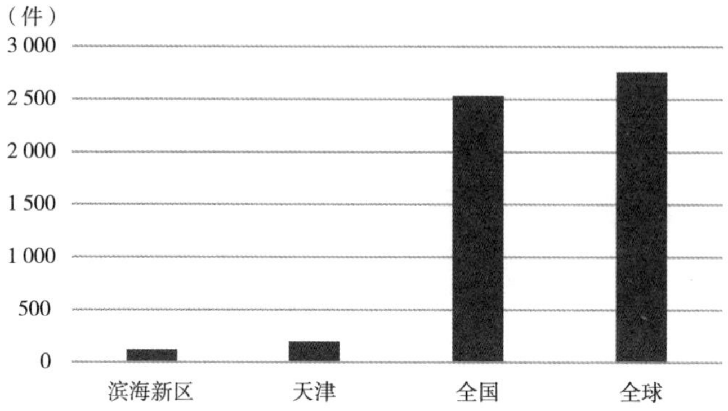

图 5-14　光伏产品领域发明人专利申请量对比

5.6.4　重点专利分析

滨海新区在光伏产品领域的专利申请主要涉及领域见表 5-31，其技术构成如图 5-15 所示。

表 5-31　光伏产品领域滨海新区专利设计技术分类

IPC 分类号（小类）	专利申请量（件）
H02S（由红外线辐射、可见光或紫外光转换产生电能，如使用光伏（PV）模块（从放射性源获取电能入 G21H1/12；无机光敏半导体器件入 H01L31/00；热电器件入 H01L35/00，H01L37/00；有机光敏半导体器件入 H01L51/42））	141
H02J（供电或配电的电路装置或系统；电能存储系统）	98
F24H（一般有热发生装置，例如热泵；流体加热器，例如水或空气的加热器（蒸汽发生入 F22））	86
H01M（用于直接转变化学能为电能的方法或装置，例如电池组）	57
H05B（电热；其他类目不包含的电照明光源；一般用于电照明光源的电路）	46
F24S（太阳能热收集器；太阳能热系统（用于从太阳能产生机械能的入 F03G6/00））	42
E04H（专门用途的建筑物或类似的构筑物；游泳或喷水浴槽或池；桅杆；围栏；一般帐篷或天篷（基础入 E02D））	24
H01L（半导体器件；其他类目中不包括的电固体器件（使用半导体器件的测量入 G01；一般电阻器入 H01C；磁体、电感器、变压器入 H01F；一般电容器入 H01G；电解型器件入 H01G9/00；电池组、蓄电池入 H01M；波导管、谐振器或波导型线路入 H01P；线路连接器、汇流器入 H01R；受激发射器件入 H01S；机电谐振器入 H03H；扬声器、送话器、留声机拾音器或类似的声机电传感器入 H04R；一般电光源入 H05B；印刷电路、混合电路、电设备的外壳或结构零部件、电气元件的组件的制造入 H05K；在具有特殊应用的电路中使用的半导体器件见应用相关的小类））	21
F24D（住宅供热系统或区域供热系统，例如集中供热系统；住宅热水供应系统；其所用部件或构件（利用从蒸汽机装置抽出或排出的蒸汽或凝结水来供热入 F01K17/02））	19
E04D（屋面覆盖层；天窗；檐槽；屋面施工工具（用灰泥或其他多孔材料作外墙的面层入 E04F13/00））	16

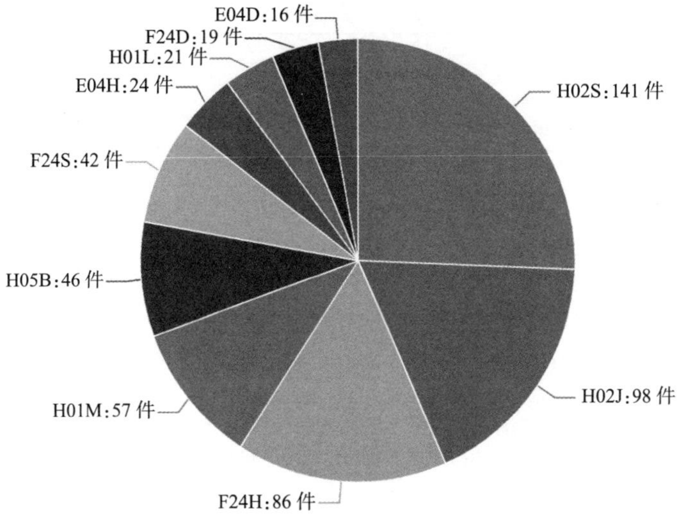

图 5-15　光伏产品关键技术的技术构成

由 H02S（由红外线辐射、可见光或紫外线转换产生电能）、H02J（供电或配电的电路装置或系统；电能存储系统）、F24H（一般有热发生装置）、H01M（用于直接转变化学能为电能的方法或装置）等领域筛选出滨海新区该领域相关重点专利 29 项，申请人主要集中在中国电子科技集团公司第十八研究所、天津力神电池股份有限公司、天津环宇阳光新能源科技有限公司等，具体见表 5-32。

表 5-32　光伏产品领域滨海新区重点专利

序号	标题	摘要	申请人	公开（公告）号	IPC 主分类
1	一种燃油热水器加热装置	本实用新型发明涉及有热发生装置的水加热器技术领域，且公开了一种燃油热水器加热装置，包括加热箱，加热箱的侧端开设有进风口和进水口，加热箱的顶端贯穿连接有进油管、点火器和排烟管，加热箱的底端贯穿连接有出水口，加热箱的内壁固定连接有隔热板，加热箱的内部固定连接有燃烧室，进油管贯穿连接燃烧室的顶端，燃烧室顶端开设有通风口，通过油进行燃烧时产生的烟通过进烟口向外排出，一是令燃烧室内形成等压的风道，促进燃烧，二是第一盘管处于燃烧室内，燃烧过程中同时加热第一盘管，从而让第一盘管吸收的热量和第一盘管内被加热的烟一起传导至第二盘管中，使加热室内的水被第二盘管二次加热，提高加热效率，节省能源	天津市贝斯特防爆电器有限公司	CN219160606U	F24H1/18

续表

序号	标题	摘要	申请人	公开(公告)号	IPC 主分类
2	通过光谱拆分技术利用自然光源进行室内植物栽培的设备	本发明为一种通过光谱拆分技术利用自然光源进行室内植物栽培的设备,其特征在于包括采光设施、光谱拆分装置、光线传输装置、配光装置、农业生长功能区、转换装置、光电转换装置、光伏电源、生产设施,所述采光设施安装在户外,所述采光设施和光谱拆分装置连接,所述光谱拆分装置通过光线传输装置和配光装置连接,所述配光装置分别和农业生长功能区上侧及两侧的光源、转换装置、光电转换装置连接。本发明通过光学组件把太阳光或其他混合光源拆分并传输到不同功能分区,如适用于作物生长的谱线范围内的光被用于培育植物,适被用于光伏转化的光谱用于光伏发电,适用于光热转化的光被用于加热介质,其他的可以用于辅助照明	天津盛茂科技有限公司	CN116164257A	F21V9/00
3	一种微型气象站	本实用新型发明涉及气象监测技术领域,且公开了一种微型气象站,包括监测机构,具体包括装置壳体、固定杆、风速传感器、温度传感器、湿度传感器、控制面板、旋转机构,所述装置壳体上端固定安装有支撑柱,所述支撑柱固定贯穿固定杆,所述支撑柱上端固定安装有支撑壳体,所述支撑壳体内部固定安装有电机,所述电机的型号为 60 KTYZ,所述电机动力输出端顶端固定安装有支撑板。本实用新型发明设有支撑壳体、电机、支撑板、固定板,在实际使用过程中,通过电机驱动支撑板进行旋转,使光伏发电板可以跟随太阳的移动调整自身的朝向,从而使光伏发电板可以在有阳光的时间中,尽可能地通过自身进行发电存储	天津赛威智慧科技有限公司;天津市肿瘤医院(天津医科大学肿瘤医院)	CN218974620U	G01W1/02
4	一种高原燃油热水器及对水的加热方法	本发明公开了一种高原燃油热水器及对水的加热方法,涉及高原燃油热水器技术领域,包括加热筒以及设置在加热筒内的加热管,加热管呈螺旋结构分布,且固定在托盘的上端,出水管侧壁上下两侧分别连接有回流管和引流管,回流管端部与水箱的侧壁上端连接,封闭结构通过插接孔转动插接有转动杆,转动杆位于出水管内的一端连接有橡胶塞,橡胶塞远离转动杆的一端开设有延伸至橡胶塞径向侧壁的 L 形导液孔,供油管的端部连接有喷油嘴。本发明利用燃油燃烧为流经螺旋结构的加热管内的水快速加热,满足高原地区热水供需,通过回流管回流凉水,避免凉水直接流出浪费,凉水回流完以后打开引流管流出热水,解决了打开阀门凉水直接流掉而造成水资源浪费的问题	天津市贝斯特防爆电器有限公司	CN116007189A	F24H1/16

续表

序号	标题	摘要	申请人	公开(公告)号	IPC 主分类
5	一种汽车铝合金前机盖结构	本实用新型发明提供了一种汽车铝合金前机盖结构,包括前机盖,前机盖的前侧一体化设置有加强肋板,加强肋板的前侧四角部位分别胶接有缓冲垫,前机盖的四周部位胶接有侧密封条。本实用新型发明橡胶条、凹槽和电阻丝加热条的设置,有利于实现融化前机盖四周的结冰的功能	天津市德立汽车部件有限公司	CN218892620U	B62D25/12
6	一种热泵制热水供热水装置	本实用新型发明公开了一种热泵制热水供热水装置,包括热泵储水罐,所述热泵储水罐顶部的一端设有进水口,所述热泵储水罐的一端开设出水口,所述出水口的一端连接第一输水管,所述第一输水管的一端通过内牙弯头连接有第二输水管,所述第二输水管的一端通过内牙弯头连接有第三输水管,所述热泵储水罐的另一端设置有接线板,所述热泵储水罐的内部设有铜管,所述第一输水管、第二输水管和第三输水管的内侧均设有保温层。该新型热泵制热水供热水装置设有能够对热泵储水罐内部的热水进行二次加热的结构,避免热水在运输的过程中发生热量流失的现象,且能够对输水管道中的热水进行温度方面的监测,实用性较好,适合广泛推广使用	天津开天科技有限公司	CN218820976U	F24H1/20
7	一种柔性抗拉扯光伏组件及其制备方法	本发明公开了一种柔性抗拉扯光伏组件及其制备方法,属于光伏组件技术领域,其特征在于自上而下依次包括保护层、发电层和功能层;在所述保护层和发电层之间设置有粘连层,在所述发电层和功能层之间设置有粘连层;所述发电层为柔性太阳能电池;所述保护层为低水汽透过率树脂;所述功能层为抗拉扯蒙皮材料。本发明中的柔性抗拉扯光伏组件可以在多种环境、多种地形进行随机铺设,并且具有抗拉扯能力,在光照发电的同时,能够提供遮挡功能	中国电子科技集团公司第十八研究所	CN115832088A	H01L31/048
8	别墅户用零耗能 BIPV/T 系统及其最大功率点控制方法	本发明涉及一种别墅户用零耗能 BIPV/T 系统及其最大功率点控制方法,包括房屋和车棚,在房屋上安装有光伏屋顶和透明光伏窗户,在车棚上安装有光伏车棚顶;所述光伏屋顶、光伏车棚顶和透明光伏窗户用于将太阳能转化为电能;该光伏屋顶、光伏车棚顶和透明光伏窗户的输出端分别与第一 MPPT 模块、第二 MPPT 模块和第三 MPPT 模块相连接,用于通过 MPPT 模块保持发电设备输出电功率最大;所述第一 MPPT 模块、第二 MPPT 模块和第三 MPPT 模块的输出端和光伏逆变器相连接,将直流电转化为 220 V 交流电;所述光伏逆变器的输出端通过电源切换装置分别与充电桩和蓄电池系统相连接,并为其供电。本发明能够实现最大功率点跟踪	国网天津市电力公司电力科学研究院; 国网天津市电力公司; 国家电网有限公司; 华北电力大学	CN115789757A	F24D15/02

续表

序号	标题	摘要	申请人	公开(公告)号	IPC 主分类
9	一种清洁式燃油热水器及其清理方法	本发明公开了一种清洁式燃油热水器及其清理方法，属于热水器技术领域，包括框架，框架一侧设置有提供燃料的油箱，油箱顶端设置有控制装置开关的控制器，油箱外侧设置有水泵，水泵顶端设置有管道，且管道外侧设置有压力表对其内部压力进行实时监测，水泵外侧设置有对水流进行加热的盘管式燃油加热器，盘管式燃油加热器顶端设置有用于排放烟气的烟囱，烟囱内侧设置有限位块，限位块一端设置有可在限位块外侧滑动的清理组件，清理组件外侧设置有对烟囱内侧进行清洁的清洁擦，烟囱外侧底端设置有对清理组件提供动力来源的电磁铁，电磁铁与控制器电性连接，可通过控制控制器改变电磁铁通电状态	天津市贝斯特防爆电器有限公司	CN115789952A	F24H1/00
10	一种基于粒子群算法的 CPS 系统与电网互动调控方法	本发明涉及一种基于粒子群算法的 CPS 系统与电网互动调控方法，所述 CPS 系统包括太阳能光伏和风机两种新能源发电设备，还包括蓄电池和交直流负荷，首先采集风力发电量、光伏发电量和用电负荷量，每日 0 点至 12 点，蓄电池放电，CPS 系统向电网售电，售电量＝光伏总发电量+风机总发电量+蓄电池放电量-用户用电负荷；每日 12 点至 24 点，蓄电池充电，系统向电网购电，购电量＝用户用电负荷+蓄电池充电量-光伏总发电量-风机总发电量，以 CPS 系统日运行成本最低以及能耗最低为目标函数，建立优化模型，通过粒子群算法计算验证。本发明方法能够让设备在运行中更快(需要约 50 天)达到稳定状态，使设备运行成本和能耗达到稳定值	国网天津市电力公司电力科学研究院；国网天津市电力公司；国家电网有限公司	CN115765010A	H02J3/38
11	一种电热水器内胆与外壳连接的隔热绝缘装置	本实用新型发明公开了一种电热水器内胆与外壳连接的隔热绝缘装置，涉及热水器领域，包括热水器外壳，热水器外壳的内壁活动安装有绝缘套，绝缘套的一侧固定安装有连接板，绝缘套的内壁固定安装有隔热层，隔热层的内壁固定安装有热水器内胆，连接板的一侧对称固定安装有两个把手，热水器外壳上固定套接有固定环，固定环上转动安装有转动环，转动环上活动安装有两个固定卡块。通过绝缘套、隔热层等结构的设置，将隔热层与热水器内胆设置在绝缘套内，能够将热水器外壳与热水器内胆阻隔，隔热层能够减少热水器内胆的热量流失，绝缘套能够在不影响内胆隔热效果的同时起到绝缘的效果，避免漏电情况的发生	天津优诺金泉环保科技有限公司	CN218544824U	F24H1/18

续表

序号	标题	摘要	申请人	公开(公告)号	IPC主分类
12	应用于36 V及36 V以下的管道流动水智能加热系统	本申请涉及一种应用于36 V及36 V以下的管道流动水智能加热系统,智能加热系统设于管道上,智能加热系统包括:加热元件,用于对流动水进行逐级加热;控制元件,与加热元件电连接,用于控制加热元件的通断;变压器,与加热元件、控制元件均电连接,用于向加热元件与控制元件供电;其中,控制元件可控制变压器的输出电压,变压器转换后的电压为0~36 V的直流电或交流电。本申请通过利用变压器向控制元件与加热元件进行供电,然后利用控制元件控制加热元件进行工作,加热元件对管道内的流动水进行加热,使管道内的流动水变成温水或热水等能够满足用户需求的水,减少了对管道内冷水水资源的浪费,同时降低了用户的用水成本	天津众易创科技有限公司	CN218511172U	F24H1/14
13	一种应用于风机的高稳定性材料备用电源装置	本实用新型发明涉及备用电源技术领域,具体涉及一种应用于风机的高稳定性材料备用电源装置,包括UPS电源、扩容蓄电池和收纳箱体等;UPS电源并联连接有扩容蓄电池,UPS电源和扩容蓄电池放置在半封闭式的收纳箱体内。风机故障时,UPS电源与扩容蓄电池配合为风机负载逆向供电,保证风机负载的正常运行,避免因突然断电导致风机负载设备受损;光伏板将太阳能转化为电能,为UPS电源提供稳定的电源支持,实现为风机负载提供稳定、长久的供电支持	天津市津能风电有限责任公司	CN218449599U	H02J9/06
14	一种电池正极材料及其制备方法以及应用	本发明提供了一种电池正极材料,包括正极材料核芯以及包覆于所述正极材料核芯表面的包覆层,所述包覆层包括氟化物和含锂磷酸盐。在本发明中,氟化物和含锂磷酸盐复合后的离子传导具有协同效应,离子传导率大于单一氟化物或含锂磷酸盐;另外,氟化物和含锂磷酸盐形成的复合包覆层对电极/电解液界面稳定性的提升效果,可以显著提高循环稳定性,抑制金属溶出	天津巴莫科技有限责任公司	CN115602820A	H01M4/36
15	一种基于半透光伏组件的低能耗建筑多维能量管理方法	本发明公开了一种基于半透光伏组件的低能耗建筑多维能量管理方法,涉及太阳能能量管理技术领域,包括:构建光电热能源系统中电气设备的优化决策模型;以建筑内净剩余功率达到最小为优化目标,构建光电热能源系统能量优化调控策略;构建光电热能源系统中不确定参数的线性约束机制,将不确定参数表示为带有概率分布模糊集的区间数形式,获得基于光电热能源系统的混合整数线性优化模型;将家庭电气设备的运行参数、用户舒适度设定参数以及混合整数线性优化模型输入CPLEX求解器中,基于滚动优化的方法与CPLEX组合求解,获得家庭电气设备的优化调度结果。该方法可以在不确定环境下保障用户舒适度,并且降低优化结果的保守性	中国铁路设计集团有限公司;东北电力大学	CN115603346A	H02J3/32

续表

序号	标题	摘要	申请人	公开(公告)号	IPC 主分类
16	一种便于水循环的电热水器	本实用新型发明涉及一种便于水循环的电热水器，包括热水器，所述热水器上设置有循环机构和搅拌机构，所述循环机构包括连接管、承接壳、进气管、支撑架、加热套、固定架、循环管和折流箱，支撑架上下两端分别安装有承接壳和折流箱，支撑架上安装有固定架，循环机构设计通过多个加热套对循环管内的空气进行预加热，可以满足热水器的工作温度要求，大大提升加热的效率，避免出现无法加热的情况	嘉和宝(天津)节能环保科技有限公司	CN218269561U	F24H1/18
17	一种长料座铲板工艺水煮箱	本实用新型发明提供了一种长料座铲板工艺水煮箱，包括水煮箱本体、温控单元、箱盖，所述水煮箱本体内部被设置为盛放水和放置料座；所述水煮箱本体上设置有所述温控单元，用于对设置在所述水煮箱本体内部的水进行加热进而软化所述料座表面的胶体；所述箱盖通过滑移单元连接于所述水煮箱本体的开口端。本实用新型发明的有益效果是由电加热棒、热电偶组成的温控系统应用了闭环控制，实现了料座的精准温度控制；采用无杆气缸实现箱盖的闭合，拨块与拨杆采用间隙配合，运动方向不受力，运动流畅、可靠。通过设置无杆气缸、直线导轨、电磁阀、电加热棒、热电偶等部件，实现了料座的恒温水煮、料座表面胶体软化，同时有热电偶的温度实时检测，可防止水煮箱被干烧	天津环博科技有限责任公司	CN218139082U	B28D5/00
18	应用于36 V及36 V以下的管道流动水智能加热系统及控制方法	本申请涉及一种应用于36 V及36 V以下的管道流动水智能加热系统及控制方法，智能加热系统设于管道上，智能加热系统包括：加热元件，用于对流动水进行逐级加热；控制元件，与加热元件电连接，用于控制加热元件的通断；变压器，与加热元件、控制元件均电连接，用于向加热元件与控制元件供电；其中，控制元件可控制变压器的输出电压，变压器转换后的电压为0~36 V的直流电或交流电。本申请通过利用变压器向控制元件与加热元件进行供电，然后利用控制元件控制加热元件进行工作，加热元件对管道内的流动水进行加热，使管道内的流动水变成温水或热水等能够满足用户需求的水，减少了对管道内冷水水资源的浪费，同时降低了用户的用水成本	天津众易创科技有限公司	CN115451579A	F24H1/14

续表

序号	标题	摘要	申请人	公开(公告)号	IPC 主分类
19	一种太阳能漂浮电池及其应用	本发明提供了一种太阳能漂浮电池,包括壳体、储能模块、收纳模块;其中,所述收纳模块位于所述壳体内,所述储能模块位于所述壳体内或作为所述壳体的一部分;所述收纳模块中包含可收缩线缆;所述可伸缩线缆至少一部分位于所述收纳模块中;所述储能模块包括光伏发电单元。本发明的有益效果是太阳能板能够将光能转化为电能,并将电能储存至储能模块中,使用清洁能源为设备持续供电更加绿色环保,且在太阳能供电不足时,储能模块可以连接外部电源为设备持续供电,兼顾节能的同时,又能保证设备的正常使用	天津望圆智能科技股份有限公司	CN115459707A	H02S40/38
20	一种气体电加热装置	本发明公开了一种气体电加热装置,包括内部为空腔的圆柱形结构的加热主体和控制器,所述的加热主体一端设置为进气口、加热主体另一端设置为出气口,加热主体的内部空腔形成内腔,所述的内腔中铺置有加热丝,所述的出气口设置有出气口温度传感器,所述的内腔中设置有内腔温度传感器,所述的加热丝、内腔温度传感器、出气口温度传感器均与控制器电连接,增大与气体接触面积的同时,也能使气体均匀加热、提高加热效率	天津航天瑞莱科技有限公司;北京强度环境研究所	CN218001821U	F24H3/00
21	电气柜的保温装置	本实用新型发明涉及电气柜的技术领域,特别是涉及一种电气柜的保温装置,该电气柜的保温装置包括柜体、两个第一加热机构、加热油箱和循环泵,柜体具有放置腔及与放置腔连通的取放口,取放口处设置有柜门;两个第一加热机构设置于放置腔的内侧壁上,两个第一加热机构关于取放口对称设置,且两个第一加热机构分别包括安装板以及设置于安装板上第一散热盘管;加热油箱设置于放置腔内,且加热油箱的内部设置电加热管;循环泵的输入端与加热油箱连通,输出端与两个第一散热盘管的输入端连通;其中,两个第一散热盘管的输出端均与加热油箱连通,该电气柜的保温装置可以对电气柜的内部进行保温,操作简便,提高使用可靠性	天津智创未来科技有限公司	CN217883881U	H05B3/40

续表

序号	标题	摘要	申请人	公开(公告)号	IPC 主分类
22	一种光伏清洗机器人	本实用新型发明公开了一种光伏清洗机器人，包括集尘箱，所述集尘箱的顶部表面一侧铰接有安装壳，所述安装壳的一侧安装有光伏板，所述安装壳的一侧通过螺栓安装有箱体，所述箱体的一侧侧壁的两侧均设置有电动伸缩杆，所述安装壳的一侧表面滑动连接有滑动板。该光伏清洗机器人通过集尘箱、吸尘箱和第一气缸等，能够实现通过转轴外圈所设置的清洗刷对楼顶进行清洗，节省人力；通过设置第二气缸、安装壳和光伏板等，可将光伏板通过阳光的照射将所发的电存入集尘箱内所设置的蓄电池中，从而实现节省能源的目的，通过设置箱体、滑动板和电动伸缩杆等，可降低灰尘对光伏板利用太阳光发电的影响	澜猫(天津)新材料科技有限公司	CN217801735U	B25J11/00
23	一种方便维护的电加热器	本实用新型发明公开了一种方便维护的电加热器，包括设备基板、电加热器、支台和进水管，还包括卡装机构和漏接机构，所述卡装机构由卡座、侧槽、定位孔 A、边块、定位孔 B 和定位销构成，所述电加热器的底端安装有支台，在设备基板与电加热器的支台之间设置有卡装机构，当电加热器在设备基板表面安装时，可以将边块嵌入卡座的侧槽内，此时卡座的定位孔 A 与边块的定位孔 B 互通，使用定位销嵌入定位孔 A 和定位孔 B 之间进行卡接，此时电加热器与设备基板完成安装，若将定位销拔出定位孔 A 和定位孔 B 后，便可将边块侧向滑出侧槽，此时便可完成电加热器与设备基板之间的拆卸，实现电加热器在设备基板处的便捷拆装维护	屹孚热控(天津)科技有限公司	CN217825390U	H05B3/02
24	一种高温高压流体电加热器	本实用新型发明公开了一种高温高压流体电加热器，包括装置本体、第一保护组件和第二保护组件，还包括顶盖，所述装置本体顶端连接有顶盖，所述装置本体外侧设有第一保护组件，所述第一保护组件相对设有两组，所述顶盖顶端固定连接有电加热箱，所述顶盖位于电加热箱的上方设有第二保护组件，所述第二保护组件通过支腿与顶盖连接；所述第一保护组件包括保护件、第一缓冲垫和缓冲条。第一保护组件的设计，能够对装置本体两侧进行保护，能够避免装置本体受到碰撞，通过第二保护组件的设计，能够对顶盖顶端的电加热箱进行保护，同时位于安装板上的风扇朝着电加热箱吹风，从而能够加快电加热箱的散热效率，进而能够延长装置本体的使用寿命	屹孚热控(天津)科技有限公司	CN217825391U	H05B3/02

续表

序号	标题	摘要	申请人	公开(公告)号	IPC 主分类
25	一种具有保护功能的空气能热水装置	本实用新型发明涉及一种具有保护功能的空气能热水装置,包括底座、空气能热水器本体和室外机,所述空气能热水器本体与底座连接,所述室外机上设置有防护装置,所述防护过滤装置包括第一外框、第二外框和基座,所述第一外框和第二外框均与基座可拆卸连接,所述第一外框和第二外框分别设置两个,且依次可拆卸连接,所述第一外框和第二外框上分别设置有开口槽,开口槽上从外至内依次安装有过滤网和无纺布,防护过滤装置能有效地保护室外机,避免室外机受到破坏,延长室外机的使用寿命	嘉和宝(天津)节能环保科技有限公司	CN217685883U	F24H4/02
26	一种 GPHS 型电模拟热源结构	本发明提供了一种 GPHS 型电模拟热源结构,包括骨架、上盖、下盖,所述骨架内置电加热丝,所述上盖设置在所述骨架上部,所述上盖上设有第一电输入端子和第二电输入端子,所述第一电输入端子和第二电输入端子分别与所述电加热丝两端连接,所述下盖设置在所述骨架下部,所述骨架、上盖、下盖封装于所述电模拟热源的壳体内。本发明的有益效果是有效增加了电模拟热源中电加热丝的有效容置空间,降低了电加热丝断裂失效的风险,能有效模拟同位素热源的温度场分布,提高了电模拟热源的可靠性	中国电子科技集团公司第十八研究所	CN115134952A	H05B3/02
27	一种移动式应急照明供电系统	本实用新型发明提供了一种移动式应急照明供电系统,包括移动式箱体,移动式箱体内包括控制舱、供电舱和照明设备舱,还包括供电系统、照明系统、控制系统,供电系统和照明系统与控制系统连接;供电系统设置在供电舱内,照明系统设置在照明设备舱内,控制系统设置在控制舱内;供电系统包括发电单元和储能单元,发电单元包括柴油发电机组以及光伏发电系统,储能单元包括电池系统。本实用新型发明有益效果:太阳能供电、发电机供电、市电供电三种供电模式互补,资源有效利用,蓄电池组容量自由扩展,供电能力灵活调整	国麒光电科技(天津)有限公司	CN217486217U	H02J9/02

续表

序号	标题	摘要	申请人	公开(公告)号	IPC 主分类
28	一种自带隔水结构的环形加热器	本实用新型发明提供了一种自带隔水结构的环形加热器,涉及加热器技术领域,包括连接头和防护壳,所述连接头的一侧安装有环形加热管,所述防护壳的内部开设有容纳槽,所述环形加热管与连接头均套设于容纳槽的内部,所述防护壳的表面开设有通孔,所述通孔的内部套设有螺栓组,所述防护壳之间通过螺栓组固定连接。本实用新型发明通过设置防护壳,在使用时通过将防护壳与水接触,然后通过环形加热管进行加热,使防护壳能够对水进行加热,而橡胶密封圈能够相互贴合,起到密封防水的效果,防止环形加热管直接与水接触,从而降低环形加热管的老化速度,使环形加热管能够具有更长的使用寿命,从而达到较好的使用效果	屹孚热控(天津)科技有限公司	CN217486669U	H05B3/02
29	快速筛选高电压钴酸锂材料循环性能的方法	本发明属于锂电池领域,具体涉及一种快速筛选高电压钴酸锂材料循环性能的方法,包括:采用不同的钴酸锂材料制备得到系列不同的锂离子软包电池;在预设温度环境下,进行充放电测试;收集上一步中的放电过程的详细数据,得到 $dQ/dV\text{-}V$ 曲线;对 $dQ/dV\text{-}V$ 曲线进行积分处理,得到该电压区间的积分面积,对比不同材料 $dQ/dV\text{-}V$ 曲线该电压区间下的积分面积大小,通过积分面积的大小判定材料的循环性能。本专利以高电压钴酸锂材料满电时存在具有不可逆性 H1-3 相和 O1 相的存在量多少判断钴酸锂材料高电压下的结构稳定性,从而快速筛选高电压钴酸锂材料的循环性能	天津力神电池股份有限公司	CN115032235A	G01N27/00

5.6.5 专利运营实力定位分析

专利运营主要包括专利许可、转让等,下面对 1999—2022 年滨海新区的光伏产品相关专利权运营情况进行分析,并与天津乃至全国的专利运营情况进行对比,进而对滨海新区的专利运营实力进行定位,见表 5-33。

表 5-33 光伏产品相关专利运营情况

地区	转让数量(件)	许可数量(件)
滨海新区	32	1
天津	130	6
全国	9 260	761

图 5-16 展示了光伏产品相关专利全国、天津以及滨海新区的专利运营情况对比数据。这些数据经过了详尽的分析，直观地反映了专利运营的实际情况。通过深入的专利运营分析，我们可以看到滨海新区在光伏产品领域的专利运营活动相对较少，几乎没有涉及许可和质押等常见的专利运营手法。值得注意的是，滨海新区仅有 11 件专利发生了转让，这明显低于全国总体水平，同时在天津也不占据优势。这种专利运营状况反映出该地区的专利运营不够活跃，或许与其技术创新的环境和政策支持力度有关。对于希望推动技术创新和转化的地方来说，需要积极探索适合本地区的专利运营模式，提高专利的转化率和商业化程度。

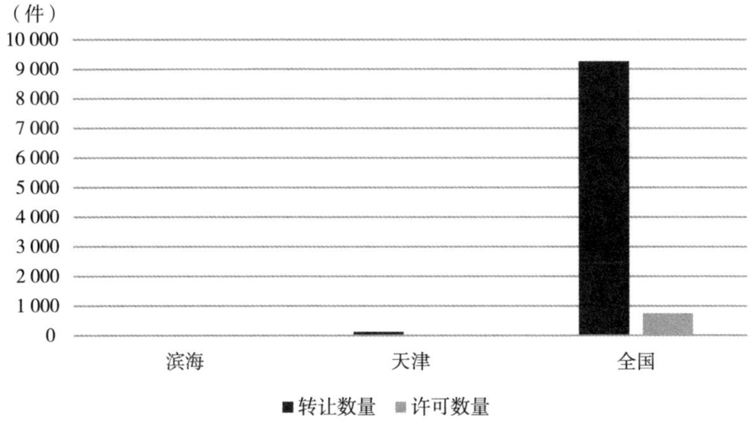

图 5-16　光伏产品相关专利运营情况对比

Chapter 6

第 6 章 滨海新区太阳能产业发展路径导航

本章以远景模式研究指出滨海新区太阳能产业创新发展具体路径，包括产业结构调整优化路径、技术创新引进提升路径、高端专利布局强化路径、创新人才引进培养路径、重点企业培育引进路径、知识产权建设强化路径等。路径的具体实施可从政府、产业园、企业入手，政府层面主要任务是制定太阳能产业宏观政策、优化产业发展环境，将该产业作为天津市重点发展产业；产业园层面主要任务是完善基础设施建设，为产业发展提供服务，例如设立知识产权部门、处理相关知识产权问题、开展知识产权服务工作、协助企业做好专利布局及攻防分析等；企业层面则要注重路径的具体实施。

6.1 产业结构调整优化路径

6.1.1 结构调整优化思路

由于产业结构的调整涉及太阳能产业链整体结构的变化，滨海新区太阳能产业调整优化路径可以从产业结构优化方面进行，以政府为主导，制定相关产业规划和产业政策，合理优化产业结构，针对不同技术分支制定不同的发展政策，以形成结构完整、重点突出的产业结构。

太阳能产业结构优化包括两方面的内容，即产业结构合理化和产业结构高度化。该产业的产业结构合理化是指太阳能产业内部的经济技术联系和数量比例关系趋向协调平衡的过程。目前来看，全国太阳能产业下游产值占比较大，且呈现不断扩大的趋势，表明产业结构正趋于合理化，产业内部各环节的需求结构和供给结构趋于成熟。该产业的产业结构高度化是指在一定经济发展总量下，太阳能产业整体的经济效益高度化。高度化的标志包括产业高技术化、高集约化，从目前来看，产业链上游初步呈现高技术化和集约化，进入门槛较高，中下游基于原料生产涉足的企业较多，且进入门槛较低，各个企业间服务有一定的差异性，其各自拥有相对竞争优势，竞争较为激烈。随着与新技术的融合发展不断深入，商业模式的探索和技术瓶颈的突破仍在继续，各企业在保持各自商业模式和市场的同时，积极寻求同业内其他企业合作将仍是中下游基于原材料提供商的主题。

6.1.2 基于需求导向的结构调整

政府层面应及时出台体系化的产业应用普及政策，以应用促发展，这是导航行业发展的关键。选择节能城市建设基础较好的地市，以政府服务需求、大众需求与节能绿色需求为导向，在光伏建筑、城市园区、楼宇内用户等领域开展太阳能产业应用示范项目，通过应用示范推动产业发展。开展一批区域、行业与领域应用示范工程，形成完善的示范工程体系，探索促进太阳能产业应用发展的引导扶持方式与商业发展模式。只有将应用市场培育起来，才会带动更多的技术、资金涌进导航行业，创造多种多样的商业模式，从而促进整个行业大发展、大繁荣。滨海新区地处京津冀节能环保产业聚集区，该区域人口超过一亿，拥有多种类型的应用场景，蕴含着无限商机。

6.1.3 基于产业链建设的结构调整

根据滨海新区自身的专利布局及产业情况，应结合整体发展方向，有轻有重、有缓有急地进行发展。确定重点优先发展方向，壮大自身已有的产业链环节，例如滨海新区具有一定研发基础，聚集了如中国电子科技集团公司第十八研究所、天津蓝天太阳科技有限公司、天津三安光电有限公司、天津爱旭太阳能科技有限公司、天津市津能电池科技有限公司等一批具有先发优势的企业，目前在光伏电池材料硅系、光伏电池材料多元化合物、光伏电池材料附属材料发展较快，因此滨海新区应强化产业链优势，加快产品技术升级，通过技术创新、专利布局、技术合作等手段巩固并进一步扩大产业优势；而在光伏电池材料聚合物领域，滨海新区的技术实力与北京等优势地区相差较大，因此滨海新区可以依托北京骨干企业的技术优势，充分利用北京、天津的高校资源与优势企业资源，结合政策驱动、人才引进、对外合作等加以提升。

随着产业成熟度进一步提高，产业结构呈现出向中下游发展的趋势，滨海新区在下游产业链劣势突出，应重点加强自身在系统集成和下游应用领域的发展，要弥补劣势环节的哪些方向除须综合考虑产业态势、滨海新区定位外，还应结合天津政策环境和京津冀三地分工，通过梳理天津政策导向，发现应从规划上重点支持太阳能光伏应用系统领域项目的发展。

综上所述，分别在产业链上中下游找出适合滨海新区的优先发展方向，针对不同方向制定不同的提升路径，以形成结构完整、重点突出的产业结构。

6.2　技术创新引进提升路径

6.2.1　技术创新引进提升思路

太阳能产业技术创新的机制表现出从观念生成到创新出现的规律作用的联系。它有三种模式：一是技术推动型或称自然成长型，即“基础研究→应用与发展研究→技术创新”；二是需求拉动型，即“市场需求→应用与发展研究→技术创新”，我国采用的“引进消化吸收再创新”模式便属于此类型；三是交互作用型，即“科学推动与市场需求交互作用→应用与发展研究→技术创新”。从经济学角度来看，引发太阳能产业创新的生态因素是市场的“有效需求”，有效需求不是一般意义上的需求，而是从功能上把握技术创新发生动因的一种特殊需求。

在当前我国太阳能产业发展的新形势下，自主创新才是发展我国太阳能产业强国之路的真正基石。作为一个已经具备较好太阳能产业基础的发展中国家，我国应更多依靠自身市场需求潜力巨大的优势，扩大应用市场，采用以需求拉动为主、交互作用型和技术推动型为辅的技术创新模式，实现赶超目标。

技术创新是一个地区发展的重要驱动力，滨海新区太阳能产业缺乏真正有带动作用的龙头企业，整体呈现“散且乱”的局面，缺乏行业管理，尚未形成真正意义上的产业聚集建设与企业优势整合，尤其是很多企业尚未掌握关键核心技术，市场尚需政策引导，除中国电子科技集团公司第十八研究所外，专利申请量较少，技术人员创新能力和企业创新能力均有待提高，尽快提高滨海新区太阳能产业专利创新能力和行业竞争力是做好滨海新区太阳能产业专利工作的重要内容，可通过自主创新、技术借鉴和引进合作多种途径实现。

6.2.2　政府支持企业技术创新能力提升路径

（1）完善制度体系，优化创新环境

在资金政策方面，梳理现有政策、资金，优化整合，突出重点，集中政策、资金指向倾斜；突出产业升级、技术创新、公共平台建设等，切实提高资金的使用效率；优先支持带动产业发展全局、引领未来发展方向的重大创新类攻关项目；减少对一般性项目的资助，避免资金效益弱化。在国家税制改革框架下，制定完善和促进“1+3+4”现代产业发展的财税支持政策。对创新活动投资，研究探索相关税收支持创新政策方案，争取更大的财税优惠政策，吸引符合条件的企业、机构落户。通过应用项目，开展典型示范，培育和推动市场的整体发展。

在专利政策方面，统筹相关制度和措施，将专利制度有机融入各项制度体系中，尤其是创新制度，还应建立完善专利专项制度。

（2）完善基础设施，为创新发展提供支持

设立工作领导小组统筹协调，研究制定政策措施，完善工作体系，营造良好的创新驱动发展基础环境；在立足于滨海新区产业现状的基础上，通过加强技术研发、优化创新合作、引进国内外先进技术等多种途径，提升技术创新实力。

（3）着力优化技术创新体系

提供专利信息服务，为创新主体开展技术创新、实现和促进科技资源共享提供服务，在内形成滨海新区太阳能产业专利信息服务平台资源，搭建完善的专利检索平台和数据库，补充完善标准、非专利文献、市场数据等信息数据库，建立健全专利信息服务模块功能，从专利预警、攻防分析等提供专利信息服务；利用中国（滨海新区）知识产权保护中心为企业技术创新的快速专利申请提供快车道。

开展专利信息培训，提升企业自身的专利技术运用能力。

6.2.3 企业自身提升技术创新能力路径

从供给侧结构性改革角度考虑，作为新能源产业，太阳能产业正在逐步改变人们的生活方式。由于行业龙头企业正在逐步向提供综合太阳能光伏系统方案发展，未来将由需求拉动制造，滨海新区在该领域的中下游企业要对行业应用的需求有深入了解，要加强对建筑、生态、环保等领域的关注与合作，时刻关注其需求，从需求侧引导企业研发生产。

从研发能力提升角度考虑，滨海新区的企业应结合自身市场经营战略，关注薄弱领域中的热点研发方向，选择适合自身的技术路径，采用协同创新、吸收为主的方式进行技术积累，在此基础上进行创新突破。一是国内外先进技术的引进合作可与自主创新相结合，进行引进、吸收、再利用，提高创新起点，加快专利储备和布局；二是专利协同创新，与国内外大专院校、科研机构进行合作，对关键技术进行联合攻关或订单式技术研发，实现产学研联合，达到资源共享、利益共享、风险共担、协同运作。

（1）以“软”服务建设提升企业创新能力

企业要加强自身“软”环境建设，开展常态化专利信息查询、专利文献传递和专利情报分析等工作，为解决生产和科研一线的技术难题提供参考和辅助，拓宽研发人员研发思路，提高研发创新效率，推广利用专利信息数据平台，培训一线研发人员对专利文献的查阅能力。

（2）加大企业研发支持力度

结合天津重点产业发展规划，支持企业参考各关键技术分支的技术发展脉络和研发侧重点制定研发策略，采取自主创新、技术借鉴相结合的方式，在自主创新的基础上，跟踪行业领军企业的专利申请动向，对国内外先进技术进行吸收和利用，加快关键技术研发，巩固已有技术优势，达到国际及国内先进水平。根据上述背景和滨海新区的产业现状，建议滨海新区企业从重点领域赶超。

一是重点提高光伏电池性能，依托天津三安光电有限公司、天津蓝天太阳科技有限公司等重点企业，重点发展正向失配（UMM）三结太阳能电池外延及芯片工艺、类单晶硅锭铸造与黑硅电池、锗基空间用多结砷化镓电池、正向失配（UMM）四代三结太阳能电池、薄膜电池、聚光电池等重点产品和技术，提高太阳能电池的转换效率。

二是重点提升光伏组件附加值，积极推动天津英利新能源有限公司、天津中环半导体股份有限公司等龙头企业研发直拉法生长太阳能级硅单晶、导体超薄硅片、金刚线切割多晶硅、5 栅线多晶太阳能组件等太阳能电池组件，实现涵盖“硅料—硅棒/硅锭/硅片—电池—组件”的全产业链，加强对产业链的高利润环节控制，提升产品附加值。

（3）支持企业产学研合作力度

支持重点企业联合中国电子科技集团公司第十八研究所等具有国内较高水平的科研院所和高校，开展低能耗、高效率、环保型生产工艺研发，实现光伏逆变器、配电箱等系统部件的技术和工艺突破，以及系统部件突破，支持联合研发光伏电池测试仪器设备，推动相关企业开展国际认证和互认。

6.3　高端专利布局强化路径

6.3.1　强化太阳能光伏应用领域电路装置专项布局

滨海新区太阳能光伏应用系统产业相关专利申请涉及的技术领域广泛，其中较多的为由红外线辐射、可见光或紫外光转换产生电能，供电或配电的电路装置系统等。建议天津中环半导体股份有限公司、天津三安光电有限公司、天津市润彤磬科技发展有限公司、天津恒电空间电源有限公司、中国电子科技集团公司第十八研究所、火马科技（天津）有限公司、天津科顺达科技有限公司、天津榛发科技有限责任公司、家有金山（天津）电子商务有限公司、天津通软信息技术有限公司、天津市环智新能源技术有限公司，进一步加强电固体器件（H01L），由红外线辐射、可见光或紫外光转换产生电能（H02S），电容器，电解型的电容器、整流器、检波器、开关器件、光敏器件或热敏器件（H01G），用碳-碳不饱和键以外的反应得到的高分子化合物（C08G）等专利技术的研发与申请。

6.3.2　强化太阳能电池材料领域半导体器件专项布局

太阳能电池材料产业相关专利申请涉及的技术领域广泛，其中较多的为半导体器件，建议中国电子科技集团公司第十八研究所、天津蓝天太阳科技有限公司、天津三安光电有限公司、天津爱旭太阳能科技有限公司集中在半导体器件加强专利技术的研发与申请。

6.3.3 强化光伏应用系统领域专利综合布局

天津力神电池股份有限公司的专利技术主要集中于用于直接转变化学能为电能的方法或装置（H01M）。中国电子科技集团公司第十八研究所的专利技术主要集中于由红外线辐射、可见光或紫外光转换产生电能（H02S），用于直接转变化学能为电能的方法或装置（H01M）。天津环宇阳光新能源科技有限公司的专利技术主要集中于由红外线辐射、可见光或紫外光转换产生电能（H02S），专门用途的建筑物或类似的构筑物、游泳或喷水浴槽或池、桅杆、围栏、一般帐篷或天篷（E04H）。

建议天津力神电池股份有限公司、中国电子科技集团公司第十八研究所、天津环宇阳光新能源科技有限公司、天津唯元科技发展有限公司、天津蓝天太阳科技有限公司、天津巴莫科技股份有限公司、天津津能滨海新能源有限公司、天津源尚新能源科技有限公司等，加强太阳能光伏应用系统专利申请，首先加强由红外线辐射、可见光或紫外光转换产生电能、供电或配电的电路装置或系统、电能存储系统调解系统及用于这种系统的监视或测试装置、一般有热发生装置的流体加热器等细分领域的专利布局；其次重点加强直接转变化学能为电能的方法或装置方面的专利申请；最后要加强紫外光转换产生电能、加热器、供电或配电的电路、电池组等方面的专利申请。

6.4 创新人才引进培养路径

太阳能产业主要是以构建太阳能光伏发电系统而形成的产业链条，包括高纯多晶硅原材料生产、太阳能电池生产、太阳能电池组件生产、相关生产设备的制造等。太阳能是取之不尽、用之不竭、无污染的清洁能源，这些优势使得太阳能产业得到政府的高度重视和大力支持。人才是产业发展的关键，可通过实施一些人才引进政策吸引来自北京、河北的人才，助力滨海新区产业的发展。

6.4.1 以联合研发为契机引进优秀人才

鼓励滨海新区企业与中科院、南开大学等相关机构成立太阳能发电产业研究与应用联合实验室，全面促进太阳能产业的发展壮大。以深化研究带动产业发展，进而协助企业吸引太阳能产业领域国际国内优秀人才，充分利用天津“海河英才计划”和京津冀三地的人才服务平台与政策，引进一批掌握前沿技术的创新创业人才；做好北京高端人才在滨海新区的流动与交流工作；加强对国内太阳能产业人才的引进和政策支持力度,将该领域企业高端人才纳入海河高端人才奖励范围。

6.4.2　以产业链完善为契机引进高端人才

可以有选择地引进目前滨海新区太阳能产业薄弱环节,如太阳能电池制造、组件封装、光伏逆变器生产等相关领域的相关人才,如南开大学、天津大学、北京大学、清华大学、浙江大学、南京大学、吉林大学等高校培养的相关专业博士、硕士研究生。结合目前已有的人才引进计划,对于特别紧缺的人才,可以在人才政策上给予一定的倾斜,例如人才绿卡中针对与产业发展需求紧密结合的专业人才可适当降低学校门槛的限制,而高端人才可以争取提供优厚的条件。

对于滨海新区太阳能产业优势环节中的半导体器件技术,除中国电子科技集团公司第十八研究所外的其他企业要持续研发投入,快速增强自身创新能力,加大产学研合作。针对产业结构调整优先发展的三个方向,分别从国内高校中为滨海新区寻找较为契合的人才引进或产学研合作对象。

6.4.3　以灵活制度建设为契机引进高端人才

政府支持开展校企合作或校地联合活动,并推动在滨海新区落实太阳能产业相关先导项目、建立产业技术研究院、引进院士工作站等,加强高校与地方企业深度合作,培育一批优秀专业人才以方便直接引进。此外,鼓励天津高等学校调整专业学科设置,满足滨海新区太阳能产业发展人才需求。支持举办高层次创新人才、使用技术专业人才等各类人才交流会、人才招聘会、太阳能产业技术交流会等活动。支持组织本地企业赴北京、上海、广东院校招聘人才。还可采用“柔性引进”的灵活方式,通过聘请咨询、讲学、技术合作、兼职、短期聘用、承担项目与课题研究等灵活方式引进人才,建立“不求所有,但求所用”的用人理念,同时建立高层次人才专家库,对该领域相关专家进行人才储备。

以上人才建议,可以根据滨海新区太阳能产业的发展需要进行合作,不仅要从外部引进人才,企业也要重点培养已有的人才,联合天津科研院校,深耕技术创新与成果转化,促进京津冀地区产学研用一体化发展。

6.5　重点企业培育引进路径

随着龙头企业的产品数量与质量不断提升,与其合作的中小企业也将通过各种方式在太阳能应用上加大创新力度,甚至在龙头企业的周围还会形成庞大的产业集群。滨海新区龙头企业的数量和规模还有待提高,但滨海新区可以把国内该产业的龙头企业引进来。但是,企业为了获取更高的经济效益,不可能花太大力气去尽太多社会义务。因此,政府应制定具体的激励措施,让龙头企业在发挥自身作用的同时,带上中小企业一起创新,从而在制度上确保它落到实处。滨海新区龙头企业培育引进路径规划以对内资源整合、对外引进为两条主线。

6.5.1 强化对内资源整合,着力培育龙头企业

(1)强化专利联盟组建

对自身有一定技术优势的领域,政府管理部门可以主导建立光伏电池材料产业联盟,将相关技术领域的企业组织起来。具体建议由中国电子科技集团公司第十八研究所、天津蓝天太阳科技有限公司、天津三安光电有限公司、天津爱旭太阳能科技有限公司、天津市津能电池科技有限公司、包头稀土研究院、天津包钢稀土研究院有限责任公司、天津宝兴威科技股份有限公司、天津市天塑科技集团有限公司技术中心、天津市润彤磬科技发展有限公司,集体构建专利网和光伏电池材料产业专利联盟,可以把目前已经积累的专利和生产力量结合起来,加强对外专利授权的谈判筹码,同时不断加快联盟专利的发展和积累,形成全世界通用的技术标准,这也是专利联盟的最终目标。

(2)强化专利标准战略运用

建议天津蓝天太阳科技有限公司、天津三安光电有限公司、天津爱旭太阳能科技有限公司、天津市津能电池科技有限公司等企业联合形成事实标准,并相互授权加强标准建设。专利联盟中的垄断企业都会对联盟成员实行一定的许可优惠,也会在竞争中随时与其他的巨头企业形成交叉许可的关系。不同的专利权人许可对方使用自己的专利,来换取使用对方的专利技术的权利,从而节省研发投入。

(3)强化实行龙头企业帮办联系制度

对区内龙头企业的重点项目,要明确一名干部负责跟踪联系,并全程服务。根据未来发展情况,可延长产业链条,加快自主研发产品的产业化进程,扩展应用市场,拉动太阳能配套产业发展;也可以以联盟/协会的形式引导产业协调发展,通过展会、科技交流活动等形式,明确各企业在滨海新区太阳能产业中的定位,强化滨海新区内企业的合作关系。同时,以协会为主导,开展产品竞争分析、重点竞争企业跟踪分析、市场调研挖掘等服务,降低区内各企业的调研决策成本,通过协同合作、资源共享,实现共赢共荣。

(4)强化龙头企业发展支撑建设

支持龙头企业对上下游配套兼并重组,对强链补链设置激励机制。引导金融机构加大对滨海新区太阳能产业的信贷支持,鼓励风险投资和社会资金投向太阳能产业,鼓励吸引国内外投融资机构投资太阳能产业。

6.5.2　强化对外资源整合，加强外部龙头企业引进

(1)加强外部企业引进制度建设

通过制度建设，促进企业引进。对于计划引进的龙头企业、上市公司、行业先锋、领军企业、重点企业，可给予一定税收优惠政策，如减免一定进口原辅料、设备的税收；对境外直接投资所得减免企业所得税等。

(2)找准外部龙头企业引进的突破口

滨海新区企业要先培育自己的技术或产品特色，实现差异化发展，在培育自己特色的基础上，引进外部具有全产业链生产能力的优势企业或与之开展合作，等企业做大做强后再通过对外投资、收购兼并等方式扩大市场，也就是通过对外投资和收购兼并等方式从专业向大众市场领域拓展，下面给出可以引进的国内外龙头企业。

①光伏电池材料领域：夏普株式会社、乐金化学公司、乐金电子公司、松下电器有限公司、深圳市海洋王照明工程有限公司。

②太阳能电池制造领域：乐金集团、夏普公司、松下集团、苏州阿特斯和浙江晶科能源。

③太阳能光伏应用系统领域：无锡同春新能源科技有限公司、成都聚合科技有限公司、三菱电机公司、夏普公司。

这些公司专利申请量较大，具有较强的技术实力，属于该领域的龙头企业。

6.5.3　加大支持龙头企业发展的制度建设

(1)强化对龙头企业的政策支持

加快建设公共创新服务平台，让龙头企业先受益。加强科技与金融对接，大胆创新投融资体系，成立科技银行，让龙头企业在研发投入方面有“活水之源”。建立一套龙头企业“走出去、引进来、留下来”的可持续发展的人才体系，使龙头企业和其合作的配套企业共同形成涵盖高中低人才层次结构的生态链。要求龙头企业对与其合作、协作的厂家在生产、经营过程中有所要求，对通过科技创新提升产品品质起到监督、落实的作用。

(2)鼓励引导龙头企业之间横向合作和跨界合作

鼓励龙头企业在新兴产业和行业探索科技创新驱动新路径，带领中小企业共同推进产业发展；鼓励构建产业集群，带领产业做大做强。

(3)优先支持龙头企业发展

对龙头企业的科技成果在公共采购与应用方面予以优先采购；对带动滨海新区产业发展有突出贡献的龙头企业的成果与服务在购买方面予以优先安排。

6.6 知识产权建设强化路径

滨海新区太阳能产业的发展需要知识产权保护和知识产权运营的同步发展。针对滨海新区太阳能产业发展不平衡、优势不突出的问题，从政府和企业两方面进行强化。

6.6.1 加强政府知识产权创造激励作用

（1）完善滨海新区太阳能产业企业评定制度

将专利质量评估纳入相关考核指标体系，通过专业的知识产权部门或机构对企业专利价值进行客观评价，避免企业盲目追求专利数量而申请无价值或低价值专利，“增量”与“提质”两手抓。制定产业科技创新激励政策，单独设立太阳能产业领域专利扶持的专项基金或经费，用于奖励技术创新与研发高价值产品的高科技企业，提高企业创新、创造的积极性，引导企业重视企业知识产权工作。

（2）建立滨海新区太阳能产业知识产权联盟

开展滨海新区太阳能产业的知识产权联盟建设，既是提高企业竞争实力的有效途径，也是推动太阳能产业高质量发展的重要步骤。该联盟可由滨海新区市场监督管理局牵头，联合区域内优势企业、科研机构及高校共同发起成立，在校地合作中，科研机构及高校可依托太阳能产业方面的学科优势，提供人才和技术支持，优势企业提供市场和成果转化的平台，政府推动落实有关先导项目、建立产业技术研究院、引进院士工作站等，以深化各方的合作。对外，联盟可以整合优质的知识产权服务资源，形成知识产权服务资源平台，可实现资源对接、彼此支撑、互助互利、协同发展的共赢局面；对内，联盟可以加强产业自律管理，推动知识产权规范化发展，加大太阳能产业知识产权服务人才培育力度。

6.6.2 加强企业知识产权管理制度建设

（1）支持企业设置知识产权运营部门

对企业的技术研发方向进行指导，减少专利战中的损失，提高技术专利化保护能力和知识产权运营能力。可以通过分析现有专利资源，指导研发方向，避免重复研发和专利侵权；可以及时发现市场上的侵权行为，通过知识产权保护等途径维护自身的合法权益；可以提高企业的专利运用能力，通过专利许可等方式来获取更大的商业利益。

（2）加强企业知识产权人才的培育

开展针对企业从业人员的相关培训，宣贯知识产权相关的政策法规，培训专利检索、撰写、申请等相关技能，全面提升从业人员的知识产权意识和能力。

Chapter 7

第 7 章
保障措施

7.1 强化组织领导

成立专门的太阳能产业发展领导小组,负责研究落实支持产业发展壮大的政策措施,协调解决产业发展中的重大问题,落实工作责任制。建立专门机构负责制定和完善促进体系建设的产业、科技、金融、人才等相关配套政策,分解任务,推进工作落实。推进社会化服务体系建设,为太阳能产业发展提供高效便捷的服务;简化项目建设审批程序,提高项目审批效率。各有关部门按照职责分工,细化政策措施,形成上下联动、协调配合的工作机制,确保各项太阳能产业应用示范工程扎实推进。强化太阳能产业知识产权管理配套,支持企业开展太阳能产业专利分析工作,对专利申请量、授权量、国内外专利申请人分布情况、重点企业专利布局情况、专利的被引用状况、技术标准中的专利纳入情况等进行深入分析,紧密追踪市场竞争和专利技术动向,定期发布太阳能产业知识产权动态信息,引导企业和科研机构结合自身技术基础、产业优势以及国内外专利布局状况,有针对性地加大研发投入并优化专利布局,有的放矢地开展技术创新和专利申请工作。

7.2 强化创新引领

发挥滨海新区重大科技专项的引领作用,加大对太阳能产业应用技术创新的支持力度,集中力量突破一批支撑太阳能产业发展的关键核心技术。加快创新成果向知识产权转化,推动太阳能产业技术领域的专利导航及信息利用。鼓励太阳能产业企业建立创新平台,构建技术创新与产业转化服务体系。鼓励企业、高校和科研机构联合建设重点实验室、工程实验室、产业技术研究院、工程(技术)研究中心、协同创新中心等创新平台,联合开展技术攻关,形成可持续的技术创新机制。支持龙头企业主导产业技术创新战略联盟,推动高价值专利在产业链上下游企业和研发机构间的协同运用、许可转化和价值实现。积极建立联合开发、优势互补、成果共享、风险共担的技术创新合作机制,聚集知识产权资源,共同防御知识产权风险,应对知识产权诉讼。

7.3 强化人才聚集

充分利用天津市“海河英才行动计划”“高技能领军人才培育计划”等人才培养扶持项目，引进、用好首都智力资源，加强区域科技人才制度衔接，搭建科技人才信息共享平台，健全跨区域人才流动机制，吸引国内外高层次领军人才和团队到滨海新区创新创业。实施重点人才工程，围绕创新驱动发展，搭建人才战略平台，完善重点人才项目支持体系。推行紧缺专门人才动态目录制度，大力引进急需紧缺人才。推进人才发展体制改革和政策创新，健全人才管理体制，完善人才分类评价机制，清除人才流动障碍。

7.4 强化政策支撑

明确政策制定主体，实行专门化的政策制定和政策监督。完善对太阳能相关配套设施和行业的扶持，特别是放宽金融行业对太阳能产业的贷款限制，让太阳能产业获得更多的资金支持。根据太阳能产业发展的状况，适时出台一些优惠激励政策，对相关太阳能企业实施税收优惠政策，对太阳能技术研发做出重要贡献的企业和个人要加大奖励，对安装太阳能装备的用户给予财政补贴或优惠减免。可借鉴美、德两国发展太阳能产业的成功经验，如民众在购买太阳能产品时，政府、企业和个人各承担一部分费用，或通过政府政策保障太阳能产品的推广使用。

7.5 强化资金支持

在滨海新区设立太阳能产业发展专项资金，按照一定比例安排各开发区配套支持，确保财政投入金额，扶持包括配套基础设施、公共服务平台、示范应用系统、重点技术和产业化等项目建设。同时，引导金融机构加大对太阳能产业的信贷支持，鼓励风险投资和社会资金投向太阳能产业，鼓励国内外投融资机构投资太阳能产业，形成政府引导、企业主体、社会参与的市场竞争格局和知识产权保障机制。加大对太阳能产业领域重大基础设施和服务环境的投资力度。完善建设资金与项目管理制度，出台相应的建设专项资金管理办法，明确财政资金投入、使用管理的方式和程序，推进资金和项目安排按规定向社会公示，切实保障资金使用安全和提升产业集群规模、档次的相关示范应用项目的建设效果。

7.6 强化服务配套

完善太阳能产业配套建设,建立健全太阳能产业服务业体系,制定完善的太阳能产业标准体系,加快对光伏产业相关标准的修订及国际标准转化。推动建立多家国家级光伏检测及实证实验平台,提高全产业链产品检测能力。加强行业组织在产业发展中的引导作用,推动行业加强联合。

7.7 强化监管考核

将与太阳能产业建设相关的示范应用项目纳入滨海新区区委、区政府督查督办内容。建立项目立项、项目进度的统计监测和评价考核机制,强化目标责任落实,及时督促检查任务落实和绩效目标完成情况。对各开发区、各相关部门、各重点支持的示范应用项目开展阶段性审核和年度考核,确保示范应用项目建设各项指标任务完成。对确实取得成效、工作开展有力的单位和企业给予公开表扬和适当奖励,对在建设中发挥巨大作用的平台、机构重点支持。

7.8 强化宣传推广

做好滨海新区太阳能产业应用示范项目推进情况、示范效应反馈等收集调查工作,定期上报动态信息,及时总结推广太阳能产业示范典型案例,充分利用全媒体、融媒体等宣传渠道,做好各项政策措施的宣传和解读,营造建设太阳能产业应用示范城市的浓厚氛围,有力促进太阳能产业协同多行业、多技术创新应用。

参考文献

[1] 栾春娟. 全球太阳能发电产业共性关键技术测度[C] //中国科学学与科技政策研究会. 第九届中国科技政策与管理学术年会论文集. 北京：中国科学学与科技政策研究会，2013：1-5.

[2] 苗青青，石春艳，张香平. 碳中和目标下的光伏发电技术[J]. 化工进展，2022，41（3）：1125-1131.

[3] 高丽然. 日本太阳能产业的发展经验及其对我国的启示[J]. 河北软件职业技术学院学报，2014，16（1）：13-16，26.

[4] 王弘颖. 新能源产业主导技术的扩散机理研究[D]. 哈尔滨：哈尔滨工程大学，2019.

[5] 王阳. 太阳能光伏产业技术分析报告[J]. 高科技与产业化，2019（7）：36-43.

[6] 李波，赵建红，赵鑫波，等. 新型太阳能电池的研究进展及发展趋势[J]. 能源研究与信息，2021，37（1）：32-39.

[7] 许林玉. 效率更佳的新型太阳能电池[J]. 世界科学，2020（7）：40-41.

[8] 卢豪. 新型光电技术在太阳能电池教学中的实践[J]. 集成电路应用，2020，37（9）：170-171.

[9] 李人茜. 新型太阳能电池从阳光中摄取更多的能量[J]. 上海节能，2020（11）：1369-1370.

[10] 陶锋. 下转换材料在新型太阳能电池中的应用研究[D]. 杭州：浙江大学，2021.

[11] 张玲，於霞，王智慧，等. "双碳"背景下光伏产业的发展前景分析[J]. 价值工程，2022，41（13）：162-164.

[12] 李英叶，孟庆超，张晓方，等. 晶体硅光伏产业现状及趋势研究[J]. 电子世界，2021（17）：5-6.

[13] 刘英军，刘亚奇，张华良，等. 我国储能政策分析与建议[J]. 储能科学与技术，2021，10（4）：1463-1473.

[14] 吕美进，潘红燕. 光伏农业的应用前景分析[J]. 中国果树，2022（11）：132.

[15] 于静，车俊铁，张吉月. 太阳能发电技术综述[J]. 世界科技研究与发展，2008，30（1）：56-59.

[16] 董利科. 太阳能发电技术综述[J]. 探索科学，2016（9）：31.

[17] 彭玉利. 太阳能光伏发电技术应用综述[J]. 河南科技（上半月），2012（10）：67-68.

[18] 卢峰,张华,姚秀平,等. 太阳能热风发电关键技术综述[J]. 华东电力, 2006, 34(3):1-3.

[19] 周昱彤,鞠振河. 关于太阳能发电技术的综述及展望[J]. 电子世界, 2020(1):83-84.

[20] 王鼎,时雨,胡婧婷,等. 太阳能热发电技术综述及其在我国适用性分析[J]. 电网与清洁能源,2016,32(9):151-156.

[21] 莫一波,杨灵,黄柳燕,等. 各种太阳能发电技术研究综述[J]. 东方电气评论,2018,32(1):78-82.

[22] 华紫辉,吴波,王春儒. 富勒烯在新型太阳能电池中的应用[J]. 复合材料学报,2022,39(5):1870-1889.

[23] 丁磊,佛婉贞,董豪杰. 基于新型复合传输层的有机太阳能电池模组器件[J]. 发光学报,2021,42(2):231-240.

[24] 李岱远,路芳,史华红,等. 一种新型光转换太阳能电池封装胶膜的制备和性能评价[J]. 广东化工,2023,50(4):55-57,46.

[25] 宋志浩,王世荣,肖殷,等. 新型空穴传输材料在钙钛矿太阳能电池中的研究进展[J]. 物理学报,2015(3):1-18.

[26] 胡航,董兵海,万丽,等. 原子层沉积技术在新型太阳能电池中的应用[J]. 材料导报,2016,30(23):9-18.

[27] 刘高斌,冯庆,刘亚静,等. 一种用于制冷的新型太阳能电池: CdS/CdTe[J]. 重庆大学学报(自然科学版),2002,25(8):55-57.

[28] 王璟,尚兴记,张增明,等. 染料敏化太阳能电池新型对电极材料研究进展[J]. 材料导报,2014,28(11):14-21,26.

[29] 王蕾,梁振华. 硅太阳能电池的环境问题与新型太阳能电池研发的必要性[J]. 硅谷,2013(13):7-8.

[30] 时彦朋,王晓东,刘雯,等. 新型硅薄膜太阳能电池混合陷光结构[J]. 光子学报,2014,43(5):44-48.

[31] 张仁开,孙喆,谢焕焕,等. 新型梳状共聚物在准固态染料敏化太阳能电池中的应用及其对电子复合的影响[J]. 物理化学学报,2012,28(5):1139-1145.

[32] 陈海军,王宁,何泓材. 基于钙钛矿材料的新型结构太阳能电池器件[J]. 电子元件与材料,2014(11):24-28.

[33] 谢丽欣,赵雪梅,赵志强,等. 绕丹宁修饰富勒烯作为新型聚合物太阳能电池受体光伏材料增强光吸收[J]. 中国科学技术大学学报,2014(8):623-637.

[34] 王晓琳,冯祖勇,吴楠,等. 新型钙钛矿太阳能电池的研究进展[J]. 中国材料进展,2016,35(12):960-965.

[35] 彭清,雷钢铁,刘煜,等. 太阳能电池新型聚合物给体材料的性能研究[J]. 中国材料进展,2015,34(2):158-162.

[36] 冯莱. 光伏驱动未来:"新型太阳能电池材料与器件"专栏序言[J]. 复合材料学报,2022,39(5):1845-1846.

[37] 新加坡研制新型太阳能电池:可以吸收直射阳光[J]. 华东电力, 2012, 40(7): 1264.

[38] 张淑瑶,张哲泠,黄有欢,等. 新型石墨烯量子点及其在有机太阳能电池中的应用[J]. 桂林电子科技大学学报,2019,39(4):337-344.

[39] 苏丹,罗聃,周红军. 新型钙钛矿太阳能电池研究进展及面临的问题[J]. 工业催化,2017,25(8):7-13.

[40] 刘晨,贾宁,翟计洲,等. 界面植入卤化碳点构建高效稳定的柔性钙钛矿太阳能电池[J]. 新型炭材料,2022,37(5):988-999.

[41] 李建琛,李静. 我科学家首创出新型太阳能电池[N]. 科技日报, 2011-05-15(001).

[42] 石磊,陈立东,马淑英,等. 一种新型太阳能电池组件层压机混合加热系统[J]. 机床与液压,2013(17):111-113.

[43] 东京大学开发超薄新型太阳能电池[J]. 航天器工程,2012,21(3):53.

[44] 韩含,顾鑫鑫,王敏,等. 新型 CeO_2 基材料在染料敏化太阳能电池光阳极中的应用研究进展[J]. 绿色科技,2020(4):137-139.

[45] 李炜,朱新坚,曹广益. 一种新型的太阳能燃料电池联合发电系统[J]. 自动化仪表,2006,27(2):1-5.

[46] 朱彤珺,云天英. 新型结构的钙钛矿太阳能电池[J]. 山东工业技术, 2016(21): 69-69.

[47] 周晶,江新,徐东建. 新型太阳能电池板超声波焊接机设计[J]. 机械制造, 2014, 52(4):65-66.

[48] 杜斌斌,赵大伟,侯志灼,等. 新型稠环电子受体的界面修饰对钙钛矿太阳能电池性能的影响[J]. 科学通报,2019,64(18):1887-1895.

[49] 蔡冬英,乔庆东. 太阳能电池中的几种新型敏化剂[J]. 化学与黏合, 2011, 33(3):59-65.

[50] 郑凯. 纳米尺度材料在新型太阳能电池中的应用[J]. 科技创新与应用, 2018(22):10-12,15.

[51] 岳树民. GS 公司光伏应用类产品研发策略研究[D]. 北京:北京工业大学,2016.

[52] 林之华. 集成产品开发在光伏制造业的应用研究[D]. 北京:华北电力大学, 2011.

[53] 潘新征. 统计过程控制技术在产品质量管理中的应用及效果评价：以 ACHT 公司光伏产品为例[D]. 武汉：华中农业大学，2015.
[54] 王圣建. 柔性生产在 JK 公司光伏产品制造中的应用研究[D]. 南昌：南昌大学，2017.
[55] 杨柳. 乡村旅游中光伏产品应用的游客感知研究：以国鸿生态度假村为例[D]. 长沙：中南林业科技大学，2014.
[56] 仉淑艳. 基于 MODIS 数据的全球陆地高分辨率云覆盖产品的研发及应用[D]. 北京：中国科学院大学，2022.
[57] 王灿森. 精益生产管理在 C 公司 E 产品的应用研究[D]. 苏州：苏州大学，2015.
[58] 张平. 独立光伏发电实训系统的设计与实现[D]. 镇江：江苏大学，2022.
[59] 李宁. 平价模式下 QA 公司光伏发电竞争战略研究[D]. 济南：山东大学，2022.
[60] 杨睿陌. 基于混合 MPPT 算法的光伏能量管理系统设计[D]. 哈尔滨：哈尔滨工业大学，2022.
[61] 李金鹏. GC 公司光伏设备业务服务创新研究[D]. 济南：山东大学，2022.
[62] 杨春梅. 欧美反倾销调查对我国光伏行业出口贸易的影响分析[D]. 北京：对外经济贸易大学，2022.
[63] 周旭东. AR 公司光伏快装紧固件国内市场营销策略优化研究[D]. 镇江：江苏大学，2021.
[64] 刘安成. 基于 RT-LAB 的光伏并网发电系统半实物仿真研究[D]. 青岛：青岛科技大学，2021.
[65] 甘文扬. 基于图像分割模型的光伏组件间距测量[D]. 上海：上海财经大学，2021.
[66] 李心怡. 平价竞争时代光伏企业创新及其效果研究：以隆基股份为例[D]. 成都：西南财经大学，2021.
[67] 周冰鑫. 财务绩效视角下光伏行业全产业链战略实施效果研究：以隆基股份为例[D]. 成都：西南财经大学，2021.
[68] 刘扬. 建筑光伏一体化系统的设计与应用[D]. 绵阳：西南科技大学，2021.
[69] 刘宇航. 应用于高开压薄膜光伏组件的微型逆变器结构与控制策略研究[D]. 北京：中国科学院大学，2021.
[70] 周文扬. 基于光伏产业废硅粉的 Si/C 负极材料制备与性能[D]. 厦门：厦门理工学院，2021.
[71] 冯明杰. 硫化亚锗薄膜太阳能电池研究[D]. 郑州：郑州大学，2022.
[72] 周亚格. 溶液法制备 FTO 基底高效铜锌锡硫硒薄膜太阳能电池[D]. 南京：南京邮电大学，2022.

[73] 韩帅琪. 溶液法无镉 CIGS 薄膜太阳能电池 Zn(S, O)缓冲层的制备与优化[D]. 南京:南京邮电大学,2022.
[74] 郝莎莎. 钾掺杂对水溶液法制备铜铟镓硒薄膜太阳能电池的影响研究[D]. 南京:南京邮电大学,2022.
[75] 赵爱美. 脉冲电沉积 Sb/Cu 金属预制层硫化制备 $CuSbS_2$ 薄膜太阳能电池的研究[D]. 天津:天津理工大学,2022.
[76] 张士鹏. 基于柔性 CIGS 薄膜太阳能电池的清洁光伏组件机器人的设计研究[D]. 天津:天津理工大学,2022.
[77] 赵晨希. 成分调控与结构优化对 $Cu_2ZnSn(S, Se)_4$ 薄膜太阳能电池性能的影响[D]. 呼和浩特:内蒙古大学,2022.
[78] 杨明坤. CIGS 薄膜太阳能电池生命周期评价[D]. 成都:西南交通大学,2021.
[79] 陈洪. 硫化银薄膜太阳能电池的界面调控[D]. 郑州:郑州大学,2021.
[80] 林雪甜. 硒化镉薄膜太阳能电池制备及性能优化研究[D]. 武汉:华中科技大学,2021.
[81] 李雨蒙. 电化学沉积法制备硒化锑薄膜太阳能电池[D]. 合肥:中国科学技术大学,2021.
[82] 赵航航. SnS 基薄膜太阳能电池的模拟设计与性能优化[D]. 南昌:南昌大学,2021.
[83] 李文慧. 硒化锑薄膜太阳能电池的掺杂与诱导结晶研究[D]. 大连:大连理工大学,2021.
[84] 王一鸣. CZTSSe 薄膜太阳能电池的电学性能及晶体质量研究[D]. 呼和浩特:内蒙古大学,2021.
[85] 石建明. 元素掺杂对铜锌锡硫硒薄膜太阳能电池性能的影响[D]. 呼和浩特:内蒙古大学,2021.
[86] 于迎春. 双层非对称光栅结构的硅基薄膜太阳能电池研究[D]. 合肥:合肥工业大学,2021.
[87] 刘顺畅. 硒化亚锗薄膜太阳能电池研究[D]. 北京:中国科学院大学,2020.
[88] 张双双. CZTSSe 薄膜太阳能电池的制备及光生载流子动力学研究[D]. 郑州:华北水利水电大学,2021.
[89] 何易. CdMnTe 薄膜太阳能电池界面光电性质及器件性能的模拟研究[D]. 西安:长安大学,2021.
[90] 鲁帅成. 硒化锑薄膜太阳能电池:薄膜制备、器件表征及光伏性能优化[D]. 武汉:华中科技大学,2021.
[91] 彭卓寅,陈建林,陈荐. 基于高比表面积纳米阵列结构量子点敏化太阳能电池

点和产生及传输性能研究[C] //中国可再生能源学会光化学专业委员会,中国科学院物理研究所清洁能源实验室. 第八届新型太阳能材料科学与技术学术研讨会论文集. 北京:第八届新型太阳能材料科学与技术学术研讨会，2021:298-298.

[92] 耿亚新. 太阳能光伏产业链垂直一体化构建研究[D]. 西安:西北大学,2011.

[93] 李维胜,蒋绪军,张燕燕. 太阳能应用技术专利分析及对策研究[M]. 北京:经济管理出版社,2019.

[94] 李俊峰. 中国战略性新兴产业研究与发展:太阳能[M]. 北京:机械工业出版社,2013.

[95] 李平. 光伏太阳能产业发展调研[M]. 北京:经济管理出版社,2016.

[96] 王维利. 全球太阳能光伏政策研究及其产业发展趋势[J]. 化学试剂，2018，40(12):1152-1156.

[97] 马维唯. 国际太阳能发电产业现状及发展趋势[J]. 太阳能,2020(1):5-12.

[98] 耿曙. 发展阶段如何影响产业政策:基于中国太阳能产业的案例研究[J]. 公共行政评论,2019,12(1):24-50,211-212.

[99] 蔡威,吴海燕,谢昊成. 光伏太阳能电池进展[J]. 广东化工,2019,46(1): 84-85,83.

[100] 梁启超,乔芬,杨健,等. 太阳能电池的研究现状与进展[J]. 中国材料进展,2019,38(5):505-511.

[101] 张忠义,琚建勇,申孟林,等. 太阳能电池技术及产业进展[J]. 稀土信息，2016(9):10-14.

[102] 陈俊帆,赵生盛,高天,等. 高效单晶硅太阳电池的最新进展及发展趋势[J]. 材料导报,2019,33(1):110-116.

[103] 滕飞,刘志高,刘毅,等. 中国太阳能产业技术创新能力与竞争态势:基于专利信息分析的视角[J]. 经济问题探索,2013(11):84-90.

[104] 赵璞,林文,姜天润,等. 基于专利分析的我国太阳能光伏领域核心技术识别及演化研究[J]. 科技管理研究,2022,42(2):184-191.

[105] 侯剑华,郭爽. 太阳能电池领域关键技术分析及潜在技术探测[J]. 现代情报,2015,35(9):98-104.

[106] 黄鲁成,石媛媛,吴菲菲. 基于专利数据的太阳能电池研发态势及技术构成分析[J]. 情报杂志,2015,34(2):116-123.

[107] 范维熙. 基于专利地图的太阳能电池技术发展趋势研究[D]. 南京:南京工业大学,2015.

[108] 李海丽,李玲,曹静. 全球太阳能产业专利地图分析[J]. 科技管理研究，2013，33

（22）：152-156，161.
[109] 王磊. 基于专利地图的太阳能产业专利现状与技术研究[J]. 合肥工业大学学报（自然科学版），2011，34（5）：771-776.
[110] 李剑，黄鲁成，常金平. 基于技术路线图的太阳能电池产业化过程中关键技术的研究[J]. 中国科技论坛，2010（2）：67-71，125.
[111] 孙斌，赵斐. 基于专利地图的江苏省太阳能光伏技术领域发展研究[J]. 科技进步与对策，2012，29（21）：69-72.
[112] 刘国梁，李晓明. 交叉式背接触型光伏电池中国专利现状及其发展趋势[J]. 河南科技，2016（14）：74-77.
[113] 李亚丹. 硅太阳能电池关键技术研究[D]. 哈尔滨：黑龙江大学，2009.

本书得到天津滨海新区知识产权运营服务体系建设“太阳能和风能产业规划类专利导航项目”（项目编号：2021BHZC-CD-07）资金支持。